Reihenherausgeber:
Prof. Dr. Holger Dette · Prof. Dr. Wolfgang Härdle

Statistik und ihre Anwendungen

Weitere Bände dieser Reihe finden Sie unter http://www.springer.com/series/5100

Edgar Brunner · Ullrich Munzel

Nichtparametrische Datenanalyse

Unverbundene Stichproben

2., überarbeitete Auflage

Springer Spektrum

Edgar Brunner
Universität Göttingen
Göttingen, Deutschland

Ullrich Munzel
MEDA Pharma GmbH & Co. KG
Bad Homburg, Deutschland

ISBN 978-3-642-37183-7
ISBN 978-3-642-37184-4 (eBook)
DOI 10.1007/978-3-642-37184-4

Die Deutsche Nationalbibliothek verzeichnet diese Publikation in der Deutschen Nationalbibliografie; detaillierte bibliografische Daten sind im Internet über http://dnb.d-nb.de abrufbar.

Mathematics Subject Classification (2010): 62-01, 62-07, 62G10, 62G20, 62G35, 62K15, 62K25, 05B20

Gedruckt auf säurefreiem und chlorfrei gebleichtem Papier.

Springer Spektrum ist eine Marke von Springer DE. Springer DE ist Teil der Fachverlagsgruppe Springer Science+Business Media
www.springer-spektrum.de

Danksagung

Zu großem Dank verpflichtet sind wir einer Reihe von Kollegen aus der Human- und Veterinärmedizin, Biologie, Chemie, Pharmakologie und Forstwissenschaft, die in zahlreichen Diskussionen die Beispiele mit uns erörtert und freundlicherweise die Originaldaten zur Verfügung gestellt haben. Die betreffenden Kollegen und Einrichtungen sind nachfolgend bei den einzelnen Beispielen genannt.

1. Beispiele C.1 (Organgewichte), C.2 (Anzahl der Implantationen), C.3 (Lebergewichte), C.5 (γ-GT-Studie), C.6 (O_2-Verbrauch von Leukozyten), C.8 (Toxizitätsprüfung), C.10 (Anzahl der Corpora Lutea), C.12 (Nierengewichte), C.13 (Leukozyten-Migration ins Peritoneum) und C.14 (Anzahl der Implantationen / zwei Jahrgänge): Firma Schaper & Brümmer, Salzgitter-Ringelheim.

2. Beispiel C.4 (Schulter-Schmerz-Studie): Dr. T. Lumley und Internat. Biometric Society. Die Daten dieser Studie sind dem Artikel von T. Lumley, 'Generalized estimating equations for ordinal data: A note on working correlation structures', *Biometrics* **52**, (1996), p. 354–361, entnommen. Die Verwendung dieses Beispiels und die Reproduktion der Daten aus dem vorgenannten Artikel wurden uns freundlicherweise genehmigt.

3. Beispiel C.11 (Fichtenwald-Dachprojekt im Solling): Prof. Dr. A. Dohrenbusch (Institut für Waldbau I, Universität Göttingen).

   Literatur:

   Dohrenbusch, A. (1996). 'Das Dachprojekt - Ein Versuch, die Auswirkungen und Wirkungsmechanismen von Umweltveränderungen auf Waldökosysteme zu verstehen', *Tagungsbericht der Jahrestagung des Deutschen Verbandes Forstlicher Forschunganstalten / Sektion Waldbau, Schopfheim-Wiechs, 17-19. September*, 21–29.

4. Beispiel C.7 (Oberflächen-Volumen Verhältnis): Prof. Dr. J. Richter (Abteilung Elektronenmikroskopie, Universität Göttingen).

   Literatur:

   Schnabel, Ph. A., Richter, J. Gebhard, M. M., Mall, G., Schmiedl, A., Clavien, H.-J. and Bretschneider, H. J. (1990). Ultrastructural effects induced by global ischaemia on the AV node compared with the working myocardium: A qualitative and morphometric investigation on the canine heart. *Virchows Archiv A, Pathological Anatomy* **416**, 317–328.

5. Beispiel C.9 (Reizung der Nasen-Schleimhaut): Dr. E. Römer (Institut für Biologische Forschung, Köln).

6. Beispiel C.15 (Patienten mit Hämosiderose): Prof. Dr. M. Lakomek, (Abteilung Kinderheilkunde, Universität Göttingen).

7. Beispiel C.16 (Verschlusstechniken des Perikards): Priv.-Doz. Dr. C. Vicol, (Klinik für Herzchirurgie, Klinikum Augsburg).

Dem Herausgeber, Herrn Prof. Dr. H. Dette möchten wir für die Aufnahme dieses Buches in die Reihe *Statistik und ihre Anwendungen* danken. Unser Dank gilt ebenfalls den Referenten, die uns auf eine Reihe von Schreibfehlern und Unzulänglichkeiten hingewiesen haben.

Nicht vergessen möchten wir die Kollegen und Mitarbeiter, ohne deren Hilfe und Geduld dieses Buch nicht zustande gekommen wäre. Für die Konzeption und Programmierung der Makros, für die Durchrechnung der Beispiele und die mühevolle Erstellung der Grafiken sowie für zahlreiche inhaltliche und formale Verbesserungsvorschläge bedanken wir uns bei Sebastian Domhof, Andreas Oelerich, Benjamin Piske, Michael von Somnitz und ganz besonders bei Leif Boysen und Carola Werner.

Vorwort zur 2. Auflage

Die 2. Auflage entstand aus einem Angebot des Springer Verlags, dieses Buch in die Online-Bibliothek des Verlags aufzunehmen, ein Angebot, das wir gerne angenommen haben. Dabei war es uns ein besonderes Anliegen, die bis dahin aufgefallenen Druckfehler und Unzulänglichkeiten zu beseitigen. Dabei haben wir gleichzeitig das Buch dahingehend überarbeitet, dass wir den mathematischen Anhang etwas gestrafft und auf das Wesentliche beschränkt haben. Bezüglich näherer Ausführungen haben wir auf die Spezialliteratur verwiesen. Weiterhin war es uns wichtig, zwei Aspekte, die wir in der ersten Auflage ausgeklammert hatten, kurz zu diskutieren und wenigstens weiterführende Literatur anzugeben. Dies betrifft zum einen die Stichprobenplanung, die jetzt ganz kurz im Abschnitt 2.1.4 behandelt wird. Zum anderen sind dies die paarweisen und multiplen Vergleiche, die im Abschnitt 2.2.6 kurz diskutiert werden. Eine ausführliche Diskussion dieses wichtigen Aspektes hätte den Umfang eines eigenen Buches. Daher haben wir auf nähere Ausführungen verzichtet und im Wesentlichen auf die Literatur verwiesen.

Darüber hinaus haben wir noch einige Anmerkungen zur Bedeutung und Interpretation des relativen Effektes in Abschnitt 1.4.1 eingefügt. Dies geschah vor allem deshalb, weil der relative Effekt in der neueren Literatur - teilweise unter anderem Namen - zunehmend an Interesse gewinnt. Es war uns ein zusätzliches Anliegen, den Begriff der Rangtransformation genauer zu diskutieren. Dieser Begriff existiert seit etwa 40 Jahren in der Literatur. Leider haben einige neuere Arbeiten gezeigt, dass sich die Erkenntnis, wann diese heuristische Technik korrekte Ergebnisse liefert und wann nicht, noch nicht durchgesetzt hat, obwohl die Lösung seit über 20 Jahren bekannt ist. Daher haben wir die im Kapitel 4 eher unter theoretischen Aspekten geführte Diskussion auch zusätzlich mit in den eher angewandten Teil des Buches aufgenommen, nämlich in den Abschnitt 2.1.2.3 (zwei Stichproben), den Abschnitt 2.2.4.3 (mehrere Stichproben) und den Abschnitt 3.1.1.8 (mehrfaktorielle Versuchspläne). Die eigentliche, theoretische Diskussion dieser Technik im Abschnitt 4.5.1.4 konnte dann etwas kürzer geführt werden.

Schließlich haben wir von der Möglichkeit Gebrauch gemacht, die beiden speziellen SAS-Makros TSP.SAS und OWL.SAS als 'Supplementary Material' über den Springer Verlag zur Verfügung zu stellen. Weitgehend können aber die Rechnungen mit SAS-Standard-Prozeduren ausgeführt werden. Es soll einer völlig überarbeiteten neuen Auflage in englischer Sprache vorbehalten bleiben, auch in R Programme zur Verfügung zu stellen und deren Gebrauch anhand von Beispielen zu diskutieren.

Wir möchten uns ganz besonders bei allen Lesern des Buches für Hinweise auf Fehler und Verbesserungsvorschläge bedanken.

Göttingen, Frankfurt, im Januar 2013.

Edgar Brunner
Ullrich Munzel

Vorwort

Die parametrische Statistik beschäftigt sich mit der Modellierung, Darstellung und Analyse von Daten, von denen man annimmt, dass sie aus bekannten Verteilungsklassen stammen, wie zum Beispiel aus der Klasse der Normal-, Exponential- oder Poissonverteilungen. Unterschiede zwischen den Modellen, aus denen die Stichproben stammen, werden dann z.B. durch Differenzen oder Quotienten der Parameter beschrieben, welche die einzelnen Verteilungen innerhalb ihrer Klasse festlegen. Die Aussagen, die auf den daraus resultierenden Verfahren beruhen, hängen dann mehr oder weniger stark davon ab, wie gut die beobachteten Daten durch diese parametrischen Modelle beschrieben werden bzw. ob die verwendete parametrische Klasse überhaupt zur Modellierung infrage kommt.

Einen ersten Schritt zur Lösung von der Annahme einer bestimmten Verteilungsklasse stellen die so genannten *Lokationsmodelle* dar, bei denen angenommen wird, dass die einzelnen Verteilungen, die den Stichproben zugrunde liegen, durch Verschiebung einer stetigen Verteilung entstehen. Unterschiede zwischen den Verteilungen werden dann wieder durch Differenzen der künstlich eingeführten Lokationsparameter beschrieben. Daher heißen die für diese Modelle entwickelten Verfahren auch *semi-parametrisch.* Dabei schränkt nicht nur die Stetigkeit der Verteilungen die Anwendung dieser Modelle für die Praxis ein, sondern auch die Tatsache, dass sich die Form der Verteilung nicht ändern darf, ist für die Anwendung im Bereich der Biologie, Medizin, Psychologie oder Soziologie unrealistisch. Hier ändern sich in der Regel unter verschiedenen Bedingungen oder Behandlungen auch die Formen der Verteilungen.

Zur Beschreibung eines Unterschiedes zwischen zwei Verteilungen mit verschiedener Form bieten sich beispielsweise Funktionale dieser Verteilungen an, wie der Maximalabstand oder das Mann-Whitney-Funktional, das eine Maßzahl für die Tendenz zu größeren oder kleineren Messwerten in den Stichproben ist. Diese anschaulich gut zu interpretierende Maßzahl kann auch auf unstetige Verteilungen und mehrere Stichproben verallgemeinert werden. Die Ansätze hierzu findet man bereits 1952 bei Kruskal. Der besondere Reiz in der Anwendung dieses Funktionals besteht darin, dass es über die Rangmittelwerte der Beobachtungen geschätzt werden kann, d.h. durch Einsetzen der Ränge in eine bekannte Statistik. Allerdings hat diese Technik, nämlich die Beobachtungen einfach durch ihre Ränge zu ersetzen, zu einer Loslösung von den zugrunde liegenden Modellierungen geführt. Die Formulierung von Hypothesen blieb dabei auf Lokationsmodelle beschränkt, was in der Kombination mit den Rängen vielfach zu fehlerhaften Anwendungen dieser Technik in der Praxis führte.

Bei der Bildung von Rängen kam das Problem der Behandlung von gleichen Messwerten, so genannten Bindungen, hinzu. In der eher theoretisch orientierten Literatur wurden Bindungen dadurch ausgeschlossen, dass stetige Verteilungen angenommen wurden, während in den Anwendungen meist nur kurz erwähnt wurde, dass man im Falle von Bindungen Mittelränge verwenden sollte. Dazu wurde für einige Verfahren eine so genannte Bindungskorrektur der Varianz hergeleitet. Das Problem von Bindungen wurde eher marginal behandelt anstatt nichtstetige Verteilungen in natürlicher Weise in die übergeordnete Theorie zu integrieren.

Die Nachteile der auf der Basis dieser Modelle entwickelten nichtparametrischen Verfahren bei der praktischen Anwendung sind offensichtlich: Zum Einen waren nur Modelle mit reinen Verschiebungseffekten zugelassen, also keine Modelle mit ungleichen Varianzen oder gar Formänderungen der Verteilungen in den einzelnen Stichproben. Zum Anderen waren alle Modelle mit diskreten oder gar geordnet kategorialen Daten ausgeschlossen. Eine Ausnahme bildeten hier lediglich der Fall zweier Stichproben (Wilcoxon-Mann-Whitney Test) und die unmittelbare Erweiterung auf mehrere Stichproben (Kruskal-Wallis Test). Leider setzte sich daher in der Anwendung immer mehr der Eindruck durch, dass nichtparametrische Verfahren zur Analyse von Daten, denen ein etwas komplizierteres Design zugrunde liegt, nicht geeignet oder erst gar nicht vorhanden sind. Dies trifft insbesondere für die in der Anwendung häufig vorkommenden Zähldaten oder geordnet kategorialen Daten zu.

Es waren also im wesentlichen drei Probleme zu lösen, um nichtparametrische Verfahren zu entwickeln, die für eine große Klasse von Verteilungen anwendbar sind.

1. Bindungen müssen in natürlicher Weise mit in die Theorie aufgenommen werden, sodass sich der Fall ohne Bindungen als Sonderfall daraus ergibt.
2. Verteilungsunterschiede sollten über nichtparametrische Größen definiert sein und ohne weitere Modellannahmen aus den Daten geschätzt werden können.
3. Hypothesen, insbesondere in mehrfaktoriellen Versuchsanlagen, sollten ebenfalls über nichtparametrische Größen formuliert werden und in sinnvoller Beziehung zu den Hypothesen der bekannten parametrischen Modelle stehen.

Die grundlegende Idee zur Lösung des ersten Problems, nämlich die Verwendung der normalisierten Version der Verteilungsfunktion, wurde 1980 von Ruymgaart publiziert, wurde aber leider kaum beachtet. Das zweite Problem war eigentlich von Beginn an durch Mann und Whitney gelöst, trat aber durch die fast ausschließliche Betrachtung der semiparametrischen Lokationsmodelle wieder in den Hintergrund. Obwohl die Lösung des dritten Problems unmittelbar auf der Hand lag, hatten erst Akritas und Arnold (1994) die Idee, nichtparametrische Hypothesen in mehrfaktoriellen Versuchsanlagen einfach über eine additive Zerlegung der Verteilungsfunktionen zu formulieren. Diese einfache Idee ermöglicht es, den engen Rahmen der semi-parametrischen Lokationsmodelle zu verlassen und die ursprüngliche Idee zu realisieren, in einem nichtparametrischen Modell keine bestimmten Verteilungsklassen anzunehmen, sondern eine breite Klasse von Modellen zuzulassen, die auch diskrete Daten, ja sogar den Extremfall der $\{0,1\}$-Daten einschließt. Auf dieser Basis konnten Verfahren entwickelt werden, die als Sonderfälle die bekannten Rangverfahren der nichtparametrischen Statistik enthalten, die für stetige Verteilungen hergeleitet wurden.

Ziel des Buches Die systematische Anwendung der oben beschriebenen Gedanken führt zu einem anderen Zugang zur nichtparametrischen Statistik als man ihn üblicherweise aus den Lehrbüchern kennt. Wir möchten unter dem Begriff *nichtparametrische Datenanalyse* nicht die Analyse von semi-parametrischen Modellen mithilfe von Rangverfahren verstehen, sondern wir möchten ohne jegliche Parameter - seien es natürliche oder künstlich eingeführte - auskommen und das Wort *nichtparametrisch* in seinem eigentlichen Sinn verwenden. Dabei werden Unterschiede zwischen den Verteilungen nur über die Verteilungen definiert und rein nichtparametrische Hypothesen nur mithilfe von Funktionalen der Verteilungen formuliert. Die Ränge ergeben sich dabei als technisch einfaches Hilfsmittel zur Schätzung dieser Unterschiede, die sich dann zur anschaulichen Darstellung der Versuchsergebnisse verwenden lassen. Die asymptotische Verteilung der daraus resultierenden Rangstatistiken wird dann unter den nichtparametrischen Hypothesen hergeleitet, wobei sich auch Konfidenzintervalle für die nichtparametrischen Effekte konstruieren lassen. Damit gelingt es, nichtparametrische Verfahren sowohl für einfache als auch kompliziertere Versuchsanlagen in einheitlicher Sichtweise herzuleiten.

Wir haben besonders darauf Wert gelegt, eine Verbindung zwischen Praxis und Theorie herzustellen. So kann einerseits der eher praktisch orientierte Leser sehen, wie Daten aus einfachen und komplexen Versuchsanlagen mit nichtparametrischen Methoden analysiert werden können. Andererseits sollen für den theoretisch interessierten Leser die notwendigen Herleitungen der Ergebnisse sowie die dazu benutzten Techniken zur Verfügung gestellt werden. Es werden dabei nur grundlegende Techniken der Analysis, der Matrizenrechnung und der Wahrscheinlichkeitstheorie verwendet. Die dabei benutzten Begriffe und Ergebnisse sind in einem Anhang zusammengestellt. Wir haben uns in diesem Buch auf Modelle für unabhängige Beobachtungen (unverbundene Stichproben) beschränkt. Die Untersuchung von Modellen und Herleitung von Verfahren für Daten mit Messwiederholungen (repeated measures) oder für gemischte Modelle sind erheblich komplizierter und sollen an anderer Stelle separat behandelt werden.

Aufbau des Buches In der Einleitung werden anhand von Beispielen zunächst die Strukturen und Messskalen von Daten erklärt sowie die zugrunde liegenden Verteilungen diskutiert. Dann werden systematisch die wichtigsten Versuchsanlagen mit festen Faktoren beschrieben und mithilfe von Beispielen anschaulich erläutert. Dabei werden der Vollständigkeit halber auch einige gemischte Modelle erklärt und systematisch eingeordnet. Weiterhin werden im ersten Abschnitt nichtparametrische Effekte definiert, die dann mithilfe von Rängen geschätzt werden. Die Eigenschaften von Rängen werden ausführlich am Ende des ersten Kapitels behandelt.

Im zweiten Kapitel werden einfaktorielle Versuchsanlagen betrachtet, wobei zuerst zwei und dann mehrere Stichproben behandelt werden.

Der wesentliche Schritt von der einfaktoriellen zur mehrfaktoriellen Versuchsanlage, der durch die Formulierung nichtparametrischer Hypothesen erst ermöglicht wurde, ist im dritten Kapitel ausführlich anhand der Zweiweg-Kreuzklassifikation dargestellt. Die dabei benutzte Matrizentechnik wird im Anhang separat beschrieben. Die Verallgemeinerung auf drei und mehr Faktoren wird im letzten Teil des dritten Kapitels behandelt.

Jedes Modell in diesen Kapiteln wird anhand eines konkreten Beispiels motiviert. Die Verfahren zur Beschreibung und Analyse eines speziellen Modells werden jeweils aus allgemeinen Resultaten abgeleitet. Diese sind, um den Fluss der ersten drei Kapitel nicht zu stören, separat im vierten Kapitel zusammengestellt, wobei auch die Beweise angegeben sind. Die einzelnen speziellen Verfahren werden dann auf Beispiele angewendet und diskutiert. Jeder Abschnitt schließt mit einer Zusammenstellung der wichtigsten Definitionen, Modelle und Formeln für die jeweilige Versuchsanlage. Sowohl praktische als auch theoretische Übungsaufgaben von unterschiedlichem Schwierigkeitsgrad findet man am Ende eines jeden Kapitels. Die benötigten Beispiele und Datensätze werden im Anhang zur Verfügung gestellt.

Zur Durchführung der umfangreichen Rechnungen werden die notwendigen Prozeduren und Programmschritte zur Verwendung von SAS-Standard Programmen erläutert. Es werden auch Makros in SAS-IML zur Verfügung gestellt, deren Handhabung in dem jeweiligen Kapitel beschrieben ist, in dem die betreffende Versuchsanlage diskutiert wird. Wir sind uns dessen bewusst, dass wir mit der Festlegung auf SAS als verwendete Software sicher etwas einseitig sind. Allerdings scheiden die meisten gängigen statistischen Softwarepakete schon deshalb aus, weil sie nicht flexibel genug sind, die notwendigen Rechnungen mit Standard Programmen auszuführen.

Durch eine Mischung aus Theorie und Praxis hoffen wir, mit diesem Buch sowohl dem Anwender einige Anregungen zur Auswertung seiner Daten geben zu können als auch dem eher an den theoretischen Grundlagen interessierten Leser eine zusammenhängende Darstellung der bisher auf viele Einzelpublikationen verteilten Gedanken zu bieten. Für Verbesserungsvorschläge und Hinweise auf Fehler sind wir jederzeit dankbar.

Göttingen, Frankfurt, im Mai 2002

Edgar Brunner

Ullrich Munzel

Inhaltsverzeichnis

Kapitel 1

Datenstrukturen und Verteilungen

1.1 Arten von Daten

Die wiederholte Durchführung von Experimenten zur Vermeidung von zufallsbedingten Versuchsergebnissen und die daraus resultierende Gesamtbewertung eines Experimentes ist Grundlage vieler Erkenntnisse der wissenschaftlichen Forschung. Das Ziel der Wiederholung eines Experimentes ist das Erkennen eines systematischen Effektes vor dem Hintergrund von zufällig schwankenden Messergebnissen. Diese können vielfältiger Natur sein und auf unterschiedlichen Typen von Skalen gemessen werden.

Zur Beschreibung der Daten eines Versuchs durch ein adäquates Modell muss den unterschiedlichen Typen der Mess-Skalen Rechnung getragen werden. Will man ein möglichst allgemein gültiges Modell aufstellen, so muss man zunächst festlegen, welche Typen von Mess-Skalen durch ein solches Modell erfasst werden sollen. Daher werden zunächst die Mess-Skalen, auf denen Versuchsergebnisse beobachtet werden, unter verschiedenen Gesichtspunkten betrachtet.

1.1.1 Genauigkeit einer Skala

Kontinuierliche Skalen. Kontinuierliche Skalen zeichnen sich dadurch aus, dass auf ihnen prinzipiell mit beliebiger Genauigkeit gemessen werden kann (Längen, Höhen, Geschwindigkeiten u.ä.). Das heißt, dass mit zwei Skalenpunkten auch jeder Zwischenwert beobachtet werden kann. Auf einer kontinuierlichen Skala wird ein konkreter Punkt nur mit Wahrscheinlichkeit 0 gemessen. Dies bedingt unter anderem, dass gleiche Messwerte (*Bindungen*) fast sicher nicht auftreten können.

Diskrete Skalen. Im Gegensatz zu kontinuierlichen Skalen sind auf diskreten Skalen die Messpunkte voneinander getrennt und Zwischenwerte können nicht beobachtet werden (Anzahl der Kinder pro Geburt, Wochentag, Geschlecht u.ä.). Werden Messwerte auf diskreten Skalen erhoben, so werden einzelne Skalenpunkte mit positiver Wahrscheinlichkeit angenommen. Es treten also in der Regel Bindungen auf, insbesondere wenn viele Messungen vorgenommen werden.

Als weiteres Unterscheidungsmerkmal dienen die strukturellen Zusammenhänge zwischen den Skalenpunkten. Demnach wird zwischen *metrischen*, *ordinalen*, *nominalen* und *dichotomen* Skalen differenziert. Die verschiedenen Arten von Skalen sind in der folgenden Übersicht zusammengestellt.

Struktur	Kontinuität	Merkmale	Beispiele
metrisch	stetig	mit Abstandsmaß ohne Bindungen	Längen, Gewichte, Volumina
	diskret	mit Abstandsmaß mit Bindungen	Anzahlen, diskretisierte Längen, Gewichte, Volumina
ordinal	stetig	mit Anordnung ohne Bindungen	Analog-Skalen, Eich-Skalen
	diskret	mit Anordnung mit Bindungen	Lebensqualität, Schmerz-Score, Schaden-Score, Bonitur-Skala
nominal	diskret	ohne Anordnung mit Bindungen	ethnische Zugehörigkeit, Therapie, Farbe
dichotom	diskret	0-1-Werte mit Bindungen	Indikatoren für Erfolg, Morbidität, Geschlecht

1.1.2 Abstände auf einer Skala

Metrische Daten. Die wesentliche Eigenschaft metrischer Daten ist, dass sich Differenzen beliebiger Paare von Messwerten sinnvoll bilden lassen, d.h. es lässt sich eindeutig entscheiden, ob die Differenz von zwei beliebigen Skalenpunkten größer, kleiner oder gleich der Differenz von zwei beliebigen anderen Skalenpunkten ist. Zwischen den Skalenpunkten ist ein Abstandsmaß definiert.

Metrische Skalen können kontinuierlich sein (Längen, Gewichte, Volumina). Häufig werden stetige Skalen künstlich diskretisiert, weil etwa die verwendeten Messgeräte nicht beliebig genau messen oder weil es inhaltlich keinen Sinn macht genauer zu messen. So wird z.B. die Körpergröße von Menschen in der Regel in cm gemessen, da Unterschiede in mm für die meisten Fragestellungen irrelevant sind. Ob bei Daten, die auf einer eigentlich kontinuierlichen Mess-Skala gemessen worden sind, Bindungen auftreten oder nicht, hängt also von der Messgenauigkeit und der Anzahl der Beobachtungen ab. Metrische Daten ohne Bindungen sind die Ferritin-Werte [ng/ml] in Beispiel C.15, Anhang C, S. 260. Metrische Daten mit Bindungen sind die Organgewichte [g] in Beispiel C.1, Anhang C, S. 249 oder die γ-GT [U/l] in Beispiel C.5, Anhang C, S. 252.

Sind nur feste, bestimmte Werte auf einer metrischen Skala zugelassen, dann nennt man diese Daten *metrisch-diskret*. Solche Daten sind z.B. Zähldaten, das heißt Anzahlen. Diese sind diskret, da nur nicht-negative ganze Zahlen vorkommen können, und metrisch, da die Differenzen beliebiger Paare von Messwerten der Größe nach angeordnet werden können. Dieser Datentyp ist zu finden in Beispiel C.2, Anhang C, S. 250 (Implantationen) und in Beispiel C.10, Anhang C, S. 255 (Corpora Lutea).

Ordinale Daten. Eine Skala heißt *ordinal*, wenn die Messpunkte der Skala sich zwar der Größe nach anordnen lassen, sich Verknüpfungen wie Addition und Subtraktion aber nicht sinnvoll definieren lassen. Das heißt, es liegt eindeutig für jedes Wertepaar fest, ob der eine Wert kleiner, größer oder gleich dem anderen Wert ist. Es lassen sich aber weder die Summe der beiden Werte noch ein Abstand zwischen den Werten bilden. Daher ist es auch unzulässig, Differenzen oder Mittelwerte von ordinalen Daten bilden. Aufgrund dieser Eigenschaften unterscheiden sich ordinale Skalen entscheidend von metrischen Skalen, bei denen wesentlich mehr Information über die Lage und Abstände der Skalenpunkte vorhanden ist.

Beispiele für kontinuierliche Ordinalskalen sind die visuellen Analog-Skalen, bei denen etwa eine subjektive Schmerzempfindung durch eine Zahl zwischen einem vorgegebenen Minimal- und Maximalwert ausgedrückt wird. Bei einer diskreten Ordinalskala werden bestimmten graduellen Beobachtungen (z.B. Schweregraden einer Schädigung / Erkrankung in der Medizin oder Bonituren in den Agrarwissenschaften) diskrete Werte, so genannte geordnete Kategorien, zugewiesen. Daher werden diskrete Ordinalskalen auch *geordnet kategoriale* Skalen genannt.

Die Kategorien einer diskreten Ordinalskala (Graduierungsskala, Punkte-Skala, Bonitur-Skala) werden meist mit ganzen Zahlen, wie z.B. $0, 1, 2, \ldots$, codiert. Diese sind jedoch rein willkürlich gewählt und stellen nur die der Skala zugrunde liegende Ordnungsstruktur dar, d.h. dass zu einer schlechteren Kategorie eine kleinere Zahl als zu einer besseren Kategorie gehört. Diese Zuteilung ist, wie auch andere, rein willkürlich. Einer Skala könnten genauso gut die Punkte $A, B, C, \ldots$ zugeordnet werden, wenn $A < B < C < \ldots$ bezeichnet, und es stünde dieselbe Information zur Verfügung. Analoge Überlegungen gelten auch für stetige Ordinalskalen.

Es ist daher einsichtig, dass der Informationsgehalt einer Ordinalskala nicht von der Codierung der Skalenpunkte abhängt, solange diese Codierung die Ordnungsstruktur berücksichtigt. Der Informationsgehalt einer Ordinalskala ist also invariant unter *ordnungserhaltenden (streng) monotonen Transformationen*, also Abbildungen $m(\cdot)$ für die gilt: aus $x < y$ folgt $m(x) < m(y)$. Werden ordinale Daten analysiert, so dürfen sich aus diesem Grund die Ergebnisse der Analysen nicht unter ordnungserhaltenden Transformationen ändern, d.h. die Ergebnisse dürfen nicht von den rein willkürlich gewählten Punkten der Skala abhängen. Ordinale Daten sind zu finden in Beispiel C.11, Anhang C, S. 256 (Vitalitäts-Scores), in Beispiel C.9, Anhang C, S. 255 (Reizung der Nasen-Schleimhaut) und in Beispiel C.4, Anhang C, S. 251 (Schulter-Schmerz Studie).

Nominale Daten. Daten heißen *qualitativ* oder *nominal*, wenn die möglichen diskreten Beobachtungen nur qualitative Ausprägungen besitzen. Im Gegensatz zu geordnet kategorialen Daten können bei qualitativen Daten die einzelnen Kategorien, welche die möglichen Versuchsergebnisse darstellen, nicht angeordnet werden. Typische qualitative Kategorien sind zum Beispiel (rechts / links) bei der Untersuchung von Schreibgewohnheiten, (Vorderwand / Hinterwand / Septum / ...) bei der Untersuchung der Lokalisation eines Herzinfarktes oder (Partei A / Partei B / Partei C / keine Meinung) bei einer Befragung von Wahlberechtigten.

Dichotome Daten. Wenn die möglichen Ergebnisse eines Versuchs nur in zwei Ausprägungen beobachtet werden, wie zum Beispiel (ja / nein) oder (gut / schlecht), dann werden diese Daten *dichotom* genannt. Ähnlich wie bei den ordinalen Daten können den beiden Ausprägungen Zahlen zugewiesen werden, typischerweise die 0 und die 1. Diese Daten heißen daher auch *(0,1)-Daten*. Falls sich die beiden Ausprägungen einer dichotomen Skala im Sinne einer (schlechter / besser)-Beziehung anordnen lassen, liegt die einfachste Form einer ordinalen Skala vor. Haben dichotome Skalen dagegen nur qualitative Skalenpunkte, so können sie als Spezialfall den Nominalskalen zugeordnet werden.

In diesem Buch werden keine Verfahren zur Analyse von qualitativen Daten behandelt. Daten mit qualitativen Ausprägungen treten also nicht als Zielvariable, sondern lediglich als Einflussfaktoren auf (siehe Abschnitt 1.2).

1.2 Versuchspläne und Faktoren

Bei der statistischen Analyse von Experimenten oder Studien hat neben der Verteilung auch die zugrunde liegende Versuchsstruktur erheblichen Einfluss auf die Wahl des zu verwendenden statistischen Tests. In diesem Zusammenhang wird zwischen so genannten *Zielgrößen* und *Einflussgrößen* unterschieden. Die Zielgrößen eines Experiments sind die Zufallsvariablen, die den Erfolg oder die Auswirkung des Experiments beschreiben bzw. quantifizieren. So könnte der Erfolg einer wirtschaftspolitischen Maßnahme auf eine Gruppe von Unternehmen z.B. daran gemessen werden, dass der Anteil investierten Kapitals, der wieder in die Firmen zurück geflossen ist (ROI=return of investment), einen gewissen vorgegebenen Wert erreicht. In der Psychiatrie wird der Angstzustand von Patienten in der Regel auf ordinalen Skalen, wie der Hamilton-Skala, gemessen und der Erfolg eines Psychopharmakons durch eine Absenkung des Skalenwertes quantifiziert.

Einflussgrößen dagegen sind Variablen, deren Ausprägungen Auswirkungen auf die Verteilungen der Zielvariablen haben. Der ROI z.B. kann sich je nach Größe des Unternehmens sehr unterschiedlich entwickeln und die Absenkung eines Angst-Scores kann vom sozialen Umfeld abhängen. In diesen Beispielen sind die Unternehmensgröße bzw. das soziale Umfeld Einflussgrößen, wogegen ROI bzw. Angst-Score Zielgrößen darstellen.

Die Art und Weise, wie und in welchen Kombinationen die Stufen der Einflussgrößen zusammenhängen, wie viele und welche Einflussgrößen für den Ausgang eines Versuchs relevant sind und erhoben werden, bilden eine grundlegende logische Struktur, den *Versuchsplan (das Design)* des Versuchs.

Ziel der folgenden Abschnitte ist, die verwendeten Begriffe der Versuchsplanung zu klären und anhand einiger Beispiele zu verdeutlichen. Dabei erhebt das Kapitel keinen Anspruch auf Vollständigkeit. In späteren Kapiteln werden dann weitere Versuchspläne ausführlich beschrieben und schematisch dargestellt.

1.2.1 Faktoren und ihre Anordnung

Bei der Versuchsplanung werden im Allgemeinen zwei verschiedene Typen von Einflussgrößen unterschieden. Solche Einflussgrößen, die bei der Durchführung des Versuchs miterfasst, beobachtet oder auch gezielt variiert werden, heißen *Faktoren*. Nicht erfasste Einflussgrößen werden unter dem Begriff *Versuchsfehler* zusammengefasst. Während die Einflüsse von Faktoren, die so genannten *Effekte* der Faktoren, über eine geeignete Modellbildung unter *Versuchkontrolle* gebracht werden, wird der Versuchsfehler durch Randomisierung und stochastische Modellierung unter *statistische Kontrolle* gebracht. Ziel der Versuchsplanung ist es, die Faktoren derart zu definieren, anzuordnen und zu kombinieren, dass der Versuchsfehler möglichst klein wird.

Neben den Faktoren, an denen ein direktes inhaltliches Interesse besteht, wie z.B. die Dosis eines Medikaments in einer pharmazeutischen Studie, werden auch so genannte *Störfaktoren* erfasst. Bei diesen handelt es sich um Einflussgrößen, die nur zur Minimierung des Versuchsfehlers mit berücksichtigt werden. Typische Störfaktoren sind z.B. das Studienzentrum bei größeren klinischen Studien oder der Wurf bei einem Tierexperiment mit Ratten.

Die Ausprägungen, die ein Faktor annehmen kann, werden *Faktorstufen* oder kurz *Stufen* genannt. So nimmt z.B der Faktor 'Konzentration' in der Studie zur Reizung der Nasen-Schleimhaut (siehe Beispiel C.9, Anhang C, S. 255) die Stufen 2 ppm, 5 ppm und 10 ppm an. Je nachdem, auf welcher Skala sich die Stufen von Faktoren messen lassen und wie der Effekt eines Faktors auf die Zielgröße zu bewerten ist, werden *metrische, ordinale* und *nominale* Faktoren unterschieden. Ist der Faktor Substanz im Rahmen der Nasen-Schleimhaut Studie nominal skaliert, so ist beim Faktor Konzentration nicht unbedingt offensichtlich, ob er als metrisch, als ordinal oder als nominal skaliert anzusehen ist. Geht man von einer metrischen Skalierung aus, so setzt man einen gleichmäßigen Einfluss der Konzentration auf den Reizungs-Score voraus, etwa wie in linearen Regressionsmodellen. Bei der Nasen-Schleimhaut Studie in Tabelle 1.1 möchte der Hersteller im diskutierten Fall jedoch keine Untersuchung aller möglichen Konzentrationen zwischen 2 ppm und 10 ppm durchführen. Für eine solche Analyse hätte man mehr Wert darauf gelegt, möglichst viele Konzentrationsstufen zu untersuchen. Anstelle dessen möchte man hier lediglich eine genaue Aussage über die drei vorgegebenen Konzentrationsstufen erhalten. Sieht man die drei betrachteten Konzentrationen jedoch als Stufen eines nominal skalierten Faktors an, so können die einzelnen Effekte von einer Faktorstufe zur anderen unabhängig voneinander modelliert werden. Hierbei wird aber eine eventuelle monotone Dosis-Wirkungs-Beziehungen oder ein ähnlicher Zusammenhang nicht mit berücksichtigt. Eine Verbesserung in dieser Hinsicht kann erreicht werden, wenn der Faktor Konzentration als ordinal skaliert angenommen wird. Hierbei geht man von einem monotonen Effekt der Konzentration auf den Reizungs-Score aus, ohne diesen Effekt jedoch in Einheiten der Konzentration zu quantifizieren. Die Analyse ordinaler Einflussfaktoren hat sich in der Theorie bisher als recht schwierig herausgestellt, weshalb nur in wenigen Spezialfällen geeignete Auswertungsverfahren existieren. Im Folgenden wird davon ausgegangen, dass Faktoren im Allgemeinen nominal skaliert sind. Werden andere Skalierungen betrachtet, wird an entsprechender Stelle darauf hingewiesen.

Neben der Unterscheidung der Faktoren nach der Skalierung wird für eine weitere Differenzierung auch ihre Reproduzierbarkeit benutzt.

Definition 1.1 Ein Faktor heißt *fest*, wenn seine Stufen reproduzierbar und zu Beginn des Experiments bereits festgelegt sind.

Bei einer eventuellen Wiederholung des Experiments hat ein fester Faktor dieselben Stufen. Diese sind bereits zu Beginn des Experiments bekannt und lassen sich deshalb wiederholen. Aus diesem Grund lassen sich Aussagen, über die Stufen eines festen Faktors, nicht ohne weiteres auf etwaige andere mögliche Ausprägungen des Faktors erweitern. Das Experiment macht nur Aussagen über die verwendeten Stufen.

Tabelle 1.1 Reizungsscores der Nasen-Schleimhaut bei 120 Ratten nach Inhalation von zwei Testsubstanzen in drei verschiedenen Dosisstufen (siehe Beispiel C.9, Anhang C, S. 255).

	Substanz 1				Substanz 2			
Konzentration	Anzahl der Tiere mit Reizungsscore				Anzahl der Tiere mit Reizungsscore			
	0	1	2	3	0	1	2	3
2 [ppm]	18	2	0	0	16	3	1	0
5 [ppm]	12	6	2	0	8	8	3	1
10 [ppm]	3	7	6	4	1	5	8	6

In der Nasen-Schleimhaut Studie sind die beiden Faktoren Konzentration und Substanz fest, da bei einer eventuellen Wiederholung des Experiments erneut beide Substanzen mit den Konzentrationen 2 ppm, 5 ppm und 10 ppm eingesetzt werden könnten.

Sollen die Aussagen über die Stufen eines Faktors für eine Grundgesamtheit von Faktorstufen gelten, so müssen die im Versuch verwendeten Stufen zufällig aus dieser Grundgesamtheit ausgewählt werden.

Definition 1.2 Ein Faktor heißt *zufällig*, wenn seine Stufen zufällig aus der Grundgesamtheit aller möglichen Faktorstufen ausgewählt werden.

Die Stufen eines zufälligen Faktors werden bei einer eventuellen Wiederholung des Experiments erneut zufällig ausgewählt. Sie sind also nicht zu Beginn des Experiments bekannt, sondern werden in dessen Verlauf ermittelt. Durch die zufällige Auswahl können mithilfe von Analysen der verwendeten Faktorstufen Aussagen über die Grundgesamtheit getroffen werden. Dabei ist allerdings zu beachten, dass die Auswahl von Stufen repräsentativ für die Grundgesamtheit sein muss.

In der Schulter-Schmerz Studie (siehe Beispiel C.4, Anhang C, S. 251) wird man den Patient als Faktor mit modellieren, um Abhängigkeiten über die Zeitpunkte zu berücksichtigen. Bei einer Versuchswiederholung wäre es jedoch nicht möglich, dieselben Patienten in genau dem gleichen Zustand zu betrachten.

Die grundlegenden Charakteristika von festen und zufälligen Faktoren sind in den folgenden Regeln zusammengefasst.

Wiederholungsregel: Bei einer eventuellen Versuchswiederholung hat ein

- fester Faktor dieselben vorher festgelegten Stufen,
- zufälliger Faktor erneut zufällig ausgewählte Stufen.

Verallgemeinerungsregel: Aussagen über die verwendeten Stufen lassen sich

- bei festen Faktoren nicht auf andere mögliche Stufen verallgemeinern,
- bei zufälligen Faktoren auf die Grundgesamtheit verallgemeinern, aus der sie zufällig ermittelt wurden.

Versuchspläne, in denen lediglich ein Faktor vorkommt, heißen *einfaktoriell.* Beispiele für einfaktorielle Versuchspläne sind die Fertilitätsstudie in Beispiel C.2, Anhang C, S. 250, in welcher der Einfluss des Faktors 'Substanz' auf die Anzahl der Implantationen untersucht wird oder die Toxizitätsstudie in Beispiel C.3 auf Seite 250, wobei der Einfluss der Dosis auf das relative Lebergewicht analysiert wird. Treten in einem Versuchsplan mehrere Faktoren auf, wird er *mehrfaktoriell* genannt. Beispiele für mehrfaktorielle Versuchspläne sind etwa die Schleimhaut Studie in Tabelle 1.1 mit den Faktoren 'Substanz' und 'Konzentration', sowie die Schulter-Schmerz Studie in Tabelle 1.2 mit den Faktoren 'Behandlung', 'Geschlecht', 'Patient' und 'Zeitpunkt'.

Für die adäquate Auswertung eines mehrfaktoriellen Modells ist entscheidend, wie die beteiligten Faktoren miteinander kombiniert sind. Kommen alle möglichen Stufenkombinationen zweier Faktoren in einem Versuchsplan vor (kartesisches Produkt), heißen die Faktoren *gekreuzt.*

Bei gekreuzten Faktoren werden *Haupteffekte* und *Wechselwirkungen* unterschieden. Unter dem Haupteffekt des Faktors A wird der Einfluss verstanden, den dieser Faktor allein auf die Zielgröße hat. Im Gegensatz dazu wird unter der Wechselwirkung zweier Faktoren A und B ein Effekt verstanden, der sich nicht durch die alleinige Betrachtung der einzelnen Faktoren erklären lässt, sondern durch die Kombination der Stufen bewirkt wird. Bei Wechselwirkungen können die Faktoren *synergistisch,* d.h. gleichgerichtet (verstärkend), wirken oder *antagonistisch,* d.h. gegensätzlich (abschwächend). Richtet sich das Hauptinteresse auf den Faktor A, so ist die Wechselwirkung mit dem Faktor B eine Störgröße, die eine einheitliche Analyse des Faktors A in allen Stufen des Faktors B verhindert. So bedeutet in einer pharmazeutischen Studie eine Wechselwirkung zwischen den Faktoren Substanz und Therapiezentrum, dass sich der Einfluss der Substanz in den einzelnen Zentren unterscheidet und deshalb bei weiteren Auswertungen nach den Zentren differenziert werden muss. Häufig sind Wechselwirkungen aber auch selbst von inhaltlichem Interesse. Im Rahmen der Schulter-Schmerz Studie in Tabelle 1.2 sind z.B. die Faktoren 'Behandlung' und 'Zeitpunkt' miteinander gekreuzt. Während der Haupteffekt der Behandlung einen mittleren Effekt der Behandlung über alle Zeitpunkte beschreibt, weist eine vorhandene Wechselwirkung zwischen 'Behandlung' und 'Zeitpunkt' auf unterschiedliche zeitliche Verläufe der Schmerz-Scores in den beiden Behandlungsgruppen hin.

Wird jede Stufe eines Faktors B mit genau einer Stufe eines anderen Faktors A kombiniert, heißt B unter A *verschachtelt.* Ein solcher Zusammenhang wird im Folgenden durch die Verwendung der Notation $B(A)$ anstelle von B deutlich gemacht. Versuchsanlagen mit verschachtelten Faktoren heißen *hierarchisch.* Ein Beispiel für einen hierarchischen Versuchsplan ist die HTK Studie in Beispiel C.7, im Anhang auf Seite 254. In dieser Studie treten unter anderem die Faktoren 'Hund' und 'Schnitt' auf, wobei das Oberflächen-Volumen Verhältnis $S_V R$ die Zielgröße ist. Da jedem Schnitt genau ein Hund zugeordnet werden kann, ist 'Schnitt' unter 'Hund' verschachtelt.

Tabelle 1.2 Schmerz-Scores zu 6 festen Zeitpunkten nach einer laparoskopischen Operation für die 22 Patienten (14 Frauen und 8 Männer) der Behandlungsgruppe Y und die 19 Patienten (11 Frauen und 8 Männer) der Kontrollgruppe N (siehe auch Beispiel C.4, Anhang C, S. 251).

Schmerz-Score															
Behandlung Y								Behandlung N							
		Zeitpunkt								Zeitpunkt					
Pat.	Geschl.	1	2	3	4	5	6	Pat.	Geschl.	1	2	3	4	5	6
1	F	1	1	1	1	1	1	23	F	5	2	3	5	5	4
3	F	3	2	2	2	1	1	24	F	1	5	3	4	5	3
4	F	1	1	1	1	1	1	25	F	4	4	4	4	1	1
5	F	1	1	1	1	1	1	28	F	3	4	3	3	3	2
8	F	2	2	1	1	1	1	30	F	1	1	1	1	1	1
9	F	1	1	1	1	1	1	33	F	1	3	2	2	1	1
10	F	3	1	1	1	1	1	34	F	2	2	3	4	2	2
12	F	2	1	1	1	1	2	35	F	2	2	1	3	3	2
16	F	1	1	1	1	1	1	36	F	1	1	1	1	1	1
18	F	2	1	1	1	1	1	38	F	5	5	5	4	3	3
19	F	4	4	2	4	2	2	40	F	5	4	4	4	2	2
20	F	4	4	4	2	1	1								
21	F	1	1	1	2	1	1								
22	F	1	1	1	2	1	2								
2	M	3	2	1	1	1	1	26	M	4	4	4	4	4	3
6	M	1	2	1	1	1	1	27	M	2	3	4	3	3	2
7	M	1	3	2	1	1	1	29	M	3	3	4	4	4	3
11	M	1	1	1	1	1	1	31	M	1	1	1	1	1	1
13	M	1	2	2	2	2	2	32	M	1	5	5	5	4	3
14	M	3	1	1	1	3	3	37	M	1	1	1	1	1	1
15	M	2	1	1	1	1	1	39	M	3	3	3	3	1	1
17	M	1	1	1	1	1	1	41	M	1	3	3	3	2	1

Gibt es in einem Versuchsplan sowohl verschachtelte als auch gekreuzte Faktoren, wird er *partiell hierarchisch* genannt. Bei der Schulter-Schmerz Studie in Tabelle 1.2 ist der Faktor ‘Patient’ unter dem Faktor ‘Behandlung’ verschachtelt, wobei die Patienten mit den Nummern 1-22 die zusätzliche Therapie bekommen haben (Behandlung=Y) während die Patienten mit den Nummern 23-41 als Kontrollen dienen (Behandlung=N). Da aber z.B. Behandlung und Zeitpunkt miteinander gekreuzt sind, handelt es sich bei der vorliegenden Versuchsanlage um einen partiell hierarchischen Versuchsplan.

Treten in einem Versuch mehrere Faktoren auf, werden die Stufenkombinationen der beteiligten nominalen und geordnet kategorialen Faktoren *Zellen* genannt. Die Anzahl unabhängiger Beobachtungen pro Zelle heiß *Zellbesetzung*. Bei der Nasen-Schleimhaut Studie in Tabelle 1.1 hat etwa die Zelle (Substanz 1, 2 ppm) eine Besetzung von $18 + 2 + 0 + 0 = 20$. Sind nicht in allen Zellen Beobachtungen vorhanden, werden diese *unbesetzt* genannt. Sind bei einer Kombination fester Faktoren alle Zellen besetzt, heißt der Versuchsplan *vollständig*, sonst heißt er *unvollständig*.

1.2.2 Indizierung

In diesem Abschnitt wird die Systematik der Indizierung kategorialer Faktoren diskutiert, wie sie im Folgenden verwendet wird. Im einfachsten Versuchsplan gibt es einen festen Faktor A (Therapie, Gruppe), dessen Stufen mit $i = 1, \ldots, a$ bezeichnet werden. Diese Stufen sind inhaltlich als Versuchsbedingungen zu interpretieren, wobei das Experiment unter jeder Bedingung jeweils n_i-mal unabhängig wiederholt wurde. Die den Wiederholungen zugrunde liegenden Versuchseinheiten werden auch *Individuen (engl. Subjects)* genannt. Die Zielgrößen werden mit X bezeichnet und mit Indizes versehen, welche die Faktorstufen kennzeichnen. Die Beobachtung am k-ten Individuum, $k = 1, \ldots, n_i$, aus der i-ten Gruppe wird also mit X_{ik} bezeichnet.

Anmerkung 1.1 Werden mehrere Beobachtungen an jedem Individuum gemacht *(repeated measures)*, so kann man die Individuen als Stufen eines zufälligen Faktors betrachten, um die resultierende Abhängigkeitsstruktur zu modellieren. Dadurch kann der Faktor 'Individuum' indirekt zur Einflussgröße werden. So wurde zum Beispiel bei der Schulter-Schmerz Studie in Tabelle 1.2 jeder Patient zu jedem Zeitpunkt beobachtet. Die Faktoren 'Patient' und 'Zeitpunkt' sind also gekreuzt, wobei 'Patient' zufällig und 'Zeitpunkt' fest ist. Sind die Individuen allerdings unter den anderen Faktoren verschachtelt, so wird ihr Einfluss durch Modellvoraussetzungen, wie Unabhängigkeit oder identische Verteilungen, ausgeschlossen.

Bei der Nasen-Schleimhaut Studie in Tabelle 1.1 hat jedes Tier genau eine Dosis genau einer Substanz bekommen, d.h. das Tier ist verschachtelt unter der Wechselwirkung zwischen 'Dosis' und 'Substanz'. Da keine Mehrfachmessungen pro Tier durchgeführt wurden, wird auf eine Modellierung des Faktors 'Tier' verzichtet.

1.2.3 Versuchspläne mit festen Faktoren

In diesem Abschnitt werden Designs betrachtet, in denen nur feste Faktoren vorkommen. In diesem Fall liegen den Stichproben unabhängige Beobachtungen zugrunde. Solche Stichproben heißen *unverbunden.* Das einfachste Beispiel eines solchen Versuchsplans ist der *CRF-a (Completely Randomized Factorial Design, ein Faktor mit a Stufen)*, wobei die von Kirk (1982) verwendete Nomenklatur aufgegriffen wird. *Completely Randomized* bedeutet in diesem Zusammenhang, dass die Zuordnung der Individuen zu den Zellen des Versuchsplans vollständig durch Randomisierung, d.h. durch einen Zufallsmechanismus, geschehen ist. Dadurch sind weitere Einflussgrößen zu vernachlässigen, weil sie zufällig im Versuch verteilt sind. In diesem Design gibt es nur einen festen Faktor A mit $i = 1, \ldots, a$ Stufen. Innerhalb jeder Faktorstufe i werden $k = 1, \ldots, n_i$ Individuen betrachtet. Die Indizierung im CRF-a ist in Tabelle 1.3 schematisch dargestellt.

Designs vom Typ CRF-a werden allgemein auch *unverbundene a-Stichprobenpläne* genannt. Ein unverbundener 5-Stichprobenplan ist die Toxizitätsstudie in Beispiel C.3 (Lebergewichte), Anhang C, S. 250, wobei 5 Gruppen, $i = 1$ (Placebo), $i = 2$ (Dosis 1), $i = 3$ (Dosis 2), $i = 4$ (Dosis 3) und $i = 5$ (Dosis 4) betrachtet werden. In diesem Zusammenhang bezeichnet X_{23} das relative Lebergewicht der dritten Ratte mit Dosis 1, nimmt also den Messwert $x_{23} = 3.09$ an. Natürlich ist die gewählte Zuordnung der Indizes zu den Gruppen willkürlich und man könnte die Indizes auch vertauschen.

Tabelle 1.3 Schematische Darstellung der Beobachtungen und der Indizes im einfaktoriellen Versuchsplan CRF-a.

Schema des CRF-a			
Beobachtung	Index	Ausprägungen	Bedeutung
X_{ik}	i	$1, \ldots, a$	Stufen des festen Faktors A
	k	$1, \ldots, n_i$	Individuen

Ein wichtiger Spezialfall des CRF-a ist der Fall $a = 2$, der unverbundene 2-Stichprobenplan.. Dieser Versuchsplan ist zu finden im Beispiel C.2 (Implantationen), Anhang C, S. 250. In diesem Beispiel wird der Faktor 'Gruppe' mit den Stufen $i = 1$ (Verum) und $i = 2$ (Placebo) betrachtet. Dann bezeichnet X_{24} die Anzahl der Implantationen bei der vierten Ratte in der Verum-Gruppe, d.h. die Zufallsvariable X_{24} nimmt im vorliegenden Beispiel die Ausprägung $x_{24} = 12$ an.

Ein wichtiger mehrfaktorieller Versuchsplan mit festen Faktoren ist der *CRF-ab (Completely Randomized Factorial Design, zwei vollständig gekreuzte Faktoren mit a bzw. b Stufen)* . In diesem Plan werden zwei miteinander vollständig gekreuzte Faktoren A mit den Stufen $i = 1, \ldots, a$ und B mit den Stufen $j = 1, \ldots, b$ betrachtet. In jeder Zelle (i, j) werden $k = 1, \ldots, n_{ij}$ Subjects beobachtet. Die Indizierung im CRF-ab ist in Tabelle 1.4 schematisch dargestellt.

Tabelle 1.4 Schematische Darstellung der Beobachtungen, der Faktoren und der Indizes im zweifaktoriellen Versuchsplan CRF-ab.

Schema des CRF-ab			
Beobachtung	Index	Ausprägungen	Bedeutung
	i	$1, \ldots, a$	Stufen des festen Faktors A
X_{ijk}	j	$1, \ldots, b$	Stufen des festen Faktors B
	k	$1, \ldots, n_{ij}$	Individuen

Neben den Haupteffekten der beiden Faktoren A und B gibt es im CRF-ab noch die Wechselwirkung von A und B, die mit AB bezeichnet wird. Ein CRF-23 ist zum Beispiel die Nasen-Schleimhaut Studie in Tabelle 1.1 mit den Faktoren 'Substanz' $i = 1$ (Substanz 1) und $i = 2$ (Substanz 2), sowie dem Faktor 'Konzentration' $j = 1$ (2 ppm), $j = 2$ (5ppm) und $j = 3$ (10 ppm). Hierbei bezeichnet X_{135} den Reizungs-Score der fünften Ratte in der Zelle (Substanz 1, Konzentration 10 ppm). Wären die Messwerte innerhalb der Zellen der Größe nach geordnet, hätte diese Zufallsvariable im vorliegenden Experiment die Ausprägung $x_{135} = 1$.

Pläne, in denen drei vollständig gekreuzte Faktoren vorkommen, werden mit *CRF-abc* bezeichnet, Pläne mit vier Faktoren *CRF-abcd* usw.. Andere Anordnungen fester Faktoren werden an dieser Stelle nicht diskutiert. Des weiteren sollen hier nur Versuchsanlagen mit unabhängigen Beobachtungen, also keine Messwiederholungen an derselben Versuchseinheit betrachtet werden.

Die Diskussion der gemischten Versuchspläne im folgenden Abschnitt und die Beispiele mit Messwiederholungen an denselben Versuchseinheiten (Schulter-Schmerz Studie, γ-GT Studie, Oberflächen-Volumen Verhältnis und Dach-Projekt) sollen nur zur Vervollständigung und Verdeutlichung der Systematik sowie zur Erläuterung verschiedener Begriffe dienen.

In den weiteren Kapiteln werden von diesen Beispielen nur die Daten zu einem jeweils festen Zeitpunkt, also keine Messwiederholungen an derselben Versuchseinheit (repeated measures), verwendet. Für die nichtparametrische Analyse der Schulter-Schmerz Studie (siehe Beispiel C.4, S. 251), der γ-GT Studie (siehe Beispiel C.5, S. 252) und des Fichtenwald-Dachprojektes (siehe Beispiel C.11, S. 256) unter Berücksichtigung der Zeiteffekte sei auf die Bücher von Brunner und Langer (1999) sowie von Brunner, Domhof und Langer (2002) verwiesen.

1.2.4 Gemischte Versuchspläne

Obwohl im Folgenden nur Verfahren für feste Faktoren diskutiert werden, soll an dieser Stelle der Vollständigkeit halber auch kurz auf *gemischte* Versuchspläne eingegangen werden, die sowohl feste als auch zufällige Faktoren beinhalten.

Das einfachste Beispiel eines gemischten Plans ist der *RBF-a (Randomized Block Design, ein fester Faktor mit a Stufen)*, ein *Blockplan* bei dem ein zufälliger Faktor Z mit einem festen Faktor A vollständig gekreuzt ist. Die Stufen von Z werden mit $k = 1, \ldots, n$ und die Stufen von A mit $r = 1, \ldots, a$ bezeichnet. Ein zusammenfassendes Schema des Designs sowie die Indizierung im RBF-a ist in Tabelle 1.5 dargestellt.

Einen solchen Plan erhält man z.B., wenn man im Beispiel C.5, Anhang C, S. 252 nur die Verum-Gruppe betrachtet. Dabei ist 'Patient' der zufällige Faktor und 'Tag nach OP' der feste Faktor mit den Stufen $-1, 3, 7$ und 10. Der Faktor 'Patient' wird deshalb mit als Faktor modelliert, da mehrere Messungen an denselben Patienten gemacht wurden und deshalb abhängige Werte vorliegen (siehe Anmerkung 1.1, S. 9).

Tabelle 1.5 Schematische Darstellung der Beobachtungen, der Faktoren und der Indizes im RBF-a Versuchsplan.

Schema des RBF-a			
Beobachtung	Index	Ausprägungen	Bedeutung
X_{kr}	k	$1, \ldots, n$	Stufen des zufälligen Faktors Z (Individuen)
	r	$1, \ldots, a$	Stufen des festen Faktors A

Falls der zufällige Faktor Z und der feste Faktor A zusätzlich mit einem weiteren festen Faktor B mit b Stufen gekreuzt sind, so heißt der resultierende Versuchsplan *RBF-ab*, bei einem weiteren festen Faktor *RBF-abc* usw.

Neben Blockplänen gibt es noch hierarchische und partiell hierarchische gemischte Pläne. Wird ein fester Faktor A mit den Stufen $i = 1, \ldots, a$ und darunter verschachtelt ein zufälliger Faktor B mit den Stufen $k = 1, \ldots, n_i$ betrachtet und werden weiter an jedem Individuum $s = 1, \ldots, m_{ik}$ Wiederholungen gemacht, dann nennt man das Design *CRH-$Z_i(a)$* genannt *(Completely Randomized Hierarchical Design, ein fester Faktor A mit a Stufen und ein darunter verschachtelter zufälliger Faktor Z mit n_i Stufen in der i-ten Stufe von A).* Die Bezeichnung $Z_i(a)$ deutet dabei an, dass die Stufen des Faktors Z von der Ausprägung i des Faktors A abhängen. Die im CRH-$Z_i(a)$ benutzte Indizierung ist in Tabelle 1.6 zusammengestellt.

Ein CRH-$Z_i(a)$ ist im Beispiel C.7 (Oberflächen-Volumen Verhältnis), Anhang C, S. 254 zu finden. In diesem Beispiel gibt es den festen Faktor 'Behandlung' (Reine Ischämie / HTK-Lösung), den zufälligen Faktor 'Hund' ($k = 1, \ldots, 10$) und die Messwiederholung 'Schnitt' ($s = 1, 2, 3$).

Tabelle 1.6 Schematische Darstellung der Beobachtungen, der Faktoren und der Indizes im CRH-$Z_i(a)$ Versuchsplan.

Schema des CRH-$Z_i(a)$			
Beobachtung	Index	Ausprägungen	Bedeutung
X_{iks}	i	$1, \ldots, a$	Stufen des festen Faktors A
	k	$1, \ldots, n_i$	Stufen des zufälligen Faktors Z (Individuen)
	s	$1, \ldots, m_{ik}$	Wiederholung pro Individuum

Das wichtigste partiell hierarchische Design ist der so genannte *Split-Plot Plan* oder *SP-$a.b$ (Split-Plot Design, ein Whole-Plot Faktor mit a Stufen und ein Sub-Plot Faktor mit b Stufen).* In dieser Versuchsanlage gibt es zwei vollständig miteinander gekreuzte feste Faktoren A und B, sowie einen zufälligen Faktor Z, der mit B vollständig gekreuzt und unter A verschachtelt ist. Die Stufen des so genannten *Whole-Plot* Faktors A werden dabei mit $i = 1, \ldots, a$ indiziert, die des zufälligen Faktors Z mit $k = 1, \ldots, n_i$ und die des so genannten *Sub-Plot* Faktors B mit $r = 1, \ldots, b$. Eine schematische Übersicht ist in Tabelle 1.7 zusammengestellt.

Tabelle 1.7 Schematische Darstellung der Beobachtungen, der Faktoren und der Indizes im SP-$a.b$ Versuchsplan.

Schema des SP-$a.b$			
Beobachtung	Index	Ausprägungen	Bedeutung
X_{ikr}	i	$1, \ldots, a$	Stufen des Whole-Plot Faktors A
	k	$1, \ldots, n_i$	Stufen des zufälligen Faktors Z Individuen
	r	$1, \ldots, b$	Stufen des Sub-Plot Faktors B

Ein *SP*-2.4 ist die γ-GT Studie in Beispiel C.5, Anhang C, S. 252. Hierbei ist 'Testsubstanz' der Whole-Plot Faktor mit den beiden Ausprägungen 'Verum' und 'Placebo'.

Weiter ist ‘Patient’ der zufällige unter ‘Testsubstanz’ verschachtelte Faktor und ‘Tag nach OP’ mit den Stufen $-1, 3, 7$ und 10 der Sub-Plot Faktor. Dem Fichtenwald-Dachprojekt im Beispiel C.11 (Anhang C, S. 256) liegt ein *SP*-3.4 Versuchsplan zugrunde, wobei der Whole-Plot Faktor die Versuchsfläche mit den Stufen D0 / D2 / D1 und der Sub-Plot Faktor die Zeit mit den Stufen 1993 / 1994 / 1995 / 1996 ist.

Gibt es neben den Faktoren A, B und Z noch einen weiteren Whole-Plot Faktor C mit c Stufen, so nennt man den resultierenden Versuchsplan *SP*-$ac.b$. Ist C ein zusätzlicher Sub-Plot Faktor, so benutzt man die Bezeichnung *SP*-$a.bc$ usw., d.h. links vom Punkt ‘.’ stehen die Anzahlen der Stufen der Whole-Plot Faktoren und rechts vom Punkt die Anzahlen der Stufen der Sub-Plot Faktoren.

1.3 Verteilungsfunktionen

Die Beobachtungen einer Stichprobe werden als Realisationen von Zufallsvariablen aufgefasst. Ist auf der zugrunde liegenden Skala eine Ordnungsstruktur gegeben, werden diese Zufallsvariablen durch Verteilungsfunktionen beschrieben. Für eine Zufallsvariable X gibt deren Verteilungsfunktion die Wahrscheinlichkeit an, dass X Werte kleiner oder gleich einem gegebenen Wert x annimmt. Man nennt $F^+(x) = P(X \leq x)$ die *rechts-stetige Version* der Verteilungsfunktion von X. Entsprechend heißt $F^-(x) = P(X < x)$ *links-stetige Version*.

Wird X auf einer kontinuierlichen Skala gemessen, so wird ein einzelner Wert x der Skala mit Wahrscheinlichkeit 0 angenommen, das heißt $P(X = x) = 0$. Aus diesem Grund gilt bei stetigen Verteilungen $F^+(x) = F^-(x)$. Die rechts- und die linksstetige Version der Verteilungsfunktion sind in diesem Fall also identisch. Treten jedoch an einer Stelle x_0 Bindungen auf, das heißt $P(X = x_0) \neq 0$, dann ist die zugrunde liegende Verteilungsfunktion in x_0 unstetig. Solche Verteilungsfunktionen findet man bei diskreten oder geordnet kategorialen Skalen.

Um nun sowohl für Daten mit stetigen Verteilungsfunktionen als auch für Daten mit unstetigen Verteilungsfunktionen die Resultate in einheitlicher Form darstellen zu können, wird eine dritte Version der Verteilungsfunktion benötigt. Die Definition der Verteilungsfunktion sollte im Sinne einer einheitlichen Betrachtungsweise so gewählt werden, dass sich bei stetigen Verteilungen die gleichen Resultate ergeben wie für die übliche rechts-stetige Version der Verteilungsfunktion. Dies leistet die so genannte *normalisierte Version* der Verteilungsfunktion (Ruymgaart, 1980), die als Mittelwert aus der links- und rechts-stetigen Version definiert ist.

Die drei oben genannten Versionen der Verteilungsfunktion sind in der folgenden Definition zusammengestellt.

Definition 1.3 (*Versionen der Verteilungsfunktion*)
Für eine Zufallsvariable X heißt

$$\begin{aligned} F^-(x) &= P(X < x) \quad \text{links-stetige,} \\ F^+(x) &= P(X \leq x) \quad \text{rechts-stetige,} \\ F(x) &= \tfrac{1}{2}\left[F^+(x) + F^-(x)\right] \quad \text{normalisierte} \end{aligned}$$

Version der Verteilungsfunktion von X.

Falls nicht anders vermerkt, ist im Folgenden mit dem Begriff *Verteilungsfunktion von* X stets die normalisierte Version der Verteilungsfunktion von X gemeint, wobei die Aussage X *ist verteilt nach* $F(x)$ mit der Kurzschreibweise $X \sim F(x)$ oder $X \sim F$ bezeichnet wird.

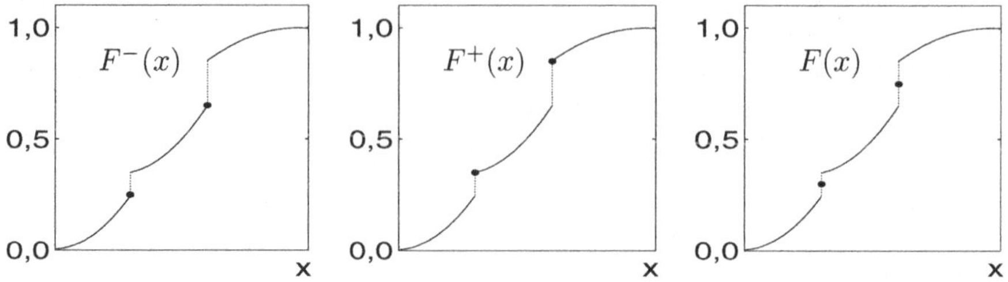

Abbildung 1.1 Links-stetige, rechts-stetige und normalisierte Version der Verteilungsfunktion. Bei stetigen Verteilungsfunktionen sind alle drei Versionen identisch, d.h. $F^- = F^+ = F$.

1.4 Relative Effekte

Wesentliche Ziele der Statistik bei der Auswertung von Versuchsplänen sind, Unterschiede zwischen Behandlungsverfahren zu beschreiben, zu schätzen und Vermutungen hierüber zu überprüfen. Zur Beschreibung eines Unterschiedes kann man die Verteilungsfunktionen verwenden, die den Beobachtungen zugrunde liegen.

Gehören die Verteilungsfunktionen einer bestimmten Klasse an, dann lassen sich Unterschiede zwischen den Verteilungsfunktionen häufig durch Differenzen oder Quotienten von Parametern der Funktionen beschreiben. So kann man zum Beispiel bei der Klasse der Normalverteilungen einen Unterschied je nach Fragestellung durch die Differenz oder den Quotienten der Erwartungswerte festlegen. Auch der Quotient der Varianzen kann in dieser Verteilungsklasse einen sinnvollen Unterschied beschreiben. Allerdings hängt die Validität der Aussagen davon ab, wie gut die beobachteten Daten durch Normalverteilungen beschrieben werden können und wie empfindlich die verwendeten Verfahren auf Abweichungen von der Annahme der Normalverteilung sind.

Falls die Verteilungsfunktionen nicht zu einer bestimmten Klasse gehören, gibt es keine offensichtlichen oder die Verteilung charakterisierenden Parameter, die geeignet sind, Verteilungsunterschiede zu quantifizieren. In diesem Fall könnte man Unterschiede jedoch durch Differenzen oder Quotienten nummerischer Kenngrößen von Verteilungen beschreiben. Geeignete Kenngrößen wären hier die Quantile, wie z.B. der Median. Weiterhin eignen sich auch Funktionen der Momente, wie z.B. der Erwartungswert, die Varianz oder die Schiefe. Der Median ist jedoch ein sehr grobes Maß für die Lage einer Verteilung und verwendet nur einen Teil der in den Daten vorhandenen Information. Die Momente sind zum einen nur für metrische Daten definiert, weshalb sich Abweichungen zwischen Verteilungsfunktionen ordinal-skalierter Größen mit Momenten nicht beschreiben lassen. Zum anderen sind Momente unter (nicht-linearen) ordnungserhaltenden Transformationen der

Daten im Allgemeinen nicht invariant und deshalb nicht robust gegenüber Verletzungen von Modellannahmen, wie z.B. Symmetrie der Verteilungsfunktionen. Ein robustes Unterschiedsmaß für Verteilungsfunktionen, das sowohl für metrische als auch für ordinale Skalen geeignet ist, darf deshalb nicht auf Differenzen beruhen und muss invariant unter ordnungserhaltenden Transformationen sein.

1.4.1 Zwei Verteilungen

Für zwei unabhängige Zufallsvariablen wurde von Mann und Whitney (1947) ein Unterschiedsmaß eingeführt, das invariant unter ordnungserhaltenden Transformationen ist und sich auch für ordinale Skalen definieren lässt. Dieses Maß, das als *relativer Effekt* bezeichnet wird, ist seither zur nichtparametrischen Beschreibung eines Unterschiedes zwischen Verteilungen (Behandlungseffekt) etabliert.

Für zwei unabhängige stetig skalierte Zufallsvariablen X_1 und X_2 ist der relative Effekt von X_2 zu X_1 durch $p^+ = P(X_1 \leq X_2)$ definiert, d.h. durch die Wahrscheinlichkeit, dass X_1 kleinere Werte annimmt als X_2. Dabei hat X_1 eine *stochastische Tendenz zu größeren Werten* als X_2, falls $p^+ < \frac{1}{2}$ und eine *stochastische Tendenz zu kleineren Werten*, falls $p^+ > \frac{1}{2}$ ist. Für $p^+ = \frac{1}{2}$ ist X_1 mit gleicher Wahrscheinlichkeit größer oder kleiner als X_2, d.h. X_1 hat weder eine stochastische Tendenz zu größeren Werten als X_2 noch eine stochastische Tendenz zu kleineren Werten als X_2.

Die Überlegungen im stetigen Fall beruhen im Wesentlichen darauf, dass in diesem Fall $P(X_1 = X_2) = 0$ ist und damit gilt

$$p^+ = P(X_1 \leq X_2) = P(X_1 < X_2) = 1 - P(X_1 \geq X_2) = 1 - P(X_1 > X_2).$$

Sind die zugrunde liegenden Verteilungsfunktionen $F_1(x)$ von X_1 bzw. $F_2(x)$ von X_2 allerdings nicht stetig, so gibt es eine positive Wahrscheinlichkeit dafür, dass X_1 und X_2 gleich sind, d.h. $P(X_1 = X_2) > 0$. Daraus ergibt sich allgemein, dass der genaue Wert des relativen Effektes $p^+ = P(X_1 < X_2) + P(X_1 = X_2)$ selbst bei Verteilungsgleichheit $F_1 = F_2$ von der unbekannten Wahrscheinlichkeit $P(X_1 = X_2)$ abhängt. Aus diesem Grund wird bei der Definition des relativen Effektes eine modifizierte Version von p^+ verwendet, die es erlaubt, einerseits wieder $\frac{1}{2}$ als Vergleichspunkt zu benutzen und andererseits den stetigen Fall als Spezialfall einschließt.

Definition 1.4 (*Relativer Effekt*)
Für zwei unabhängige Zufallsvariablen $X_1 \sim F_1$ und $X_2 \sim F_2$ heißt die Wahrscheinlichkeit

$$p \quad = \quad P(X_1 < X_2) + \tfrac{1}{2}P(X_1 = X_2) \tag{1.4.1}$$

relativer Effekt von X_2 zu X_1 (auch von F_2 zu F_1).

Mithilfe des so definierten relativen Effektes ist es möglich, den Begriff *stochastische Tendenz* für stetige wie diskrete Verteilungen einzuführen.

Definition 1.5 (Stochastische Tendenz)
Seien $X_1 \sim F_1$ und $X_2 \sim F_2$ zwei unabhängige Zufallsvariablen. Dann tendiert X_1 im Vergleich zu X_2 (stochastisch)

- zu größeren Werten, falls $p < \frac{1}{2}$ ist,
- zu kleineren Werten, falls $p > \frac{1}{2}$ ist,
- weder zu größeren noch zu kleineren Werten, falls $p = \frac{1}{2}$ ist. In diesem Fall heißen X_1 und X_2 *(stochastisch) tendenziell gleich*.

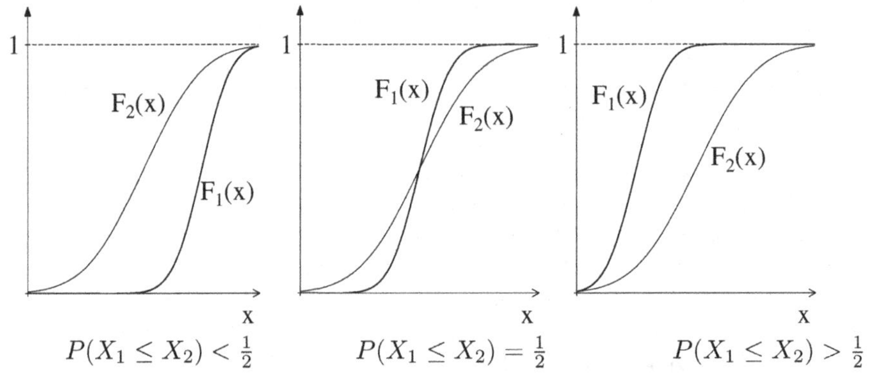

Abbildung 1.2 Zur Veranschaulichung der stochastischen Tendenz im parametrischen Behrens-Fisher Problem. In der linken Abbildung hat X_1 eine stochastische Tendenz zu größeren Werten als X_2, in der Mitte sind X_1 und X_2 tendenziell gleich, während in der rechten Abbildung X_1 eine stochastische Tendenz zu kleineren Werten als X_2 hat.

Im Allgemeinen ist der Begriff 'Stochastische Tendenz' im Sinne von Definition 1.5 nicht transitiv. Zur Erläuterung werden drei Zufallsvariablen X_1, X_2 und X_3 betrachtet, für die gelte: $P(X_1 = 1) = P(X_1 = 4) = 1/2$ aber $P(X_2 = 2) = P(X_3 = 3) = 1$. In diesem Fall ist der relative Effekt von X_2 zu X_1 gleich $1/2$, ebenso wie der relative Effekt von X_3 zu X_1. Der relative Effekt von X_3 zu X_2 ist jedoch gleich 1. Somit sind X_1 und X_2 genau wie auch X_1 und X_3 tendenziell gleich, aber nicht X_2 und X_3. Durch eine sinnvolle Einschränkung des Raumes der betrachteten Verteilungen auf einen eindimensionalen Unterraum ist es jedoch möglich, die Transitivität zu erreichen. Ein Beispiel für eine solche Einschränkung sind die Lokationsalternativen, d.h. $F_2(x) = F_1(x - \mu)$. Man erhält Transistivität auch, wenn man etwas allgemeiner fordert, dass entweder $F_1(x) \leq F_2(x)$ für alle x ist oder $F_1(x) \geq F_2(x)$ für alle x ist, also die Verteilungsfunktionen sich nicht kreuzen dürfen. In diesen Fällen definieren die Begriffe 'stochastisch tendenziell gleich' und 'stochastisch größer' eine Ordnung, die üblicherweise *stochastische Ordnung* genannt wird.

Zur Illustration der stochastische Tendenz wird als Beispiel das parametrische Behrens-Fisher Problem betrachtet, bei dem die Beobachtungen zweier unverbundener Stichproben miteinander verglichen und auf Gleichheit der zugehörigen Erwartungswerte geprüft werden. Dabei wird aber die in der Praxis sehr einschränkende Voraussetzung gleicher Varianzen fallen gelassen.

Es werden also unabhängige Zufallsvariablen $X_{ik} \sim \mathcal{N}(\mu_i; \sigma_i^2)$ betrachtet, wobei $i = 1, 2$ die Stichprobe bezeichnet und $k = 1, \ldots, n_i$ die Versuchseinheiten innerhalb der $i$ten Stichprobe. Die Dichten dieser Normalverteilungen sind in Abbildung 1.3 dargestellt.

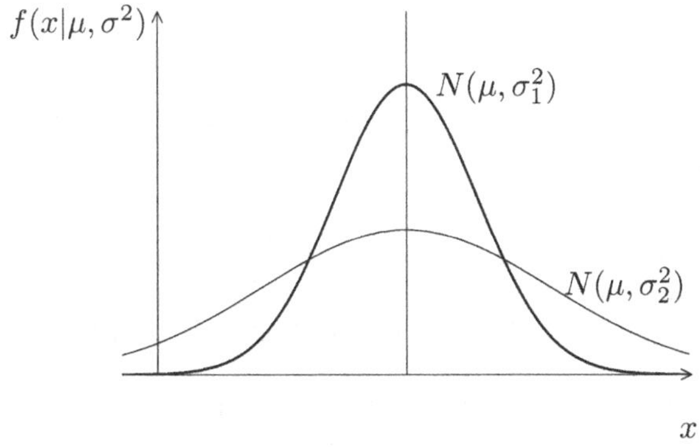

Abbildung 1.3 Zwei Normalverteilungen mit gleichen Erwartungswerten $\mu_1 = \mu_2 = \mu$ und verschiedenen Varianzen $\sigma_1^2 \neq \sigma_2^2$ sind offensichtlich nicht identisch aber stochastisch tendenziell gleich, da der relative Effekt $p = \frac{1}{2}$ ist.

Aus der Definition 1.4 folgt unmittelbar, dass $p = \frac{1}{2}$ ist, falls sich die betrachteten Verteilungen allenfalls in ihrer Varianz unterscheiden (*Skalenalternativen*). Dies bedeutet für das Behrens-Fisher Problem, dass ein Test der Hypothese $H_0^p : p = \frac{1}{2}$ automatisch ein Test der Hypothese $H_0^\mu : \mu_1 = \mu_2$ ist (siehe Abbildung 1.3). Man nennt das Testproblem $H_0^p : p = \frac{1}{2}$ gegen $H_1^p : p \neq \frac{1}{2}$, deshalb *nichtparametrisches Behrens-Fisher Problem.* Dieses wird ausführlich in Abschnitt 2.1.3 behandelt.

Zwei weitere Eigenschaften des relativen Effektes p sollen hervorgehoben werden. Zum einen ist $p = \frac{1}{2}$, falls X_1 und X_2 identisch verteilt sind, d.h. die gleiche Verteilungsfunktion haben. Zum anderen ist p invariant unter ordnungserhaltenden Transformationen der Beobachtungen. Diese Resultate sind in der folgenden Proposition formuliert.

Proposition 1.6 (*Eigenschaften des relativen Effektes*)
Der relative Effekt p ist

1. gleich $\frac{1}{2}$, falls die Zufallsvariablen X_1 und X_2 unabhängig sind und die gleiche Verteilung haben,

2. invariant unter einer beliebigen ordnungserhaltenden, messbaren Transformation $m(\cdot)$.

Beweis: Es gilt immer $1 = P(X_1 < X_2) + P(X_1 = X_2) + P(X_1 > X_2)$. Falls X_1 und X_2 dieselbe Verteilung haben, folgt $P(X_1 < X_2) = P(X_1 > X_2)$ und weiter $2P(X_1 < X_2) + P(X_1 = X_2) = 1$.

Damit folgt

$$p = P(X_1 < X_2) + \tfrac{1}{2}P(X_1 = X_2) = \tfrac{1}{2}\,.$$

Man sieht ferner sofort ein, dass

$$\begin{aligned} p &= P(X_1 < X_2) + \frac{1}{2}P(X_1 = X_2) \\ &= P(m(X_1) < m(X_2)) + \frac{1}{2}P(m(X_1) = m(X_2)) \end{aligned}$$

ist, da $m(\cdot)$ nach Voraussetzung messbar und eine ordnungserhaltende Transformation ist.

□

Infolge der Invarianz unter ordnungserhaltenden Transformationen ist der relative Effekt p ein geeignetes Instrument für die Analyse ordinaler Daten, da diese von ihrer Struktur her nur Informationen über die Ordnungsstruktur beinhalten. Andererseits bietet sich der relative Effekt aber auch für die Analyse von metrischen Daten an, bei denen die Mess-Skala nicht von vorne herein eindeutig definiert ist. Soll beispielsweise der Effekt einer Substanz anhand der 'Größe' bestimmter Zellen beurteilt werden, so kann die Größe von Zellen z.B. durch den mittleren Radius einer Zelle, aber auch durch die unter dem Mikroskop durch Auszählen eines Rasters beobachtete Fläche oder durch das daraus berechnete Volumen (bei Annahme einer annähernden Kugelform der Zelle) beschrieben werden. Letztlich sollten aber Aussagen über die Wirksamkeit einer Substanz nicht davon abhängen, ob die Größe durch den mittleren Radius r, die Fläche πr^2 oder durch das Volumen $\frac{4}{3}\pi r^3$ beschrieben wird.

In Zusammenhang mit ordnungserhaltenden Transformationen sei auf das Beispiel der γ-GT Studie (siehe Beispiel C.5, Anhang C, S. 252) verwiesen. In diesem Beispiel werden unter anderem die Werte der γ-GT vor Beginn des Versuchs bestimmt (Tag vor Op = -1). Betrachtet man die Originalwerte, so erhält man in der Placebo-Gruppe einen Mittelwert von 25.04 und in der Verum-Gruppe einen Mittelwert von 30.19, was auf höhere Ausgangswerte in der Verum-Gruppe schließen lässt. Nach näherer Betrachtung der Messwerte kann man aber zu dem Schluss kommen, das die Verteilung der γ-GT schief ist und deshalb eventuell die Werte logarithmisch transformieren. Nach der logarithmischen Transformation ergibt sich ein Mittelwert von 2.95 in der Placebo-Gruppe und ein Mittelwert von 2.91 in der Verum-Gruppe, d.h. nun scheinen in der Placebo-Gruppe die höheren Werte zu sein. Offensichtlich hat die monotone Transformation 'Logarithmus' zu einer Umkehrung des betrachteten Effekts geführt. Der relative Effekt hingegen wird durch solche ordnungserhaltende Transformationen nicht verändert und ist damit ein Unterschiedsmaß zwischen Verteilungen, das der zugrunde liegenden Fragestellung eher entspricht als die einfache Differenz zweier Mittelwerte.

Für manche Überlegungen und Berechnungen im Zusammenhang mit relativen Effekten ist die Form der Definition in (1.4.1) auf Seite 15 etwas unhandlich und es ist einfacher, mit einer Darstellung des relativen Effektes als *Lebesgue-Stieltjes Integral* zu arbeiten. Bei einer diskreten Skala mit den Messpunkten $x_1, \ldots, x_m$ ist das Lebesgue-Stieltjes Integral eine Summe

$$\int F_1\,dF_2 = \sum_{\ell=1}^{m} F_1(x_\ell)\left[F_2^+(x_\ell) - F_2^-(x_\ell)\right],$$

wobei $F_2^+(x_\ell)$ den rechtsseitigen Grenzwert von $F_2(x_\ell)$ darstellt und $F_2^-(x_\ell)$ den linksseitigen (siehe Definition 1.3, S. 13). Die Differenz von rechts- und linksseitigem Grenzwert gibt dabei die Wahrscheinlichkeit an, mit der x_ℓ bzgl. F_2 angenommen wird. F_1 bezeichnet die normalisierte Version der Verteilungsfunktion, wie in Definition 1.3 auf Seite 13 angegeben. Werden zum Beispiel zwei Bernoulli-Verteilungen $F_1 = B(0.5)$ und $F_2 = B(0.4)$ betrachtet, dann berechnet sich das Lebesgue-Stieltjes Integral durch $\int F_1\, dF_2 = 0.25 \cdot 0.6 + 0.75 \cdot 0.4 = 0.45$.

Ist die Menge der Messpunkte $x_1, x_2, x_3, \ldots$ unendlich aber abzählbar, wie zum Beispiel bei Anzahlen, so ergibt sich das Lebesgue-Stieltjes Integral als Grenzwert

$$\int F_1\, dF_2 = \lim_{m\to\infty} \sum_{\ell=1}^{m} F_1(x_\ell)\left[F_2^+(x_\ell) - F_2^-(x_\ell)\right]. \tag{1.4.2}$$

Bei stetigen Mess-Skalen ist das Lebesgue-Stieltjes Integral äquivalent zum Riemann-Stieltjes Integral, sodass alle vom Riemann-Stieltjes Integral bekannten Ergebnisse und Rechenregeln übernommen werden können. Das Integral wird wie das Riemann-Integral als Grenzwert einer Summe definiert

$$\int F_1\, dF_2 = \lim_{n\to\infty} \sum_{\ell=-n^2+1}^{n^2} F_1\left(\frac{l+(l-1)}{2n}\right)\left[F_2\left(\frac{l}{n}\right) - F_2\left(\frac{l-1}{n}\right)\right]. \tag{1.4.3}$$

Hierbei wurde die reelle Zahlenachse durch die Punkte

$$\frac{-n^2}{n}, \quad \frac{-n^2+1}{n}, \quad \ldots, \quad \frac{n^2-1}{n}, \quad \frac{n^2}{n}$$

zerlegt, wobei die Definition des Integrals aber unabhängig von der gewählten Folge von Zerlegungen ist.

Es existieren auch Mischformen aus diskreten und stetigen Skalen. Dies ist etwa der Fall, wenn bei einer Konzentrationsmessung eine Nachweisgrenze vorhanden ist und deshalb eine Häufung von Messwerten an dieser Grenze gemessen wird. Bei diesen so genannten *stückweise stetigen* Skalen wird der Integrationsbereich in einen stetigen und einen diskreten Teil zerlegt. Auf diesen Teilbereichen ist das Lebesgue-Stieltjes Integral dann durch (1.4.3) bzw. durch (1.4.2) gegeben. Das Integral über den gesamten Integrationsbereich ergibt sich dann aus der Summe der Integrale über den stetigen bzw. den diskreten Teil.

Für eine allgemeinere Einführung des Lebesgue-Stieltjes Integrals sei zum Beispiel auf das Buch von Smirnov (1976, S. 114ff) verwiesen. Für den Leser, der mit dem Begriff des Lebesgue-Stieltjes Integrals weniger vertraut ist, sei vermerkt, dass die hier benötigten Eigenschaften dieses Integrals im Wesentlichen analog zu denen des Riemann-Stieltjes Integrals sind. Eine Zusammenstellung der wichtigsten Eigenschaften und Rechenregeln für dieses Integral findet man z.B. bei Schlittgen (1996, S. 393ff. im Anhang). Im Folgenden werden lediglich die dort beschriebenen Ergebnisse benötigt. Bezüglich der Formel für die partielle Integration beim Lebesgue-Stieltjes Integral sei auf das Buch von Hewitt und Stromberg (1969, S. 419) verwiesen.

Mithilfe des Lebesgue-Stieltjes Integrals kann eine Darstellung des relativen Effekts in Definition 1.4 angegeben werden, die bei der Herleitung eines Schätzers bzw. einer asymptotischen Theorie hilfreich ist.

Proposition 1.7 (Integraldarstellung des relativen Effektes)
Falls die Zufallsvariablen $X_1 \sim F_1$ und $X_2 \sim F_2$ unabhängig sind, gilt für den in (1.4.1) definierten relativen Effekt von X_2 zu X_1 bzw. von F_2 zu F_1

$$p = P(X_1 < X_2) + \frac{1}{2}P(X_1 = X_2) = \int F_1 dF_2 . \qquad (1.4.4)$$

Beweis: Siehe Proposition 4.1, S. 174. □

Zur besseren Interpretation wird der relative Effekt p anhand von zwei Beispielen in parametrischen Modellen veranschaulicht. Dabei soll durch vergleichende Gegenüberstellungen untersucht werden, wie die jeweiligen parametrischen Effekte mit dem relativen Effekt zusammenhängen.

In diesem Kontext werden zwei extreme Fälle betrachtet, nämlich die Normalverteilung als stetige Verteilung und die Bernoulli-Verteilung (für dichotome Variable) als Zweipunkte-Verteilung.

Beispiel 1.1 Für unabhängige normalverteilte Zufallsvariablen $X_i \sim N(\mu_i, \sigma^2)$, $i = 1, 2$, mit Erwartungswert μ_i und Varianz σ^2 erhält man wegen der Stetigkeit der Normalverteilung den relativen Effekt

$$\begin{aligned} p &= P(X_1 \leq X_2) \\ &= P\left(\frac{X_1 - X_2 + \delta}{\sigma\sqrt{2}} \leq \frac{\delta}{\sigma\sqrt{2}}\right) = \Phi\left(\frac{\delta}{\sigma\sqrt{2}}\right), \end{aligned} \qquad (1.4.5)$$

wobei $\delta = \mu_2 - \mu_1$ die Verschiebung der Normalverteilungen und $\Phi(x)$ die Verteilungsfunktion der Standard-Normalverteilung bezeichnet. Man erhält so zu einem gegebenen relativen Effekt p den *äquivalenten Verschiebungseffekt für eine Normalverteilung* in Einheiten der Standardabweichung σ. Dieser Zusammenhang ist in Tabelle 1.8 und grafisch in Abbildung 1.4 dargestellt.

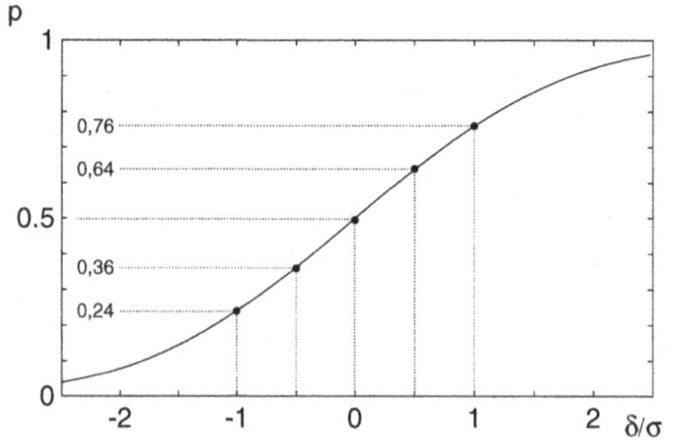

Abbildung 1.4 Zusammenhang zwischen dem relativen Effekt p und dem entsprechenden Verschiebungseffekt bei Normalverteilungen in Einheiten der Standardabweichung σ.

Tabelle 1.8 Zusammenhang zwischen dem relativen Effekt p und dem entsprechenden Verschiebungseffekt $\delta/\sigma = (\mu_2 - \mu_1)/\sigma$ bei Normalverteilungen in Einheiten der Standardabweichung σ.

δ/σ	-2	-1.5	-1	-0.5	0	0.5	1	1.5	2
p	0.08	0.14	0.24	0.36	0.50	0.64	0.76	0.86	0.92

Beispiel 1.2 Den relativen Effekt p zweier unabhängiger Bernoulli-verteilter Zufallsvariablen $X_i \sim B(q_i)$ mit $P(X_i = 1) = q_i$, $i = 1, 2$, berechnet man am einfachsten aus der Integraldarstellung in (1.4.4). Sei $F_i(x)$ die normalisierte Version der Verteilungsfunktion der Bernoulli-Verteilung mit Erfolgswahrscheinlichkeit q_i. Dann gilt

$$\begin{aligned} p &= \int F_1 dF_2 = (1-q_2)F_1(0) + q_2 F_1(1) \\ &= (1-q_2)\cdot\frac{1-q_1}{2} + q_2\cdot\left(1-\frac{q_1}{2}\right) \\ &= \frac{1}{2} + \frac{1}{2}\cdot(q_2 - q_1). \end{aligned} \tag{1.4.6}$$

Das heißt, die Abweichung des relativen Effektes von $\frac{1}{2}$ ist die halbe Differenz $\Delta_q = q_2 - q_1$ der beiden Erfolgswahrscheinlichkeiten q_2 und q_1 der Bernoulli-Verteilungen,

$$p - \frac{1}{2} = \frac{\Delta_q}{2}.$$

Dieser Zusammenhang ist in Abbildung 1.5 grafisch dargestellt.

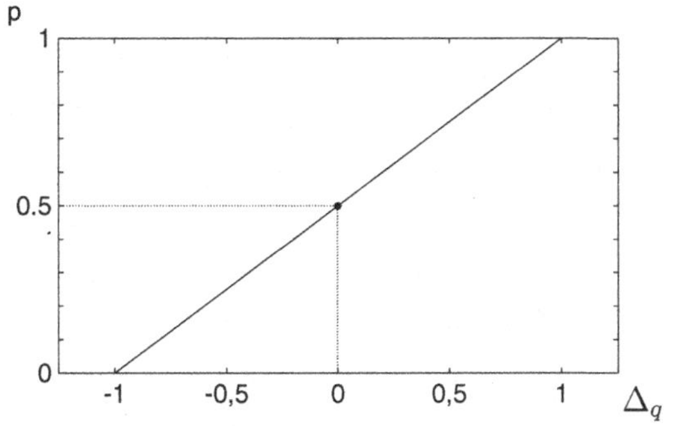

Abbildung 1.5 Zusammenhang zwischen dem relativen Effekt p und der entsprechenden Differenz $\Delta_q = q_2 - q_1$ der Erfolgswahrscheinlichkeiten zweier Bernoulli-Verteilungen.

In beiden Beispielen lässt sich der relative Effekt p als Funktion der erwarteten Abweichung von X_1 zu X_2 darstellen und kann anschaulich gut interpretiert werden.

Der relative Effekt $p = \int F_1 dF_2$ ist in den verschiedenen Anwendungen in der Literatur ausführlich diskutiert worden. In den Ingenieurwissenschaften ist er als Zuverlässigkeit (engl. *reliability*) im Kontext der Material-Belastungsprüfung gebräuchlich (Cheng und

Chao, 1984; Johnson, 1988; Kotz et al., 2003; Pham und Almhana, 1995 und Reiser und Guttman, 1986; Tong, 1977). Man findet auch die Bezeichnungen *individuelle Überschreitungswahrscheinlichkeit* (engl. *individual exceedance probability*), *stochastische Verbesserung* oder *probabilistischer Index* (Acion et al., 2006; Thas et al., 2012).

In der diagnostischen Medizin wird der relative Effekt p als diagnostisches Gütemaß verwendet, da p die Fläche unter der *Receiver Operating Characteristic* (ROC)-Kurve ist (Bamber, 1975). Acion et al. (2006) sowie Brumback et al. (2006) diskutieren den relativen Effekt auch als Maß für einen Behandlungseffekt in der Medizin. In der Psychologie wird p als Effektmaß (eng. *effect size measure*) verwendet (Ryu and Agresti, 2008).

Für weitere Diskussionen des relativen Effektes sei auf die Literatur verwiesen, z.B. auf Browne (2010), Dodd und Pepe (2003), Owen et al. (1964), Thas (2009), Tian (2008), Vargha und Delaney (1998, 2000), Wolfe und Hogg (1971) sowie Zhou (1971, 2008).

1.4.2 Mehrere Verteilungen

1.4.2.1 Definition des relativen Effektes

In komplizierteren Modellen, wie etwa den faktoriellen Versuchsanlagen, sind mehr als zwei Verteilungen miteinander zu vergleichen und man benötigt ein Unterschiedsmaß zwischen mehreren Verteilungen. Dazu muss der für zwei Zufallsvariablen $X_1 \sim F_1$ und $X_2 \sim F_2$ definierte relative Effekt p auf $N > 2$ unabhängige Zufallsvariablen $X_i \sim F_i$, $i = 1, \ldots, N$, verallgemeinert werden. Um Behandlungseffekte von X_i zu $X_1, \ldots, X_N$ zu quantifizieren, bietet es sich an, den Mittelwert der relativen Effekte von X_i zu X_ℓ, $\ell = 1, \ldots, N$, zu bilden.

Definition 1.8 (*Relativer Effekt bei mehreren Verteilungen*)
Für N unabhängige Zufallsvariablen $X_i \sim F_i$, $i = 1, \ldots, N$, heißt

$$p_i \;=\; \frac{1}{N} \sum_{\ell=1}^{N} \left[P(X_\ell < X_i) + \tfrac{1}{2} P(X_\ell = X_i) \right] \qquad (1.4.7)$$

(mittlerer) relativer Effekt von X_i zu $X_1, \ldots, X_N$.

Der so definierte relative Effekt p_i hat die Eigenschaft, dass er bei Gleichheit aller im Modell betrachteten Verteilungen den Wert $\frac{1}{2}$ annimmt. Falls nämlich $F_\ell = F_i$, $\ell \neq i$, ist, folgt aus Proposition 1.6, dass $P(X_\ell < X_i) + \frac{1}{2}P(X_\ell = X_i) = \frac{1}{2}$ ist und weiter für $\ell = i$, dass $P(X_i < X_i) + \frac{1}{2}P(X_i = X_i) = 0 + \frac{1}{2} \cdot 1 = \frac{1}{2}$ ist. Der Wert $\frac{1}{2}$ ergibt sich allerdings wie schon bei zwei Stichproben nicht ausschließlich bei Verteilungsgleichheit, sondern z.B. auch bei Skalenalternativen.

Bei der Definition des relativen Effektes p_i ist zu beachten, dass dieser nach Konstruktion vom Stichprobenumfang N abhängt. Damit ist p_i ein *Experiment-bezogener relativer Effekt* von X_i zur gesamten Stichprobe $X_1, \ldots, X_N$. Dieser Zusammenhang wird auch sichtbar bei der Betrachtung des Bereichs der Werte, die p_i annehmen kann. Dieser Bereich ist

$$\frac{1}{2N} \leq p_i = \frac{1}{N}\sum_{\ell=1}^{N}\left[P(X_\ell < X_i) + \tfrac{1}{2}P(X_\ell = X_i)\right] \leq 1 - \frac{1}{2N}, \qquad (1.4.8)$$

da $0 \leq P(X_\ell < X_i) + \frac{1}{2}P(X_\ell = X_i) \leq 1$ ist für $\ell \neq i$, während für $\ell = i$ folgt, dass $P(X_i < X_i) + \frac{1}{2}P(X_i = X_i) = \frac{1}{2}$ ist. Da der Fall $\ell = i$ zur Summe gehört, können für p_i die Grenzen 0 und 1 nicht erreicht werden.

Wie in Abschnitt 1.4.1 ist es für einige Berechnungen und theoretische Betrachtungen von Vorteil, den relativen Effekt p_i als Integral über die Verteilungen darzustellen. Da p_i als Mittelwert der paarweisen relativen Effekte definiert ist, erhält man als Integranden den Mittelwert $H = \frac{1}{N}\sum_{\ell=1}^{N} F_\ell$ der Verteilungen $F_1, \ldots, F_N$.

Proposition 1.9 (*Integraldarstellung des relativen Effektes*)
Falls die Zufallsvariablen $X_i \sim F_i, i = 1, \ldots, N$, unabhängig sind, gilt für den in (1.4.7) definierten relativen Effekt

$$p_i = \int H dF_i,$$

wobei $H = \frac{1}{N}\sum_{\ell=1}^{N} F_\ell$ der Mittelwert der Verteilungen $F_1, \ldots, F_N$ ist.

Beweis: Aus Definition 1.8 und Proposition 1.7 folgt

$$\begin{aligned} p_i &= \frac{1}{N}\sum_{\ell=1}^{N}\left[P(X_\ell < X_i) + \tfrac{1}{2}P(X_\ell = X_i)\right] \\ &= \frac{1}{N}\sum_{\ell=1}^{N}\int F_\ell dF_i = \int \frac{1}{N}\sum_{\ell=1}^{N} F_\ell dF_i = \int H dF_i. \end{aligned}$$

□

Ist $Z \sim H = \frac{1}{N}\sum_{\ell=1}^{N} F_\ell$ eine von $X_i \sim F_i$ unabhängige Zufallsvariable, dann gilt $p_i = P(Z < X_i) + \frac{1}{2}P(Z = X_i)$ nach Proposition 1.9. Aus dieser Darstellung ergibt sich, dass $p_i > \frac{1}{2}$ gleichbedeutend damit ist, dass die nach der mittleren Verteilung H verteilte Zufallsvariable Z tendenziell kleinere Werte annimmt als die nach F_i verteilte Zufallsvariable X_i. Damit kann man zwei unabhängige Zufallsvariablen $X_i \sim F_i$ und $X_\ell \sim F_\ell$ durch den Vergleich der relativen Effekte $p_i = \int H dF_i$ und $p_j = \int H dF_j$ zu einer von beiden unabhängigen Zufallsvariablen $Z \sim H = \frac{1}{N}\sum_{\ell=1}^{N} F_\ell$ in Beziehung setzen. So bedeutet zum Beispiel $p_i < p_j$, dass X_i mit kleinerer Wahrscheinlichkeit größere Werte als Z annimmt als die Zufallsvariable X_j, d.h. X_i tendiert gegenüber Z eher zu kleineren Werten als die Zufallsvariable X_j. Durch diese Beziehungen lassen sich relative Effekte anschaulich gut interpretieren und sind geeignet, den in Definition 1.5 eingeführte Begriff der stochastischen Tendenz auf mehrere Zufallsvariablen zu verallgemeinern.

Definition 1.10 (Stochastische Tendenz bei mehreren Verteilungen)
Seien $X_i \sim F_i$, $i = 1, \dots, N$, unabhängige Zufallsvariablen. Dann tendiert X_i im Vergleich zu X_j (stochastisch)

- zu größeren Werten, falls $p_i > p_j$ ist,
- zu kleineren Werten, falls $p_i < p_j$ ist,
- weder zu größeren noch zu kleineren Werten, falls $p_i = p_j$ ist. In diesem Fall heißen X_i und X_j *(stochastisch) tendenziell gleich.*

Die Definition von p_i weicht von der Definition von p im Zweistichproben-Fall ab, da nicht nur die Beobachtungen von jeweils zwei Verteilungen verglichen werden, sondern ein Vergleich mit allen Beobachtungen durchgeführt wird. Der Begriff der stochastischen Tendenz im Sinne von Definition 1.10 definiert eine Ordnung, die allerdings von der Funktion $H(x) = N^{-1} \sum_{i=1}^{N} F_i(x)$ und damit vom jeweiligen Versuchsplan abhängt.

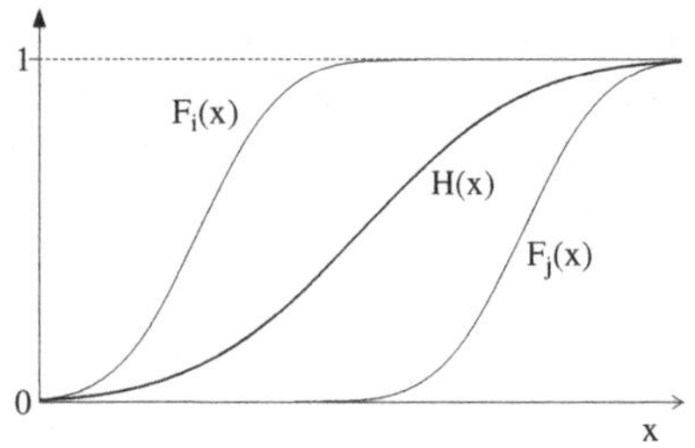

Abbildung 1.6 Veranschaulichung der stochastischen Tendenz zu größeren Werten von $X_j \sim F_j$ gegenüber $X_i \sim F_i$.

Für zwei Stichproben, d.h. $d = 2$ Verteilungen, sind die beiden relativen Effekte p_1 und p_2 linear abhängig und stehen in direktem Zusammenhang zu dem in Definition 1.4 definierten relativen Effekt p. Mit $H = \frac{1}{N}(n_1 F_1 + n_2 F_2)$ und $\int F_2 dF_1 = 1 - p$ erhält man

$$\begin{aligned} p_1 &= \int H dF_1 = \frac{n_1}{N} \int F_1 dF_1 + \frac{n_2}{N} \int F_2 dF_1 \\ &= \frac{n_1}{2N} + \frac{n_2}{N} \cdot (1 - p) \\ p_2 &= \frac{n_1}{N} \cdot p + \frac{n_2}{2N} \\ p_2 - p_1 &= \frac{n_1}{N} \cdot p + \frac{n_2}{2N} - \frac{n_1}{2N} - \frac{n_2}{N} \cdot (1 - p) = p - \frac{1}{2} \, . \end{aligned} \quad (1.4.9)$$

Auf diese Weise lässt sich der Begriff der stochastischen Tendenz für zwei Stichproben in Definition 1.5 als Spezialfall der Situation bei mehreren Stichproben auffassen.

1.4.2.2 Relative Effekte und Efron's paradoxe Würfel

Im Falle mehrerer Verteilungen ist die Verwendung von paarweise definierten relativen Effekten $p(i, j) = P(X_i < X_j) + \frac{1}{2} P(X_i = X_j)$, $i \neq j = 1, \dots, N$, im Allgemeinen nicht empfehlenswert und kann zu scheinbar paradoxen Ergebnissen führen. Dies soll anhand von Efron's paradoxen Würfeln (siehe z.B. Gardner, 1970 oder Rump, 2001; Brown and Hettmansperger, 2002; Thangavelu and Brunner, 2007) erläutert werden.

Zwei Personen sollen mit zwei verschiedenen Würfeln gegeneinander spielen. Es soll derjenige gewinnen, der die größere Zahl gewürfelt hat. Um ein unentschiedenes Ergebnis (gleiche Zahlen) zu verhindern, stehen vier Würfel zur Verfügung, auf denen unterschiedliche Zahlen notiert sind. Der erste Spieler darf einen beliebigen Würfel aussuchen und der zweite dann einen beliebigen Würfel von den verbliebenen drei Würfeln. Die Zahlen auf den je sechs Seiten der vier Würfel sind in Tabelle 1.9 aufgelistet.

Tabelle 1.9 Die Zahlen auf den Seiten der vier paradoxen Würfel von Efron.

	Seite					
Würfel	1	2	3	4	5	6
1	0	0	4	4	4	4
2	3	3	3	3	3	3
3	2	2	2	2	6	6
4	1	1	1	5	5	5

Bezeichnet man mit X_i die mit dem Würfel i gewürfelte Zahl und mit $p(i,j) = P(X_i < X_j)$ den relativen Effekt des Würfels j in Bezug auf den Würfel i, dann erhält man:

$$\begin{aligned}
p(1,2) &= \frac{1}{3} && - \quad \text{d.h. Würfel 1 ist besser als Würfel 2,} \\
p(2,3) &= \frac{1}{3} && - \quad \text{d.h. Würfel 2 ist besser als Würfel 3,} \\
p(3,4) &= \frac{1}{3} && - \quad \text{d.h. Würfel 3 ist besser als Würfel 4,} \\
p(4,1) &= \frac{1}{3} && - \quad \text{d.h. Würfel 4 ist besser als Würfel 1.}
\end{aligned}$$

Dies bedeutet, dass es zu jedem beliebigen dieser vier Würfel einen 'besseren' Würfel unter den drei anderen Würfeln gibt. Der Spieler, der als zweiter einen Würfel aussuchen darf, hat also eine erheblich höhere Gewinnchance. Dieses paradoxe Ergebnis kommt dadurch zustande, dass die durch die relativen Effekte $p(i,j)$ definierte Eigenschaft 'besser' *nicht transitiv* ist, d.h. aus $A > B$ und $B > C$ folgt nicht notwendig $A > C$.

Dieses Dilemma lässt sich zum Beispiel dadurch lösen, dass nicht beide Spieler gegeneinander sondern gegen einen Bankwürfel spielen. Die mit diesem Bankwürfel geworfene Zahl soll mit Z bezeichnet werden. Im Prinzip können die auf diesem Würfel vorhandenen Zahlen beliebig sein. Sinnvollerweise sollten sie allerdings den gesamten Wertebereich der Zahlen von den vier Würfeln, mit denen gegen den Bankwürfel gespielt wird, umfassen. Eine Möglichkeit zur Konstruktion dieses Bankwürfels ist zum Beispiel, alle Zahlen der vier Würfel entsprechend ihrer Häufigkeit auf dem Bankwürfel zu verzeichnen. Dieser ist dann natürlich kein Würfel mehr, sondern müsste als eckige Walze konstruiert werden, deren Querschnitt ein gleichseitige Vieleck wäre. Die entsprechende 'Bankwalze' für die oben betrachteten paradoxen Würfel ist in Tabelle 1.10 dargestellt. Diese Bankwalze ist eine Mischung aus den vier Würfeln. Wenn die Walze so konstruiert ist, dass jede der 24 Seiten mit gleicher Wahrscheinlichkeit oben liegt, dann ist die Verteilungsfunktion $H(x)$ der oben liegenden Zahl Z für die Bankwalze genau der Mittelwert der Verteilungen $F_i(x) = P(X_i = x)$ der $i = 1, \ldots, 4$ Würfel, also

$$H(x) = \frac{1}{4} \sum_{i=1}^{4} F_i(x).$$

Tabelle 1.10 Sinnvolle Bankwalze für die vier Efron'schen Würfel. Die Zahlen von 0 bis 6 sind entsprechend ihrer Häufigkeit auf den vier Würfeln gewählt.

Bankwalze							
Zahl	0	1	2	3	4	5	6
Häufigkeit	2	3	4	6	4	3	2

Der relative Effekt (bezüglich der Bankwalze) für den Würfel i,

$$p_i = \frac{1}{N} \sum_{\ell=1}^{N} \left[P(X_\ell < X_i) + \tfrac{1}{2} P(X_\ell = X_i) \right]$$

ergibt sich aus Definition 1.8 und man erhält für die vier Würfel

$$p_1 = \frac{35}{72} < p_2 = \frac{36}{72} = p_4 < p_3 = \frac{37}{72} \ .$$

Damit lässt sich für das Spiel gegen die Bankwalze eine Reihenfolge der Gewinnchancen für die vier Würfel angeben ('$<$' bedeutet 'schlechter'):

$$\text{Würfel } 1 < \text{Würfel } 2 = \text{Würfel } 4 < \text{Würfel } 3.$$

Dieses Beispiel zeigt, dass die Verwendung paarweise definierter relativer Effekte bei stochastisch ungeordneten Verteilungen zu paradoxen Ergebnissen führen kann. In diesem Fall sollten die Effekte in Bezug auf eine gemeinsame Verteilung $H(x)$ definiert werden. Unter stochastischer Ordnung kann das Paradoxon nicht auftreten (Krengel, 2001).

1.4.2.3 Unabhängige Messwiederholungen

Bei einem Experiment, in dem N unabhängige Zufallsvariable $X_1, \ldots, X_N$ beobachtet werden, wird im Allgemeinen nicht angenommen, dass alle N Zufallsvariablen unterschiedliche Verteilungen haben. Falls $i = 1, \ldots, d$ verschiedene Behandlungen im Experiment untersucht werden, führt man für jede Behandlung n_i unabhängige Wiederholungen durch, d.h. jeweils n_i Zufallsvariablen haben die gleiche Verteilung. Den N Beobachtungen liegen also $i = 1, \ldots, d$ Gruppen von Verteilungen $F_1, \ldots, F_d$ zugrunde. Um eine übersichtlichere Darstellung zu erhalten, indiziert man die $N = \sum_{i=1}^{d} n_i$ Zufallsvariablen $X_1, \ldots, X_N$ zweifach und schreibt $X_{11}, \ldots, X_{1n_1}, \ldots, X_{d1}, \ldots, X_{dn_d}$, wobei $X_{ik} \sim F_i, i = 1, \ldots, d$, $k = 1, \ldots, n_i$, ist. Damit lässt sich die Abschätzung (1.4.8) etwas verschärfen:

$$\frac{n_i}{2N} \le p_i = \frac{1}{N} \sum_{j=1}^{d} \sum_{k=1}^{n_j} \left[P(X_{jk} < X_{i1}) + \frac{1}{2} P(X_{jk} = X_{i1}) \right] \le 1 - \frac{n_i}{2N} ,$$

da $P(X_{ik} < X_{i1}) + \frac{1}{2}P(X_{ik} = X_{i1}) = \frac{1}{2}$ ist für $k = 1, \ldots, n_i$.

Für den Mittelwert aller Verteilungsfunktionen des Experiments erhält man die Darstellung

$$H(x) = \frac{1}{N}\sum_{j=1}^{d}\sum_{k=1}^{n_j} F_j(x) = \frac{1}{N}\sum_{j=1}^{d} n_j F_j(x), \qquad (1.4.10)$$

d.h. $H(x)$ ist ein gewichteter Mittelwert der Verteilungsfunktionen $F_1(x), \ldots, F_d(x)$. In ähnlicher Weise kann der relative Behandlungseffekt

$$p_i = \int H(x)dF_i(x) = \frac{1}{N}\sum_{j=1}^{d} n_j \int F_j(x)dF_i(x) \qquad (1.4.11)$$

als gewichtetes Mittel der relativen Behandlungseffekte der Verteilung F_i zu den anderen Verteilungen interpretiert werden.

Um bei mehrfaktoriellen Versuchsanlagen eine übersichtliche Darstellung für die Struktur der Versuchsanlage zu erreichen, ordnet man die Verteilungen in einem Vektor $\boldsymbol{F} = (F_1, \ldots, F_d)'$ an. Ebenso fasst man die relativen Effekte p_i im Vektor $\boldsymbol{p} = (p_1, \ldots, p_d)'$ zusammen. Bezeichnet man mit $\mathbf{1}_d = (1, \ldots, 1)'$ den d-dimensionalen Einser-Vektor und mit $\boldsymbol{N}_d = diag\{n_1, \ldots, n_d\}$ die $d \times d$-Diagonalmatrix der Stichprobenumfänge in den d Gruppen, dann kann man die mittlere Verteilungsfunktion $H(x)$ in der Form $H(x) = \frac{1}{N}\mathbf{1}_d'\boldsymbol{N}_d\boldsymbol{F}(x)$ schreiben und den Vektor der relativen Effekte als

$$\boldsymbol{p} = \int \tfrac{1}{N}\left(\mathbf{1}_d'\boldsymbol{N}_d\boldsymbol{F}\right)d\boldsymbol{F} = \int Hd\boldsymbol{F} = (p_1, \ldots, p_d)'.$$

Die in diesem Abschnitt eingeführten relativen Effekte $p_i = \int HdF_i$ sind im Allgemeinen nicht direkt zu berechnen und müssen im konkreten Fall aus den Stichproben geschätzt werden. Dazu werden im folgenden Abschnitt einfache Schätzverfahren beschrieben und deren Eigenschaften näher untersucht.

1.5 Empirische Verteilungen und Ränge

1.5.1 Empirische Verteilungsfunktionen

Schätzer für die relativen Effekte $p_i = \int HdF_i$, $i = 1, \ldots, d$, erhält man einfach dadurch, dass man die Verteilungsfunktionen $F_i(x)$ und $H(x)$ durch die entsprechenden empirischen Verteilungsfunktionen ersetzt. Diese werden über die so genannte *Zählfunktion* berechnet, die zunächst definiert wird.

Definition 1.11 (Zählfunktion)
Die Funktion

$$\begin{aligned} c^-(x) &= \begin{cases} 0, x \leq 0, \\ 1, x > 0 \end{cases} && \text{heißt links-stetige,} \\ c^+(x) &= \begin{cases} 0, x < 0, \\ 1, x \geq 0 \end{cases} && \text{heißt rechts-stetige,} \\ c(x) &= \tfrac{1}{2}\left[c^+(x) + c^-(x)\right] && \text{heißt normalisierte} \end{aligned}$$

Version der Zählfunktion.

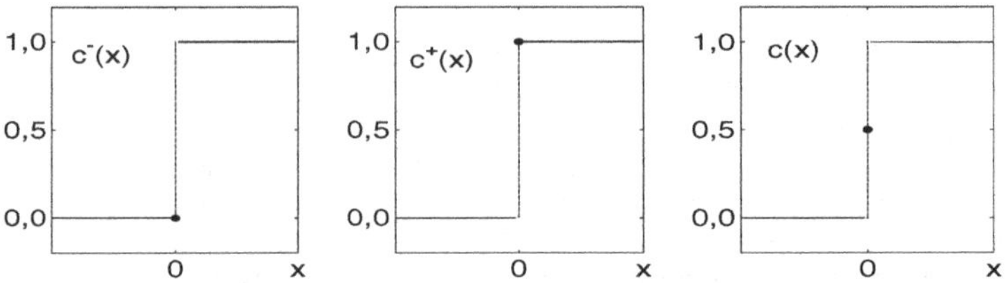

Abbildung 1.7 Links-stetige, rechts-stetige und normalisierte Version der Zählfunktion.

Entsprechend den drei Versionen der Zählfunktion definiert man drei Versionen von empirischen Verteilungsfunktionen.

Definition 1.12 (Empirische Verteilungsfunktion)
Für eine Stichprobe $X_{i1}, \ldots, X_{in_i}$ von Beobachtungen $X_{ik} \sim F_i(x)$, $k = 1, \ldots, n_i$, $i = 1, \ldots, d$, heißt die Funktion

$$\begin{aligned} \widehat{F}_i^-(x) &= \frac{1}{n_i} \sum_{k=1}^{n_i} c^-(x - X_{ik}) && \text{links-stetige,} \\ \widehat{F}_i^+(x) &= \frac{1}{n_i} \sum_{k=1}^{n_i} c^+(x - X_{ik}) && \text{rechts-stetige,} \\ \widehat{F}_i(x) &= \frac{1}{n_i} \sum_{k=1}^{n_i} c(x - X_{ik}) = \frac{1}{2}\left[\widehat{F}_i^+(x) + \widehat{F}_i^-(x)\right] && \text{normalisierte} \end{aligned}$$

Version der empirischen Verteilungsfunktion von $X_{i1}, \ldots, X_{in_i}$.

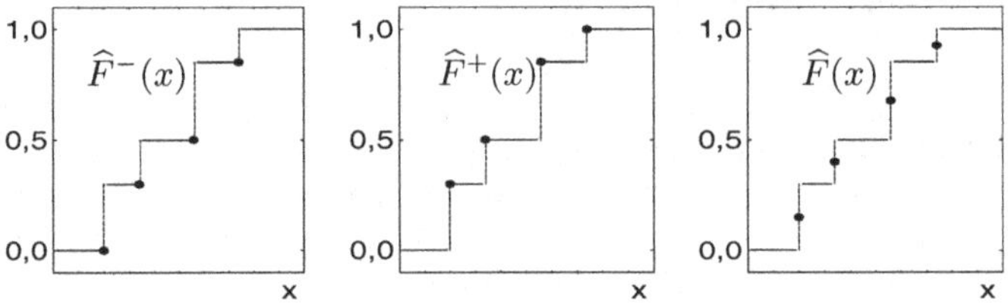

Abbildung 1.8 Links-stetige, rechts-stetige und normalisierte Version der empirischen Verteilungsfunktion.

Im Folgenden wird fast ausschließlich die normalisierte Version der empirischen Verteilungsfunktion verwendet, die daher auch kurz *empirische Verteilungsfunktion* genannt wird. Wird eine andere Version verwendet, so wird an entsprechender Stelle darauf hingewiesen.

Anmerkung 1.2 Die Zählfunktionen in Definition 1.12 haben als Argument die Differenzen $x - X_{ik}$. Bei ordinalen Daten sind diese Differenzen allerdings nicht sinnvoll zu quantifizieren. Da der Argumentbereich der Zählfunktionen sich aber in die drei Teile $(-\infty; 0)$, $\{0\}$ und $(0, \infty)$ aufteilen lässt, können die Zählfunktionen ausgewertet an den Differenzen $x - X_{ik}$ auch als bivariate Funktionen interpretiert werden:

$$\begin{aligned} c^-(x, X_{ik}) &= 0, 1 \text{ für } x \leq, > X_{ik} \\ c^+(x, X_{ik}) &= 0, 1 \text{ für } x <, \geq X_{ik} \\ c(x, X_{ik}) &= 0, 1/2, 1 \text{ für } x <, =, > X_{ik}. \end{aligned}$$

Werden die Zählfunktionen in diesem Sinne verstanden, können sie auch zur Behandlung ordinaler Daten verwendet werden. Im Folgenden wird davon ausgegangen, dass die Zählfunktionen auf diese Weise zu verstehen sind, auch wenn der Einfachheit halber die andere Notation beibehalten wird.

Für die weiteren Überlegungen wird die Auswertung der empirischen Verteilungsfunktion sowohl an einer festen Stelle x als auch an einer zufälligen Stelle X_{ik}, $i = 1, \ldots, d$, $k = 1, \ldots, n_i$, benötigt. Die wichtigsten Eigenschaften der empirischen Verteilungsfunktion $\widehat{F}_i(x)$ an einer festen Stelle x sind die Erwartungstreue und die Konsistenz bezüglich der Verteilungsfunktion $F_i(x)$.

Satz 1.13 (*Empirische Verteilungsfunktion an einer festen Stelle*)
Die Zufallsvariablen $X_{i1}, \ldots, X_{in_i}$ seien unabhängig und identisch verteilt nach $F_i(x)$, $i = 1, \ldots, d$. Ferner bezeichne $\widehat{F}_i(x)$ die empirische Verteilungsfunktion der Beobachtungen $X_{i1}, \ldots, X_{in_i}$, $i = 1, \ldots, d$. Dann gilt für jede feste Stelle x

1. $E\left(\widehat{F}_i(x)\right) = F_i(x)$,
2. $\widehat{F}_i(x)$ ist konsistent für $F_i(x)$.

Beweis: siehe Abschnitt 4.2.1, Lemma 4.4, S. 177 und Korollar 4.6, S. 180. □

Die gemittelte Verteilungsfunktion $H(x)$ in (1.4.10) auf Seite 27 wird durch das gewichtete Mittel

$$\widehat{H}(x) = \frac{1}{N} \sum_{j=1}^{d} n_j \widehat{F}_j(x)$$

der empirischen Verteilungsfunktionen $\widehat{F}_1(x), \ldots, \widehat{F}_d(x)$ geschätzt. Die in Satz 1.13 erwähnte Erwartungstreue und Konsistenz der empirischen Verteilungsfunktionen der Randverteilungen $\widehat{F}_i$ überträgt sich unmittelbar auf die empirische Verteilungsfunktion der gemittelten Verteilung $\widehat{H}(x)$.

Zur Schätzung des relativen Effektes p_i in (1.4.7) auf Seite 22 ersetzt man die Verteilungsfunktionen $H(x)$ und $F_i(x)$ durch die entsprechenden empirischen Verteilungsfunktionen $\widehat{H}(x)$ bzw. $\widehat{F}_i(x)$ und erhält so in natürlicher Weise den Schätzer

$$\widehat{p}_i \;=\; \int \widehat{H} d\widehat{F}_i \;=\; \frac{1}{n_i}\sum_{k=1}^{n_i} \widehat{H}(X_{ik}), \quad i = 1, \ldots, d. \tag{1.5.12}$$

Hierbei heißt die Größe $\widehat{H}(X_{ik})$ *normierte Platzierung* von X_{ik} bezüglich $\widehat{H}(x)$ und ist der Wert der mittleren empirischen Verteilungsfunktion $\widehat{H}(x)$ an der zufälligen Stelle X_{ik}, wobei X_{ik} eine Sprungstelle von $\widehat{H}(x)$ ist.

Der Begriff der normierten Platzierung weicht formal ein wenig ab von dem Begriff *Platzierung*, der von Orban und Wolfe (1980, 1982) für den Vergleich einer Zufallsvariablen X_{ik} mit einer Gruppe von Zufallsvariablen $X_{r1}, \ldots, X_{rn_r}$ für $r \neq i$ eingeführt wurde und in diesem Sinne auf eine beliebige Gruppe von Zufallsvariablen verallgemeinert wird.

Definition 1.14 (Platzierungen)

1. Für $i \neq r = 1, \ldots, d$ heißt die Summe

$$\sum_{\ell=1}^{n_r} c(X_{ik} - X_{r\ell}) \;=\; n_r \widehat{F}_r(X_{ik})$$

   Platzierung (placement) von X_{ik} unter den n_r Zufallsvariablen $X_{r1}, \ldots, X_{rn_r}$. Die durch den Stichprobenumfang dividierte Größe $\widehat{F}_r(X_{ik})$ heißt *normierte Platzierung* von X_{ik} unter den n_r Zufallsvariablen $X_{r1}, \ldots, X_{rn_r}$.

2. Die Größe

$$\widehat{F}_i(X_{ik}) \;=\; \frac{1}{n_i}\sum_{\ell=1}^{n_i} c(X_{ik} - X_{i\ell})$$

   heißt *normierte Platzierung* von X_{ik} unter den n_i Zufallsvariablen $X_{i1}, \ldots, X_{in_i}$.

3. Die Größe

$$\widehat{H}(X_{ik}) \;=\; \frac{1}{N}\sum_{r=1}^{d} n_r \widehat{F}_r(X_{ik})$$

   heißt *normierte Platzierung* von X_{ik} unter allen $N = \sum_{r=1}^{d} n_r$ Zufallsvariablen $X_{11}, \ldots, X_{dn_d}$.

Um Wahrscheinlichkeitsaussagen über den Schätzer $\widehat{p}_i$ treffen zu können, benötigt man aber noch einen Schätzer für dessen Varianz. Bei der Berechnung dieses Varianzschätzers gehen neben den normierten Platzierungen $\widehat{H}(X_{ik})$ auch die normierten Platzierungen $\widehat{F}_r(X_{ik})$ ein. Hierbei ist zwischen den beiden Fällen $i = r$ und $i \neq r$ zu unterscheiden, da im einen Fall die Beobachtung X_{ik} zur Gruppe der Zufallsvariablen gehört, mit denen X_{ik} verglichen wird, im anderen Fall aber nicht.

Ein einfaches Zahlenbeispiel mit $d = 3$ Stichproben sowie $n_1 = 3$, $n_2 = 4$ und $n_3 = 2$ Beobachtungen soll die Berechnung der (normierten) Platzierungen erläutern.

Tabelle 1.11 Zahlenbeispiel zur Bestimmung der Platzierungen $n_r\widehat{F}_r(X_{ik})$, $r = 1, 2, 3$ und $N\widehat{H}(X_{ik})$.

Stichprobe	Beobachtungen
1	4.2, 3.7, 1.8
2	2.6, 1.8, 3.5, 4.1
3	1.8, 4.2

Die Vergleiche $c(X_{ik} - X_{r\ell})$, $k = 1, \ldots, n_i$, und $\ell = 1, \ldots, n_r$ für $i, r = 1, 2, 3$ sind dem oberen Teil der Tabelle 1.12 zu entnehmen. Die Platzierungen $n_r\widehat{F}_r(X_{ik})$ und $N\widehat{H}(X_{ik}) = \sum_{r=1}^{3} n_r\widehat{F}_r(X_{ik})$ sind im unteren Teil der Tabelle zusammengestellt und ergeben sich durch Summieren der Einträge in der Zeile (i, k) im oberen Teil der Tabelle.

Tabelle 1.12 Berechnung der Vergleiche $c(X_{ik} - X_{r\ell})$, $i, r = 1, 2, 3$, $k = 1, \ldots, n_i$, $\ell = 1, \ldots, n_r$, für die Daten des Zahlenbeispiels in Tabelle 1.11 (oberer Teil der Tabelle). Im unteren Teil der Tabelle sind die Platzierungen $n_r\widehat{F}_r(X_{ik})$ und $N\widehat{H}(X_{ik})$ angegeben.

			$c(X_{ik} - X_{r\ell})$								
		r	1			2				3	
		ℓ	1	2	3	1	2	3	4	1	2
i	k	$X_{r\ell}$ / X_{ik}	4.2	3.7	1.8	2.6	1.8	3.5	4.1	1.8	4.2
1	1	4.2	1/2	1	1	1	1	1	1	1	1/2
	2	3.7	0	1/2	1	1	1	1	0	1	0
	3	1.8	0	0	1/2	0	1/2	0	0	1/2	0
2	1	2.6	0	0	1	1/2	1	0	0	1	0
	2	1.8	0	0	1/2	0	1/2	0	0	1/2	0
	3	3.5	0	0	1	1	1	1/2	0	1	0
	4	4.1	0	1	1	1	1	1	1/2	1	0
3	1	1.8	0	0	1/2	0	1/2	0	0	1/2	0
	2	4.2	1/2	1	1	1	1	1	1	1	1/2

i	k	X_{ik}	$n_1\widehat{F}_1(X_{ik})$	$n_2\widehat{F}_2(X_{ik})$	$n_3\widehat{F}_3(X_{ik})$	$N\widehat{H}(X_{ik})$
1	1	4.2	2.5	4	1.5	8
	2	3.7	1.5	3	1	5.5
	3	1.8	0.5	0.5	0.5	1.5
2	1	2.6	1	1.5	1	3.5
	2	1.8	0.5	0.5	0.5	1.5
	3	3.5	1	2.5	1	4.5
	4	4.1	2	3.5	1	6.5
3	1	1.8	0.5	0.5	0.5	1.5
	2	4.2	2.5	4	1.5	8

Auf den ersten Blick sieht die Berechnung der normierten Platzierungen $\widehat{H}(X_{ik})$, $\widehat{F}_i(X_{ik})$ und $\widehat{F}_r(X_{ik})$, $i \neq r$, im konkreten Fall sehr mühsam aus. Eine einfache Beziehung zwischen den so genannten Rängen von Zufallsvariablen und den empirischen Verteilungsfunktionen $\widehat{H}(x)$ und $\widehat{F}_r(x)$ an den zufälligen Stellen X_{ik} gestattet es aber, diese - und damit auch die Schätzer $\widehat{p}_i$ und deren Varianz - sehr einfach zu bestimmen. Dazu werden im folgenden Abschnitt verschiedene Arten von Rängen eingeführt und näher diskutiert.

1.5.2 Ränge

Unter dem Rang r_i einer reellen Zahl x_i innerhalb einer Gruppe von N reellen Zahlen $x_1, \ldots, x_N$ versteht man intuitiv die Platznummer von x_i in der *Rangreihe*, d.h. in der Gruppe von geordneten reellen Zahlen $x_{(1)}, \ldots, x_{(N)}$, für die $x_{(1)} < x_{(2)} < \cdots < x_{(N)}$ gilt. Falls gleiche Zahlen (Bindungen) auftreten, ist der Rang nicht mehr eindeutig bestimmt. Man kann dann den gebundenen Werten entweder den kleinst-möglichen Rang (Minimum-Rang), den größt-möglichen Rang (Maximum-Rang) oder den Mittelwert des Minimum-Rangs und Maximum-Rangs, den so genannten Mittel-Rang zuordnen.

Beispiel 1.3 Es sollen die Ränge der fünf Zahlen $4, 12, 2, 4$ und 17 berechnet werden.

Man ordnet die fünf Zahlen der Größe nach und erhält die so genannte *Rangreihe* $x_{(1)} = 2, x_{(2)} = x_{(3)} = 4, x_{(4)} = 12, x_{(5)} = 17$, wie in Tabelle 1.13 dargestellt. Der Rang einer Zahl ist dann die in Klammern stehende zugehörige Platznummer. Der Rang von $x_{(1)} = 2$ ist zum Beispiel gleich 1 und der Rang von $x_{(5)} = 17$ ist gleich 5. Der zweimal vorkommenden Zahl 4 kann man entweder den Minimum-Rang 2, den Maximum-Rang 3 oder den Mittel-Rang 2.5 zuweisen.

Tabelle 1.13 Originalwerte und geordnete Werte der Daten aus Beispiel 1.3

i	1	2	3	4	5
x_i	4	12	2	4	17
$x_{(i)}$	2	4	4	12	17

Technisch ermittelt man den Rang von x_i durch Abzählen, wie viele Werte x_j, $1 \leq j \leq N$, kleiner oder gleich x_i sind. Falls alle Zahlen voneinander verschieden sind, ist für $i \neq j$ entweder $x_j < x_i$ oder $x_j > x_i$ und der Rang r_i ist gleich 1 plus der Anzahl der Vergleiche zwischen x_i und x_j, für die $x_j < x_i$ ist ($i \neq j$). Das Abzählen der Anzahlen von Wertepaaren (x_i, x_j), für die $x_j < x_i$ oder $x_j \leq x_i$ gilt, leisten die in Definition 1.11 festgelegten Versionen der Zählfunktion $c^-(\cdot)$ bzw- $c^+(\cdot)$. Der formelmäßige Zusammenhang ist in der folgenden Definition festgehalten.

Definition 1.15 (*Ränge von Konstanten*)
Bezeichne $c^-(x)$, $c^+(x)$ bzw. $c(x)$ die drei Versionen der Zählfunktion, wie sie in Definition 1.11 angegeben sind. Seien ferner $x_1, \ldots, x_N$ beliebige reelle Zahlen. Dann heißt

$$r_i^- = 1 + \sum_{j=1}^{N} c^-(x_i - x_j) \quad \text{der Minimum-Rang,}$$
$$r_i^+ = \sum_{j=1}^{N} c^+(x_i - x_j) \quad \text{der Maximum-Rang,}$$
$$r_i = \frac{1}{2} + \sum_{j=1}^{N} c(x_i - x_j) = \frac{1}{2}\left[r_i^- + r_i^+\right] \quad \text{der Mittel-Rang}$$

von x_i unter allen Zahlen $x_1, \ldots, x_N$.

Falls alle Zahlen $x_1, \ldots, x_N$ voneinander verschieden sind, d.h. falls keine Bindungen vorhanden sind, dann sind alle drei Versionen identisch, d.h es gilt $r_i^- = r_i^+ = r_i$.

Beispiel 1.3 *(Fortsetzung)* Es sollen die Ränge der Zahlen 12 und 4 unter den fünf Zahlen $4, 12, 2, 4, 17$ mithilfe der drei Versionen $c^-(x)$, $c^+(x)$ bzw. $c(x)$ der Zählfunktion berechnet werden.

Für $x_2 = 12$ ergibt sich:

$$\begin{aligned} r_2^- &= 1 + c^-(12-4) + c^-(12-12) + c^-(12-2) \\ &\quad + c^-(12-4) + c^-(12-17) \\ &= 1+1+0+1+1+0 = 4 \\ r_2^+ &= c^+(12-4) + c^+(12-12) + c^+(12-2) + c^+(12-4) + c^+(12-17) \\ &= 1+1+1+1+0 = 4 \end{aligned}$$

und schließlich $r_2 = \frac{1}{2}[r_2^- + r_2^+] = 4$. Da $x_2 = 12$ kein gebundener Wert ist, d.h. unter den fünf Zahlen $x_1, \ldots, x_5$ nur einmal vorkommt, ist $r_2^- = r_2^+ = r_2$.

Für die Bindung $x_1 = x_4 = 4$ ergibt sich:

$$\begin{aligned} r_1^- = r_4^- &= 1 + c^-(4-4) + c^-(4-12) + c^-(4-2) \\ &\quad + c^-(4-4) + c^-(4-17) \\ &= 1+0+0+1+0+0 = 2. \\ r_1^+ = r_4^+ &= c^+(4-4) + c^+(4-12) + c^+(4-2) + c^+(4-4) + c^+(4-17) \\ &= 1+0+1+1+0 = 3 \end{aligned}$$

und schließlich $r_1 = r_4 = \frac{1}{2}[r_1^- + r_1^+] = 2.5$.

Die verschiedenen Ränge der fünf Zahlen dieses Beispiels sind in Tabelle 1.14 zusammengestellt.

Tabelle 1.14 Ränge für die Zahlen des Beispiels 1.3.

Index	i	1	2	3	4	5
Beobachtungen	x_i	4	12	2	4	17
Minimum-Ränge	r_i^-	2	4	1	2	5
Maximum-Ränge	r_i^+	3	4	1	3	5
Mittel-Ränge	r_i	2.5	4	1	2.5	5

Die Bedeutung der Mittel-Ränge erkennt man, wenn man die Summen oder die Mittelwerte für die drei Versionen der Ränge ausrechnet. Nur für die Mittel-Ränge hängt nämlich die Summe nicht von der Anzahl oder dem Ausmaß der Bindungen ab, sondern nur von der Anzahl N aller Zahlen. Dadurch erhalten die Mittel-Ränge eine natürliche, zentrale Bedeutung.

Proposition 1.16 (*Rangsummen*)
Seien $x_1, \ldots, x_N$ beliebige reelle Zahlen, die in $k = 1, \ldots, G$ Gruppen von jeweils g_k gleichen Werten (Bindungen) eingeteilt werden können. Die Werte aus verschiedenen Gruppen sollen jeweils voneinander verschieden sein. (Anm.: Für eine von allen anderen Zahlen verschiedene Zahl ist $g_k = 1$.) Dann ist

$$\begin{aligned}
\sum_{i=1}^{N} r_i^- &= N + \frac{1}{2}\left[N^2 - \sum_{k=1}^{G} g_k^2\right], \\
\sum_{i=1}^{N} r_i^+ &= \frac{1}{2}\left[N^2 + \sum_{k=1}^{G} g_k^2\right], \\
\sum_{i=1}^{N} r_i &= \frac{N(N+1)}{2}.
\end{aligned}$$

Beweis: Liegen keine Bindungen vor, so sind Minimum-, Maximum- und Mittelränge identisch und durchlaufen die natürlichen Zahlen von 1 bis N. In diesem Fall ist also

$$\sum_{i=1}^{N} r_i^- = \sum_{i=1}^{N} r_i^+ = \sum_{i=1}^{N} r_i = \sum_{i=1}^{N} i = \frac{N(N+1)}{2}.$$

Wenn nun Bindungen auftreten, so beginnt eine Gruppe k von g_k Bindungen mit der Rangzahl $r(k)$ und endet bei $r(k) + g_k - 1$. Betrachtet man die Summe der Minimum-Ränge, dann ist die Summe $\sum_{j=r(k)}^{r(k)+g_k-1} j$ durch $r(k) \cdot g_k$ zu ersetzen und im Fall der Maximum-Ränge wird diese Summe durch den Wert $(r(k) + g_k - 1)g_k$ ersetzt. Unter Berücksichtigung von

$$\begin{aligned}
\sum_{j=r(k)}^{r(k)+g_k-1} j &= \frac{(r(k)+g_k-1)(r(k)+g_k)}{2} - \frac{(r(k)-1)r(k)}{2} \\
&= r(k) \cdot g_k + \frac{1}{2}\left(g_k^2 - g_k\right)
\end{aligned}$$

und $\sum_{k=1}^{G} g_k = N$ ergibt sich für die Summe der Minimum-Ränge

$$\begin{aligned}
\sum_{i=1}^{N} r_i^- &= \frac{N(N+1)}{2} - \sum_{k=1}^{G}\left[r(k) \cdot g_k + \frac{1}{2}\left(g_k^2 - g_k\right)\right] + \sum_{k=1}^{G}(r(k) \cdot g_k) \\
&= \frac{N(N+1)}{2} - \frac{1}{2}\sum_{k=1}^{G} g_k^2 + \frac{N}{2} = N + \frac{1}{2}\left[N^2 - \sum_{k=1}^{G} g_k^2\right],
\end{aligned}$$

für die Summe der Maximum-Ränge

$$\begin{aligned}\sum_{i=1}^{N} r_i^+ &= \frac{N(N+1)}{2} - \sum_{k=1}^{G} \left[r(k) \cdot g_k + \frac{1}{2}\left(g_k^2 - g_k\right) \right] \\ &\quad + \sum_{k=1}^{G} \left[(r(k) + g_k - 1) \cdot g_k \right] \\ &= \frac{N(N+1)}{2} + \frac{1}{2} \sum_{k=1}^{G} g_k^2 - \frac{N}{2} = \frac{1}{2} \left[N^2 + \sum_{k=1}^{G} g_k^2 \right]\end{aligned}$$

und schließlich für die Summe der Mittelränge

$$\sum_{i=1}^{N} r_i = \frac{1}{2} \sum_{i=1}^{N} (r_i^- + r_i^+) = \frac{1}{2}(N + N^2) = \frac{N(N+1)}{2}.$$

□

Die Ränge von N Zufallsvariablen $X_1, \ldots, X_N$ definiert man analog zu den Rängen von N Konstanten unter Benutzung der drei Versionen der Zählfunktion.

Definition 1.17 (*Ränge von Zufallsvariablen*)
Bezeichne $c^-(x)$, $c^+(x)$ bzw. $c(x)$ die drei Versionen der Zählfunktion, wie sie in Definition 1.11 angegeben sind. Seien ferner $X_1, \ldots, X_N$ Zufallsvariablen, die auf einer metrischen oder ordinalen Skala beobachtet werden. Dann heißt

$$\begin{aligned}R_i^- &= 1 + \sum_{j=1}^{N} c^-(X_i - X_j) \quad &&\text{– Minimum-Rang,} \\ R_i^+ &= \sum_{j=1}^{N} c^+(X_i - X_j) \quad &&\text{– Maximum-Rang,} \\ R_i &= \frac{1}{2}\left[R_i^- + R_i^+\right] \quad &&\text{– Mittel-Rang}\end{aligned}$$

von X_i unter allen N Zufallsvariablen $X_1, \ldots, X_N$.

Treten keine Bindungen auf, dann sind alle drei Versionen identisch, das heißt es gilt $R_i^- = R_i^+ = R_i$. Soweit nicht anders vermerkt, wird im Folgenden nur die normalisierte Version der Zählfunktion verwendet. Diese erzeugt automatisch die Mittel-Ränge, die der Kürze halber einfach *Ränge* genannt werden.

Für die im Verlauf des Buches gemachten theoretischen und praktischen Betrachtungen sind bei mehreren Gruppen von Zufallsvariablen $X_{ik} \sim F_i(x), i = 1, \ldots, d, k = 1, \ldots, n_i$, die normierten Platzierungen in Definition 1.14 zu berechnen. Diese werden verwendet, um die relativen Effekte p_i, $i = 1, \ldots, d$, zu schätzen und um die Varianzen dieser Schätzer zu bestimmen. Hierfür werden drei verschiedene Arten von Rangvergaben benötigt, die Ränge R_{ik} unter allen $N = \sum_{i=1}^{d} n_i$ Zufallsvariablen, welche *Gesamt-Ränge* genannt werden, die Ränge $R_{ik}^{(i)}$ unter allen n_i Zufallsvariablen innerhalb der Gruppe i, die *Intern-Ränge* heißen, und die Ränge $R_{ik}^{(-r)}$ unter allen $N - n_r$ Zufallsvariablen ohne die Zufallsvariablen der Gruppe r, die *Teil-Ränge* heißen.

Definition 1.18 (*Gesamt-Ränge, Intern-Ränge und Teil-Ränge*)
Bezeichne $c(x)$ die normalisierte Version der Zählfunktion (siehe Definition 1.11). Ferner seien X_{ik}, $i = 1, \ldots, d$, $k = 1, \ldots, n_i$, Zufallsvariablen, die auf einer metrischen oder ordinalen Skala beobachtet werden. Dann heißt

$$R_{ik} = \frac{1}{2} + \sum_{j=1}^{d} \sum_{\ell=1}^{n_j} c(X_{ik} - X_{j\ell})$$

Gesamt-Rang oder auch einfach *Rang* von X_{ik} unter allen $N = \sum_{i=1}^{d} n_i$ Zufallsvariablen $X_{11}, \ldots, X_{dn_d}$,

$$R_{ik}^{(i)} = \frac{1}{2} + \sum_{\ell=1}^{n_i} c(X_{ik} - X_{i\ell})$$

Intern-Rang von X_{ik} unter allen n_i Zufallsvariablen $X_{i1}, \ldots, X_{in_i}$ der Gruppe i,

$$R_{ik}^{(-r)} = \frac{1}{2} + \sum_{j \neq r}^{d} \sum_{\ell=1}^{n_j} c(X_{ik} - X_{j\ell})$$

Teil-Rang von X_{ik} unter allen $N - n_r$ Zufallsvariablen ohne die Gruppe r.

Wenn X_{ik} eine Sprungstelle der mittleren empirischen Verteilungsfunktion $\widehat{H}(x)$ ist, lassen sich mithilfe dieser verschiedenen Arten von Rängen die zur Schätzung von p_i in (1.5.12) benötigten normierten Platzierungen $\widehat{H}(X_{ik})$, $\widehat{F}_i(X_{ik})$ und $\widehat{F}_r(X_{ik})$ für $i \neq r \in \{1, \ldots, d\}$ auf einfach Weise berechnen.

Lemma 1.19 (*Berechnung der normierten Platzierungen*)
Es bezeichne $\widehat{F}_i(x)$, $i = 1, \ldots, d$, die empirische Verteilungsfunktion der Stichprobe $X_{i1}, \ldots, X_{in_i}$ und $\widehat{H}(x) = \frac{1}{N} \sum_{i=1}^{d} n_i \widehat{F}_i(x)$ den gewichteten Mittelwert der Verteilungsfunktionen $\widehat{F}_1(x), \ldots, \widehat{F}_d(x)$. Weiter sei R_{ik} der Rang von X_{ik} unter allen $N = \sum_{i=1}^{d} n_i$ Beobachtungen, $R_{ik}^{(i)}$ der Intern-Rang von X_{ik} unter den n_i Beobachtungen der i-ten Stichprobe und $R_{ik}^{(-r)}$ der Teil-Rang von X_{ik} unter allen $N - n_r$ Beobachtungen ohne die r-te Stichprobe. Dann erhält man die normierten Platzierungen $\widehat{H}(X_{ik})$, $\widehat{F}_i(X_{ik})$ und $\widehat{F}_r(X_{ik})$, $r \neq i$, aus

$$\begin{aligned}
\widehat{H}(X_{ik}) &= \frac{1}{N}\left(R_{ik} - \frac{1}{2}\right), \\
\widehat{F}_i(X_{ik}) &= \frac{1}{n_i}\left(R_{ik}^{(i)} - \frac{1}{2}\right), \\
\widehat{F}_r(X_{ik}) &= \frac{1}{n_r}\left(R_{ik} - R_{ik}^{(-r)}\right), \quad i \neq r \in \{1, \ldots, d\}.
\end{aligned}$$

Beweis: Die Aussagen für $\widehat{H}(X_{ik})$ und $\widehat{F}_i(X_{ik})$ ergeben sich aus der Definition von $\widehat{H}(x)$ und $\widehat{F}_i(x)$ sowie aus der Definition der Ränge R_{ik} und der Intern-Ränge $R_{ik}^{(i)}$. Für $\widehat{F}_r(X_{ik})$ erhält man

$$n_r\widehat{F}_r(X_{ik}) \;=\; N\widehat{H}(X_{ik}) - \sum_{\ell\neq r}^{d} n_\ell \widehat{F}_\ell(X_{ik}) \;=\; R_{ik} - R_{ik}^{(-r)}. \qquad \square$$

Die Darstellung der normierten Platzierungen mithilfe von Rängen ist für die Praxis insofern von Bedeutung, als zur Berechnung von Rängen sehr effiziente Algorithmen zur Verfügung stehen, die von den meisten statistischen Programmpaketen benutzt werden. Allerdings sollte man bei Benutzung eines Programms überprüfen, welche Ränge bei Bindungen zugewiesen werden. In manchen statistischen Programmpaketen kann man die Art der Rangbildung entsprechend der Definition 1.17 wählen. So gibt es z.B. bei dem Programmpaket SAS in der Prozedur PROC RANK die Möglichkeit, durch die Option TIES = HIGH, TIES = LOW bzw. TIES = MEAN die Maximum-Ränge R_i^+, die Minimum-Ränge R_i^- bzw. die Mittel-Ränge R_i zu erzeugen. Als Grundeinstellung werden die Mittel-Ränge angeboten. Im Gegensatz dazu werden bei SAS-IML durch die Funktion RANK(...) bei Bindungen die Ränge irgendwie zugewiesen und durch die Funktion RANKTIE(...) die Mittel-Ränge, während das Tabellen-Kalkulationsprogramm EXCEL nur die Minimum-Ränge verwendet. In anderen Programmpaketen werden fast ausschließlich die Mittel-Ränge angeboten.

Die Berechnung der normierten Platzierungen $n_r\widehat{F}_r(X_{ik})$ und $N\widehat{H}(X_{ik})$ mithilfe von Rängen soll anhand des in Tabelle 1.11 auf Seite 31 gegebenen Zahlenbeispiels demonstriert werden. Die Tabelle 1.15 auf S. 38 enthält die Daten X_{ik} und im oberen Teil deren Gesamt-Ränge R_{ik}, Intern-Ränge $R_{ik}^{(i)}$ und Teil-Ränge $R_{ik}^{(-r)}$. Im unteren Teil der Tabelle sind neben den Daten deren Platzierungen $N\widehat{H}(X_{ik}) = R_{ik} - \frac{1}{2}$ und $n_r\widehat{F}_r(X_{ik}) = R_{ik} - R_{ik}^{(-r)}$ für $i \neq r$ sowie $n_i\widehat{F}_i(X_{ik}) = R_{ik}^{(i)} - \frac{1}{2}$ angegeben.

Bei dem hier gewählten Zugang über die normalisierte Version der empirischen Verteilungsfunktion ergeben sich im Falle von Bindungen automatisch die Mittel-Ränge. Dies hat zur Folge, dass in allen Formeln die Varianzen von Statistiken auch im Falle von Bindungen korrekt geschätzt werden. Es erübrigt sich die Berechnung einer so genannten *Bindungskorrektur*, wie sie in der Literatur üblicherweise angegeben wird. Für den Fall, dass keine Bindungen vorliegen, ergeben sich die bekannten Varianzschätzer als Sonderfälle aus den für den allgemeinen Fall angegebenen Schätzern. Neben theoretischen Überlegungen ist dieser Ansatz auch von praktischem Vorteil, da bei der Programmierung der Verfahren keine Fallunterscheidung zwischen diskreten und stetigen Daten gemacht werden muss und ein umständliches Abzählen von Bindungen zur Berechnung der Bindungskorrektur entfällt.

Eine weitere Möglichkeit bei Bindungen Ränge zuzuweisen, stellt die Methode der zufälligen Rangvergabe dar, bei der den Bindungen so genannte *Zufallsränge* zugewiesen werden. Diese Art der Rangvergabe wird in der Literatur allerdings ausschließlich für theoretische Überlegungen benutzt. In der Praxis möchte man natürlich gleichen Messwerten auch gleiche Ränge zuordnen, damit nicht bei der Auswertung der Daten ein weiterer Zufallseffekt durch das Auswertungsverfahren hinzukommt. Aus diesem Grund wird auf eine weitere Betrachtung von Zufallsrängen verzichtet.

Tabelle 1.15 Gesamt-, Intern- und Teil-Ränge sowie Platzierungen für die Daten des Zahlenbeispiels in Tabelle 1.11 auf Seite 31. Im Gegensatz zu Tabelle 1.12 auf Seite 31 sind dabei die Platzierungen über die verschiedenen Ränge der Daten berechnet worden.

Daten			Ränge				
i	k	X_{ik}	R_{ik}	$R_{ik}^{(-1)}$	$R_{ik}^{(-2)}$	$R_{ik}^{(-3)}$	$R_{ik}^{(i)}$
1	1	4.2	8.5	–	4.5	7	3
	2	3.7	6	–	3	5	2
	3	1.8	2	–	1.5	1.5	1
2	1	2.6	4	3	–	3	2
	2	1.8	2	1.5	–	1.5	1
	3	3.5	5	4	–	4	3
	4	4.1	7	5	–	6	4
3	1	1.8	2	1.5	1.5	–	1
	2	4.2	8.5	6	4.5	–	2
Daten			**Platzierungen**				
i	k	X_{ik}	$N\widehat{H}(X_{ik})$	$n_r\widehat{F}_r(X_{ik})$,		$r \neq i$	$n_i\widehat{F}_i(X_{ik})$
1	1	4.2	8	–	4	1.5	2.5
	2	3.7	5.5	–	3	1	1.5
	3	1.8	1.5	–	0.5	0.5	0.5
2	1	2.6	3.5	1	–	1	1.5
	2	1.8	1.5	0.5	–	0.5	0.5
	3	3.5	4.5	1	–	1	2.5
	4	4.1	6.5	2	–	1	3.5
3	1	1.8	1.5	0.5	0.5	–	0.5
	2	4.2	8	2.5	4	–	1.5

1.5.3 Schätzer für die relativen Effekte

Mit den Ergebnissen der letzten Abschnitte ist es möglich, die Schätzer für die relativen Effekte $p_i = \int H dF_i$, $i = 1, \ldots, d$, näher zu betrachten. Für den in (1.5.12) definierten Schätzer $\widehat{p}_i$ erhält man mit den vorangegangenen Überlegungen sofort die Rangdarstellung.

Proposition 1.20 (Rangdarstellung von $\widehat{p}_i$)
Für unabhängige Zufallsvariable $X_{ik} \sim F_i$, $i = 1, \ldots, d$, $k = 1, \ldots, n_i$, kann der relative Effekt $p_i = \int H dF_i$ aus den Gesamt-Rängen R_{ik} der Zufallsvariablen X_{ik} berechnet werden durch

$$\begin{aligned} \widehat{p}_i &= \frac{1}{n_i} \sum_{k=1}^{n_i} \frac{1}{N} \left(R_{ik} - \frac{1}{2} \right) \\ &= \frac{1}{N} \left(\overline{R}_{i\cdot} - \frac{1}{2} \right), \quad i = 1, \ldots, d, \end{aligned} \tag{1.5.13}$$

wobei $\overline{R}_{i\cdot} = n_i^{-1} \sum_{k=1}^{n_i} R_{ik}$ der Mittelwert der Ränge R_{ik} in der i-ten Stichprobe ist.

Beweis: Das Resultat folgt aus der Rangdarstellung der normierten Platzierungen $\widehat{H}(X_{ik})$ in Lemma 1.19 und der Definition des Schätzers $\widehat{p}_i$ in (1.5.12). □

Der in Proposition 1.20 angegebene Schätzer für p_i wurde in (1.5.12) dadurch hergeleitet, dass die Verteilungsfunktionen $F_i(x)$ und deren Mittelwert $H(x)$ durch die empirischen Verteilungsfunktionen ersetzt wurden. Da die empirische Verteilungsfunktion $\widehat{F}_i(x)$ an einer festen Stelle x erwartungstreu und konsistent für die Verteilungsfunktion $F_i(x)$ ist (siehe Satz 1.13, S. 29), liegt die Vermutung nahe, dass sich diese Eigenschaften auch auf den daraus abgeleiteten Schätzer übertragen. Ein entsprechendes Ergebnis ist in der folgenden Proposition formuliert.

Proposition 1.21 (*Eigenschaften von* $\widehat{p}_i$)
Die Zufallsvariablen $X_{ik} \sim F_i(x)$, $i = 1, \ldots, d$, $k = 1, \ldots, n_i$, seien unabhängig. Dann gilt für den in (1.5.12) definierten Schätzer $\widehat{p}_i$ des relativen Effekts p_i

1. $E(\widehat{p}_i) \ = \ p_i$,
2. $\widehat{p}_i$ ist konsistent für p_i, d.h. $P(|\widehat{p}_i - p_i| > \varepsilon) \to 0$ für $\varepsilon > 0$ beliebig und $\min_{1 \le i \le d} n_i \to \infty$.

Beweis: Siehe Abschnitt 4.2.2, Proposition 4.7, S. 180. □

Anmerkung 1.3 Es ist zu beachten, dass $p_i = \int H dF_i$ von den relativen Stichprobenumfängen n_i/N anhängt, da $H(x)$ hiervon abhängt. Die Konsistenz kann also nicht in der Form $\widehat{p}_i \xrightarrow{p} p_i$ formuliert werden, sondern ist im Sinne $\widehat{p}_i - p_i \xrightarrow{p} 0$ zu verstehen. In Proposition 4.7 in Abschnitt 4.2.2 wird sogar das stärkere Resultat $E[(\widehat{p}_i - p_i)^2] \to 0$ gezeigt.

Die Schätzer $\widehat{p}_1, \ldots, \widehat{p}_d$ ordnet man in einem Vektor $\widehat{\boldsymbol{p}} = (\widehat{p}_1, \ldots, \widehat{p}_d)'$ an und die empirischen Verteilungsfunktionen im Vektor $\widehat{\boldsymbol{F}}(x) = (\widehat{F}_1(x), \ldots, \widehat{F}_d(x))'$. Damit schreibt man den Schätzer für $\boldsymbol{p} = (p_1, \ldots, p_d)'$ in Vektorform als

$$\widehat{\boldsymbol{p}} \ = \ \int \widehat{H} d\widehat{\boldsymbol{F}} \ = \ \frac{1}{N}\left(\overline{\boldsymbol{R}}_\cdot - \tfrac{1}{2}\mathbf{1}_d\right) \ = \ \frac{1}{N}\begin{pmatrix} \overline{R}_{1\cdot} - \frac{1}{2} \\ \vdots \\ \overline{R}_{d\cdot} - \frac{1}{2} \end{pmatrix},$$

wobei $\overline{\boldsymbol{R}}_\cdot = (\overline{R}_{1\cdot}, \ldots, \overline{R}_{d\cdot})'$ den Vektor der Rangmittelwerte $\overline{R}_{i\cdot} = n_i^{-1}\sum_{k=1}^{n_i} R_{ik}$ bezeichnet und R_{ik} der Rang von X_{ik} unter allen N Beobachtungen $X_{11}, \ldots, X_{dn_d}$ ist.

Diese Schreibweise gestattet es, in übersichtlicher Form sowohl asymptotische Aussagen über die Verteilung von $\widehat{\boldsymbol{p}}$ zu machen als auch Aussagen über verschiedene Effekte in nichtparametrischen faktoriellen Modellen zu formulieren. Diese Modelle sind sehr allgemein und umfassen sowohl kontinuierliche und diskrete metrische Daten als auch ordinale und (0,1)-Daten.

1.5.4 Übungen

Übung 1.1 Überlegen Sie, welche der folgenden Datentypen in den Beispielen C.1 bis C.16 (Anhang C, S. 249ff) beobachtet wurden:

(a) metrisch-stetige Daten

(b) metrisch-diskrete Daten

(c) ordinale Daten.

Übung 1.2 Identifizieren Sie die den Beispielen C.1 bis C.16 (Anhang C, S. 249ff) zugrunde liegenden Versuchsanlagen entsprechend den in den Abschnitten 1.2.3 und 1.2.4 diskutierten Versuchsanlagen. Diskutieren Sie, welche Faktoren als fest und welche als zufällig angesehen werden können. Überlegen Sie auch, welche Faktoren miteinander gekreuzt und welche untereinander verschachtelt sind.

Übung 1.3 Beantworten Sie folgende Fragen für die Beispiele C.1 bis C.16 (Anhang C, S. 249ff):

(a) Es sind sinnvolle Ober- und Untergrenzen für die Daten anzugeben.

(b) Welche Daten können als möglicherweise normalverteilt und welche können auf keinen Falls als normalverteilt angesehen werden?

(c) Welche Daten würden Sie eher einer log-Normalverteilung zuordnen?

(d) Kann man sinnvollerweise die relativen Organgewichte in den Beispielen C.3 und C.12 (Anhang C, S. 250 und S. 257) und gleichzeitig die Organgewichte in Beispiel C.1 (Anhang C, S. 249) als normalverteilt ansehen? Welche Verteilungsannahme kann man sinnvollerweise treffen?

Übung 1.4 Bestimmen Sie die

(a) Gesamtränge (Maximum-, Minimum- und Mittelränge)

(b) Internränge

(c) Teilränge

für die Daten der folgenden Beispiele

- C.15 (Ferritin-Werte, Anhang C, S. 260)
- C.16 (Verschlusstechniken des Perikards, Anhang C, S. 260).

Übung 1.5 Bestimmen Sie für das Beispiel C.16 (Anhang C, S. 260) die normierten Platzierungen $\widehat{H}(X_{21}), \widehat{F}_4(X_{41}), \widehat{F}_1(X_{22})$ und schätzen Sie die relativen Effekte für die vier Versuchsgruppen. Dabei entspricht

F_1	der Verschlusstechnik	DV
F_2	der Verschlusstechnik	PT
F_3	der Verschlusstechnik	BX
F_4	der Verschlusstechnik	SM.

Übung 1.6 Betrachten Sie im Beispiel C.12 (Nierengewichte, Anhang C, S. 257) nur die männlichen Tiere und schätzen Sie die relativen Effekte für die fünf Dosisstufen.

Kapitel 2

Einfaktorielle Versuchspläne

In diesem Abschnitt werden nichtparametrische Methoden für Versuchspläne mit einem festen Faktor A vorgestellt. In jeder der $i = 1, \ldots, a$ Stufen des Faktors A werden n_i unabhängige Zufallsvariablen (Individuen, engl. subjects) $X_{i1}, \ldots, X_{in_i}$ beobachtet. Da die Individuen innerhalb einer Faktorstufe i Wiederholungen des Versuchs darstellen, werden die Beobachtungen sinnvollerweise als identisch verteilt angenommen, d.h. $X_{ik} \sim F_i(x)$, $i = 1, \ldots, a,\ k = 1, \ldots, n_i$. Allgemein werden Versuchspläne dieser Art auch *einfaktorielle* Versuchsanlagen oder *unverbundene a-Stichproben Probleme* genannt.

Wichtige Spezialfälle der einfaktoriellen Versuchspläne sind die Pläne mit $a = 2$, die separat in Abschnitt 2.1 betrachtet werden. Ein Teil der dort vorgestellten Methoden und Ergebnisse wird anschließend in Abschnitt 2.2 auf mehr als zwei Stichproben ($a > 2$) verallgemeinert. Zusätzlich zu den Analoga der bei zwei Stichproben untersuchten Fragestellungen werden für unverbundene a-Stichproben Probleme gemusterten Alternativen und multiple Vergleiche in Abschnitt 2.2 diskutiert.

2.1 Zwei Stichproben

Der einfachste Fall eines Versuchsplans für einen festen Faktor mit $i = 1, \ldots, a$ Stufen ist der Fall, dass der Faktor nur $a = 2$ Stufen hat. Einen solchen Versuchsplan nennt man auch *unverbundenes Zweistichproben Problem.* Die den zwei unverbundenen Stichproben zugrunde liegenden Beobachtungen werden durch unabhängige Zufallsvariablen $X_{ik} \sim F_i$, $i = 1, 2,\ k = 1, \ldots, n_i$, beschrieben. Die verschiedenen Modelle für das unverbundene Zweistichproben Problem unterscheiden sich nur durch die mehr oder weniger restriktiven Annahmen an die Verteilungsfunktionen $F_1(x)$ und $F_2(x)$. Gehören diese Verteilungsfunktionen einer bestimmten Klasse von Verteilungen an, deren Elemente sich durch Parameter beschreiben lassen, so nennt man das den Beobachtungen zugrunde liegende Modell *parametrisch.* Häufig verwendete Klassen sind z.B. die Klasse der Normal-, der Exponential-, der Poisson- oder der Bernoulli-Verteilungen. Verfahren, die auf den speziellen Eigenschaften der betrachteten Verteilungsklasse aufbauen, heißen *parametrisch.* Die Validität der Aussagen, die durch parametrische Verfahren gewonnen wurden, hängt dann davon ab, wie gut die Daten durch das verwendete parametrische Modell beschrieben werden und wie empfindlich diese Verfahren gegenüber einer Verletzung von Modellvoraussetzungen sind.

2.1.1 Modelle, Effekte und Hypothesen

Stellvetretend für die zahlreichen parametrischen Modelle wird zunächst das Normalverteilungsmodell kurz beschrieben. Es soll in den folgenden Abschnitten dazu dienen, grundlegende Ideen zur Definition von Effekten, zur Formulierung von Hypothesen und zur Lösung der jeweiligen Problematik zu liefern. Von allen parametrischen Modellen ist das Normalverteilungsmodell am weitesten entwickelt und bietet für zahlreiche statistische Modelle Lösungsverfahren an.

2.1.1.1 Normalverteilungsmodell

Bei einem Normalverteilungsmodell nimmt man an, dass die unabhängigen Zufallsvariablen X_{ik} normalverteilt sind mit Erwartungswert μ_i und Varianz σ_i^2, $i = 1, 2$, $k = 1, \ldots, n_i$.

Modell 2.1 (*Unverbundene Stichproben / Normalverteilungen*)
Die Daten zweier unverbundener Stichproben $X_{11}, \ldots, X_{1n_1}$ und $X_{21}, \ldots, X_{2n_2}$ werden durch unabhängige normalverteilte Zufallsvariablen

$$X_{ik} \quad \sim \quad N(\mu_i, \sigma_i^2), \; i = 1, 2, \quad k = 1, \ldots, n_i \, ,$$

beschrieben.

Ein Unterschied zwischen den beiden Normalverteilungen (*Behandlungseffekt*) wird durch die Differenz $\delta = \mu_2 - \mu_1$ beschrieben. Dies gilt sowohl in einem Modell mit gleichen Varianzen σ_1^2 und σ_2^2 (*homoskedastisches* Modell) als auch in einem Modell, das ungleiche Varianzen zulässt (*heteroskedastisches* Modell). In einem homoskedastischen Modell sind die beiden Normalverteilungen um δ gegeneinander verschoben. Dieses Modell heißt *Verschiebungsmodell*. In einem heteroskedastischen Modell hat die Behandlung nicht nur einen Einfluss auf die Lage der Normalverteilung sondern auch auf die Varianz. In Abbildung 2.1 sind diese beiden Fälle grafisch veranschaulicht.

Die Hypothese, dass kein Behandlungseffekt vorliegt, wird über die Erwartungswerte μ_1 und μ_2 formuliert,

$$H_0^\mu : \mu_1 = \mu_2 \quad \text{bzw.} \quad H_0^\mu : \delta = \mu_2 - \mu_1 = 0.$$

Mit $\boldsymbol{\mu} = (\mu_1, \mu_2)'$ und $\boldsymbol{C} = (-1, 1)$ lässt sich die Hypothese auch vekotriell in der Form $H_0^\mu : \boldsymbol{C}\boldsymbol{\mu} = 0$ schreiben.

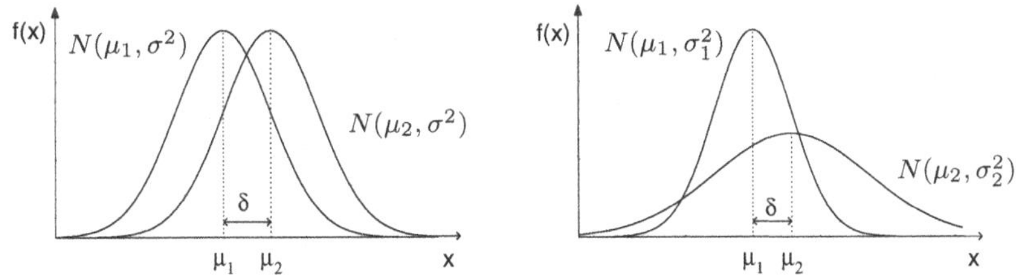

Abbildung 2.1 Behandlungseffekt $\delta = \mu_2 - \mu_1$ in einem homoskedastischen (links) und in einem heteroskedastischen (rechts) Normalverteilungsmodell.

Der klassische Test in diesem Normalverteilungsmodell ist der unverbundene t-Test, der einer der am häufigsten verwendeten Tests überhaupt ist. Zur Anwendung dieses Tests wird jedoch zusätzlich gefordert, dass $\sigma_1^2 = \sigma_2^2$ ist, d.h. es wird ein reines Verschiebungsmodell zugrunde gelegt. Das Problem, die Hypothese H_0^μ im heteroskedastischen unverbundenen Zweistichproben-Normalverteilungsmodell zu testen, heißt auch *Behrens-Fisher Problem* (vergl. Seite 17).

2.1.1.2 Lokationsmodell

Die einfachste Verallgemeinerung des homoskedastischen Normalverteilungsmodells wird erreicht, indem den beiden Stichproben Verteilungen F_i zugrunde gelegt werden, die durch Verschiebungen einer Verteilung F hervorgehen. Ein solches Modell wird *Lokationsmodell* genannt.

Modell 2.2 (Unverbundene Stichproben / Lokationsmodell)
Es gibt eine Verteilungsfunktion $F(x)$, sodass die Daten zweier unverbundener Stichproben $X_{11}, \ldots, X_{1n_1}$ und $X_{21}, \ldots, X_{2n_2}$ durch unabhängige Zufallsvariable

$$X_{ik} \quad \sim \quad F_i(x) = F(x - \mu_i), \; i = 1, 2, \quad k = 1, \ldots, n_i \, ,$$

beschrieben werden. Die Größen μ_i heißen *Lokationsparameter.*

Anmerkung 2.1 Wichtige Lokationsparameter sind z.B der Erwartungswert, der Median oder die Quantile einer Verteilung.

Obwohl es nicht ausdrücklich gefordert wird, ist es sinnvoll, die Verteilungsfunktion $F(x)$ als stetig anzunehmen, da eine kontinuierliche Verschiebung von Unstetigkeitsstellen in der Praxis kaum vorkommt. Verschiebungsmodelle mit Bindungen sind allenfalls sinnvoll, wenn diese durch Rundungen bzw. Grenzen der Messgenauigkeit bei der Beobachtung einer an sich stetig skalierten Größe entstehen.

Das Lokationsmodell ist nur ein erster Schritt bei der Abschwächung der restriktiven Annahmen der klassischen Normalverteilungsmodelle. Es wird zwar eine größere Klasse von Verteilungen zugelassen, jedoch wird implizit noch die Stetigkeit der Verteilungen gefordert und ein reiner Verschiebungseffekt $\delta = \mu_2 - \mu_1$ postuliert. Damit sind Varianzänderungen bei Behandlungseffekten ausgeschlossen - eine für die Praxis sehr restriktive Forderung. Andererseits bieten die Lokationsparameter μ_i einen einfachen Ansatzpunkt, Behandlungseffekte zu definieren und entsprechende Hypothesen zu formulieren.

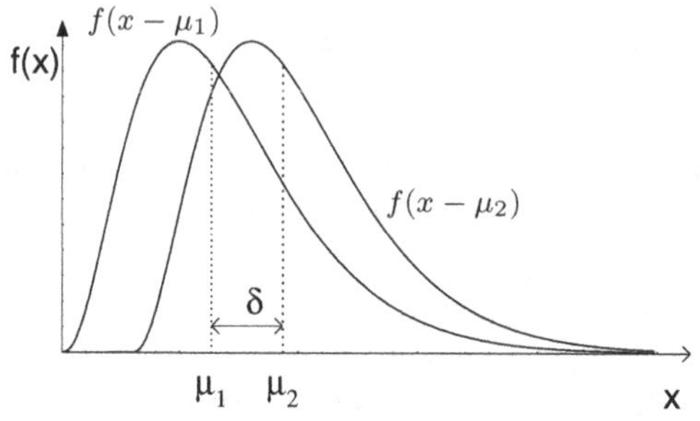

Abbildung 2.2 Darstellung der Dichten zweier Verteilungen bei einem Behandlungseffekt $\delta = \mu_2 - \mu_1$ in einem Lokationsmodell.

Analog zum Normalverteilungsmodell beschreibt man einen Unterschied zwischen den beiden Verteilungen F_1 und F_2 durch $\delta = \mu_2 - \mu_1$ und formuliert die Hypothese, dass kein Behandlungseffekt vorliegt, als

$$H_0^\mu : \mu_1 = \mu_2 \quad \text{bzw.} \quad H_0^\mu : \delta = \mu_2 - \mu_1 = 0,$$

wobei μ_1 und μ_2 beliebige Lokationsparameter sind. In Vektorschreibweise formuliert man diese Hypothese als $H_0^\mu : \boldsymbol{C\mu} = 0$, genau wie im Normalverteilungsmodell.

Infolge dieser Parallele zum Normalverteilungsmodell ist es auch nicht verwunderlich, dass sich lange Zeit die Nichtparametrische Statistik bezüglich der Analyse von Versuchsplänen - mit wenigen Ausnahmen - auf die Untersuchung von Lokationsmodellen beschränkte. Dabei wurde meist noch die Stetigkeit der Verteilungen vorausgesetzt und nur auf die Annahme der Normalverteilung verzichtet.

Die wesentlichen Einschränkungen des Lokationsmodells bestehen aber darin, dass einerseits Verteilungen mit ungleichen Varianzen damit nicht beschrieben werden können und andererseits der große Bereich der Zähldaten und ordinalen Daten damit nicht erfasst wird. Es erscheint daher aus verschiedenen Gründen notwendig zu sein, ein allgemeines Modell zu untersuchen, das für verschiedene Skalierungen von Daten zutreffend ist.

2.1.1.3 Nichtparametrisches Modell

Das in diesem Abschnitt diskutierte nichtparametrische Modell ist so allgemein gefasst, dass annähernd alle Verteilungsfunktionen zugelassen sind. Das allgemeine unverbundene Zweistichproben-Modell setzt lediglich voraus, dass die beobachteten Daten X_{ik}, $i = 1, 2$, $k = 1, \ldots, n_i$, der beiden Stichproben unabhängig und innerhalb einer Stichprobe identisch verteilt sind nach einer Verteilungsfunktion $F_i(x)$, $i = 1, 2$, wobei allerdings aus technischen Gründen der triviale Fall von Einpunkt-Verteilungen ausgenommen wird.

Modell 2.3 (Unverbundene Stichproben / Allgemeines Modell)
Die Daten zweier unverbundener Stichproben $X_{11}, \ldots, X_{1n_1}$ und $X_{21}, \ldots, X_{2n_2}$ werden durch unabhängige Zufallsvariable

$$X_{ik} \quad \sim \quad F_i(x), \; i = 1, 2, \quad k = 1, \ldots, n_i,$$

beschrieben, wobei die Verteilungen F_i keine Einpunkt-Verteilungen sind; ansonsten sind beliebige Bindungen zugelassen.

Dieses allgemeine nichtparametrische Modell umfasst sowohl kontinuierliche und diskrete metrische Daten als auch ordinale Daten und den Extremfall dichotomer Daten. Diese allgemeine Betrachtungsweise wird durch die Verwendung der normalisierten Version der Verteilungsfunktion ermöglicht, die automatisch zur Verwendung von Mittelrängen führt. Dieser Zusammenhang wurde ausführlich in Kapitel 1 dargestellt. Dabei darf $F_i(x)$ weitgehend beliebig sein. In dieser Klasse von Verteilungen gibt es allerdings keine natürlichen Parameter mehr, die geeignet wären, Behandlungseffekte zu quantifizieren. Zur Definition von Effekten zwischen den beiden Verteilungen F_1 und F_2 wird daher der in Abschnitt 1.4 diskutierte relative Effekt $p = \int F_1 dF_2$ verwendet, der aus den Rängen der Beobachtungen geschätzt wird.

Proposition 2.1 (Rang-Schätzer für den relativen Effekt)
Für die unabhängigen Zufallsvariablen $X_{ik} \sim F_i(x)$, $i = 1, 2$, $k = 1, \ldots, n_i$, erhält man einen konsistenten und erwartungstreuen Schätzer für den in (1.4) auf Seite 15 definierten relativen Effekt p aus

$$\widehat{p} \quad = \quad \frac{1}{n_1}\left(\overline{R}_{2\cdot} - \frac{n_2+1}{2}\right), \tag{2.1.1}$$

wobei $\overline{R}_{2\cdot} = n_2^{-1}\sum_{k=1}^{n_2} R_{2k}$ der Mittelwert der (Gesamt)-Ränge R_{2k}, $k = 1, \ldots, n_2$, in der zweiten Stichprobe ist (siehe Definition 1.18, S. 36).

Beweis: Zunächst erhält man aus (1.4.9) auf Seite 24 die Beziehung $p = p_2 - p_1 + \frac{1}{2}$. Mit der Darstellung von $\widehat{p}_1$ und $\widehat{p}_2$ über die (Gesamt)-Ränge in Proposition 1.20 (siehe S. 38) erhält man weiter

$$\widehat{p} \quad = \quad \widehat{p}_2 - \widehat{p}_1 + \frac{1}{2} \; = \; \frac{1}{N}\left(\overline{R}_{2\cdot} - \overline{R}_{1\cdot}\right) + \frac{1}{2},$$

wobei $N = n_1 + n_2$ die Gesamtzahl der Beobachtungen bezeichnet.

Die Konsistenz und Erwartungstreue von $\widehat{p}$ folgt aus Proposition 1.21 (siehe S. 39). Da die Mittel-Ränge verwendet werden, folgt aus Proposition 1.16 (siehe S. 34) schließlich $\sum_{k=1}^{n_1} R_{1k} + \sum_{k=1}^{n_2} R_{2k} = N(N+1)/2$ und $\widehat{p}$ kann vereinfacht werden:

$$\begin{aligned}
\widehat{p} &= \frac{1}{N}\left(\overline{R}_{2\cdot} - \overline{R}_{1\cdot}\right) + \frac{1}{2} \\
&= \frac{1}{Nn_1n_2}\left[n_1 R_{2\cdot} - n_2\left(\frac{N(N+1)}{2} - R_{2\cdot}\right)\right] + \frac{1}{2} \\
&= \frac{1}{n_1}\left(\overline{R}_{2\cdot} - \frac{n_2+1}{2}\right).
\end{aligned}$$

In diesem nichtparametrischen Modell gibt es zwei Möglichkeiten zur Formulierung von Hypothesen. In natürlicher Weise bietet es sich an, die Hypothese über die Verteilungen F_1 und F_2 zu formulieren

$$H_0^F: \qquad F_1 = F_2.$$

Wird ein Lokationsmodell wie in Abschnitt 2.1.1.2 zugrunde gelegt, ist H_0^F äquivalent zu $H_0^\mu : \mu_1 = \mu_2$. In Analogie zum Lokationsmodell wird H_0^F auch vektoriell formuliert, wobei dieselbe Hypothesenmatrix verwendet wird, d.h. $H_0^F : \boldsymbol{C}\boldsymbol{F} = 0$. Dabei ist $\boldsymbol{C} = (-1, 1)$, $\boldsymbol{F} = (F_1, F_2)'$ und 0 bezeichnet hier die Funktion, die konstant nach 0 abbildet.

Für eine andere Art Hypothesenformulierung im allgemeinen nichtparametrischen Modell bietet sich der relative Effekt p an. In Bezug auf die in Abschnitt 1.4.1 auf Seite 16 dargestellte stochastische Tendenz ist es plausibel, folgende Hypothese zu betrachten:

$$H_0^p: \qquad p = \frac{1}{2}. \tag{2.1.2}$$

Auch diese Hypothese kann in analoger Weise vektoriell formuliert werden. Dazu verwendet man die relativen Effekte $p_i = \int H dF_i$, $i = 1, 2$, aus (1.4.9) auf Seite 24. Hierbei ist $H = \frac{1}{N}(n_1 F_1 + n_2 F_2)$ das gewichtete Mittel der Verteilungen F_1 und F_2 und $N = n_1 + n_2$ die Gesamtzahl der Beobachtungen. Da aus (1.4.9) folgt, dass $p = \frac{1}{2}$ äquivalent zu $p_2 - p_1 = 0$ ist, kann die Hypothese auch durch $H_0^p : \boldsymbol{C}\boldsymbol{p} = 0$ formuliert werden, wobei $\boldsymbol{p} = (p_1, p_2)'$ und $\boldsymbol{C} = (-1, 1)$ ist.

In einem homoskedastischen Normalverteilungsmodell (d.h $\sigma_1^2 = \sigma_2^2$) entsprechen sich die Hypothesen $H_0^F : F_1 = F_2$, $H_0^p : p = \frac{1}{2}$ und $H_0^\mu : \mu_1 = \mu_2$, da die Normalverteilung durch μ und σ^2 völlig bestimmt ist. In einem heteroskedastischen Normalverteilungsmodell (d.h $\sigma_1^2 \neq \sigma_2^2$, das so genannte Behrens-Fisher Problem) folgt H_0^F dagegen nicht aus H_0^μ. Doch ist H_0^μ in diesem Modell äquivalent zu H_0^p, da

$$p \;=\; \int F_1 dF_2 = P(X_1 \leq X_2) = P(X_1 - X_2 \leq 0) = \frac{1}{2}$$

genau dann gilt, wenn $\mu_1 = \mu_2$ ist.

Um geeignete Teststatistiken für die Hypothesen H_0^F bzw. H_0^p zu entwickeln, werden in den nächsten Abschnitten die Verteilungen des Schätzers $\widehat{p}$ sowohl unter $H_0^F : F_1 = F_2$ als auch unter $H_0^p : p = \frac{1}{2}$ angegeben.

2.1.2 Wilcoxon-Mann-Whitney Test

In diesem Abschnitt werden exakte und asymptotische Verfahren zum Testen der Hypothese $H_0^F : F_1 = F_2$ vorgestellt. Diese gehören teilweise zu den ältesten nichtparametrischen Verfahren und werden nach ihren Erfindern *Wilcoxon-Mann-Whitney Tests (WMW-Tests)* genannt (Wilcoxon, 1945; Mann und Whitney, 1947).

Anmerkung 2.2 Im Allgemeinen richtet sich das Interesse des Anwenders bei der Datenanalyse nicht darauf, die Alternative $H_1^F : F_1 \neq F_2$ zu verwerfen, sondern eine zentrale Tendenz zu kleineren oder größeren Werten aufzuzeigen. Diese Fragestellung entspricht dem Testproblem $H_0^p : p = \frac{1}{2}$ gegen $H_1^p : p \neq \frac{1}{2}$. Allerdings ist die Varianz des Schätzers $\widehat{p}$ unter H_0^F leichter zu schätzen als unter H_0^p, weswegen die Verteilungsaussagen über Teststatistiken klassischerweise unter H_0^F gemacht werden. Basiert jedoch eine Teststatistik auf dem Schätzer des relativen Effekts $\widehat{p}$, so kann nicht erwartet werden, dass die ermittelten Testverfahren konsistent gegen alle Alternativen der Form $F_1 \neq F_2$ sind. Vielmehr ist der Konsistenzbereich einzugrenzen auf alle Verteilungen mit $p \neq \frac{1}{2}$, was ja auch im Fokus des eigentlichen Interesses steht (siehe auch Abschnitt 4.6.2). Da H_0^F aber H_0^p impliziert, ist der Fehler 1. Art bei diesem Typ von Teststatistiken unter Kontrolle, d.h. die Hypothese H_0^p kann auf diese Weise valide verworfen werden.

2.1.2.1 Permutationsverteilung

Zur Bestimmung der exakten Verteilung von $\widehat{p}$ unter der Hypothese $H_0^F : F_1 = F_2$ wird das so genannte *Permutationsargument* benutzt. Dieses nutzt aus, dass eine beliebige Zufallsvariable unter Hypothese jeden Rang mit gleicher Wahrscheinlichkeit zugewiesen bekommt. Wegen der einfacheren Darstellung wird zunächst (ausnahmsweise) vorausgesetzt, dass keine Bindungen auftreten. Die so gewonnenen Resultate werden dann anschließend auf Daten mit Bindungen erweitert.

Daten ohne Bindungen. Wesentlicher Kern der folgenden Betrachtungen ist die Tatsache, dass die Zufallsvariablen unter Hypothese gleiche Verteilungen haben und deshalb eine beliebige Beobachtung jeden Rang mit gleicher Wahrscheinlichkeit annehmen kann. Dabei wird in diesem Abschnitt zunächst vorausgesetzt, dass die Verteilungsfunktionen $F_1(x)$ und $F_2(x)$ stetig sind.

Satz 2.2 (*Permutationsverteilung ohne Bindungen*)
Die Zufallsvariablen X_{ik}, $i = 1, 2$, $k = 1, \ldots, n_i$, seien unabhängig und identisch verteilt mit stetiger Verteilungsfunktion $F(x)$. Der Vektor der Ränge R_{ik} der X_{ik}, $i = 1, 2$, $k = 1, \ldots, n_i$, werde mit $\boldsymbol{R} = (R_{11}, \ldots, R_{1n_1}, R_{21}, \ldots R_{2n_2})'$ bezeichnet. Weiter sei $\mathcal{S}_N$ die aus $N!$ Elementen bestehende Menge der Permutationen der ganzen Zahlen von 1 bis N und $\mathcal{R} = \{\pi(1, \ldots, N) : \pi \in \mathcal{S}_N\}$ der Orbit von $\boldsymbol{R}$, d.h. die Menge der aus diesen Permutationen resultierenden Vektoren. Dann ist $\boldsymbol{R}$ diskret gleichverteilt auf $\mathcal{R}$.

Beweis: Die Zufallsvariablen X_{ik}, $i = 1, 2$, $k = 1, \ldots, n_i$, sind unabhängig. Da die Verteilungsfunktionen nach Voraussetzung identisch und stetig sind, folgt weiter, dass die Zufallsvariablen ebenfalls identisch verteilt sind. Die Behauptung folgt dann aus Satz 4.12 (siehe S. 185). □

Beispiel 2.1 Zur Verdeutlichung von Satz 2.2 soll ein einfaches Beispiel dienen. Werden in beiden Gruppen jeweils zwei Beobachtungen gemacht, d.h. $n_1 = n_2 = 2$, so werden diesen die Ränge $1, 2, 3, 4$ zugewiesen, für die $4! = 24$ mögliche Permutationen existieren. Die entsprechenden Möglichkeiten sind in der folgenden Tabelle zusammengestellt.

Rang	mögliche Permutationen											
R_{11}	1	1	1	1	1	1	2	2	2	2	2	2
R_{12}	2	2	3	3	4	4	1	1	3	3	4	4
R_{21}	3	4	2	4	2	3	3	4	1	4	1	3
R_{22}	4	3	4	2	3	2	4	3	4	1	3	1

Rang	mögliche Permutationen											
R_{11}	3	3	3	3	3	3	4	4	4	4	4	4
R_{12}	1	1	2	2	4	4	1	1	2	2	3	3
R_{21}	2	4	1	4	1	2	2	3	1	3	1	2
R_{22}	4	2	4	1	2	1	3	2	3	1	2	1

Die in der Tabelle dargestellten 24 Vektoren $(1, 2, 3, 4)'$, $(1, 2, 4, 3)'$ usw. bilden den Orbit $\mathcal{R}$. Satz 2.2 besagt nun, dass der Vektor der Ränge $(R_{11}, R_{12}, R_{21}, R_{22})'$ jedes Element des Orbits mit gleicher Wahrscheinlichkeit $\frac{1}{24}$ annimmt.

Mithilfe dieses Satzes ist es möglich, die exakte Verteilung des Effekt-Schätzers $\widehat{p} = (\overline{R}_{2\cdot} - (n_2 + 1)/2)/n_1$ unter $H_0^F : F_1 = F_2$ zu bestimmen. Unter dieser Hypothese sind alle Beobachtungen unabhängig und identisch verteilt, sodass die Voraussetzungen des Satzes 2.2 erfüllt sind. Deshalb hat der Vektor $\boldsymbol{R} = (R_{11}, \ldots, R_{2n_2})'$ der Ränge $1, \ldots, N$ unter H_0^F eine diskrete Gleichverteilung auf $\mathcal{R}$. Jede mögliche Kombination der Ränge hat also Wahrscheinlichkeit $1/N!$. Weiter nimmt eine Beobachtung jeden beliebig vorgegebenen Rang mit Wahrscheinlichkeit $1/N$ an, d.h. es folgt $P(R_{ik} = r) = 1/N$ für alle $i = 1, 2$, $k = 1, \ldots, n_i$, und für alle $r \in \{1, \ldots, N\}$.

Der Schätzer $\widehat{p}$ des relativen Effekts ist im Wesentlichen der Rangmittelwert in der zweiten Stichprobe. Nach den obigen Überlegungen hängt die Verteilung von $\widehat{p}$ für stetige Verteilungen unter $H_0^F : F_1 = F_2$ nicht mehr von der zugrunde liegenden Verteilung ab, sondern nur von den Stichprobenumfängen n_1 und n_2. Aus diesem Grund heißt die Statistik $\widehat{p}$ *verteilungsfrei* unter H_0^F.

Die Zentrierung $(n_2 + 1)/2$ sowie die Faktoren $1/n_1$ und $1/n_2$ hängen nur von den bekannten Stichprobenumfängen n_1 bzw. n_2 ab. Deshalb lässt sich die Größe $\widehat{p}$ für eine finite Betrachtung auf ihren wesentlichen stochastischen Teil reduzieren. Es genügt, für gegebene Stichprobenumfänge n_1 und n_2 die Verteilung der *Wilcoxon-Rangsumme*

$$R^W = \sum_{k=1}^{n_2} R_{2k} \tag{2.1.3}$$

unter H_0^F zu betrachten. Diese ergibt sich aus dem diskreten Wahrscheinlichkeitsmaß und der Anzahl der Untermengen von $\{1, \ldots, N\}$, die bei gegebenem Stichprobenumfang n_2 zu einer festen Rangsumme s führen. Diese Anzahl lässt sich durch eine Rekursionsformel bestimmen.

Lemma 2.3 (Summenrekursion ohne Bindungen)
Bezeichne $h(s,m,N)$ die Anzahl aller Teilmengen von $\{1,\ldots,N\}$ (ohne Berücksichtigung der Anordnung) mit je m Elementen, deren Summe s ist. Dann lässt sich $h(s,m,N)$ berechnen mithilfe der Rekursionsformel

$$h(s,m,N) \quad = \quad h(s,m,N-1) + h(s-N,m-1,N-1) \tag{2.1.4}$$

für $N = 2,3,4,\ldots$ und den Startwerten

$$\begin{aligned} h(s,m,N) &= 0 \quad \text{für } s < 0, \\ h(s,m,m) &= \begin{cases} 1, & \text{für } s = m(m+1)/2 \\ 0, & \text{sonst,} \end{cases} \\ h(s,0,N) &= \begin{cases} 1, & \text{für } s = 0 \\ 0, & \text{sonst.} \end{cases} \end{aligned}$$

Beweis: Ohne Einschränkung sei $N \in \mathbb{N}/\{0\}$ und es gelte $0 \leq m \leq N$. Der Beweis der Rekursionsformel erfolgt mit vollständiger Induktion über N.

Sei im ersten Schritt $N = 1$, dann gibt es die Möglichkeiten $m = 0$ und $m = 1$. Für $m = 0$ wird über die leere Menge summiert. Das Ergebnis einer solchen Summation ist 0 und es muss deshalb gelten $h(s,0,1) = 1$, falls $s = 0$ und $h(s,0,1) = 0$, falls $s \neq 0$. Dies ist durch die Definition der Startwerte garantiert.

Im Fall $m = 1$ wird nur über den Wert 1 summiert und somit ist auch die Summe 1. Es ist also nachzuweisen, dass $h(s,1,1) = 1$ für $s = 1$ gilt und $h(s,1,1) = 0$ für $s \neq 1$, was ebenfalls aus der Definition der Startwerte folgt.

Seien nun im zweiten Induktionsschritt die Anzahlen $h(s,m,N-1)$ für alle s und $m = 0,\ldots,N-1$ bekannt. Dabei muss eingeräumt werden, dass negative Summen s nicht vorkommen können, d.h. $h(s,m,N-1) = 0$ für $s < 0$. Dies wird durch die Wahl der Startwerte berücksichtigt. Beim Übergang von der Menge $\{1,\ldots,N-1\}$ zur Menge $\{1,\ldots,N\}$ kommt die Zahl N hinzu. Diese ist dann entweder in der Gruppe von den m Zahlen, die zu s aufsummiert werden, oder unter den übrigen $N-m$ Zahlen.

1. Wenn N in der Gruppe der m ausgewählten Zahlen ist, dann gibt es neben N noch $m-1$ weitere Zahlen in dieser Gruppe, deren Summe dann $s-N$ ist. Diese Zahlen bilden eine Teilmenge von $\{1,\ldots,N-1\}$. Die Anzahl der Möglichkeiten für diese $m-1$ Zahlen ist somit nach dem $(N-1)$-ten Schritt gleich $h(s-N,m-1,N-1)$.

2. Wenn im N-ten Schritt die Zahl N nicht in der Gruppe der m ausgewählten Zahlen ist, dann bilden diese m Zahlen eine Teilmenge von $\{1,\ldots,N-1\}$ und die Anzahl der Möglichkeiten ist nach dem $(N-1)$-ten Schritt gleich $h(s,m,N-1)$.

Da diese beiden Fälle sich gegenseitig ausschließen, ergibt sich die Gesamtzahl an Möglichkeiten aus der Summe $h(s-N,m-1,N-1) + h(s,m,N-1)$. □

Mithilfe der Anzahlen $h(s,m,N)$ kann die Permutationsverteilung der Wilcoxon-Rangsumme R^W unter H_0^F bestimmt werden. Das Ergebnis ist im folgenden Satz formuliert.

Satz 2.4 (Exakter WMW-Test ohne Bindungen)
Die Zufallsvariablen $X_{ik} \sim F_i$, $i = 1, 2$, $k = 1, \ldots, n_i$, seien unabhängig und die Verteilungsfunktionen F_i seien stetig. Weiter bezeichne R_{ik} den Rang von X_{ik} unter allen $N = n_1 + n_2$ Zufallsvariablen $X_{11}, \ldots, X_{2n_2}$. Schließlich sei $h(s, n_2, N)$ die Anzahl der möglichen Kombinationen der X_{ik}, die zur Rangsumme $R^W = s$ führen. Dann gilt unter $H_0^F : F_1 = F_2$

$$P(R^W = s) = \frac{h(s, n_2, N)}{\binom{N}{n_2}}, \tag{2.1.5}$$

wobei $h(s, n_2, N)$ aus (2.1.4) rekursiv berechnet wird.

Die rechts-stetige Version $F_W^+(x|n_2, N)$ der Verteilungsfunktion von R^W ergibt sich durch sukzessive Summation

$$F_W^+(x|n_2, N) = \frac{1}{\binom{N}{n_2}} \sum_{s \le x} h(s, n_2, N) .$$

Beweis: Unter H_0^F sind die $N = n_1 + n_2$ Zufallsvariablen $X_{11}, \ldots, X_{2n_2}$ unabhängig und identisch verteilt. Daher ist Satz 2.2 anwendbar und es folgt, dass der Vektor $\boldsymbol{R} = (R_{11}, \ldots, R_{2n_2})'$ der Ränge von $X_{11}, \ldots, X_{2n_2}$ auf dem Orbit $\mathcal{R}$ diskret gleichverteilt ist. Weiterhin gibt es insgesamt $\binom{N}{n_2}$ Möglichkeiten, aus N Elementen eine Teilmenge von n_2 Elementen auszuwählen. Die Anzahl der Teilmengen, bei denen die Summe der Elemente gerade s ist, ergibt sich aus Lemma 2.3. □

Für sehr kleine Werte von m und N kann die Rekursion in (2.1.4) noch mühelos von Hand berechnet werden. Für größere Werte ist diese Berechnung selbst bei Benutzung eines Computers sehr zeitaufwendig. Das Rechenverfahren kann dadurch stark verkürzt werden, dass für ein festes N die Werte $h(s, m, N)$ als Matrix mit $N + 1$ Zeilen und $N(N + 1)/2$ Spalten dargestellt werden und somit bei Matrix-orientierten Programmsystemen das Instrumentarium der Matrizentechnik bei der Berechnung zur Verfügung steht. Dabei bezeichnet $m = 0, \ldots, N$ die Zeile und $s = 0, \ldots, N(N + 1)/2$ die Spalte. Die Matrix zu $N + 1$ ergibt sich dann, indem die Matrix zu N um eine Zeile nach unten und um $N + 1$ Spalten nach rechts verschoben und zu der ursprünglichen Matrix (die durch Zufügen von Nullen auf eine $(N + 1) \times (N + 1)(N + 2)/2$ Matrix erweitert wurde) addiert wird. Wegen der Abwärts- und Rechtsverschiebung der Matrix heißt dieses Verfahren *Shift-Algorithmus*. Es wurde von Streitberg und Röhmel (1986) eingeführt und wird im Folgenden anhand eines Beispiels beschrieben.

Shift-Algorithmus für die Verteilung der WMW-Statistik Die Verschiebetechnik des Algorithmus soll anhand eines kleinen Beispiels ($N = 4, n_1 = 2, n_2 = 2$) demonstriert werden. Der Algorithmus berechnet auf jeder Stufe $M, M + 1, \ldots, N$ die Anzahlen $h(s, m, M)$ für alle möglichen Anzahlen s und alle $m \le M$ und benutzt diese Ergebnisse, um in der nächsten Stufe daraus die Anzahlen $h(s, m, M + 1)$ durch 'Verschieben und Addieren' zu berechnen. Man startet mit $M = 2$.

Schritt 0 (Startschritt), $M = 2$: Man hat die Ränge 1 und 2 und berechnet $h(s, m, M)$ für alle möglichen Werte $s = 0, 1, 2, 3 = s_{\max}^{(0)}$ und für $m = 0, 1, 2 = M$.

$m = 0$ Dann ist $s = 0$, also $h(0, 0, 2) = 1$ und $h(1, 0, 2) = h(2, 0, 2) = h(3, 0, 2) = 0$.

$m = 1$ Dann ist $h(0, 1, 2) = h(3, 1, 2) = 0$ und $h(1, 1, 2) = h(2, 1, 2) = 1$.

$m = 2$ Dann ist $h(0, 2, 2) = h(1, 2, 2) = h(2, 2, 2) = 0$ und $h(3, 2, 2) = 1$.

Diese Werte fasst man in einer 3×4-Matrix zusammen, deren Zeilen mit $m = 0, 1, 2$ und Spalten mit $s = 0, 1, 2, 3$ nummeriert sind. Die Einträge sind die Anzahlen $h(s, m, 2)$. Man erhält damit die folgende Startmatrix $\boldsymbol{Z}_0$:

		s			
		0	1	2	3
	0	1	0	0	0
m	1	0	1	1	0
	2	0	0	0	1

Schritt 1, $M \to M + 1 = 3$: Man hat hier die Ränge $1, 2$ und 3. Die maximale Rangsumme $s_{\max}^{(1)}$ in diesem Schritt erhält man aus der maximalen Rangsumme $s_{\max}^{(0)} = 3$ des vorigen Schritts durch Addition von $M = 3$ und erhält für den 1. Schritt $s_{\max}^{(1)} = 6$. Um die Matrix der Werte $h(s, m, 3)$ für $m = 0, 1, 2, 3$ und $s = 0, 1, 2, 3, 4, 5, 6$ zu erhalten, erweitert man zunächst die Matrix $\boldsymbol{Z}_0$ des vorigen Schritts um eine Zeile und $M = 3$ Spalten, deren Einträge alle gleich 0 gesetzt werden und erhält die folgende Matrix

$$\left(\begin{array}{c|c} \boldsymbol{Z}_0 & \boldsymbol{0}_{3\times 3} \\ \hline \boldsymbol{0}_{1\times 4} & \boldsymbol{0}_{1\times 3} \end{array}\right).$$

In dieser Matrix verschiebt man die Matrix $\boldsymbol{Z}_0$ um eine Zeile nach unten und um $M = 3$ Spalten nach rechts und erhält die Matrix

$$\left(\begin{array}{c|c} \boldsymbol{0}_{1\times 3} & \boldsymbol{0}_{1\times 4} \\ \hline \boldsymbol{0}_{3\times 3} & \boldsymbol{Z}_0 \end{array}\right).$$

Durch Addition dieser beiden Matrizen erhält man entsprechend der Rekursionsformel (2.1.4) die Matrix $\boldsymbol{Z}_1$ deren Einträge die gewünschten Anzahlen für $M = 3$ sind, also

$$\begin{aligned} \boldsymbol{Z}_1 &= \left(\begin{array}{c|c} \boldsymbol{Z}_0 & \boldsymbol{0}_{3\times 3} \\ \hline \boldsymbol{0}_{1\times 4} & \boldsymbol{0}_{1\times 3} \end{array}\right) + \left(\begin{array}{c|c} \boldsymbol{0}_{1\times 3} & \boldsymbol{0}_{1\times 4} \\ \hline \boldsymbol{0}_{3\times 3} & \boldsymbol{Z}_0 \end{array}\right) \\ &= \begin{pmatrix} 1 & 0 & 0 & 0 & 0 & 0 & 0 \\ 0 & 1 & 1 & 1 & 0 & 0 & 0 \\ 0 & 0 & 0 & 1 & 1 & 1 & 0 \\ 0 & 0 & 0 & 0 & 0 & 0 & 1 \end{pmatrix}. \end{aligned}$$

Schritt 2, $M \to M+1=4$: In diesem letzten Schritt werden zu $\boldsymbol{Z}_1$ eine Zeile und $M=4$ Spalten mit den Einträgen 0 zugefügt. Zu dieser Matrix wird die um eine Zeile nach unten und um $M=4$ Spalten nach rechts verschobene Matrix $\boldsymbol{Z}_1$ addiert und man erhält die gewünschte Matrix $\boldsymbol{Z}_2$ mit den Einträgen $h(s,m,4)$ für $s = 0,\ldots,10 = s_{\max}^{(2)} = s_{\max}^{(1)} + M$ und $m=1,2,3,4$, nämlich

$$\boldsymbol{Z}_2 = \left(\begin{array}{c|c} \boldsymbol{Z}_1 & \boldsymbol{0}_{4\times 4} \\ \hline \boldsymbol{0}_{1\times 6} & \boldsymbol{0}_{1\times 4} \end{array}\right) + \left(\begin{array}{c|c} \boldsymbol{0}_{1\times 4} & \boldsymbol{0}_{1\times 6} \\ \hline \boldsymbol{0}_{4\times 4} & \boldsymbol{Z}_1 \end{array}\right)$$

$$= \begin{pmatrix} 1 & 0 & 0 & 0 & 0 & 0 & 0 & 0 & 0 & 0 & 0 \\ 0 & 1 & 1 & 1 & 1 & 0 & 0 & 0 & 0 & 0 & 0 \\ 0 & 0 & 0 & 1 & 1 & 2 & 1 & 1 & 0 & 0 & 0 \\ 0 & 0 & 0 & 0 & 0 & 0 & 1 & 1 & 1 & 1 & 0 \\ 0 & 0 & 0 & 0 & 0 & 0 & 0 & 0 & 0 & 0 & 1 \end{pmatrix}.$$

Die Verteilungsfunktion $H_4^+(s)$ für $n_1 = n_2 = 2$ erhält man durch sukzessive Summation der Elemente in der Zeile $m = n_2 = 2$ und Division durch $\binom{N}{n_2} = \binom{4}{2} = 6$. Dies ergibt $H_4^+(3) = 1/6$, $H_4^+(4) = 1/3$, $H_4^+(5) = 2/3$, $H_4^+(6) = 5/6$, und $H_4^+(7) = 1$. Beispielsweise erhält man den einseitigen p-Wert für eine beobachtete Rangsumme $R^W = 6$ aus $p = 1 - H_4^+(5) = 1/3$. Den zweiseitigen p-Wert erhält man mit $S = n_2(N+1) - R^W = 10-6 = 4$ aus $p = 1 - H_4^+(R^W - 1) + H_4^+(S) = 1 - H_4^+(5) + H_4^+(4) = 1/3 + 1/3 = 2/3$, da unter H_0 die Rangsumme R^W symmetrisch zu $n_2(N+1)/2$ verteilt ist.

Daten mit Bindungen. Die Rekursionsformel in Lemma 2.3 wurde unter der Bedingung stetiger Verteilungsfunktionen $F_1(x)$ und $F_2(x)$ hergeleitet und bei der Rechnung wurde angenommen, dass der Vektor $\boldsymbol{R} = (R_{11},\ldots,R_{1n_1},\ldots,R_{2n_2})'$ der Ränge eine Permutation der Zahlen $1,\ldots,N$ beinhaltet. Treten nun in den beiden Stichproben Bindungen auf, so nehmen die Ränge nicht die ganzen Zahlen $1,\ldots,N$ als Realisationen an, sondern die Werte $r_1,\ldots,r_N$. Wird statt der Bedingung 'stetige Verteilungen' allgemeiner die Bedingung 'die Realisationen $r_1,\ldots,r_N$ der Ränge wurden beobachtet' vorausgesetzt, so kann der Rekursionsalgorithmus aus Lemma 2.3 auf den Fall von Bindungen adaptiert werden.

Bedingung 2.5 Sei R_{ik} der Rang der Beobachtung X_{ik}, $i=1,2$, $k=1,\ldots,n_1$. Der Vektor der Ränge $\boldsymbol{R} = (R_{11},\ldots,R_{1n_1},\ldots,R_{2n_2})'$ sei eine Permutation der Zahlen $r_1,\ldots,r_N$.

Mit analogen Argumenten wie im stetigen Fall kann gezeigt werden, dass der Vektor der Ränge unter Bedingung 2.5 eine diskrete Gleichverteilung hat.

Satz 2.6 (*Permutationsverteilung*)
Die Zufallsvariablen X_{ik}, $i=1,2$, $k=1,\ldots,n_i$, seien unabhängig und identisch verteilt nach $F(x)$ und es gelte Bedingung 2.5. Der Vektor der Ränge R_{ik} der X_{ik}, $i=1,2$, $k=1,\ldots,n_i$, werde mit $\boldsymbol{R} = (R_{11},\ldots,R_{1n_1},R_{21},\ldots R_{2n_2})'$ bezeichnet. Weiter sei $\mathcal{S}_N$ die aus $N!$ Elementen bestehende Menge der Permutationen von N Zahlen und $\mathcal{R}_r = \{\pi(r_1,\ldots,r_N) : \pi \in \mathcal{S}_N\}$ der Orbit. Dann ist $\boldsymbol{R}$ bedingt (auf die beobachteten Bindungen) diskret gleichverteilt auf $\mathcal{R}_r$.

Um die bedingte Verteilung der Rangsumme $R^W = \sum_{k=1}^{n_2} R_{2k}$ zu bestimmen, wird neben Satz 2.6 noch eine Rekursionsformel, wie im stetigen Fall, benötigt.

Lemma 2.7 (*Summenrekursion*)
Bezeichne $h(s, m, N)$ die Anzahl (ohne Berücksichtigung der Anordnung) aller m-elementigen Teilmengen von $\{r_1, \ldots, r_N\}$, deren Summe s ist. Dann lässt sich $h(s, m, N)$ berechnen mithilfe der Rekursionsformel

$$h(s, m, N) \quad = \quad h(s, m, N-1) + h(s - r_N, m-1, N-1) \tag{2.1.6}$$

für $N = 2, 3, 4, \ldots$ und den Startwerten

$$\begin{aligned} h(s, m, N) &= 0 \quad \text{für } s < 0, \\ h(s, m, m) &= \begin{cases} 1, & \text{für } s = \sum_{\ell=1}^{m} r_\ell \\ 0, & \text{sonst,} \end{cases} \\ h(s, 0, N) &= \begin{cases} 1, & \text{für } s = 0 \\ 0, & \text{sonst.} \end{cases} \end{aligned}$$

Beweis: Ohne Einschränkung sei $N \in \mathbb{N}/\{0\}$ und es gelte $0 \leq m \leq N$. Der Beweis der Rekursionsformel erfolgt in analoger Form zum Beweis von Lemma 2.3 mit vollständiger Induktion über N. □

Anmerkung 2.3 Wegen der starken Analogie des Falls mit Bindungen zum Fall ohne Bindungen ist es nicht verwunderlich, dass der Shift-Algorithmus von Streitberg und Röhmel (1986) leicht auf Bindungen verallgemeinert werden kann. Beim Verschieben der Matrizen kann nur um ganze Zahlen verschoben werden. Gibt es jedoch Bindungen, dann können auch nicht-ganzzahlige Werte r_k auftreten. Aus diesem Grund betrachtet man die Statistik $2s$, d.h. die Zahlen $r_1, \ldots, r_N$ werden mit 2 multipliziert und der Shift-Algorithmus kann für $2s = \sum_{\ell=1}^{m} 2r_\ell$ durchgeführt werden, da $2r_\ell$ auch im Falle von Bindungen ganzzahlig ist. Die Bestimmung von $h(s, m, N)$ ist dann äquivalent zur Bestimmung von $h(2s, m, N)$, der Anzahl an Möglichkeiten m-elementiger Teilmengen von $\{2r_1, \ldots, 2r_N\}$, die in der Summe $2s$ ergeben. Die Werte $h(2s, m, N)$ werden, in Analogie zum stetigen Fall, in Matrizen eingetragen. Die betrachteten Matrizen haben $N + 1$ Zeilen, $\sum_{\ell=1}^{N} r_\ell$ Spalten und die Matrix zu $N + 1$ ergibt sich, indem die Matrix zu N um eine Zeile nach unten und um $2r_{N+1}$ Spalten nach rechts verschoben und zu der ursprünglichen Matrix addiert wird.

Mithilfe der Anzahlen $h(s, m, N)$ kann die bedingte Permutationsverteilung der Wilcoxon-Rangsumme R^W unter H_0^F bestimmt werden. Die Ergebnisse der vorangegangenen Überlegungen sind im folgenden Satz zusammengefasst.

Satz 2.8 (*Exakter WMW-Test*)
Die Zufallsvariablen $X_{ik} \sim F_i$, $i = 1, 2$, $k = 1, \ldots, n_i$, seien unabhängig. Weiter bezeichne R_{ik} den Rang von X_{ik} unter allen $N = n_1 + n_2$ Zufallsvariablen $X_{11}, \ldots, X_{2n_2}$.

Schließlich sei $h(s, n_2, N)$ die Anzahl der möglichen Kombinationen der X_{ik}, die zur Rangsumme $R^W = s$ führen. Dann gilt unter $H_0^F : F_1 = F_2$

$$P(R^W = s) = \frac{h(s, n_2, N)}{\binom{N}{n_2}},$$

wobei $h(s, n_2, N)$ aus (2.1.6) rekursiv berechnet wird.

Die rechts-stetige Version $F_W^+(x|n_2; r_1, \ldots, r_N)$ der bedingten Verteilungsfunktion von R^W ergibt sich durch sukzessive Summation

$$F_W^+(x|n_2; r_1, \ldots, r_N) = \frac{1}{\binom{N}{n_2}} \sum_{s \le x} h(s, n_2, N) .$$

2.1.2.2 Asymptotische Verfahren

Für größere Stichprobenumfänge können asymptotische Testverfahren zum Testen der Hypothese $H_0^F : F_1 = F_2$ benutzt werden, die sich auch ohne aufwendige Algorithmen wie die Rekursionsformel oder den Shift-Algorithmus durchführen lassen. Da in den meisten statistischen Software-Paketen aus historischen Gründen nur die asymptotischen Verfahren implementiert sind, haben die asymptotischen Verfahren auch noch im Zeitalter ständig wachsender Rechnerleistungen eine praktischer Bedeutung.

Da $\widehat{p}$ im wesentlichen der arithmetische Mittelwert $\overline{R}_{2\cdot} = n_2^{-1} \sum_{k=1}^{n_2} R_{2k}$ der Ränge in der zweiten Stichprobe ist, liegt die Vermutung nahe, dass $\widehat{p}$ (entsprechend standardisiert) asymptotisch normalverteilt sein könnte. Die Schwierigkeit beim Nachweis dieser Eigenschaft besteht aber darin, dass die Ränge $R_{21}, \ldots, R_{2n_2}$ nicht unabhängig voneinander sind und der zentrale Grenzwertsatz deshalb nicht unmittelbar auf ein Rangmittel anwendbar ist. Die Abhängigkeit der Ränge zeigt sich bei der Berechnung des Erwartungswertes und der Kovarianzmatrix des Rangvektors $\boldsymbol{R}$ unter $H_0^F : F_1 = F_2$.

Lemma 2.9 (*Erwartungswert und Kovarianzmatrix von* $\boldsymbol{R}$)
Die Zufallsvariablen $X_{i1}, \ldots, X_{in_i}$ seien unabhängig und identisch verteilt nach $F_i(x)$, $i = 1, 2$. Bezeichne $\boldsymbol{R} = (R_{11}, \ldots, R_{2n_2})'$ den Vektor der $N = n_1 + n_2$ Ränge dieser Zufallsvariablen, $\mathbf{1}_N$ den N-dimensionalen Einser-Vektor, $\boldsymbol{I}_N$ die N-dimensionale Einheitsmatrix, $\boldsymbol{J}_N = \mathbf{1}_N \mathbf{1}_N'$ die N-dimensionale Einser-Matrix und schließlich $\boldsymbol{P}_N = \boldsymbol{I}_N - \frac{1}{N}\boldsymbol{J}_N$ die N-dimensionale zentrierende Matrix (siehe Anhang B.6). Dann gilt unter $H_0^F : F_1 = F_2 = F$

$$\begin{aligned} E(\boldsymbol{R}) &= \frac{N+1}{2} \mathbf{1}_N, \\ Var(\boldsymbol{R}) &= \boldsymbol{S}_N = \sigma_R^2 \boldsymbol{P}_N, \end{aligned}$$

wobei

$$\begin{aligned} \sigma_R^2 &= \frac{N}{N-1} Var(R_{11}) \\ &= N\left[(N-2)\int F^2 dF - \frac{N-3}{4}\right] - \frac{N}{4}\int (F^+ - F^-) dF \end{aligned}$$

ist. Falls keine Bindungen vorhanden sind, hängt σ_R^2 nicht mehr von der zugrunde liegenden Verteilungsfunktion $F(x)$ ab, sondern nur noch von der Anzahl N aller Daten und vereinfacht sich zu

$$\sigma_R^2 = \frac{N(N+1)}{12}.$$

Beweis: siehe Abschnitt 4.3.3, Lemma 4.13, S. 187. □

Anmerkung 2.4 Alle Kovarianzen in der Matrix $\boldsymbol{S}_N$ sind gleich $-\frac{1}{N}\sigma_R^2 \neq 0$. Daher sind die Ränge nicht unabhängig und die Herleitung der asymptotischen Verteilung von $\widehat{p}$ erfordert größeren Aufwand (siehe Abschnitt 4.4, S. 191ff).

Aus Lemma 2.9 folgt, dass σ_R^2 von der zugrunde liegenden Verteilungsfunktion $F(x)$ abhängt, falls Bindungen auftreten. Daher muss σ_R^2 in diesem Fall aus den Daten geschätzt werden. Unter erneuter Verwendung der Ränge lässt sich ein konsistenter Schätzer hierfür angeben.

Proposition 2.10 (*Varianzschätzer*)
Unter den Voraussetzungen von Lemma 2.9 ist der Schätzer

$$\widehat{\sigma}_R^2 = \frac{1}{N-1}\sum_{i=1}^{2}\sum_{k=1}^{n_i}\left(R_{ik} - \frac{N+1}{2}\right)^2 \tag{2.1.7}$$

konsistent für $\sigma_R^2 = \frac{N}{N-1} \, Var(R_{11})$ in dem Sinn, dass $E(\widehat{\sigma}_R^2/\sigma_R^2 - 1)^2 \to 0$ gilt für $N \to \infty$.

Beweis: siehe Abschnitt 4.3.3, Proposition 4.14, S. 190. □

Falls keine Bindungen vorhanden sind, gilt $R_{ik} \in \{1, \ldots, N\}$ und daher ist

$$\begin{aligned}
\widehat{\sigma}_R^2 &= \frac{1}{N-1}\sum_{i=1}^{2}\sum_{k=1}^{n_i}\left(R_{ik} - \frac{N+1}{2}\right)^2 \\
&= \frac{1}{N-1}\sum_{r=1}^{N}\left(r - \frac{N+1}{2}\right)^2 \\
&= \frac{1}{N-1}\left[\sum_{r=1}^{N} r^2 - N \cdot \frac{(N+1)^2}{4}\right] \\
&= \frac{1}{N-1}\left[\frac{N(N+1)(2N+1)}{6} - \frac{N(N+1)^2}{4}\right] = \frac{N(N+1)}{12}
\end{aligned}$$

und somit ist in diesem Falle $\widehat{\sigma}_R^2 = \sigma_R^2$.

Die asymptotische Form der WMW-Statistik entsteht nun, indem $\widehat{p}$ unter H_0^F mit $E(\widehat{p}) = p = \frac{1}{2}$ zentriert und mit $\frac{1}{N}\sigma_R\sqrt{1/n_1 + 1/n_2}$ standardisiert wird. Die asymptotische Normalität dieser Teststatistik und die dafür benötigten Voraussetzungen sind Inhalt des folgenden Satzes.

Satz 2.11 (*Asymptotischer WMW-Test*)
Die Zufallsvariablen $X_{i1}, \ldots X_{in_i}$ seien unabhängig und identisch verteilt nach $F_i(x)$, $i = 1, 2$, und es bezeichne R_{ik} den Rang von X_{ik} unter allen $N = n_1 + n_2$ Beobachtungen. Weiter sei $\sigma_R^2 = \frac{N}{N-1}\, Var(R_{11}) > 0$ und $N/n_i \leq N_0 < \infty$, $i = 1, 2$. Dann gilt unter der Hypothese $H_0^F : F_1 = F_2$,

$$W_N = \frac{\overline{R}_{2\cdot} - \overline{R}_{1\cdot}}{\widehat{\sigma}_R} \sqrt{\frac{n_1 n_2}{N}} \quad \sim \quad N(0,1) \quad \text{für } N \to \infty, \tag{2.1.8}$$

wobei $\widehat{\sigma}_R^2$ in (2.1.7) angegeben ist. Falls keine Bindungen vorhanden sind, vereinfacht sich W_N zu

$$W_N = \frac{1}{N}\left(\overline{R}_{2\cdot} - \overline{R}_{1\cdot}\right)\sqrt{\frac{12 n_1 n_2}{N+1}}\,.$$

Beweis: siehe Abschnitt 4.4.2, S. 193ff. □

Anmerkung 2.5 Die Approximation mit der Standard-Normalverteilung $N(0,1)$ ist gut brauchbar für $n_1, n_2 \geq 7$, wenn keine Bindungen vorhanden sind. Im Falle von Bindungen hängt die Güte der Approximation von der Anzahl und vom Ausmaß der Bindungen ab.

Neben dem Wilcoxon-Mann-Whitney Test gibt es in der Literatur viele weitere nichtparametrische Teststatistiken für den Vergleich von zwei Stichproben. Die meisten dieser Statistiken sind Linearkombinationen so genannter *Rang-Scores* $a_{ik} = J\left(\frac{1}{N}[R_{ik} - \frac{1}{2}]\right)$, wobei $J(\cdot)$ eine Funktion ist, die $(0,1) \to \mathbb{R}^1$ abbildet. Dabei lässt sich zeigen, dass man bei geeigneter Wahl von J im Spezialfall eines Lokationsmodells (siehe Modell 2.2, S. 45) Tests erhält, die jeweils innerhalb einer bestimmten Klasse von Verteilungen optimal sind. In diesem Buch werden aber Modelle untersucht, die weitaus allgemeiner sind als das Lokationsmodell. Daher steht die Betrachtung von Score-Funktionen hier nicht im Vordergrund und bezüglich Rang-Score Statistiken wird auf die weitere Literatur zur nichtparametrischen Statistik verwiesen (z.B. Büning und Trenkler, 1994). Ein kurzer Abriss der asymptotischen Theorie für Score-Funktionen J mit beschränkter zweiter Ableitung, d.h. Funktionen J, für die $\sup_{0<u<1} |J''(u)| < \infty$ gilt, ist im Abschnitt 4.9 gegeben.

2.1.2.3 Die Rangtransformation

Ein anderes asymptotisches Verfahren zum Testen der Hypothese $H_0^F : F_1 = F_2$ erhält man aus der Form der WMW-Statistik in (2.1.8), wenn man die Varianz von W_N nicht unter der Hypothese schätzt, sondern die allgemein gültigen Schätzer $\widehat{\sigma}_i^2$, $i = 1, 2$, in (4.4.25) in Kapitel 4 verwendet. Man erhält dann

$$T_N^R = \frac{\overline{R}_{2\cdot} - \overline{R}_{1\cdot}}{\widehat{\sigma}^2}\sqrt{\frac{n_1 n_2}{N}}\,, \tag{2.1.9}$$

wobei

$$\widehat{\sigma}^2 = \frac{1}{N-2}\sum_{i=1}^{2}\sum_{k=1}^{n_i}(R_{ik} - \overline{R}_{i\cdot})^2$$

ist. Man kann durch Anwendung der Sätze 4.18 und 4.19 zeigen (Übung), dass T_N^R unter der Hypothese $H_0^F : F_1 = F_2$ asymptotisch eine Standard-Normalverteilung hat, genau wie die analoge Statistik des t-Tests, wenn man die Beobachtungen X_{ik} in der Statistik des t-Tests durch ihre Ränge R_{ik} ersetzt. Durch Simulationen kann man zeigen, dass die Verteilung von T_N^R unter H_0^F für kleine Stichprobenumfänge ($n_i \geq 7$ gut durch eine t_{N-2}-Verteilung approximiert werden. Daher wurde von Conover und Iman (1976, 1981) der Begriff *Rangtransformation* (RT) für diese Herleitung geprägt. Es entstand der Gedanke, diese Vorgehensweise auch auf andere Versuchsanlagen zu erweitern. Für den einfaktoriellen Versuchsplan (Mehr-Stichproben Plan, siehe Abschnitt 2.2) trifft das auch noch zu, wenn man die Gleichheit aller Verteilungen $F_1 = \cdots = F_a$ testet. Dies wird in Abschnitt 2.2.4.3 noch genauer diskutiert. Für den einfachen Fall zweier Stichproben, bei denen z.B. auch ungleiche Varianzen zugelassen werden, funktioniert diese Technik jedoch nicht mehr. Dies ist das so genannte Behrens-Fisher Problem, das in Abschnitt 2.1.3 behandelt wird.

Der Begriff Rangtransformation weckt leider falsche Hoffnungen, nämlich dass man bei beliebigen parametrischen Statistiken die Beobachtungen X_{ik} einfach durch ihre Ränge R_{ik} ersetzen kann und dann zum parametrischen Verfahren ein analoges nichtparametrisches Verfahren erhält. In einigen sehr empirisch orientierten Nachfolgearbeiten zur Arbeit von Conover und Iman (1976) wurden dann von anderen Autoren die Hypothesen als lineare Hypothesen für Lokationsmodelle formuliert, so wie sie aus der Theorie der linearen Modelle bekannt sind. Obwohl bereits von Fligner (1981) und Noether (1981) Bedenken gegen die Übertragung des Gedankens der RT auf andere Modelle geäußert worden waren, wurde der Gedanke der RT in manchen Lehrbüchern kritiklos übernommen und fand sich sogar im Handbuch des bekannten Software-Paketes SAS (SAS-Procedures Guide, Release 6.03, 1988, S. 293) als Empfehlung für den Anwender: 'Many nonparametric statistical methods use ranks rather than the original values of a variable. For example, a set of data can be passed through PROC RANK to obtain the ranks for a response variable that could then be fit to an analysis-of-variance-model using the ANOVA or GLM procedure.'

Im User's Guide (SAS/STAT, Version 6, Fourth Edition, 1989, Vol. 1, Chapter 10) wurde diese Formulierung etwas abgeschwächt. Der Abschnitt 'Obtaining Ranks' lässt den Leser allerdings im Unklaren darüber, welche 'additional analyses' gemeint sind.

Im Abschnitt 'MRANK Procedure' am Ende von Chapter 10 dieses Handbuchs ist zu lesen: 'MRANK can also analyse unbalanced factorial designs with any number of factors and covariates ...'. Die tatsächlichen Zusammenhänge sind allerdings nicht so einfach, wie es damals in diesem Abschnitt dargestellt wurde.

In den folgenden Jahren wurden analytische Gegenbeispiele angegeben (Brunner und Neumann, 1984, 1986), die belegen, dass z.B. in einem zweifaktoriellen Plan RT-Statistiken unter linearen Hypothesen gegen ∞ streben können (also asymptotisch keine Verteilung haben) oder auch sehr konservativ sein können, da die Varianzen der Statistik nicht korrekt geschätzt werden. Diese Ergebnisse wurden durch die Simulationen von Blair, Sawilovsky und Higgens (1987) empirisch bestätigt.

Die RT ist von Akritas (1990), Akritas und Brunner (1997) sowie von Brunner und Puri (2001, 2002) sehr kritisch diskutiert worden und die Frage, wann die Idee der RT funktioniert und wann nicht, ist in diesen Arbeiten klar beschrieben. Dabei wird der Begriff der RT ersetzt durch den Begriff, dass eine Statistik die RT-Eigenschaft besitzt.

Leider werden auch heute noch in SAS diese kritischen Arbeiten nicht zur Kenntnis genommen und man kann in der Online-Dokumentation zu SAS-9.3 lesen: "For more discussion of the rank transform, see Iman and Conover (1979); Conover and Iman (1981); Hora and Conover (1984); Iman, Hora, and Conover (1984); Hora and Iman (1988); and Iman (1988)."

Eine ausführliche Diskussion über die RT-Technik und wann eine Statistik die RT-Eigenschaft hat, findet man im Abschnitt 4.5.1.4 in Kapitel 4. Zum tieferen Verständnis des Zusammenhangs ist der Asymptotische Äquivalenzsatz (Satz 4.4.1, S. 192) notwendig. Dieser Satz bringt zu einer linearen Rangstatistik bzw. zu einem Vektor von linearen Rangstatistiken die Konstruktion einer Statistik von unabhängigen (nicht-beobachtbaren) Zufallsvariablen, die asymptotisch die gleiche Verteilung hat wie die Rangstatistik. Diese Statistik von unabhängigen Zufallsvariablen wurde von Akritas (1990) *asymptotische Rangtransformation* (ART) genannt. Man muss dann nur noch die asymptotische Verteilung der ART unter der Hypothese herleiten. Eine Approximation für kleine Stichproben erfordert dann gesonderte Überlegungen.

2.1.2.4 Anwendung auf dichotome Daten

Interessante und in der Praxis häufig verwendete Spezialfälle der WMW-Tests ergeben sich für Bernoulli-verteilte Daten $X_{ik} \sim B(q_i)$, $i = 1, 2$, $k = 1, \ldots, n_i$. Die in diesem Zusammenhang relevanten Häufigkeiten werden im allgemeinen in einer *Kontingenztafel* oder *Vierfeldertafel* zusammengestellt.

Erfolg $(0-1)$	Gruppe 1	Gruppe 2	Σ
0	n_{10}	n_{20}	m_0
1	n_{11}	n_{21}	m_1
Σ	n_1	n_2	N

Da die Bernoulli-Verteilungen $B(q_i)$, $i = 1, 2$, durch die Parameter q_i eindeutig festgelegt sind, ist die Äquivalenz zwischen den Hypothesen $H_0^q : q_1 = q_2$ und $H_0^F : F_1 = F_2$ unmittelbar einsichtig und nach (1.4.6) auf Seite 21 ist H_0^q sogar äquivalent zu $H_0^p : p = \frac{1}{2}$. Die klassischen Verfahren für dichotome Daten, wie Fisher's exakter Test und der χ^2-Test analysieren also dasselbe Testproblem wie der WMW-Test, wenn er auf dichotome Daten angewandt wird.

Weiter ist zu beachten, dass bei dichotomen Daten nur zwei verschiedene Mittelränge vergeben werden

$$R_{ik} = \begin{cases} (1 + m_0)/2 & \text{, falls } X_{ik} = 0 \\ (m_0 + 1 + N)/2 & \text{, falls } X_{ik} = 1\,. \end{cases}$$

Diese Tatsache wird im folgenden ausgenutzt, um die Teststatistiken der WMW-Tests für dichotome Daten zu vereinfachen.

Fisher's exakter Test Der klassische exakte Test für das unverbundene Zweistichproben Problem bei dichotomen Daten $X_{ik} \sim B(q_i)$, $i = 1, 2$, $k = 1, \ldots, n_i$, ist *Fisher's exakter Test*. Die Teststatistik ist dabei eine Zellbesetzung, etwa n_{21}, die hypergeometrisch verteilt ist unter der Bedingung, dass die Anzahl der Erfolge in beiden Gruppen zusammen bekannt ist. Diese Verteilung ergibt sich, wie auch die bedingte Verteilung der Wilcoxon-Rangsumme, durch das Auszählen von Möglichkeiten in einem Laplace-Modell. Bezeichne m_1 die Anzahl der Erfolge und $m_0 = N - m_1$ die Anzahl der Misserfolge in beiden Gruppen zusammen. Bei der Berechnung der Ränge über beide Stichproben wird m_0-mal der Mittelrang $(1+m_0)/2$ und m_1-mal der Mittelrang $(m_0+1+N)/2$ den Beobachtungen zugewiesen. Das Bedingen auf die Randsummen der Vierfeldertafel legt also fest, welche Ränge im Experiment vorkommen können.

Wird umgekehrt davon ausgegangen, dass dichotome Daten vorliegen und auf einen bestimmten Rangvektor bedingt, so können nur zwei verschiedene Ränge vorkommen. Weiter ist durch das Bedingen auf den Rangvektor festgelegt, mit welcher Häufigkeit der größere der beiden Ränge vergeben wird. Wird diese Häufigkeit mit m_1 bezeichnet, dann hat der kleinere Rang die Häufigkeit $m_0 = N - m_1$. Die Größen m_0 und m_1 geben an, wie oft insgesamt eine 0 bzw. wie oft eine 1 beobachtet wird, d.h. die Randsummen in der obigen Vierfeldertafel sind bekannt. Diesen Überlegungen zufolge sind die Bedingungen von Fisher's exaktem Test und dem exakten WMW-Test äquivalent.

Bei dichotomen Daten kann die Teststatistik des exakten WMW-Tests R^W aus (2.1.3) vereinfacht werden zu

$$\begin{aligned} R^W &= \sum_{k=1}^{n_2} R_{2k} = \frac{1+m_0}{2} n_{20} + \frac{m_0+1+N}{2} n_{21} \\ &= \frac{1+m_0}{2}(n_2 - n_{21}) + \frac{m_0+1+N}{2} n_{21} \\ &= \frac{1+m_0}{2} n_2 + \frac{N}{2} n_{21} . \end{aligned}$$

Die Wilcoxon-Rangsumme R^W ist also eine streng monotone Transformation von Fisher's Teststatistik n_{21} und es gilt

$$P(n_{21} = s) = P\left(R^W = \frac{1+m_0}{2} n_2 + \frac{N}{2} s\right).$$

Der exakte Test von Fisher und der exakte WMW-Test sind also bei dichotomen Daten äquivalent und unterscheiden sich prinzipiell nur durch eine streng monotone Transformation der Teststatistik, die keine Auswirkung auf die Aussagekraft des Testergebnisses hat. Fisher's exakter Test kann unter diesem Gesichtspunkt als Spezialfall des exakten WMW-Tests aufgefasst werden.

Der χ^2-Test Für größere Stichprobenumfänge kann anstelle von Fisher's exaktem Test ein asymptotischer (unbedingter) Test durchgeführt werden, der χ^2-*Test*. Ziel dieses Abschnitts ist zu zeigen, dass der χ^2-Test im wesentlichen ein Spezialfall des asymptotischen WMW-Tests ist. Dazu wird im Folgenden die Teststatistik W_N des WMW-Tests aus (2.1.8) unter Berücksichtigung der vorliegenden Modellsituation umgeformt.

Da bei dichotomen Daten nur die beiden Ränge $(1+m_0)/2$ und $(m_0+1+N)/2$ vergeben werden, lassen sich die Rangmittelwerte $\overline{R}_{2\cdot}$ und $\overline{R}_{1\cdot}$ auf folgende Weise darstellen

$$\begin{aligned}
\overline{R}_{2\cdot} &= \frac{1}{n_2}\sum_{k=1}^{n_2} R_{2k} = \frac{1}{n_2}\left[n_{20}\frac{1+m_0}{2} + n_{21}\frac{m_0+1+N}{2}\right] \\
&= \frac{1}{n_2}\left[n_2\frac{1+m_0}{2} + n_{21}\frac{N}{2}\right] = \frac{1+m_0}{2} + \frac{N}{2}\frac{n_{21}}{n_2} \\
\overline{R}_{1\cdot} &= \frac{1+m_0}{2} + \frac{N}{2}\frac{n_{11}}{n_1}\,.
\end{aligned}$$

Aufgrund der Identitäten für die Rangmittelwerte gilt für deren Differenz

$$\overline{R}_{2\cdot} - \overline{R}_{1\cdot} = \frac{N}{2}\left(\frac{n_{21}}{n_2} - \frac{n_{11}}{n_1}\right).$$

Ebenso wie die Differenz der Rangmittelwerte lässt sich auch der Varianzschätzer aus Formel (2.1.7) über die Randsummen m_0 und m_1 darstellen. Man erhält

$$\begin{aligned}
\widehat{\sigma}_R^2 &= \frac{1}{N-1}\sum_{i=1}^{2}\sum_{k=1}^{n_i}\left(R_{ik} - \frac{N+1}{2}\right)^2 \\
&= \frac{1}{N-1}\left[m_0\left(\frac{1+m_0}{2} - \frac{N+1}{2}\right)^2 + m_1\left(\frac{m_0+1+N}{2} - \frac{N+1}{2}\right)^2\right] \\
&= \frac{1}{N-1}\left[m_0\frac{m_1^2}{4} - m_1\frac{m_0^2}{4}\right] = \frac{N}{N-1}\frac{m_0 m_1}{4}\,.
\end{aligned}$$

Mit den Ergebnissen für die Rangmittelwerte und den Varianzschätzer kann die Teststatistik des asymptotischen WMW-Tests in der folgenden Weise umgeformt werden.

$$\begin{aligned}
W_N &= \frac{\overline{R}_{2\cdot} - \overline{R}_{1\cdot}}{\widehat{\sigma}_R}\sqrt{\frac{n_1 n_2}{N}} = \frac{2}{N} n_1 n_2 (\overline{R}_{2\cdot} - \overline{R}_{1\cdot})\sqrt{\frac{N}{n_1 n_2}\frac{N-1}{N m_0 m_1}} \\
&= \sqrt{N-1}\,\frac{n_{21}n_1 - n_{11}n_2}{\sqrt{n_1 n_2 m_0 m_1}} = \sqrt{N-1}\,\frac{n_{21}n_{10} - n_{11}n_{20}}{\sqrt{n_1 n_2 m_0 m_1}}\,.
\end{aligned}$$

In dieser Darstellung ist zu sehen, dass im Falle dichotomer Daten das Quadrat der Teststatistik des asymptotischen WMW-Tests und die Teststatistik des χ^2-Tests bis auf einen Faktor $N/(N-1)$ gleich sind. Die Verteilungen dieser beiden Größen werden asymptotisch mit χ_1^2-Verteilungen approximiert, sodass die Testentscheidungen bis auf den Einfluss des Vorfaktors als äquivalent anzusehen sind. In diesem Sinn ist der χ^2-Test ein Spezialfall des asymptotischen WMW-Tests.

Anmerkung 2.6 Der χ^2-Test wurde nicht erst für das unverbundene Zweistichproben-Problem, sondern gleich für mehrere Stichproben entwickelt. Aus diesem Grund ist die benutzte Teststatistik eine Quadratform, während die Teststatistik des WMW-Test eine Linearform ist. Dieser Unterschied beruht also auf historischen Gründen und es steht dem Anwender frei in diesem Zusammenhang mit Linear- oder Quadratformen zu arbeiten.

2.1.2.5 Zusammenfassung

Daten und Modell

$X_{i1}, \ldots, X_{in_i} \sim F_i(x),\ i = 1, 2,$ unabhängige Zufallsvariablen
Gesamtanzahl der Daten: $N = n_1 + n_2$.

Voraussetzungen

1. F_i keine Einpunkt-Verteilung,
2. $N/n_i \leq N_0 < \infty,\ i = 1, 2$.

Relativer Effekt

$$p = \int F_1 dF_2 \ = \ P(X_{11} < X_{21}) + \tfrac{1}{2} P(X_{11} = X_{21}),$$

NV-äquivalenter Verschiebungseffekt: $\delta/\sigma = \sqrt{2} \cdot \Phi^{-1}(p)$.

Testproblem $H_0^F : F_1 = F_2$ gegen $H_1^F : F_1 \neq F_2$.
(Für eine Diskussion des Konsistenzbereichs siehe Bemerkung 2.2 und Abschnitt 4.6.2.)

Notation

R_{ik} : Rang von X_{ik} unter allen $N = n_1 + n_2$ Beobachtungen,

$$\overline{R}_{i\cdot} = \frac{1}{n_i} \sum_{k=1}^{n_i} R_{ik},\ i = 1, 2 : \text{Rangmittelwerte},$$

$$\sigma_R^2 = \frac{N}{N-1}\, Var(R_{11}).$$

Schätzer für den relativen Effekt

$$\widehat{p} = \frac{1}{n_1}\left(\overline{R}_{2\cdot} - \frac{n_2+1}{2}\right), \quad \widehat{p} - \frac{1}{2} = \frac{1}{N}\left(\overline{R}_{2\cdot} - \overline{R}_{1\cdot}\right).$$

Varianzschätzer

$$\widehat{\sigma}_R^2 = \frac{1}{N-1} \sum_{i=1}^{2} \sum_{k=1}^{n_i} \left(R_{ik} - \frac{N+1}{2}\right)^2.$$

Statistiken

Exakt: $R^W = R_{2\cdot} = \sum_{k=1}^{n_2} R_{2k}$.

Asymptotisch: $W_N = \dfrac{\overline{R}_{2\cdot} - \overline{R}_{1\cdot}}{\widehat{\sigma}_R} \sqrt{\dfrac{n_1 n_2}{N}}$.

Verteilungen unter H_0^F und p-Werte (exakt)

$$R^W \ \sim \ F_W^+(s|n_2, N) = \binom{N}{n_2}^{-1} \sum_{r \leq s} h(r, n_2, N),$$

wobei $h(r, n_2, N)$ aus (2.1.4) rekursiv berechnet wird.

p-Werte für $R^W = s$:

rechts-seitig: $p(s) = 1 - F_W^+(s - \frac{1}{2}|n_2, N)$,
links-seitig: $p(s) = F_W^+(s|n_2, N)$,
zweiseitig:

$$p(s) = \begin{cases} 1 - F_W^+(s - \frac{1}{2}|n_2, N) + F_W^+(2s_m - s|n_2, N), & s > s_m, \\ 1, & s = s_m, \\ 1 - F_W^+(2s_m - s - \frac{1}{2}|n_2, N) + F_W^+(s|n_2, N), & s < s_m, \end{cases}$$

wobei $s_m = n_2(N+1)/2$ ist.

Verteilungen unter H_0^F und p-Werte (asymptotisch)

$$W_N \sim N(0,1), \quad N \to \infty,$$

p-Werte für $W_N = w$:

rechts-seitig: $p(w) = 1 - \Phi(w)$, links-seitig: $p(w) = \Phi(w)$,
zweiseitig: $p(w) = 2 \cdot [1 - \Phi(|w|)]$.

Bemerkungen

Die Approximation mit der Standard-Normalverteilung ist für $n_1, n_2 \geq 7$ gut brauchbar, wenn keine Bindungen vorhanden sind. Im Falle von Bindungen hängt die Güte der Approximation von der Anzahl und vom Ausmaß der Bindungen ab.

2.1.2.6 Anwendung auf Beispiele

Beispiel 2.2 (Nierengewicht) In einer Toxizitätsstudie an weiblichen Wistar-Ratten wurde unter anderem das Gewicht der Nieren für die Placebo-Gruppe ($n_1 = 13$ Tiere) und für die Verum-Gruppe ($n_2 = 18$ Tiere) bestimmt. Zur Schätzung des relativen Effektes p werden die Ränge über alle $N = 13 + 18 = 31$ Beobachtungen gebildet, die in Tabelle 2.1 wiedergegeben sind.

Man erhält $\widehat{p} = \frac{1}{31}(20.56 - 9.69) + \frac{1}{2} = 0.851$. Die Wahrscheinlichkeit, unter Placebo einen geringeren Wert als unter Verum zu erhalten, ist 85.1%, d.h. die Nierengewichte der Placebo-Gruppe tendieren zu geringeren Werten als die der Verum-Gruppe. Um den Effekt anschaulich zu quantifizieren, kann der zum relativen Effekt 0.851 äquivalente Verschiebungseffekt zweier Normalverteilungen (in Einheiten der Standardabweichung) bestimmt werden. Aus (1.4.5) auf Seite 20 ergibt sich hierfür $\delta/\sigma = \sqrt{2} \cdot \Phi^{-1}(0.851) = 1.47$. Das bedeutet, dass sich für zwei homoskedastische Normalverteilungen, die um 1.47 Standardabweichungen gegeneinander verschoben sind, der relative Effekt 0.851 ergibt.

Tabelle 2.1 Originalwerte und Ränge der Nierengewichte für 31 Wistar-Ratten in einer Toxizitätsstudie.

Nierengewichte [g]							
Originalwerte				Ränge R_{ik}			
Placebo		Verum		Placebo		Verum	
$n_1 = 13$		$n_2 = 18$		$n_1 = 13$		$n_2 = 18$	
1.69	1.92	2.12	2.00	3.5	11	22	16.5
1.96	1.93	1.88	2.25	13.5	12	8.5	26
1.76	1.56	2.15	2.49	6	1	23.5	31
1.88	1.71	1.96	2.43	8.5	5	13.5	30
2.30		1.83	1.89	27		7	10
1.97		2.03	2.38	15		19	29
1.69		2.19	2.37	3.5		25	28
1.63		2.10	2.05	2		21	20
2.01		2.15	2.00	18		23.5	16.5

Die relativen Nierengewichte können als annähernd normalverteilt angenommen werden, was aufgrund der Box-Plots in Abbildung 2.3 nicht unplausibel scheint. Daher kann δ/σ auch aus den Originaldaten geschätzt werden. Die Mittelwerte und Varianzen für die Placebo- bzw. Verum-Gruppe sind $\overline{X}_{1\cdot} = 1.85, \overline{X}_{2\cdot} = 2.13, \widehat{\sigma}_1^2 = 0.0398, \widehat{\sigma}_2^2 = 0.0381$. Der gemeinsame Varianzschätzer ist $\widehat{\sigma}^2 = 0.0388$ und es ergibt sich $\delta/\sigma = 1.42$ in guter Übereinstimmung mit dem Wert 1.47, der sich über den relativen Effekt ergibt.

Für den Test der Hypothese der Gleichheit der beiden Verteilungsfunktionen $F_1(x)$ und $F_2(x)$ erhält man für den exakten WMW-Test die Statistik $R_{2\cdot} = 370$ und einen zweiseitigen p-Wert von 0.000584. Der asymptotische Test liefert das Ergebnis $W_N = 3.284$ und einen zweiseitigen p-Wert von 0.0010. Die Approximation durch die Standard-Normalverteilung beim asymptotischen Test ist in diesem extremen Bereich der Verteilung relative schlecht, da hierfür die Stichprobenumfänge noch zu gering sind. Daher sollte man, falls in extremen Fällen exakte p-Werte benötigt werden, stets den exakten Test verwenden.

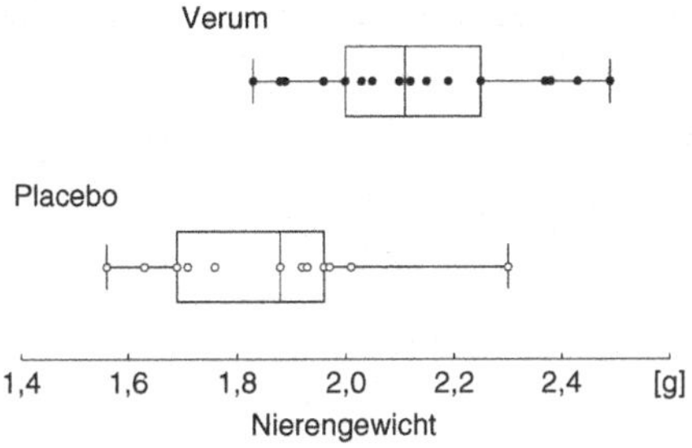

Abbildung 2.3 Originalwerte und Box-Plots der Nierengewichte für die 31 Wistar-Ratten der Toxizitätsstudie in Tabelle 2.1.

Obwohl die Nieren-Gewichte auf einer kontinuierlichen Skala gemessen wurden, sind wegen der beschränkten Messgenauigkeit Bindungen vorhanden. Daher ist σ_R^2 hier nicht $N(N+1)/12 = 82.67$ sondern muss durch $\widehat{\sigma}_R^2$ in (2.1.7) geschätzt werden. Dieser Schätzer berücksichtigt automatisch die in den Daten enthaltenen Bindungen und eine 'Bindungskorrektur' ist nicht nötig. Dies gilt in gleicher Weise für die folgenden Beispiele.

Beispiel 2.3 (Anzahl der Implantationen) In einer Fertilitätsstudie an 29 weiblichen Wistar-Ratten ($n_1 = 12$ Tiere in der Placebo-Gruppe und $n_2 = 17$ Tiere in der Verum-Gruppe) wurde nach der Sektion der Tiere unter anderem die Anzahl der Implantationen bestimmt. Die Ergebnisse für die $n_1 = 12$ Tiere der Placebo-Gruppe und die $n_2 = 17$ Tiere der Verum-Gruppe sind in Tabelle 2.2 wiedergegeben.

Tabelle 2.2 Anzahl der Implantationen bei 29 Wistar-Ratten in einer Fertilitätsstudie.

Substanz	Anzahl der Implantationen
Placebo	3, 10, 10, 10, 10, 10, 11, 12, 12, 13, 14, 14
Verum	10, 10, 11, 12, 12, 13, 13, 13, 13, 13, 13, 13, 13, 14, 14, 15, 18

In diesem Beispiel sind diskrete Daten, nämlich Anzahlen beobachtet worden. Hier kommt weder ein Normalverteilungsmodell noch ein Lokationsmodell als adäquates Modell zur Beschreibung der Daten infrage, sodass sich das allgemeine nichtparametrische Modell 2.3 (siehe S. 47) anbietet. Einen Behandlungseffekt kann man auch hier durch den relativen Effekt p beschreiben. Da es sich um diskrete Daten handelt, treten zahlreiche Bindungen auf, bei denen die Mittel-Ränge zuzuweisen sind (Tabelle 2.3). Man erhält die Rang-Mittelwerte $\overline{R}_{1\cdot} = 10.875$ und $\overline{R}_{2\cdot} = 17.912$ und damit $\widehat{p} = \frac{1}{29}(17.912 - 10.875) + \frac{1}{2} = 0.743$, was einer Verschiebung von $\delta/\sigma = \sqrt{2} \cdot \Phi^{-1}(0.743) = 0.92$ bei Normalverteilung entsprechen würde.

Tabelle 2.3 Anzahl der Implantationen und deren Ränge für 29 weibliche Wistar-Ratten in einer Toxizitätsstudie.

Anzahl der Implantationen									
Originalwerte					Ränge R_{ik}				
Placebo		Verum			Placebo		Verum		
$n_1 = 12$		$n_2 = 17$			$n_1 = 12$		$n_2 = 17$		
3	11	10	13	13	1.0	9.5	5.0	19.0	19.0
10	12	10	13	14	5.0	12.5	5.0	19.0	25.5
10	12	11	13	14	5.0	12.5	9.5	19.0	25.5
10	13	12	13	15	5.0	19.0	12.5	19.0	28.0
10	14	12	13	18	5.0	25.5	12.5	19.0	29.0
10	14	13	13		5.0	25.5	19.0	19.0	

Für den Test der Hypothese H_0^F erhält man für den exakten WMW-Test die Statistik $R_{2\cdot} = 304.5$ und einen zweiseitigen p-Wert von 0.0243. Der asymptotische Test liefert das Ergebnis $W_N = 2.247$ und einen zweiseitigen p-Wert von 0.0246 in guter Übereinstimmung mit dem p-Wert für den exakten Test.

Beispiel 2.4 (Kronenvitalität von Fichten) Zu Beginn eines Projektes aus der Waldökologie ('Clean-Rain-Experiment', siehe Beispiel C.11, Anhang C, S. 256) wurde der Zustand der Kronenvitalität von Fichten auf zwei Versuchsfeldern (Flächen D0 bzw. D1) durch Werte auf einer ordinalen Punkte-Skala von 1 (vital) bis 10 (tot) eingeschätzt. Hier sollen nur die Vitalitätsscores zu Beginn des Versuchs auf den beiden Flächen D0 und D1 interessieren. Die Ergebnisse sind in Tabelle 2.4 wiedergegeben.

Tabelle 2.4 Beurteilung der Kronenvitalität von Fichten auf zwei 300 m^2 großen Versuchsflächen durch Werte auf einer ordinalen Punkte-Skala von 1 (vital) bis 10 (tot). Auf der Kontrollfläche (D0) standen 22 Bäume, auf der Versuchsfläche (D1) waren es 27 Bäume.

Fläche	Vitalitätsscore
D0	2, 1, 3, 2, 5, 1, 4, 4, 1, 3, 4, 6, 2, 3, 3, 1, 6, 1, 6, 1, 8, 1
D1	2, 6, 3, 1, 4, 6, 8, 3, 3, 5, 2, 3, 5, 6, 8, 5, 4, 3, 4, 4, 6, 5, 3, 4, 4, 3, 6

In diesem Versuch liegen ordinale Daten vor, die auf der diskreten Graduierungsskala $\{1, 2, 3, \ldots, 10\}$ beobachtet wurden. Da es bei ordinalen Daten keinen Sinn macht, Summen oder Differenzen zu bilden, kann ein Unterschied nicht durch die Differenz der Score-Werte beschrieben werden. Ferner muss bei rein ordinalen Daten das Ergebnis unter ordnungserhaltenden Transformationen invariant sein. Dies aber ist eine wesentliche Eigenschaft (siehe Proposition 1.6, S. 17) des relativen Effektes p, der sich hier in natürlicher Weise zur Beschreibung eines Unterschiedes zwischen den beiden Verteilungen anbietet.

Aus Tabelle 2.5 erhält man die Rangmittelwerte $\overline{R}_{1\cdot} = 19.95$ und $\overline{R}_{2\cdot} = 29.11$ sowie den relativen Effekt $\widehat{p} = \frac{1}{49}(29.11 - 19.95) + \frac{1}{2} = 0.687$. Dies entspricht einem Verschiebungseffekt von $\delta/\sigma = \sqrt{2} \cdot \Phi^{-1}(0.687) = 0.693$ bei Normalverteilung.

Tabelle 2.5 Vitalitätsscores und deren Ränge für 49 Fichten auf den Versuchsflächen D0 bzw. D1 des Fichtenwald-Dachprojektes.

Vitalitätsscores											
Originalwerte						Ränge R_{ik}					
D0			D1			D0			D1		
$n_1 = 22$			$n_2 = 27$			$n_1 = 22$			$n_2 = 27$		
2	3	6	2	5	4	11.0	19.0	42.5	11.0	36.0	29.0
1	4	1	6	2	4	4.5	29.0	4.5	42.5	11.0	29.0
3	6	8	3	3	6	19.0	42.5	48.0	19.0	19.0	42.5
2	2	1	1	5	5	11.0	11.0	4.5	4.5	36.0	36.0
5	3		4	6	3	36.0	19.0		29.0	42.5	19.0
1	3		6	8	4	4.5	19.0		42.5	48.0	29.0
4	1		8	5	4	29.0	4.5		48.0	36.0	29.0
4	6		3	4	3	29.0	42.5		19.0	29.0	19.0
1	1		3	3	6	4.5	4.5		19.0	19.0	42.5

Man erhält für den exakten WMW-Test die Statistik $R_{2\cdot} = 786$ mit einem p-Wert von 0.023 und für den asymptotischen Test $W_N = 2.263$ mit einem p-Wert von 0.0236. Wegen der relativ großen Stichprobenumfänge stimmen die beiden zweiseitigen p-Werte trotz der zahlreichen Bindungen gut überein.

Beispiel 2.5 (Leukozyten im Urin) Bei 60 jungen Frauen mit unspezifischer Urethritis wurden bei Diagnose der Erkrankung Leukozyten im Urin festgestellt. Die eine Hälfte der 30 Patientinnen erhielt (randomisiert) eine Behandlung mit einer Substanz A, die andere mit einer Substanz B. Nach einer Woche wurde festgestellt, ob sich noch Leukozyten im Urin befanden. Bei der Behandlung A war dies bei 9 Patientinnen der Fall, bei der Behandlung B bei 2 Patientinnen.

	Leukozyten	
	ja	nein
A	9	21
B	2	28

Da hier dichotome Daten vorliegen (Leukozyten im Urin: ja / nein), kann man den relativen Effekt p direkt aus den relativen Häufigkeiten $\widehat{q}_1$ und $\widehat{q}_2$ über die Beziehung (1.4.6) auf Seite 21 berechnen. Man erhält $\widehat{p} = \frac{1}{2} \cdot (1 + \widehat{q}_2 - \widehat{q}_1) = \frac{1}{2} \cdot (1 + \frac{2}{30} - \frac{9}{30}) = \frac{23}{60} = 0.383$.

Der exakte WMW-Test liefert mit $R_{2\cdot} = 810$ einen zweiseitigen p-Wert von 0.0419, während der asymptotische Test $W_N = -2.316$ und einen zweiseitigen p-Wert von 0.0206 ergibt. Da im Falle dichotomer Daten der exakte WMW-Test mit dem exakten Fisher-Test übereinstimmt, erhält man hier identische Ergebnisse bei der Anwendung der beiden Tests auf dieses Beispiel. Der asymptotische χ^2-Test ergibt $\chi^2 = 5.455$ und einen p-Wert von 0.020.

2.1.3 Nichtparametrisches Behrens-Fisher Problem

Das am häufigsten verwendete parametrische Auswertungsverfahren für das unverbundene Zweistichproben Problem ist der t-Test. Dieser basiert neben der Annahme der Normalverteilung allerdings auf der sehr restriktiven Annahme gleicher Varianzen in beiden Gruppen. Bei den meisten Beispielen in den biologischen und soziologischen Wissenschaften ist die Verteilung der Daten in einer Versuchsgruppe aber keine einfache Verschiebung einer Verteilung von Kontrolldaten, sondern zumeist ändert sich die Form der Verteilung und insbesondere ihre Varianz. Liegt aber Varianzheterogenität vor und ist die Varianz in einer Stichprobe mit relativ kleinem Stichprobenumfang im Vergleich zur anderen sehr groß, so kann der t-Test bekanntermaßen zu erheblichen Überschreitungen des Niveaus führen. Dies lässt sich dadurch erklären, dass Unterschiede, die sich durch die große Varianz erklären lassen, als Verschiebungseffekte interpretiert werden. Aus diesem Grund ist die Behandlung des *Behrens-Fisher Problems* von besonderem Interesse. Hierbei handelt es sich um das Problem, in einem Normalverteilungsmodell $X_{ik} \sim \mathcal{N}(\mu_i; \sigma_i^2)$ mit ungleichen Varianzen einen Unterschied in den Erwartungswerten aufzudecken, d.h. die Hypothese $H_0^\mu : \mu_1 = \mu_2$ zu testen.

Im heteroskedastischen Modell wird kein exakter Test zum Testen der Hypothese benutzt, sondern eine Approximation, welche auf die Arbeiten von Smith (1936), Welch (1937) und Satterthwaite (1946) zurückgeht. Eine Diskussion des Tests in Abgrenzung zum t-Test ist zum Beispiel bei Moser und Stevens (1992) zu finden. Die bei dem approximativen Verfahren verwendete Teststatistik basiert ebenso wie die des t-Tests auf der

Differenz der Mittelwerte $\overline{X}_{1\cdot} - \overline{X}_{2\cdot}$. Unter der Hypothese ist diese Differenz normalverteilt mit Erwartungswert 0 und Varianz $\sigma_1^2/n_1 + \sigma_2^2/n_2$. Anders als im homoskedastischen Modell sind die Varianzen nun nicht identisch und es ist nicht sinnvoll, einen gepoolten Varianzschätzer aus beiden Stichproben zu bilden. Die Varianzen innerhalb der Gruppen σ_i^2, $i = 1, 2$, können allerdings durch die entsprechenden empirischen Varianzen $s_i^2 = \frac{1}{n_i - 1}\sum_{k=1}^{n_i}(X_{ik} - \overline{X}_{i\cdot})^2$ geschätzt werden. Mit diesen Varianzschätzern kann eine asymptotisch standard-normalverteilte Teststatistik

$$T = \frac{\overline{X}_{1\cdot} - \overline{X}_{2\cdot}}{\sqrt{s_1^2/n_1 + s_2^2/n_2}}$$

gebildet werden. Um eine bessere Approximation bei kleinen Stichprobenumfängen zu erreichen, wird die Verteilung von T durch eine t-Verteilung angenähert. Hierzu wird die Verteilung $s_1^2/n_1 + s_2^2/n_2$ durch eine gestreckte χ^2-Verteilung approximiert, d.h. durch die Verteilung einer Zufallsvariablen $g \cdot Z$ mit $Z \sim \chi_f^2$. Hierbei werden der Streckungsfaktor g und der Freiheitsgrad f so gewählt, dass der Erwartungswert und die Varianz beider Verteilungen übereinstimmen. Unter Berücksichtigung von $E(Z) = f$, $Var(Z) = 2f$ und $Var(s_i^2) = 2\sigma_i^4/(n_i - 1)$ ergibt sich daraus das folgende Gleichungssystem

$$E\left(\frac{s_1^2}{n_1} + \frac{s_2^2}{n_2}\right) = \frac{\sigma_1^2}{n_1} + \frac{\sigma_2^2}{n_2} \qquad = g \cdot f = E(gZ)$$

$$Var\left(\frac{s_1^2}{n_1} + \frac{s_2^2}{n_2}\right) = \frac{2\sigma_1^4}{n_1^2(n_1 - 1)} + \frac{2\sigma_2^4}{n_2^2(n_2 - 1)} \qquad = 2g^2 \cdot f = Var(gZ)$$

mit den Lösungen

$$f = \frac{\left(\sigma_1^2/n_1 + \sigma_2^2/n_2\right)^2}{(\sigma_1^2/n_1)^2/(n_1 - 1) + (\sigma_2^2/n_2)^2/(n_2 - 1)}, \qquad g = \frac{\sigma_1^2/n_1 + \sigma_2^2/n_2}{f}.$$

Somit kann die Verteilung von T durch eine t-Verteilung mit $\widehat{f}$ Freiheitsgraden approximiert werden, wobei man den Schätzer

$$\widehat{f} = \frac{\left(s_1^2/n_1 + s_2^2/n_2\right)^2}{(s_1^2/n_1)^2/(n_1 - 1) + (s_2^2/n_2)^2/(n_2 - 1)}$$

für die Freiheitsgrade durch Einsetzen der empirischen Varianzen erhält.

Aus den gleichen Gründen wie beim t-Test kann es auch beim WMW-Test unter Varianzheterogenität zu Überschreitungen des Niveaus kommen. Im Zusammenhang mit der Betrachtung nichtparametrischer Hypothesen wurde am Ende des Abschnitts 2.1.1.3 auf Seite 48 diskutiert, dass die Hypothesen $H_0^F : F_1 = F_2$ und $H_0^\mu : \mu_1 = \mu_2$ in einem Normalverteilungsmodell mit gleichen Varianzen äquivalent sind, während sie sich im Fall ungleicher Varianzen unterscheiden. Allgemeiner gilt dies für *Skalenalternativen* bei symmetrischen Verteilungsfunktionen, d.h. gleichförmige Verteilungen mit identischem Lagezentrum aber ungleichen Varianzen. Bei reinen Skalenalternativen ist jedoch der relative Effekt $p = \int F_1 dF_2 = \frac{1}{2}$, d.h. die zugrunde liegenden Verteilungen sind tendenziell gleich (siehe Definition 1.5, S. 16). Aus diesem Grund entsprechen sich in einem Modell mit reinen Skalenalternativen und symmetrischen Verteilungen die Hypothesen $H_0^p : p = \frac{1}{2}$ und $H_0^\mu : \mu_1 = \mu_2$. Natürlich umfasst die Menge der Verteilungen F_1 und F_2, für die $p = \frac{1}{2}$ gilt, alle Verteilungen mit gleicher zentraler Tendenz und somit weitaus mehr als die Skalenalternativen.

Im Folgenden werden Testverfahren für das *nichtparametrische Behrens-Fisher Problem* (siehe auch S. 17) hergeleitet, d.h. für das Testproblem der Hypothese $H_0^p : p = \frac{1}{2}$ gegen die Alternative $H_1^p : p \neq \frac{1}{2}$. Dabei ist zu berücksichtigen, dass es sein kann, dass unter der Hypothese H_0^p die Verteilungen F_1 und F_2 verschieden sind, wie das Beispiel der Skalenalternativen belegt. Daher ist es nicht möglich, bei der Herleitung eines Testverfahrens ein Permutationsargument zu benutzen, das wesentlich die Gleichheit der beiden Verteilungen voraussetzt. Es besteht deshalb die Notwendigkeit, für große Stichprobenumfänge asymptotische Resultate (Fligner und Policello, 1981; Brunner und Puri, 1996) und für kleine Stichprobenumfänge Approximationen (Brunner und Munzel, 2000) zu verwenden.

2.1.3.1 Asymptotisches Verfahren

Zur Herleitung eines asymptotischen Verfahrens wird, wie schon beim asymptotischen WMW-Test, die Verteilung von

$$T_N = \sqrt{N}(\widehat{p} - p) \quad = \quad \sqrt{N}\left(\frac{1}{n_1}\left[\overline{R}_{2\cdot} - \frac{n_2+1}{2}\right] - p\right), \qquad (2.1.10)$$

betrachtet, wobei $\overline{R}_{2\cdot} = n_2^{-1}\sum_{k=1}^{n_2} R_{2k}$ die Rangsumme in der 2. Stichprobe ist.

Da die Ränge R_{ik} nicht unabhängig sind, benötigt man eine Statistik von unabhängigen Zufallsvariablen, die asymptotisch äquivalent ist zu $\sqrt{N}(\widehat{p} - p)$, d.h. die gleiche asymptotische Verteilung hat. Die Betrachtung einer solchen Statistik für nahezu beliebige Verteilungsfunktionen (keine Einpunkt-Verteilungen) ist Inhalt des folgenden Korollars. Dabei spielen die asymptotisch normierten Platzierungen (ANP)

$$\begin{aligned} Y_{1k} &= F_2(X_{1k}), \quad k = 1, \ldots, n_1, \\ Y_{2k} &= F_1(X_{2k}), \quad k = 1, \ldots, n_2, \end{aligned}$$

sowie deren Varianzen $\sigma_1^2 = Var(F_2(X_{11}))$ bzw. $\sigma_2^2 = Var(F_1(X_{21}))$ eine wesentliche Rolle.

Korollar 2.12 (Asymptotische Äquivalenz)
Die Zufallsvariablen $X_{ik} \sim F_i$, $i = 1, 2$, $k = 1, \ldots, n_i$, seien unabhängig mit $\sigma_1^2 = Var(F_2(X_{11}))$ und $\sigma_2^2 = Var(F_1(X_{21}))$. Ferner bezeichne $\widehat{p}$ den Rangschätzer für p aus (2.1.1). Falls $N/n_i \leq N_0 < \infty$ ist und $\sigma_1^2, \sigma_2^2 > 0$ sind, dann gilt

$$T_N = \sqrt{N}(\widehat{p} - p) \quad \doteq \quad \sqrt{N}\left(\frac{1}{n_2}\sum_{k=1}^{n_2} F_1(X_{2k}) - \frac{1}{n_1}\sum_{k=1}^{n_1} F_2(X_{1k}) + 1 - 2p\right).$$

Beweis: Siehe Abschnitt 4.4.1, S. 192. □

Das in der Aussage des Korollars verwendete Zeichen $\doteq$ bedeutet 'asymptotisch äquivalent', d.h. dass die Differenz beider Folgen von Zufallsvariablen in Wahrscheinlichkeit gegen 0 konvergiert. Nähere Erläuterungen hierzu findet man in Abschnitt 4.4, S. 191ff.

Das Korollar 2.12 ist ein Spezialfall des Asymptotischen Äquivalenz-Satzes (siehe Satz 4.16, S. 192). Die wesentliche Aussage dieses Satzes ist, dass die zentrierte Rangstatistik $T_N = \sqrt{N}(\widehat{p} - p)$ und die Zufallsvariable

$$\begin{aligned} U_N &= \sqrt{N}\left(\frac{1}{n_2}\sum_{k=1}^{n_2} F_1(X_{2k}) - \frac{1}{n_1}\sum_{k=1}^{n_1} F_2(X_{1k}) + 1 - 2p\right) \\ &= \sqrt{N}(\overline{Y}_{2\cdot} - \overline{Y}_{1\cdot} + 1 - 2p) \end{aligned} \tag{2.1.11}$$

asymptotisch die gleiche Verteilung haben, wobei die ANP Y_{1k}, $k = 1, \ldots, n_1$, und Y_{2k}, $k = 1, \ldots, n_2$, sowie deren Mittelwerte $\overline{Y}_{1\cdot}$ bzw. $\overline{Y}_{2\cdot}$ unabhängig sind. Aufgrund dieser Unabhängigkeiten ist der Zentrale Grenzwertsatz auf die Mittelwerte $\overline{Y}_{1\cdot}$ und $\overline{Y}_{2\cdot}$ anwendbar, sodass U_N unter der Hypothese $H_0^p : p = \frac{1}{2}$ asymptotisch normalverteilt ist mit Erwartungswert 0 und Varianz

$$\sigma_N^2 = \frac{N}{n_1 n_2}(n_1\sigma_2^2 + n_2\sigma_1^2). \tag{2.1.12}$$

Diese Varianz ist unbekannt und könnte konsistent durch

$$\widetilde{\sigma}_N^2 = \frac{N}{n_1 n_2}\sum_{i=1}^{2}\frac{N - n_i}{n_i - 1}\sum_{k=1}^{n_i}(Y_{ik} - \overline{Y}_{i\cdot})^2 \tag{2.1.13}$$

geschätzt werden, wenn die Zufallsvariablen Y_{ik} beobachtbar wären. Da aber F_1 und F_2 unbekannt sind, ist dies nicht der Fall und die Zufallsvariablen Y_{ik} müssen durch die beobachtbaren Zufallsvariablen $\widehat{Y}_{1k} = \widehat{F}_2(X_{1k})$ bzw. $\widehat{Y}_{2k} = \widehat{F}_1(X_{2k})$ ersetzt werden. Hierbei ist zu zeigen, dass der so gebildete Schätzer konsistent für σ_N^2 ist. Die Zufallsvariablen $\widehat{Y}_{ik}$ sind normierte Platzierungen (siehe Abschnitt 1.5.1, S. 30) und können aus den Gesamt-Rängen R_{ik} und den Intern-Rängen $R_{ik}^{(i)}$, $i = 1, 2$, $k = 1, \ldots, n_i$ berechnet werden. Damit lässt sich für σ_N^2 ein konsistenter Schätzer angeben, der als Rangstatistik darstellbar ist.

Satz 2.13 (*Varianzschätzer*) Unter den Voraussetzungen von Korollar 2.12 ist der Schätzer

$$\widehat{\sigma}_N^2 = \frac{N}{n_1 n_2}\sum_{i=1}^{2}\frac{S_i^2}{N - n_i} \tag{2.1.14}$$

konsistent für σ_N^2 im Sinne, dass $E(\widehat{\sigma}_N^2/\sigma_N^2 - 1)^2 \to 0$ gilt für $N \to \infty$. Dabei ist

$$S_i^2 = \frac{1}{n_i - 1}\sum_{k=1}^{n_i}\left(R_{ik} - R_{ik}^{(i)} - \overline{R}_{i\cdot} + \frac{n_i + 1}{2}\right)^2. \tag{2.1.15}$$

Beweis: siehe Abschnitt 4.6, Satz 4.27, S. 211. □

Dieser Schätzer wurde von Sen (1967) für den Sonderfall, dass keine Bindungen vorliegen, angegeben.

Die dargestellten Ergebnisse können verwendet werden, um die Zufallsvariable $T_N = \sqrt{N}\,(\widehat{p} - p)$ zu standardisieren und so eine asymptotische Teststatistik für das Testproblem $H_0^p : p = \frac{1}{2}$ gegen $H_1^p : p \neq \int F_1 dF_2 = \frac{1}{2}$ zu erhalten. Die Statistik

$$W_N^{BF} = \frac{\overline{R}_{2\cdot} - \overline{R}_{1\cdot}}{\widehat{\sigma}_{BF}} \sqrt{\frac{n_1 n_2}{N}}$$

hat unter H_0^p asymptotisch eine Standard-Normalverteilung $N(0, 1)$, wobei

$$\widehat{\sigma}_{BF}^2 = n_1 n_2 \widehat{\sigma}_N^2 = \sum_{i=1}^{2} \frac{N S_i^2}{N - n_i}$$

im wesentlichen der Varianzschätzer aus (2.1.14) ist. Falls keine Bindungen vorliegen, ist die Approximation für $n_1, n_2 \geq 20$ gut brauchbar. Für kleinere Stichprobenumfänge wird im nächsten Abschnitt eine Approximation durch eine t_f-Verteilung mit geschätztem Freiheitsgrad f hergeleitet.

2.1.3.2 Approximatives Verfahren

Ein approximatives Verfahren für das nichtparametrische Behrens-Fisher Problem kann analog hergeleitet werden, wie die Modifikation des t-Tests bei ungleichen Varianzen. Die Verteilung der Statistik W_N^{BF} wird durch eine t_f-Verteilung approximiert, wobei der Freiheitsgrad f zu schätzen ist. In diesem Zusammenhang wird die 'Schätzung' von σ_N^2 in (2.1.13) durch die nicht beobachtbaren Zufallsvariablen Y_{ik} betrachtet und die Verteilung von

$$\widetilde{\sigma}_N^2 = \frac{N}{n_1 n_2} \sum_{i=1}^{2} (N - n_i) \widetilde{\sigma}_i^2$$

durch eine χ_f^2/f-Verteilung approximiert, wobei $\widetilde{\sigma}_i^2 = (n_i - 1)^{-1} \sum_{k=1}^{n_i} (\overline{Y}_{ik} - \overline{Y}_{i\cdot})^2$ ist. Der Freiheitsgrad f dieser χ^2-Verteilung wird in analoger Weise geschätzt wie für den t-Test bei ungleichen Varianzen (siehe S. 68f). Dabei approximiert man zunächst die Verteilung von

$$n_2 \widetilde{\sigma}_1^2 + n_1 \widetilde{\sigma}_2^2 = \frac{n_2}{n_1 - 1} \sum_{k=1}^{n_1} (Y_{1k} - \overline{Y}_{1\cdot})^2 + \frac{n_1}{n_2 - 1} \sum_{k=1}^{n_2} (Y_{2k} - \overline{Y}_{2\cdot})^2$$

durch eine gestreckte χ^2-Verteilung, d.h durch die Verteilung der Zufallsvariablen $g \cdot Z_f$, wobei $Z_f \sim \chi_f^2$ ist und die Konstanten g und f so gewählt werden, dass die beiden ersten Momente übereinstimmen. Man bestimmt also g und f aus den beiden Gleichungen

$$\begin{aligned} E(n_2 \widetilde{\sigma}_1^2 + n_1 \widetilde{\sigma}_2^2) &= E(g \cdot Z_f) = g \cdot f \\ Var(n_2 \widetilde{\sigma}_1^2 + n_1 \widetilde{\sigma}_2^2) &= Var(g \cdot Z_f) = 2g^2 f. \end{aligned}$$

Aus dem Satz von Lancaster (s. Satz A.11, Anhang A.3, S. 235) erhält man

$$E(n_2\widetilde{\sigma}_1^2 + n_1\widetilde{\sigma}_2^2) \quad = \quad n_2\sigma_1^2 + n_1\sigma_2^2 = g \cdot f.$$

Bei der Berechnung der Varianz benutzt man im Normalverteilungsmodell die Eigenschaft, dass $\sigma_i^{-2}\sum_{k=1}^{n_i}(Y_{ik} - \overline{Y}_{i\cdot})^2 \sim \chi^2_{n_i-1}$ gilt und erhält

$$Var(n_2\widetilde{\sigma}_1^2 + n_1\widetilde{\sigma}_2^2) \quad = \quad \frac{2n_2^2}{n_1-1}\sigma_1^4 + \frac{2n_1^2}{n_2-1}\sigma_2^4 \;=\; 2g^2 f.$$

Daraus erhält man $g \cdot f = n_2\sigma_1^2 + n_1\sigma_2^2$ und

$$f \quad = \quad \frac{[n_2\sigma_1^2 + n_1\sigma_2^2]^2}{[(n_2\sigma_1^2)^2/(n_1-1) + (n_1\sigma_2^2)^2/(n_2-1)]},$$

was schließlich zu der Approximation

$$\frac{1}{gf}\sum_{i=1}^{2}(N-n_i)\widetilde{\sigma}_i^2 \quad \dot{\sim} \quad \chi_f^2/f,$$

führt. Daraus leitet man, wie für das parametrische Behrens-Fisher Problem (siehe Formel (2.1.10), S. 69), den Freiheitsgrad der t-Verteilung in (2.1.16) her. Die unbekannten Varianzen σ_i^2, $i = 1, 2$, zur Berechnung von f schätzt man, wie bei der Herleitung des Varianzschätzers $\widehat{\sigma}_N^2$ in (2.1.14), indem man die nicht beobachtbaren Zufallsvariablen Y_{ik} durch $\widehat{Y}_{ik}$ ersetzt und erhält mit S_i^2 aus (2.1.15) für den Freiheitsgrad f den Schätzer

$$\widehat{f} \quad = \quad \frac{\left[\sum_{i=1}^{2} S_i^2/(N-n_i)\right]^2}{\sum_{i=1}^{2}\left[S_i^2/(N-n_i)\right]^2/(n_i-1)}. \tag{2.1.16}$$

Das so gewonnene Verfahren ist Spezialfall einer Approximation für beliebige Versuchspläne mit festen Faktoren, deren Herleitung in Abschnitt 4.5.1.2 beschrieben ist. In dieser Betrachtung wird angenommen, dass $(n_i-1)\widetilde{\sigma}_i^2/\sigma_i^2$ approximativ $\chi^2_{n_i-1}$-verteilt ist. Der Einfluss des Fehlers, der dadurch entsteht, dass die Zufallsvariablen Y_{ik} nicht normalverteilt sind, verschwindet mit wachsendem Stichprobenumfang, da der Quotient $\widetilde{\sigma}_i^2/\sigma_i^2$ stochastisch gegen 1 konvergiert.

Simulationen zeigen, dass die Approximation von W_N^{BF} unter H_0^p durch eine zentrale t-Verteilung mit $\widehat{f}$ Freiheitsgraden für $n_1, n_2 \geq 10$ gut brauchbar ist, wenn keine Bindungen vorhanden sind. Falls Bindungen vorliegen, hängt die Güte der Approximation vom Ausmaß und der Anzahl der Bindungen ab.

Der Schätzer $\widehat{f}$ in (2.1.16) hat sehr viel Ähnlichkeit mit dem Schätzer des Freiheitsgrades, der in der Approximation für den t-Test benutzt wird. Allerdings ist zu beachten, dass die Varianzschätzer S_i^2 in (2.1.16) nicht durch n_i sondern durch den jeweils anderen Stichprobenumfang $N - n_i$, $i = 1, 2$, dividiert werden. Dies ist dadurch zu erklären, dass die Größen $\widehat{Y}_{ik}$ normierte Platzierungen sind, wodurch bei der Darstellung über Ränge und Intern-Ränge eine Vertauschung von n_1 und n_2 zustande kommt (siehe Lemma 1.19, S. 36).

2.1.3.3 Zusammenfassung

Daten und Modell

$X_{i1}, \ldots, X_{in_i} \sim F_i(x),\ i = 1, 2,$ unabhängige Zufallsvariablen
Gesamtanzahl der Daten: $N = n_1 + n_2$.

Voraussetzungen

1. $F_1(X_{21})$ und $F_2(X_{11})$ sind keine Einpunkt-Verteilungen,
2. $N/n_i \leq N_0 < \infty,\ i = 1, 2$.

Relativer Effekt

$$p = \int F_1 dF_2 = P(X_{11} < X_{21}) + \tfrac{1}{2}P(X_{11} = X_{21}),$$

NV-äquivalenter Verschiebungseffekt: $\delta/\sigma = \sqrt{2} \cdot \Phi^{-1}(p)$.

Testproblem $H_0^p : p = \frac{1}{2}$ gegen $H_1^p : p \neq \frac{1}{2}$.

Notation

R_{ik} : Rang von X_{ik} unter allen $N = n_1 + n_2$ Beobachtungen,
$R_{ik}^{(i)}$: Intern-Rang von X_{ik} unter den n_i Beobachtungen $X_{i1}, \ldots, X_{in_i}$,
$\overline{R}_{i\cdot} = \frac{1}{n_i} \sum_{k=1}^{n_i} R_{ik},\ i = 1, 2$: Rangmittelwerte.

Schätzer für den relativen Effekt

$$\widehat{p} = \frac{1}{n_1}\left(\overline{R}_{2\cdot} - \frac{n_2 + 1}{2}\right), \quad \widehat{p} - \frac{1}{2} = \frac{1}{N}\left(\overline{R}_{2\cdot} - \overline{R}_{1\cdot}\right).$$

Varianzschätzer

$$S_i^2 = \frac{1}{n_i - 1} \sum_{k=1}^{n_i} \left(R_{ik} - R_{ik}^{(i)} - \overline{R}_{i\cdot} + \frac{n_i + 1}{2}\right)^2,$$

$$\widehat{\sigma}_{BF}^2 = \sum_{i=1}^{2} \frac{N S_i^2}{N - n_i}.$$

Statistik

$$W_N^{BF} = \frac{\overline{R}_{2\cdot} - \overline{R}_{1\cdot}}{\widehat{\sigma}_{BF}} \sqrt{\frac{n_1 n_2}{N}}.$$

Verteilung unter H_0^p und p-Werte (asymptotisch)

$$W_N^{BF} \sim N(0, 1), \quad N \to \infty.$$

p-Werte für $W_N^{BF} = w$:

rechts-seitig: $p(w) = 1 - \Phi(w)$, links-seitig: $p(w) = \Phi(w)$,
zweiseitig: $p(w) = 2 \cdot [1 - \Phi(|w|)]$.

Verteilung unter H_0^p und p-Werte (Approximation)

$$W_N^{BF} \;\dot{\sim}\; t_{\widehat{f}} \quad \text{mit}$$

$$\widehat{f} = \frac{\left[\sum_{i=1}^{2} S_i^2/(N-n_i)\right]^2}{\sum_{i=1}^{2} \left[S_i^2/(N-n_i)\right]^2/(n_i-1)} .$$

p-Werte für $W_N^{BF} = w$:

rechts-seitig: $p(w) = 1 - \Psi_t(w; \widehat{f})$, links-seitig: $p(w) = \Psi_t(w; \widehat{f})$,
zweiseitig: $p(w) = 2 \cdot [1 - \Psi_t(|w|; \widehat{f})]$.

Bemerkungen

Wenn keine Bindungen vorhanden sind, ist die Approximation mit der Standard-Normalverteilung gut brauchbar für $n_1, n_2 \geq 20$, die Approximation mit der t-Verteilung für $n_1, n_2 \geq 10$. Im Falle von Bindungen hängt die Güte der Approximation von der Anzahl und vom Ausmaß der Bindungen ab.

2.1.3.4 Anwendung auf ein Beispiel

Beispiel 2.6 (Ferritin bei Kleinwuchs) Bei Kindern mit hormonell bedingtem Kleinwuchs wurden die Ferritin-Werte bestimmt. Die Patienten wurden in zwei Gruppen geteilt ($n_1 = 7$ Patienten mit normalem IGF-1–Wert und $n_2 = 12$ Patienten mit erniedrigtem IGF-1–Wert). Die Originalwerte sind in Tabelle 2.6 aufgelistet und in Abbildung 2.4 grafisch dargestellt.

Bei den Ferritin-Werten liegt, wie man aus Abbildung 2.4 erkennt, offensichtlich keine Normalverteilung vor und die Annahme gleicher Varianzen in den beiden Versuchsgruppen ist ebenfalls nicht haltbar. Es ist somit sinnvoll, die Frage nach der Tendenz zu größeren oder kleineren Werten in der Gruppe mit erniedrigtem IGF-1–Wert gegenüber der Gruppe mit normalem IGF-1–Wert durch die Hypothese $H_0^p : p = \frac{1}{2}$ zu überprüfen.

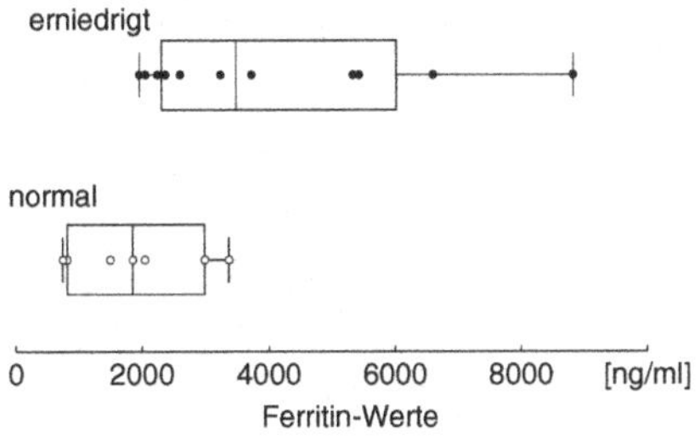

Abbildung 2.4 Originalwerte und Box-Plots der Ferritin-Werte für die 19 Patienten der IGF-1 Studie in Tabelle 2.6.

Man schätzt den relativen Effekt p aus $\widehat{p} = \frac{1}{N}(\overline{R}_{2\cdot} - \overline{R}_{1\cdot}) + \frac{1}{2}$. Dazu benötigt man die Ränge der $N = 19$ Ferritin-Werte, die in Tabelle 2.6 angegeben sind. Die Rangmittelwerte in den beiden Versuchsgruppen sind $\overline{R}_{1\cdot} = 5.7143$ (normal) bzw. $\overline{R}_{2\cdot} = 12.5$ (erniedrigt). Damit ergibt sich ein relativer Effekt von $\widehat{p} = \frac{1}{19}(12.5 - 5.7143) + \frac{1}{2} = 0.8571$, was einem Verschiebungseffekt von $\delta/\sigma = \sqrt{2} \cdot \Phi^{-1}(0.8571) = 1.51$ bei homogenen Normalverteilungen entsprechen würde.

Tabelle 2.6 Ferritin-Werte [ng/ml], Gesamt-Ränge R_{ik}, Intern-Ränge $R_{ik}^{(i)}$ und deren Differenzen $R_{ik} - R_{ik}^{(i)}$ für die 19 Patienten der Ferritin Studie bei Kleinwuchs.

Ferritin-Werte [ng/ml] und deren Ränge							
Originalwerte		Gesamt-Ränge R_{ik}		Intern-Ränge $R_{ik}^{(i)}$		Differenzen	
IGF-1		IGF-1		IGF-1		IGF-1	
normal	erniedrigt	normal	erniedrigt	normal	erniedrigt	normal	erniedrigt
820	1956	2	5	2	1	0	4
3364	8828	13	19	7	12	6	7
1497	2051	3	7	3	2	0	5
1851	3721	4	14	4	7	0	7
2984	3233	11	12	6	6	5	6
744	6606	1	17	1	10	0	7
2044	2244	6	8	5	3	1	5
	5332		15		8		7
	5428		16		9		7
	2603		10		5		5
	2370		9		4		5
	7565		18		11		7

Die direkte Schätzung eines Verschiebungseffektes aus den Originaldaten macht insofern keinen Sinn, als offensichtlich kein Lokationsmodell angenommen werden kann. Hier ermöglicht erst der Umweg über den relativen Effekt eine sinnvolle Berechnung eines äquivalenten Verschiebungseffektes zur Darstellung eines anschaulichen Unterschiedes.

Für den Test der Hypothese $H_0^p : p = \frac{1}{2}$ benötigt man neben den Rängen R_{ik} auch die Intern-Ränge $R_{ik}^{(i)}$ und die Differenzen $R_{ik} - R_{ik}^{(i)}$. Diese sind ebenfalls in Tabelle 2.6 angegeben.

Man erhält die Varianzschätzer $S_1^2 = 6.9048$, $S_2^2 = 1.2727$, $\widehat{\sigma}_{BF}^2 = 14.3871$ und die Statistik $W_N^{BF} = 3.7616$, für die man den zweiseitigen p-Wert von 0.00017 aus der Approximation mit der $N(0,1)$-Verteilung errechnet. Da hier relativ kleine Stichprobenumfänge vorliegen, sollte man jedoch die Approximation mit der t-Verteilung bevorzugen. Als Schätzer für den Freiheitsgrad erhält man $\widehat{f} = 9.8543$ und damit einen zweiseitigen p-Wert von 0.00381.

2.1.4 Stichprobenplanung

Bei der Planung eines Experiments ist die Bestimmung des benötigten Stichprobenumfangs von wesentlicher Bedeutung. Für die einfachen Zwei-Stichproben Modelle in der parametrischen Statistik, bei denen sich die Alternative nur als reine Verschiebung einer Verteilung um $\delta = \mu_2 - \mu_1$ darstellt, existieren seit langer Zeit etablierte Methoden zur Planung des benötigten Stichprobenumfangs. Neben dem gegebenen Niveau α muss nur der relevante Effekt δ angegeben werden, der mit einer Power von β aufgedeckt werden soll. Dabei wird vereinfacht angenommen, dass sich die Form der Verteilung, insbesondere die Varianz σ^2, unter der Behandlung nicht ändert. Diese Varianz muss dann entweder aus Vorversuchen oder aus der Literatur bekannt sein. Dabei wird dann vernachlässigt, dass es sich hierbei um einen Schätzwert handelt. Im Allgemeinen betrachtet man den Sonderfall gleicher Stichprobenumfänge $n_1 = n_2 = n$ in den beiden Versuchsgruppen.

Verlässt man nun den Boden der Normalverteilung und möchte eine Stichprobenplanung für den WMW-Test machen, so fallen die anschaulichen und gut zu interpretierenden Parameter $\delta = \mu_2 - \mu_1$ für den Effekt und σ^2 für die Varianz weg. Als weitere Schwierigkeit kommt hinzu, dass sich die Form der Verteilung F_2 unter der Behandlung gegenüber der Verteilung F_1 in der Kontrolle ändern kann.

Als abstrakten Effekt hat man hier den relativen Effekt $p = \int F_1 dF_2$ zur Verfügung und wählt dann als Behandlungseffekt die Abweichung von p zu $\frac{1}{2}$. Als Näherung für die Verteilung der Statistik T_N in (2.1.10) verwendet man die Verteilung der asymptotisch äquivalenten Statistik U_N in (2.1.11). Man erhält

$$T_N = \sqrt{N}(\widehat{p} - p) \quad \dot{\sim} \quad N(0, \sigma_N^2), \tag{2.1.17}$$

wobei σ_N^2 in (2.1.12) gegeben ist. Da man nicht vorhersagen kann, wie viele Bindungen die Daten haben werden, nimmt man der Einfachheit halber an, dass keine Bindungen vorhanden sind. Betrachtet man, wie im parametrischen Fall, nur gleiche Stichprobenumfänge $n_1 = n_2 = n$, so erhält man mit $N = 2n$ aus (2.1.12)

$$\sigma_N^2 \;=\; \frac{N}{n_1 n_2}\left(n_1\sigma_1^2 + n_2\sigma_2^2\right) \;=\; 2(\sigma_1^2 + \sigma_2^2) \;=\; \sigma^2,$$

mit

$$\begin{aligned} \sigma_1^2 &= Var(F_2(X_{11})) = \int F_2^2 dF_1 - (1-p)^2, \\ \sigma_2^2 &= Var(F_1(X_{21})) = \int F_1^2 dF_2 - p^2. \end{aligned}$$

Unter der Hypothese $H_0^F : F_1 = F_2 = F$ vereinfacht sich σ_N^2 zu

$$\sigma_0^2 = 2\left(\int F^2 dF - (1 - \tfrac{1}{2})^2 + \int F^2 dF - (\tfrac{1}{2})^2\right) = \frac{1}{3}$$

wegen der Annahme der Stetigkeit der Verteilungen. Als asymptotische Verteilung von $T_N = \sqrt{2n}(\widehat{p} - \frac{1}{2})$ erhält man daher aus (2.1.17) unter H_0^F eine Normalverteilung mit Erwartungswert 0 und Varianz $\sigma_0^2 = \frac{1}{3}$. Daher ist $\sqrt{2n}(\widehat{p} - \frac{1}{2})/\sigma_0$ unter H_0^F asymptotisch $N(0,1)$ verteilt.

Nun soll die Wahrscheinlichkeit, dass H_0^F (zweiseitig zum Niveau α) unter der Alternativen $H_1 : p \neq \frac{1}{2}$ abgelehnt wird, gleich β sein, also

$$P_{H_1}\left(\sqrt{2n}(\widehat{p} - \tfrac{1}{2})/\sigma_0 \;\geq\; u_{1-\alpha/2}\right) \;=\; \beta.$$

Man subtrahiert auf beiden Seiten der Ungleichung $\sqrt{2n}p/\sigma_0$ und erhält

$$P_{H_1}\left(\sqrt{2n}(\widehat{p}-p)/\sigma_0 \;\geq\; u_{1-\alpha/2} - \sqrt{2n}(p-\tfrac{1}{2})/\sigma_0\right) \;=\; \beta.$$

Multiplikation der Ungleichung mit $\sigma_0/\sigma_N = \sigma_0/\sigma$ ergibt

$$P_{H_1}\left(\sqrt{2n}(\widehat{p}-p)/\sigma \;\geq\; \sigma_0 u_{1-\alpha/2}/\sigma - \sqrt{2n}(p-\tfrac{1}{2})/\sigma\right) \;=\; \beta.$$

Die Größe $\sqrt{2n}(\widehat{p}-p)/\sigma$ ist aufgrund von (2.1.17) asymptotisch $N(0,1)$ verteilt und somit ist

$$u_{1-\beta} = -u_\beta \;=\; \sigma_0 u_{1-\alpha/2}/\sigma - \sqrt{2n}(p-\tfrac{1}{2})/\sigma$$

und es folgt

$$n \;=\; \frac{(\sigma_0 u_{1-\alpha/2} + \sigma u_\beta)^2}{2(p-\frac{1}{2})^2}\,.$$

Für geringe Abweichungen von p zum Wert von $\frac{1}{2}$ unter Hypothese kann man näherungsweise $\sigma_0^2 = \sigma^2 = \frac{1}{3}$ setzen und erhält

$$n \;=\; \frac{(u_{1-\alpha/2} + u_\beta)^2}{6(p-\frac{1}{2})^2}\,, \tag{2.1.18}$$

wobei n der pro Gruppe benötigte Stichprobenumfang ist. Dies ist für $n_1 = n_2 = n$ genau die Formel, die von Noether (1987) angegeben wurde. Dabei ist zu beachten, dass im Artikel von Noether mit $N = n_1 + n_2 = 2n$ der gesamte Stichprobenumfang angegeben ist. Vollandt und Horn (1997) haben gezeigt, dass diese Formel auch in sehr guter Näherung für große Abweichungen von p zu $\frac{1}{2}$ verwendet werden kann. Man muss nur darauf achten, dass $n \geq 15$ ist, damit die asymptotische Verteilung von $\sqrt{2n}(\widehat{p}-p)/\sigma$ gut mit der Normalverteilung approximiert werden kann.

Die Schwierigkeit in der Praxis liegt darin, dass der relative Effekt p im Allgemeinen kein anschaulicher Effekt ist und daher relevante Änderungen dieser Größe vom Anwender kaum angegeben werden können. Noether (1987) schlägt daher als besser interpretierbaren Effekt die Chance (engl. *odds*) $r = p/(1-p)$ vor, die in seinem Artikel unglücklicherweise als *odds ratio* bezeichnet wird. Damit erhält man $p = r/(r+1)$ und somit

$$n \;=\; \frac{3}{2}\left(\frac{r+1}{r-1}\right)^2 (u_{1-\alpha/2} + u_\beta)^2. \tag{2.1.19}$$

Die Chance r ist jedoch bisher in der Praxis nicht als anschauliche und gut zu interpretierende Größe gebräuchlich.

Für Verschiebungseffekte kann man auf die im Normalverteilungsmodell unter Annahme gleicher Varianzen geltende Beziehung in (1.4.5) zurückgreifen, nämlich

$$p = \Phi\left(\frac{\delta}{\sigma\sqrt{2}}\right) \quad \text{bzw.} \quad \frac{\delta}{\sigma} = \sqrt{2}\,\Phi^{-1}(p).$$

Man erhält zur Interpretation des relativen Effektes p den analogen Verschiebungseffekt in Einheiten der Standardabweichung σ. Zur besseren Veranschaulichung sind in Tabelle 2.7 für den relativen Verschiebungseffekt δ/σ bei Normalverteilung, für die Chance $r = p/(1-p)$ und für den relativen Effekt p die beim WMW-Test bzw. t-Test benötigten Stichprobenumfänge angegeben, die notwendig sind, um zweiseitig zum Niveau 5% eine Power von 80% bzw. 90% zu erhalten.

Weitere Überlegungen zur Stichprobenplanung für den WMW-Test findet man in Chakraborti et al. (2006), Collings und Hamilton (1988), Divine et al. (2010), Hamilton und Collings (1991), Lachin (2011), Lesaffre et al. (1993), Rahardja et al. (2009), Rosner und Glynn (2009), Wang et al. (2003) und Zhao (2006).

Bezeichnet man den notwendigen Stichprobenumfang pro Gruppe für den t-Test mit n_t und für den WMW-Test mit n_W, dann gilt im Fall der Normalverteilung für n_W in guter Näherung

$$n_W = 1.05 \cdot n_t + 4 \tag{2.1.20}$$

Tabelle 2.7 Benötigte Stichprobenumfänge n_W und n_t für den zweiseitigen WMW-Test bzw. t-Test zum Niveau $\alpha = 5\%$ in Abhängigkeit von δ/σ (bei Normalverteilung), r und p.

Effekt			Power			
			80%		90%	
δ/σ	p	r	n_w	n_t	n_w	n_t
0.2	0.556	1.25	414	393	554	526
0.3	0.584	1.40	185	175	248	234
0.4	0.611	1.57	106	99	141	132
0.5	0.638	1.76	69	63	92	85
0.6	0.664	1.98	48	44	65	59
0.7	0.690	2.22	36	33	49	43
0.8	0.714	2.50	29	25	38	33
0.9	0.738	2.81	23	20	31	26
1.0	0.760	3.17	19	16	26	22
1.1	0.782	3.58	16	13	22	18
1.2	0.802	4.05	14	11	19	15
1.3	0.821	4.59	13	10	17	13
1.4	0.839	5.21	11	9	15	11
1.5	0.856	5.92	10	7	14	10

Verwendet man den WMW-Test zur Analyse geordnet kategorialer Daten, kann man für die Stichprobenplanung die Bindungen nicht länger vernachlässigen und muss gesonderte Überlegungen anstellen. Hier sei auf die Literatur verwiesen, insbesondere auf die Arbeit von Zhao et al. (2008). Weitere Verfahren findet man in Fan und Donghui (2012), Kolassa (1995), Tang (2011) und Whitehead (1993).

2.1.5 Konfidenzintervalle

Die Angabe eines Konfidenzintervalls hat gegenüber einem Test den Vorteil, dass neben einer qualitativen Aussage über die zu schätzende Größe auch eine anschauliche Darstellung der Streuung im Versuch gegeben wird. Im Folgenden werden Konfidenzintervalle für den relativen Behandlungseffekt im nichtparametrischen Modell und für den Verschiebungseffekt in einem Lokationsmodell beschrieben.

2.1.5.1 Relativer Effekt

Zur Herleitung eines Konfidenzintervalls für den relativen Effekt p benötigt man die Aussage (siehe Korollar 2.12), dass $\sqrt{N}(\widehat{p} - p)$ asymptotisch normalverteilt ist mit Erwartungswert 0 und Varianz σ_N^2 wie in (2.1.12) angegeben. Ein konsistenter Schätzer für σ_N^2 ist in Satz 2.13 abgegeben. Daraus ergibt sich für große Stichproben das zweiseitige $(1 - \alpha)$-Konfidenzintervall

$$\left[\widehat{p} - \frac{\widehat{\sigma}_N}{\sqrt{N}} u_{1-\alpha/2}\, ,\, \widehat{p} + \frac{\widehat{\sigma}_N}{\sqrt{N}} u_{1-\alpha/2}\right],$$

wobei $u_{1-\alpha/2}$ das $(1 - \alpha/2)$-Quantil der Standard-Normalverteilung bezeichnet. Wenn man $\widehat{p}$ über die Ränge R_{ik} und $\widehat{\sigma}_N^2$ über die Rangschätzer S_1^2 und S_2^2 in (2.1.15) darstellt, erhält man das Konfidenzintervall $[p_U^{NV}, p_O^{NV}]$ mit

$$\begin{aligned} p_U^{NV} &= \frac{1}{n_1}\left(\overline{R}_{2\cdot} - \frac{n_2+1}{2}\right) - \frac{u_{1-\alpha/2}}{n_1 n_2}\sqrt{\sum_{i=1}^{2} n_i S_i^2}\,, \\ p_O^{NV} &= \frac{1}{n_1}\left(\overline{R}_{2\cdot} - \frac{n_2+1}{2}\right) + \frac{u_{1-\alpha/2}}{n_1 n_2}\sqrt{\sum_{i=1}^{2} n_i S_i^2}\,. \end{aligned} \qquad (2.1.21)$$

Im Fall von kleinen Stichproben kann man die Verteilung von $\widehat{p}$ durch eine t-Verteilung approximieren, wie es in Abschnitt 2.1.3.2 erläutert wurde. Man erhält dann das approximative Konfidenzintervall $[p_U^t, p_O^t]$ mit

$$\begin{aligned} p_U^{t} &= \frac{1}{n_1}\left(\overline{R}_{2\cdot} - \frac{n_2+1}{2}\right) - \frac{t_{\widehat{f};1-\alpha/2}}{n_1 n_2}\sqrt{\sum_{i=1}^{2} n_i S_i^2}\,, \\ p_O^{t} &= \frac{1}{n_1}\left(\overline{R}_{2\cdot} - \frac{n_2+1}{2}\right) + \frac{t_{\widehat{f};1-\alpha/2}}{n_1 n_2}\sqrt{\sum_{i=1}^{2} n_i S_i^2}\,, \end{aligned} \qquad (2.1.22)$$

wobei $\widehat{f}$ in (2.1.16) angegeben ist und $t_{\widehat{f};1-\alpha/2}$ das $(1 - \alpha/2)$-Quantil der zentralen t-Verteilung mit $\widehat{f}$ Freiheitsgraden ist.

Sowohl der relative Effekt p als auch der Schätzer $\widehat{p}$ können nur Werte aus dem Einheitsintervall (0,1) annehmen. Bei kleinen Stichproben oder, falls p nahe bei 0 oder 1 liegt, kann die Approximation mit der Normalverteilung oder mit der t-Verteilung noch nicht gut genug sein, sodass sich aus (2.1.21) oder (2.1.22) möglicherweise sogar eine obere Grenze von mehr als 1 oder eine negative untere Grenze ergibt. Diese Schwierigkeit kann man grundsätzlich durch Anwendung der so genannten δ-Methode umgehen. Dabei transformiert man die Statistik $\widehat{p}$ und deren Erwartungswert $p \in (0,1)$ mit einer 'hinreichend glatten' Funktion $g(\cdot)$ auf die ganze reelle Achse $(-\infty, \infty)$, bestimmt ein (asymptotisches) zweiseitiges $(1-\alpha)$-Konfidenzintervall $[p_U^g, p_O^g]$ für den transformierten relativen Effekt $g(p)$ und erhält dann durch Rücktransformation $p_U = g^{-1}(p_U^g)$ bzw. $p_O = g^{-1}(p_O^g)$ ein (asymptotisches) zweiseitiges $(1-\alpha)$-Konfidenzintervall, wobei nun $p_U, p_O \in (0,1)$ sind.

Die asymptotische Verteilung der Statistik $\sqrt{N}[g(\widehat{p}) - g(p)]$ erhält man hierbei aus Satz A.8 im Anhang A.2.2 auf Seite 234 (δ-Methode), d.h. die Statistik

$$T_N^g \;=\; \frac{\sqrt{N}[g(\widehat{p}\,) - g(p)]}{g'(\widehat{p}\,)\widehat{\sigma}_N} \;\dot{\sim}\; N(0,1)$$

ist asymptotisch standard-normalverteilt, falls

1. $g(\cdot)$ eine Funktion mit stetiger erster Ableitung $g'(\cdot)$ ist,

2. $g'(p) \neq 0$ ist und

3. $N/n_i \leq N_0 < \infty$, $i = 1, 2$, gilt.

Dabei bezeichnet $\widehat{\sigma}_N^2$ wieder den in Satz 2.13 angegebenen Schätzer für die asymptotische Varianz σ_N^2 von $\sqrt{N}(\widehat{p} - p)$.

Als geeignete Transformation von $\widehat{p}$ auf die reelle Achse bietet sich z.B. die *logit*-Transformation an, die das Einheitsintervall $(0,1) \to (-\infty, \infty)$ abbildet, d.h. $g(\widehat{p}) = \mathit{logit}(\widehat{p}) = \log[\widehat{p}/(1-\widehat{p})]$. Man erhält damit für den transformierten Effekt $\mathit{logit}(p)$ die Grenzen

$$\begin{aligned} p_U^g &= \log\left(\frac{\widehat{p}}{1-\widehat{p}}\right) - \frac{\widehat{\sigma}_N \cdot u_{1-\alpha/2}}{\widehat{p}(1-\widehat{p})\sqrt{N}}, \\ p_O^g &= \log\left(\frac{\widehat{p}}{1-\widehat{p}}\right) + \frac{\widehat{\sigma}_N \cdot u_{1-\alpha/2}}{\widehat{p}(1-\widehat{p})\sqrt{N}}, \end{aligned}$$

wobei $\widehat{\sigma}_N^2$ in (2.1.14) angegeben ist. Durch Rücktransformation ergeben sich dann die gewünschten Grenzen des (asymptotischen) zweiseitigen $(1-\alpha)$-Konfidenzintervalls für den relativen Effekt p

$$p_U = \frac{\exp(p_U^g)}{1+\exp(p_U^g)}, \qquad p_O = \frac{\exp(p_O^g)}{1+\exp(p_O^g)}.$$

Im Fall von kleinen Stichproben kann man analog zur Approximation der Verteilung von $\widehat{p}$ durch eine t-Verteilung auch hier das $(1-\alpha/2)$-Quantil der Standard-Normalverteilung durch das entsprechende Quantil der t-Verteilung mit $\widehat{f}$ Freiheitsgraden ersetzen, wobei $\widehat{f}$ in (2.1.16) angegeben ist. Da es sich bei kleinen Stichprobenumfängen ohnedies um eine mehr oder weniger grobe Approximation des Konfidenzniveaus handelt, muss man sich allerdings dessen bewusst sein, dass das gewählte Konfidenzniveau nur approximativ eingehalten wird.

2.1.5.2 Verschiebungseffekt im Lokationsmodell

Bei metrischen Daten, denen sich sinnvollerweise ein Lokationsmodell der Form $X_{ik} \sim F_i(x) = F(x - \mu_i)$, $i = 1, 2$, zugrunde legen lässt, werden in diesem Abschnitt Konfidenzintervalle für den Verschiebungs- oder Shift-Effekt $\theta = \mu_2 - \mu_1$ angegeben. Liegen große Stichprobenumfänge vor, ist es natürlich möglich, mithilfe des Zentralen Grenzwertsatzes, angewendet auf die arithmetischen Mittelwerte $\overline{X}_{1\cdot}$ und $\overline{X}_{2\cdot}$, ein approximatives Konfidenzintervall für θ anzugeben. Ein solches Vorgehen setzt voraus, dass die Erwartungswerte existieren, was in der Praxis allerdings kaum eine Einschränkung bedeutet.

Ein Nachteil dieses Verfahrens besteht aber darin, dass es nicht robust gegen Ausreißer in den Daten ist. Aus diesem Grund wird im folgenden eine robuste Methode zur Herleitung eines Intervallschätzers bei stetigen Verteilungen motiviert. Dieses Verfahren ist in der Literatur häufig diskutiert worden. Deshalb verzichten wir auf detaillierte Beweise und verweisen für ausführliche Betrachtungen auf die Bücher von Lehmann (1975) sowie Randles und Wolfe (1979).

Zunächst ist festzustellen, dass die Differenzen $X_{2k} - X_{1\ell}$, $k = 1, \ldots, n_2$, $\ell = 1, \ldots, n_1$, symmetrisch um $\theta = \mu_2 - \mu_1$ verteilt sind. Deshalb kann θ robust geschätzt werden durch den Hodges-Lehmann Schätzer

$$\widehat{\theta} = \text{Median}\,\{X_{2k} - X_{1\ell} | k = 1, \ldots, n_2,\ \ell = 1, \ldots, n_1\},$$

der asymptotisch erwartungstreu für θ ist, falls die Erwartungswerte μ_1 und μ_2 existieren.

Weiter sind die Zufallsvariablen $Z_{2k} = X_{2k} - \theta \sim G_2$ und $Z_{1\ell} = X_{1\ell} \sim G_1$ unabhängig und identisch verteilt, d.h. für diese Zufallsvariablen gilt insbesondere die nichtparametrische Hypothese $H_0^G : G_1 = G_2$.

Die $M = n_1 n_2$ paarweisen Differenzen $D_{k\ell} = X_{2k} - X_{1\ell}$, $k = 1, \ldots, n_2$, und $\ell = 1, \ldots, n_1$, werden der Größe nach geordnet und einfach indiziert, d.h. es ergeben sich die geordneten Differenzen $D_{(1)}, D_{(2)}, \ldots, D_{(M)}$. Bezeichnet R_{ik} den Rang von Z_{ik}, $i = 1, 2$, $k = 1, \ldots, n_i$, und $u \in \mathbb{N}$ eine beliebige natürliche Zahl, so bestehen zwischen den geordneten Differenzen $D_{(1)}, D_{(2)}, \ldots, D_{(M)}$ und der Wilcoxon-Rangsumme $R_{2\cdot} = \sum_{k=1}^{n_2} R_{2k}$ bei stetigen Verteilungen folgende Beziehungen

$$\begin{aligned} P(D_{(u)} \leq \theta) &= P\left(\sum_{k=1}^{n_2}\sum_{\ell=1}^{n_1} c(X_{2k} - X_{1\ell} - \theta) \leq M - u\right) \\ &= P\left(R_{2\cdot} - n_2(n_2+1)/2 \leq M - u\right), \qquad (2.1.23) \\ P(D_{(u)} > \theta) &= P\left(R_{2\cdot} - n_2(n_2+1)/2 \geq M + 1 - u\right). \qquad (2.1.24) \end{aligned}$$

Da die Zufallsvariablen Z_{ik} unabhängig und identisch verteilt sind, ist die Verteilung der Rangsumme $R_{2\cdot}$ bekannt und kann verwendet werden, um Konfidenzgrenzen zu bestimmen. Sei $N = n_1 + n_2$ die Gesamtzahl an Beobachtungen, $F_W^+(x|n_1, N)$ die rechts-stetige Version der exakten Verteilungsfunktion der Wilcoxon-Rangsumme in (2.1.5) und

$$w_q(n_2, N) = \max\left\{x = 1, \ldots, N(N+1)/2 \,|\, F_W^+(x|n_2, N) \leq q\right\}$$

das q-Quantil der exakten Verteilung. Es ergibt sich das exakte $(1-\alpha)$-Konfidenzintervall

$$\left[D_{(U)}^{\text{ex}}, D_{(O)}^{\text{ex}}\right)$$

für θ, wobei die Indizes U und O aus

$$\begin{aligned} U &= M + n_2(n_2+1)/2 - w_{1-\alpha/2}(n_2, N) \\ O &= M + n_2(n_2+1)/2 - w_{\alpha/2}(n_2, N) \end{aligned}$$

bestimmt werden. Zur Herleitung asymptotischer Konfidenzintervalle kann ausgenutzt werden, dass die standardisierte Wilcoxon-Rangsumme aufgrund von Satz 2.11 (siehe S. 58) asymptotisch normalverteilt ist, d.h.

$$\frac{R_{2\cdot} - n_2\overline{R}_{1\cdot}}{n_2\widehat{\sigma}_R}\sqrt{\frac{n_1 n_2}{N}} = \frac{\overline{R}_{2\cdot} - \overline{R}_{1\cdot}}{\widehat{\sigma}_R}\sqrt{\frac{n_1 n_2}{N}} \quad \dot{\sim} \quad N(0,1)\,.$$

Dieser Zusammenhang ergibt zusammen mit den Identitäten (2.1.23) und (2.1.24) sowie mit der Identität $R_{1\cdot} + R_{2\cdot} = N(N+1)/2$ das folgende asymptotische Konfidenzintervall

$$\left[D_{(U)}^{\text{asy}}, D_{(O)}^{\text{asy}}\right),$$

wobei sich die untere Schranke U als diejenige Zahl aus $\{1, \ldots, M\}$ ergibt, die am nächsten an

$$1 + \frac{n_1 n_2}{2} - u_{1-\alpha/2}\sqrt{\frac{n_1 n_2(N+1)}{12}}$$

liegt und die obere Schranke O als diejenige, die am nächsten an

$$\frac{n_1 n_2}{2} + u_{1-\alpha/2}\sqrt{\frac{n_1 n_2(N+1)}{12}}$$

liegt. Hierbei bezeichnet $u_{1-\alpha/2}$ das $1-\alpha/2$-Quantil der Standard-Normalverteilung.

Weitere Ausführungen zu Konfidenzintervallen für den relativen Effekt p findet man in Cheng und Chao (1984), Halperin et al. (1987), Mee (1990), Newcombe (2006a, 2006b), Owen et al. (1964) und Sen (1967).

2.1.5.3 Zusammenfassung

Daten und Modell

$X_{i1}, \ldots, X_{in_i} \sim F_i(x),\ i = 1, 2,$ unabhängige Zufallsvariablen
Gesamtanzahl der Daten: $N = n_1 + n_2$.

Voraussetzungen

1. $F_1(X_{21})$ und $F_2(X_{11})$ sind keine Einpunkt-Verteilungen,
2. $N/n_i \leq N_0 < \infty,\ i = 1, 2.$
3. Für Verschiebungseffekt: $F_i(x) = F(x - \mu_i)$.

Notation

R_{ik} : Rang von X_{ik} unter allen $N = n_1 + n_2$ Beobachtungen,

$R_{ik}^{(i)}$: Intern-Rang von X_{ik} unter den n_i Beobachtungen $X_{i1}, \ldots, X_{in_i}$,

$\overline{R}_{i\cdot} = \frac{1}{n_i}\sum_{k=1}^{n_i} R_{ik},\ i = 1, 2$: Rangmittelwerte,

$D_{k,\ell} = X_{2k} - X_{1\ell}, k = 1, \ldots, n_2, \ell = 1, \ldots, n_1$: Paardifferenzen, insgesamt $M = n_1 n_2$ Differenzen,

$D_1, D_2, \ldots, D_M$: umnummerierte Paardifferenzen $D_{k,\ell}$,

$D_{(1)}, D_{(2)}, \ldots, D_{(M)}$: geordnete Paardifferenzen.

Relativer Effekt

$$p = \int F_1 dF_2.$$

Schätzer für den relativen Effekt

$$\widehat{p} = \frac{1}{n_1}\left(\overline{R}_{2\cdot} - \frac{n_2 + 1}{2}\right).$$

Schätzer für den Verschiebungseffekt

$$\widehat{\theta} = \text{Median}\{X_{2k} - X_{1k'}\ , k = 1, \ldots, n_2,\ k' = 1, \ldots, n_1\}.$$

Varianzschätzer und Standardabweichung

$$S_i^2 = \frac{1}{n_i - 1}\sum_{k=1}^{n_i}\left(R_{ik} - R_{ik}^{(i)} - \overline{R}_{i\cdot} + \frac{n_i + 1}{2}\right)^2,$$

$$\widehat{\sigma}_R^2 = \frac{1}{N - 1}\sum_{i=1}^{2}\sum_{k=1}^{n_i}\left(R_{ik} - \frac{N + 1}{2}\right)^2,$$

$$\widehat{\tau}_p = \frac{1}{n_1 n_2}\sqrt{\sum_{j=1}^{2} n_j S_j^2}, \quad i = 1, 2.$$

Konfidenzintervalle für den relativen Effekt

Direkte Anwendung des Zentralen Grenzwertsatzes

Asymptotisch

$$P\left(\widehat{p} - \widehat{\tau}_p \cdot u_{1-\alpha/2} \leq p \leq \widehat{p} + \widehat{\tau}_p \cdot u_{1-\alpha/2}\right) = 1 - \alpha$$

Approximativ

$$P\left(\widehat{p} - \widehat{\tau}_p \cdot t_{\widehat{f};1-\alpha/2} \leq p \leq \widehat{p} + \widehat{\tau}_p \cdot t_{\widehat{f};1-\alpha/2}\right) \doteq 1 - \alpha, \quad \text{mit}$$

$$\widehat{f} = \frac{\left[\sum_{i=1}^{2} S_i^2/(N-n_i)\right]^2}{\sum_{i=1}^{2} \left[S_i^2/(N-n_i)\right]^2/(n_i-1)} .$$

δ-Methode

$$p_U = \frac{\exp(p_U^g)}{1+\exp(p_U^g)}, \quad p_O = \frac{\exp(p_O^g)}{1+\exp(p_O^g)},$$

wobei p_U^g und p_O^g asymptotisch bzw. approximativ ermittelt werden.

Asymptotisch

$$p_U^g = logit(\widehat{p}) - \frac{\widehat{\tau}_p \cdot u_{1-\alpha/2}}{\widehat{p}(1-\widehat{p})}, \quad p_O^g = logit(\widehat{p}) + \frac{\widehat{\tau}_p \cdot u_{1-\alpha/2}}{\widehat{p}(1-\widehat{p})} .$$

Approximativ

$$p_U^g = logit(\widehat{p}) - \frac{\widehat{\tau}_p \cdot t_{\widehat{f};1-\alpha/2}}{\widehat{p}(1-\widehat{p})}, \quad p_O^g = logit(\widehat{p}) + \frac{\widehat{\tau}_p \cdot t_{\widehat{f};1-\alpha/2}}{\widehat{p}(1-\widehat{p})} .$$

Der Freiheitsgrad $\widehat{f}$ wird wie bei der direkten Anwendung des Zentralen Grenzwertsatzes ermittelt.

Konfidenzintervalle für den Verschiebungseffekt

Exakt:

$$P(D_{(U)} < \theta < D_{(O)}) \geq 1-\alpha, \quad \text{mit}$$
$$U = M + n_2(n_2+1)/2 - w_{1-\alpha/2}(n_2, N),$$
$$O = M + n_2(n_2+1)/2 - w_{\alpha/2}(n_2, N),$$

wobei $w_q(n_2, N)$ das q-Quantil der Permutationsverteilung der Wilcoxon-Rangsumme R^W in (2.1.3) ist.

Asymptotisch:

$P\left(D_{(U)} \leq \theta \leq D_{(O)}\right) = 1-\alpha$, wobei sich die untere Schranke U als die Zahl aus $\{1, \ldots, M\}$ ergibt, die am nächsten zu

$$1 + \frac{n_1 n_2}{2} - u_{1-\alpha/2}\sqrt{\frac{n_1 n_2(N+1)}{12}}$$

liegt und die obere Schranke O als die am nächsten gelegene Zahl zu

$$\frac{n_1 n_2}{2} + u_{1-\alpha/2}\sqrt{\frac{n_1 n_2(N+1)}{12}} .$$

2.1.5.4 Anwendung auf Beispiele

Beispiel 2.3 (Implantationen / Fortsetzung) Dieses Beispiel wurde bereits im Zusammenhang mit dem WMW-Test auf Seite 66 diskutiert und ausgewertet. Dabei hatte sich ein relativer Effekt von $\widehat{p} = 0.743$ und ein zweiseitiger p-Wert von 0.0246 ergeben, also ein auf dem 5%-Niveau signifikanter Behandlungsunterschied.

Tabelle 2.8 Gesamt-Ränge, Intern-Ränge und deren Differenzen für die Anzahl der Implantationen bei 29 weiblichen Wistar-Ratten in einer Toxizitätsstudie.

Ränge für die Anzahl der Implantationen											
Gesamt-Ränge R_{ik}				Intern-Ränge $R_{ik}^{(i)}$				Differenzen $R_{ik} - R_{ik}^{(i)}$			
Placebo		Verum		Placebo		Verum		Placebo		Verum	
$n_1 = 12$		$n_2 = 17$		$n_1 = 12$		$n_2 = 17$		$n_1 = 12$		$n_2 = 17$	
1.0	19.0	5.0	19.0	1.0	10.0	1.5	9.5	0.0	9.0	3.5	9.5
5.0	25.5	5.0	19.0	4.0	11.5	1.5	9.5	1.0	14.0	3.5	9.5
5.0	25.5	9.5	19.0	4.0	11.5	3.0	9.5	1.0	14.0	6.5	9.5
5.0		12.5	19.0	4.0		4.5	9.5	1.0		8.0	9.5
5.0		12.5	25.5	4.0		4.5	14.5	1.0		8.0	11.0
5.0		19.0	25.5	4.0		9.5	14.5	1.0		9.5	11.0
9.5		19.0	28.0	7.0		9.5	16.0	2.5		9.5	12.0
12.5		19.0	29.0	8.5		9.5	17.0	4.0		9.5	12.0
12.5		19.0		8.5		9.5		4.0		9.5	

Zur Beschreibung der Streuung des Behandlungseffektes wird hier noch ein zweiseitiges Konfidenzintervall für p angegeben. Dazu werden zusätzlich zu den Gesamträngen R_{ik} noch die Intern-Ränge $R_{ik}^{(i)}$ und die Differenzen $R_{ik} - R_{ik}^{(i)}$ benötigt. Diese sind in Tabelle 2.8 angegeben.

Daraus erhält man die Varianzschätzer $S_1^2 = 26.051$, $S_2^2 = 6.039$. Der geschätzte Freiheitsgrad für die Approximation mit der t-Verteilung ist $\widehat{f} = 18.07$. Damit erhält man für p den Schätzwert $\widehat{p} = 0.743$ und das zweiseitige 95%-Konfidenzintervall $[0.53, 0.95]$.

Beispiel 2.4 (Kronenvitalität / Fortsetzung) Die Vitalitätsscores der Fichten sind bereits auf Seite 66 ausgewertet worden. Dabei ließ sich auf dem 5%-Niveau eine unterschiedliche Kronenvitalität zu Beginn des Versuchs auf den beiden Flächen D0 und D1 nachweisen. Zur Quantifizierung dieses Unterschiedes dient der relative Effekt p, für den sich ein Schätzwert von $\widehat{p} = 0.687$ ergab. Zur Beschreibung der im Versuch enthaltenen Variabilität wird hier noch ein zweiseitiges Konfidenzintervall für p angegeben. Die hierzu benötigten Ränge R_{ik}, $R_{ik}^{(i)}$ und deren Differenzen sind in Tabelle 2.9 ausgedruckt.

Man erhält hieraus $S_1^2 = 77.9026$, $S_2^2 = 18.9103$, $\widehat{f} = 33.01$ und für $\alpha = 0.05$ das zweiseitige Konfidenzintervall $[0.53, 0.85]$. Mithilfe der δ-Methode (*logit*-Transformation) erhält man die Grenzen $p_U = 0.51$ und $p_O = 0.82$, die von den Grenzen, welche direkt über den Zentralen Grenzwertsatz ermittelt wurden, nur wenig abweichen. Dies liegt daran, dass der geschätzte relative Effekt $\widehat{p} = 0.687$ nicht sehr nahe am Rand des Intervalls $(0, 1)$ liegt.

Beispiel 2.6 (Ferritin / Fortsetzung) Dieses Beispiel ist bereits im Zusammenhang mit dem nichtparametrischen Behrens-Fisher-Problem auf Seite 75 diskutiert und ausgewertet worden. Für den relativen Effekt p wurde dort der Schätzwert $\widehat{p} = 0.857$ gefunden. Dies ist ein Schätzer der Wahrscheinlichkeit, dass bei normalem IGF-1-Wert ein kleinerer Ferritin-Wert gefunden wird als bei erniedrigtem IGF-1-Wert. Zur weiteren Beschreibung dieser Wahrscheinlichkeit p wird ein Konfidenzintervall hierfür berechnet. Für $\alpha = 0.05$ erhält man mit $S_1^2 = 6.7895$ und $S_2^2 = 1.2727$ aus (2.1.22) das zweiseitige Konfidenzintervall $[0.65, 1]$, wobei die obere Grenze auf 1 gesetzt wurde, da die Rechnung den (sinnlosen) Wert von 1.07 ergibt. In diesem Fall ist die Bestimmung des Konfidenzintervalls über die *logit*-Transformation vorzuziehen. Man erhält hierbei die Grenzen $p_U = 0.52$ und $p_O = 0.97$, die konstruktionsbedingt im Intervall $(0, 1)$ liegen und nicht symmetrisch zu $\widehat{p} = 0.858$ sind. Dies entspricht der intuitiven Vorstellung, da $\widehat{p}$ nahe an der oberen Grenze 1 liegt und daher die Variabilität von $\widehat{p}$ zum oberen Rand hin geringer ist als zum mittleren Bereich hin. In beiden Fällen ist wegen der relativ geringen Stichprobenumfänge von $n_1 = 7$ und $n_2 = 12$ die Approximation mit der t-Verteilung verwendet worden.

Tabelle 2.9 Gesamt-Ränge, Intern-Ränge und deren Differenzen für die Vitalitätsscores der 49 Fichten auf den beiden Versuchsflächen D0 und D1 zu Beginn des Fichtenwald-Dach-projektes.

Ränge für die Vitalitätsscores											
Gesamt-Ränge R_{ik}				Intern-Ränge $R_{ik}^{(i)}$				Differenzen $R_{ik} - R_{ik}^{(i)}$			
D0		D1		D0		D1		D0		D1	
$n_1 = 22$		$n_2 = 27$		$n_1 = 22$		$n_2 = 27$		$n_1 = 22$		$n_2 = 27$	
4.5	29.0	4.5	29.0	4.0	16.0	1.0	13.5	0.5	13.0	3.5	15.5
4.5	29.0	11.0	29.0	4.0	16.0	2.5	13.5	0.5	13.0	8.5	15.5
4.5	29.0	11.0	36.0	4.0	16.0	2.5	18.5	0.5	13.0	8.5	17.5
4.5	36.0	19.0	36.0	4.0	18.0	7.0	18.5	0.5	18.0	12.0	17.5
4.5	42.5	19.0	36.0	4.0	20.0	7.0	18.5	0.5	22.5	12.0	17.5
4.5	42.5	19.0	36.0	4.0	20.0	7.0	18.5	0.5	22.5	12.0	17.5
4.5	42.5	19.0	42.5	4.0	20.0	7.0	23.0	0.5	22.5	12.0	19.5
11.0	48.0	19.0	42.5	9.0	22.0	7.0	23.0	2.0	26.0	12.0	19.5
11.0		19.0	42.5	9.0		7.0	23.0	2.0		12.0	19.5
11.0		19.0	42.5	9.0		7.0	23.0	2.0		12.0	19.5
19.0		29.0	42.5	12.5		13.5	23.0	6.5		15.5	19.5
19.0		29.0	48.0	12.5		13.5	26.5	6.5		15.5	21.5
19.0		29.0	48.0	12.5		13.5	26.5	6.5		15.5	21.5
19.0		29.0		12.5		13.5		6.5		15.5	

2.1.6 Software

Zur Durchführung des Tests für die Hypothese $H_0^F : F_1 = F_2$ existieren zahlreiche Statistik-Programme, welche die asymptotische Statistik W_N in (2.1.8) mit dem entsprechenden p-Wert berechnen. Man sollte sich allerdings bei der Benutzung eines Programms davon überzeugen, ob die Varianz $\widehat{\sigma}_R^2$ für den asymptotischen WMW-Test bei Bindungen korrekt berechnet wird, oder ob stattdessen standardmäßig $\widehat{\sigma}_R^2 = N(N+1)/12$ verwendet wird. In der Literatur ist es üblich, die korrekte Varianzschätzung bei Bindungen dadurch zu erreichen, dass man von $\widehat{\sigma}_R^2 = N(N+1)/12$ ausgeht und dann entsprechend der von Kruskal (1952) angegebenen Formel diesen Wert 'korrigiert'. Daher heißt diese Formel *Bindungskorrektur*. Die Anwendung der Bindungskorrektur führt zum gleichen Ergebnis (siehe Übung 2.1) wie die unmittelbare Schätzung der Varianz durch $\widehat{\sigma}_R^2$ in (2.1.7). Zum damaligen Zeitpunkt, als die Bindungskorrektur von Kruskal angegeben wurde, war dies sehr nützlich, da die Rechnungen noch von Hand ausgeführt wurden und die Berechnung der Korrektur von Hand relativ einfach ist. Für die Programmierung ist es jedoch einfacher, $\widehat{\sigma}_R^2$ wie in (2.1.7) angegeben, zu berechnen.

In vielen Programmpaketen wird der WMW-Test jedoch auf Basis der exakten Verteilung, dargestellt durch die Rekursionsformel in (2.1.4), durchgeführt. Die benötigten Wahrscheinlichkeiten werden hierbei in der Regel mithilfe des einfachen Shift-Algorithmus von Streitberg und Röhmel (1986, siehe Abschnitt 2.1.2.1) oder des Netzwerk-Algorithmus von Mehta, Patel und Senchaudhuri (1988) berechnet.

Seltener als der WMW-Test werden von Software-Herstellern Konfidenzintervalle für den Verschiebungseffekt in einem Lokationsmodell angeboten oder die Berechnung der Statistik W_N^{BF} für das nichtparametrische Behrens-Fisher Problem sowie ein Konfidenzintervall für den relativen Effekt p. Eine Möglichkeit bietet an dieser Stelle das SAS Makro TSP.SAS, welches neben dem exakten und dem asymptotischen WMW-Test auch den Test für das nichtparametrische Behrens-Fisher Problem beinhaltet, wobei für kleine Stichprobenumfänge die Approximation nach 2.1.3.2 verwendet wird. Zusätzlich ist es mit dem Makro TSP.SAS möglich, Konfidenzintervalle sowohl für den relativen Effekt als auch für den Verschiebungseffekt im Lokationsmodell zu berechnen.

Eine Adresse, unter der das Makro heruntergeladen werden kann, findet man im Anhang E im Abschnitt E.1 zusammen mit einer kurzen Bedienungsanleitung.

2.1.7 Übungen

Übung 2.1 Gegeben seien die zwei Stichproben

$$\begin{aligned} 1: &\quad \{4.1, 3.9, 5.8, 4.1\} \\ 2: &\quad \{3.9, 6.1, 8.9, 10.3, 5.8\}. \end{aligned}$$

Seien $\widehat{F}_1(x)$ bzw. $\widehat{F}_2(x)$ die normalisierten Versionen der empirischen Verteilungsfunktionen der Stichproben und $\widehat{H}(x) = \frac{1}{9}(4\widehat{F}_1(x) + 5\widehat{F}_2(x))$ die mittlere empirische Verteilungsfunktion. Berechnen Sie

1. $\widehat{F}_1(6),\ \widehat{F}_1(3.9),\ \widehat{F}_1(4.1)$,
2. $\widehat{F}_2(8.9),\ \widehat{F}_2(4.1)$,
3. $\widehat{H}(5.8),\ \widehat{H}(3)$.

Hinweis: Benutzen Sie ggf. Lemma 1.19.

Übung 2.2 Bezeichne X_{1k}, $k = 1, \ldots, 4$, eine beliebige Beobachtung aus der ersten Stichprobe in Aufgabe 2.1 und entsprechend $X_{2k'}$, $k' = 1, \ldots, 5$, aus der zweiten Stichprobe. Schätzen Sie folgende Wahrscheinlichkeiten:

1. $P(X_{1k} < X_{2k'})$,
2. $P(X_{1k} \leq X_{2k'})$,
3. $P(X_{1k} < X_{2k'}) + \frac{1}{2}[P(X_{1k} = X_{2k'})]$.

Übung 2.3 Sei $X_1 \sim N(1, 2)$ und $X_2 \sim N(3, 9)$. Wie groß ist $P(X_1 < X_2)$?

Übung 2.4 Sei $X_1 \sim Ex(\lambda)$ und $X_2 \sim Ex(k \cdot \lambda)$, $k \in \{1, 2, 3, \ldots, N\}$.

a) Wie groß ist $P(X_1 < X_2)$?
b) Um wie viel muss man zwei Standard-Normalverteilungen verschieben, um den gleichen relativen Effekt zu erhalten?

Übung 2.5 Bestimmen Sie für die beiden Stichprobenumfänge $n_1 = 2$ und $n_2 = 3$ die Permutationsverteilung der Statistik R^W in (2.1.3) bedingt auf die Rangzahlen $\{1, 2, 3, 4, 5\}$. Benutzen Sie hierfür

1. die Rekursionsformel in (2.1.4),
2. den Shift-Algorithmus in Abschnitt 2.1.2.1.

Bestimmen Sie den zweiseitigen p-Wert für die Rangsumme $R_{2\cdot} = 10$ in der zweiten Stichprobe.

Übung 2.6 Bezeichne R_{ik} den Gesamt-Rang von X_{ik} unter allen Beobachtungen in den d Stichproben $X_{i1}, \ldots, X_{in_i}$, $i = 1, \ldots, d$. Welchen Maximalwert und welchen Minimalwert kann die Rangsumme $R_{i\cdot}$ in jeder der d Stichproben annehmen?

Übung 2.7 Zeigen Sie, dass für zwei Stichproben $X_{i1}, \ldots, X_{in_i}$, $i = 1, 2$ von unabhängigen Zufallsvariablen für $\widehat{p}$ in (2.1.1) die Beziehung

$$\widehat{p} - \frac{1}{2} \;=\; \frac{1}{N}\left(\overline{R}_{2\cdot} - \overline{R}_{1\cdot}\right)$$

gilt, wenn $\overline{R}_{i\cdot}$ den Mittelwert der Ränge in der i-ten Stichprobe, $i = 1, 2$, bezeichnet.

Übung 2.8 Leiten Sie entsprechend (2.1.4) die Rekursionsformel für die Rangsumme $R_{1\cdot}$ in der ersten Stichprobe her.

Übung 2.9 Seien $F_1(x)$ und $F_2(x)$ zwei beliebige symmetrische Verteilungsfunktionen mit demselben Symmetriezentrum. Zeigen Sie: $\int F_1 dF_2 = \frac{1}{2}$.

Übung 2.10 Beweisen Sie Lemma 2.7 auf Seite 55. Gehen Sie dabei vor wie im Beweis von Lemma 2.3 auf Seite 51.

Übung 2.11 Beweisen Sie Satz 2.8 auf Seite 55. Gehen Sie dabei vor wie im Beweis von Satz 2.4 auf Seite 52.

Übung 2.12 Überprüfen Sie bei der γ-GT Studie (Anhang C, S. 252), ob die Werte der Patientinnen vor der Operation (Tag -1) in den beiden Versuchsgruppen vergleichbar sind. Beantworten Sie die gleiche Frage für die Werte des 10. Tages nach der Operation.

Übung 2.13 Überprüfen Sie auf dem 10%-Niveau, ob das Lebergewicht der Tiere in Beispiel C.1 (Anhang C, S. 249) durch das Verum beeinflusst wird, durch ein geeignetes nichtparametrisches Verfahren und begründen Sie die Wahl des Verfahrens. Diskutieren Sie auch die Ergebnisse aus den Formeln für große bzw. kleine Stichproben. Ferner möchte der Fragesteller das Versuchsergebnis durch ein geeignetes Konfidenzintervall beschreiben. Was bieten Sie an? Begründen Sie Ihre Wahl.

Übung 2.14 Überprüfen Sie auf dem 5%-Niveau durch ein geeignetes nichtparametrisches Verfahren, ob die Behandlung Y in Beispiel C.4 (Anhang C, S. 251) für die Frauen einen Einfluss auf den Schmerz-Score hat und begründen Sie die Wahl des Verfahrens.

Diskutieren Sie auch die Ergebnisse aus den Formeln für große bzw. kleine Stichproben. Ferner möchte der Fragesteller das Versuchsergebnis durch ein geeignetes Konfidenzintervall beschreiben. Was bieten Sie an? Begründen Sie Ihre Wahl.

Übung 2.15 Geben Sie mithilfe der δ-Methode im Beispiel 2.3 (Implantationen, Anhang C, S. 250) für den relativen Effekt p des Verum in Bezug auf das Placebo ein zweiseitiges $(1-\alpha)$-Konfidenzintervall an.

Übung 2.16 Geben Sie mithilfe der δ-Methode im Beispiel 2.5 (Leukozyten im Urin, S. 68) ein zweiseitiges $(1-\alpha)$-Konfidenzintervall für den relativen Effekt p an und vergleichen Sie das Ergebnis mit dem Konfidenzintervall, das man aus der direkten Anwendung des Zentralen Grenzwertsatzes erhält.

Übung 2.17 Die Daten des Beispiels C.7 (Oberflächen-Volumen Verhältnis, Anhang C, S. 254) beinhalten Messwiederholungen an denselben Versuchseinheiten. Um das Beispiel mit den hier beschriebenen Verfahren auswerten zu können, kann man z.B.

1. nur die $S_V R$-Werte des jeweils ersten Schnitts verwenden,
2. die Mittelwerte aus allen drei Schnitten verwenden

und dann zur Auswertung ein geeignetes Verfahren auswählen. Im ersten Falle benutzt man nur 1/3 der im Versuch vorhandenen Information, während man im zweiten Fall die gesamte Information zur Auswertung verwendet.

Verwenden Sie die Überlegungen aus Aufgabe 1.3 auf Seite 40, um ein geeignetes Modell für die Daten zu finden. Werten Sie damit das Beispiel nach den beiden oben beschriebenen Vorgehensweisen aus und vergleichen und diskutieren Sie die Ergebnisse.

Übung 2.18 Verwenden Sie aus dem Beispiel C.9 (Reizung der Nasen-Schleimhaut, Anhang C, S. 255) nur die Beobachtungen für die höchste Konzentration 10 [ppm] und beantworten Sie die Frage, ob die beiden Substanzen in dieser Konzentrationsstufe den gleichen

Einfluss auf die Nasen-Schleimhaut der Ratten haben. Schätzen Sie den relativen Effekt für diesen Fall und geben Sie auch ein zweiseitiges 95%-Konfidenzintervall für diesen Effekt an.

Wie groß wäre der äquivalente Verschiebungseffekt (siehe Beispiel 1.1, S. 20) hierzu, falls zwei Normalverteilungen vorliegen würden? Wie würden Sie hierfür ein Konfidenzintervall ermitteln?

Übung 2.19 Untersuchen Sie, ob im Beispiel C.14 (Anzahl der Implantationen und Resorptionen, Anhang C, S. 259) das Jahr der Versuchsdurchführung in der Placebo-Gruppe einen Einfluss auf die Beobachtungen (Anzahl der Implantationen bzw. Resorptionen) hat. Schätzen Sie getrennt die relativen Effekte für die beiden Anzahlen und geben Sie jeweils zweiseitige 95%-Konfidenzintervalle hierfür an.

Wie groß wären die beiden hierzu äquivalenten Verschiebungseffekte (siehe Beispiel 1.1, S. 20), falls jeweils zwei Normalverteilungen vorliegen würden? Wie würden Sie Konfidenzintervalle hierfür ermitteln?

2.2 Mehrere Stichproben

2.2.1 Einleitung und Fragestellungen

Bei vielen Fragestellungen genügt es nicht, nur zwei Behandlungen zu untersuchen. So wird zum Beispiel zur Überprüfung der Toxizität einer Substanz diese in mehreren Dosisstufen verschiedenen Individuen verabreicht oder es wird die Wirkung einer Prüfsubstanz sowohl gegen ein Placebo als auch gegen eine Standardsubstanz untersucht.

Allgemein untersucht man die Wirkung eines festen Faktors A mit $i = 1, \ldots, a$ Stufen. Einen solchen Versuchsplan nennt man *einfaktoriellen* Versuchsplan. Die den unverbundenen Stichproben zugrunde liegenden Beobachtungen werden durch unabhängige Zufallsvariablen $X_{ik} \sim F_i(x)$, $i = 1, \ldots, a$, $k = 1, \ldots, n_i$, beschrieben. Hierbei bezeichnet $F_i(x) = \frac{1}{2}[F_i^-(x) + F_i^+(x)]$ die normalisierte Version der Verteilungsfunktion von X_{ik}. Die Systematik der Daten und der Verteilungsfunktionen dieser Versuchsanlage sind im Schema 2.1 dargestellt.

Schema 2.1 (Einfaktorieller Versuchsplan / CRF-a)

Versuchsgruppe	1	2	$\cdots$	a
Verteilungsfunktion	$F_1(x)$	$F_2(x)$	$\cdots$	$F_a(x)$
Stichprobenumfang	n_1	n_2	$\cdots$	n_a
Daten	X_{11} $\vdots$ X_{1n_1}	X_{21} $\vdots$ X_{2n_2}	$\cdots$	X_{a1} $\vdots$ X_{an_a}

Typische Fragestellungen in dieser Versuchsanlage sind

1. Haben alle Behandlungen den gleichen Effekt ?
   (Globale Fragestellung)

2. Kann ein bestimmter Trend bei den Behandlungseffekten nachgewiesen werden ?
   (Trend-Alternativen, gemusterte Alternativen)

3. Welche Behandlungen unterscheiden sich von der Kontrolle ?
   (Multiple Vergleiche gegen die Kontrolle)

4. Welche Behandlungen unterscheiden sich voneinander ?
   (Multiple Paarvergleiche)

5. Schätzung von Behandlungseffekten und Angabe der zugehörigen Konfidenzintervalle sowie eine grafische Darstellung dieser Größen.

Diese Fragestellungen sollen anhand der nachfolgend beschriebenen Toxizitätsstudie näher erläutert werden.

Beispiel 2.7 (Lebergewichte) In einer Toxizitätsstudie an männlichen Wistar-Ratten sollten unerwünschte toxische Wirkungen einer Substanz untersucht werden, die in vier

Dosisstufen den Tieren verabreicht wurde. Die auf das jeweilige Körpergewicht bezogenen relativen Lebergewichte sind für die $n_1 = 8$ Tiere der Placebo-Gruppe und die $n_2 = 7, n_3 = 8, n_4 = 7$ und $n_5 = 8$ Tiere der Verum-Gruppen in Tabelle 2.10 wiedergegeben.

Tabelle 2.10 Relative Lebergewichte [%] von 38 männlichen Wistar-Ratten der Toxizitätsstudie in Beispiel C.3 (siehe Anhang C, S. 250).

Relative Lebergewichte [%]				
Placebo	Verum			
	Dosis 1	Dosis 2	Dosis 3	Dosis 4
$n_1 = 8$	$n_2 = 7$	$n_3 = 8$	$n_4 = 7$	$n_5 = 8$
3.78	3.46	3.71	3.86	4.14
3.40	3.98	3.36	3.80	4.11
3.29	3.09	3.38	4.14	3.89
3.14	3.49	3.64	3.62	4.21
3.55	3.31	3.41	3.95	4.81
3.76	3.73	3.29	4.12	3.91
3.23	3.23	3.61	4.54	4.19
3.31		3.87		5.05

In den beiden erstgenannten Fragestellungen sollen die globalen Fragen untersucht werden, ob die relativen Lebergewichte in allen Behandlungsgruppen die gleiche Verteilung haben. Dabei interessieren bei der Fragestellung (1) alle möglichen Alternativen, während bei der Fragestellung (2) die Aufdeckung einer bestimmten Trend-Alternative von Interesse ist. Im vorliegenden Fall wäre dies die Alternative, dass mit steigender Dosierung die relativen Lebergewichte zunehmen. Übertragen auf die relativen Effekte $p_1, \ldots, p_5$ für die fünf Behandlungsverfahren bedeutet dies, dass $p_1 < p_2 < \cdots < p_5$ ist (vergl. Definition 1.8, S. 22). Verfahren, bei denen alle Alternativen von Interesse sind, werden in Abschnitt 2.2.4 beschrieben, während Verfahren, die auf bestimmte 'gemustertete' Alternativen besonders empfindlich sind, in Abschnitt 2.2.5 diskutiert werden.

Bei der Beantwortung der dritten typischen Fragestellung sind im Beispiel der relativen Lebergewichte die Behandlungen (Dosierungen des Verums) gesucht, die gegenüber der Kontrollgruppe zu einem unterschiedlichen relativen Lebergewicht führen. Darüber hinaus ist es für den Toxikologen z.B. von Interesse, zu untersuchen, welche Dosierung gegenüber der nächst niedrigeren Dosierung zu einem unterschiedlichen relativen Lebergewicht führt oder welche Dosierungen hinsichtlich des relativen Lebergewichtes überhaupt unterschiedliche Effekte hervorrufen. Verfahren zur Beantwortung dieser Fragen werden in Abschnitt 2.2.4.6 (siehe S. 107ff) kurz diskutiert.

Schließlich sind zur anschaulichen Darstellung der Ergebnisse Punktschätzer für die Behandlungseffekte notwendig. Hierfür eignen sich die in Abschnitt 1.5.3 auf Seite 38f. diskutierten Schätzer für die relativen Behandlungseffekte. Die Bestimmung von Konfidenzintervallen für die relativen Effekte wird abschließend in Abschnitt 2.2.7 beschrieben.

2.2.2 Modelle und Hypothesen

Die im vorangegangenen Abschnitt genannten Fragen müssen in statistische Modelle umgesetzt und anhand der Modellparameter oder der Verteilungen $F_1, \ldots, F_a$ formuliert werden. Zur Veranschaulichung wird zunächst das parametrische Normalverteilungsmodell kurz beschrieben. Die dabei verwendeten Techniken dienen als Grundlage zur Definition von Effekten und zur Formulierung von Hypothesen in einem allgemeinen Modell.

2.2.2.1 Normalverteilungsmodell

Im Normalverteilungsmodell für mehrere unverbundene Stichproben nimmt man unabhängige Zufallsvariablen X_{ik} an, die jeweils nach $N(\mu_i, \sigma_i^2)$, $i = 1, \ldots, a$, $k = 1, \ldots, n_i$, verteilt sind. Nimmt man zusätzlich $\sigma_1^2 = \cdots = \sigma_a^2$ an, dann heißt das Modell *homoskedastisch*, andernfalls heißt es *heteroskedastisch*. Die meisten bekannten Verfahren der Varianzanalyse sind für homoskedastische Modelle entwickelt worden.

Modell 2.4 (Mehrere Stichproben / Normalverteilungen)
Die Daten mehrerer unverbundener Stichproben $X_{i1}, \ldots, X_{in_i}$, $i = 1, \ldots, a$, werden durch unabhängige Zufallsvariablen

$$X_{ik} \quad \sim \quad N(\mu_i, \sigma_i^2), \; i = 1, \ldots, a, \; k = 1, \ldots, n_i \,,$$

beschrieben. Es bezeichnet $\boldsymbol{\mu} = (\mu_1, \ldots, \mu_a)'$ den Vektor der a Erwartungswerte $\mu_i = E(X_{i1})$, $i = 1, \ldots, a$, und $\overline{\mu}_. = \frac{1}{a}\mathbf{1}_a'\boldsymbol{\mu} = \frac{1}{a}\sum_{i=1}^a \mu_i$ deren Mittelwert.

Einen Behandlungseffekt zwischen den Versuchsgruppen i und j beschreibt man durch die Differenz der beiden Erwartungswerte $\mu_i - \mu_j$. Zur Beschreibung eines globalen Effektes verwendet man den Vektor der Abweichungen vom Mittelwert $(\mu_1 - \overline{\mu}_., \ldots, \mu_a - \overline{\mu}_.)'$, den man technisch aus $\boldsymbol{\mu}$ durch Multiplizieren mit der Matrix $\boldsymbol{P}_a = \boldsymbol{I}_a - \frac{1}{a}\boldsymbol{J}_a$, der so genannten zentrierenden Matrix, erzeugt. Dabei bezeichnet $\boldsymbol{I}_a$ die a-dimensionale Einheitsmatrix und $\boldsymbol{J}_a = \mathbf{1}_a\mathbf{1}_a'$ die $a \times a$ Matrix, bei der alle Elemente gleich 1 sind. Man erhält dann

$$\boldsymbol{P}_a\boldsymbol{\mu} \quad = \quad \left(\boldsymbol{I}_a - \frac{1}{a}\boldsymbol{J}_a\right)\boldsymbol{\mu} \; = \; \boldsymbol{\mu} - \mathbf{1}_a\overline{\mu}_. \; = \; \begin{pmatrix} \mu_1 - \overline{\mu}_. \\ \vdots \\ \mu_a - \overline{\mu}_. \end{pmatrix} .$$

Die zentrierende Matrix $\boldsymbol{P}_a$ wird bei der Beschreibung von Effekten in allen ein- und mehrfaktoriellen Versuchsanlagen verwendet.

Einen gemusterten Effekt oder Trend-Effekt beschreibt man durch eine so genannte *Linearform*, die aus gegebenen Gewichten $w_1, \ldots, w_a$ und den Erwartungswerten $\mu_1, \ldots, \mu_a$ in der Form $L_n = \sum_{i=1}^a w_i\mu_i$ gebildet wird. Dabei entsprechen die Gewichte w_i dem vermuteten Muster, das vor der Datenerhebung bekannt sein muss. Die Gewichte fasst man im Vektor $\boldsymbol{w} = (w_1, \ldots, w_a)'$ zusammen und schreibt $L_n(\boldsymbol{w}) = \boldsymbol{w}'\boldsymbol{\mu}$ in der Vektorschreibweise.

Hypothesen über die Effekte formuliert man mit so genannten Kontrastvektoren bzw. Kontrastmatrizen.

Definition 2.14 (*Kontrastvektor / -matrix*)
Ein Vektor von Konstanten $\boldsymbol{c} = (c_1, \ldots, c_a)'$ heißt *Kontrastvektor*, wenn $\sum_{i=1}^a c_i = \boldsymbol{c}'\mathbf{1}_a = 0$ ist. Entsprechend heißt eine Matrix $\boldsymbol{C} \in \mathbb{R}^{k \times a}$ *Kontrastmatrix*, wenn $\boldsymbol{C}\mathbf{1}_a = \mathbf{0}$ ist, d.h. wenn jede Zeile der Matrix ein (Zeilen-) Kontrastvektor ist.

Möchte man zum Beispiel in einem Versuch mit vier Stichproben die Hypothese überprüfen, ob die Erwartungswerte μ_2 und μ_3 gleich sind, d.h. $H_0^\mu : \mu_2 = \mu_3$, dann wählt man $\boldsymbol{c} = (0, 1, -1, 0)'$ und schreibt diese Hypothese in der Form $H_0^\mu : \boldsymbol{c}'\boldsymbol{\mu} = (0, 1, -1, 0)\boldsymbol{\mu} = \mu_2 - \mu_3 = 0$. Die Überprüfung der Hypothese, dass alle vier Erwartungswerte gleich sind, formuliert man dann mithilfe der zentrierenden Matrix $\boldsymbol{P}_4 = \boldsymbol{I}_4 - \frac{1}{4}\boldsymbol{J}_4$ in der Form $H_0^\mu : \boldsymbol{P}_4\boldsymbol{\mu} = \mathbf{0}$. Dabei ist in allen Fällen das Symbol H_0 mit μ indiziert worden, um kenntlich zu machen, dass die Hypothesen über die Erwartungswerte μ_i der Beobachtungen in den einzelnen Versuchsgruppen gestellt wurden.

Verfahren zum Testen der oben diskutierten Hypothesen findet man in den Lehrbüchern über *Varianzanalyse* oder *Lineare Modelle*.

2.2.2.2 Nichtparametrisches Modell

In einem nichtparametrischen Modell verzichtet man nicht nur auf die Annahme der Normalverteilung sondern auch auf die Annahme reiner Verschiebungseffekte und sogar auf die Stetigkeit der den Beobachtungen zugrunde liegenden Verteilungen. Man nimmt lediglich an, dass die Beobachtungen X_{ik} wenigstens ordinal skaliert, unabhängig und innerhalb der Versuchsgruppen identisch verteilt sind.

Modell 2.5 (*Mehrere Stichproben / Allgemeines Modell*)
Die Daten mehrerer unverbundener Stichproben $X_{i1}, \ldots, X_{in_i}$, $i = 1, \ldots, a$, werden durch unabhängige Zufallsvariablen

$$X_{ik} \quad \sim \quad F_i(x),\ i = 1, \ldots, a,\ k = 1, \ldots, n_i\ ,$$

beschrieben, wobei die Verteilungsfunktionen $F_i(x) = \frac{1}{2}[F_i^-(x) + F_i^+(x)]$ weitgehend beliebig sind; nur Einpunkt-Verteilungen werden (zunächst) ausgeschlossen. Es bezeichnet $\boldsymbol{F} = (F_1, \ldots, F_a)'$ den Vektor der a Verteilungen F_i, $i = 1, \ldots, a$, deren (ungewichteter) Mittelwert mit $\overline{F}_\cdot = \frac{1}{a}\mathbf{1}_a'\boldsymbol{F} = \frac{1}{a}\sum_{i=1}^a F_i$ bezeichnet wird.

Damit sind in diesem allgemeinen Modell nicht nur metrische Daten sondern auch rein ordinale Daten und dichotome Daten zugelassen (vgl. hierzu die Diskussion in Abschnitt 1.1.2, S. 2ff).

Behandlungseffekte werden durch die in (1.4.11) auf Seite 27 eingeführten relativen Effekte p_i, $i = 1, \ldots, a$, beschrieben. Dazu definiert man die (gewichtete) mittlere Verteilungsfunktion durch

$$H(x) \quad = \quad \frac{1}{N}\sum_{i=1}^a n_i F_i(x), \tag{2.2.25}$$

wobei $N = \sum_{i=1}^{a} n_i$ die Anzahl aller Beobachtungen im Versuch ist. Der relative Effekt $p_i = \int H(x)dF_i(x)$ und dessen anschauliche Bedeutung wird ausführlich im Abschnitt 1.4.2 auf Seite 22ff. diskutiert. Es sei daran erinnert, dass zum Beispiel $p_i < p_j$ anschaulich bedeutet, dass die Beobachtungen $X_{i1}, \ldots, X_{in_i}$ in der Versuchsgruppe i zu kleineren Werten tendieren als die Beobachtungen $X_{j1}, \ldots, X_{jn_j}$ in der Versuchsgruppe j. Damit kann man die Größen p_i und p_j sinnvoll als Behandlungseffekte für die Versuchsgruppen i und j relativ zum Mittel $H(x)$ interpretieren. Analog zu den Erwartungswerten μ_i fasst man die relativen Behandlungseffekte p_i im Vektor $\boldsymbol{p} = (p_1, \ldots, p_a)'$ zusammen.

Analog zur Formulierung von Hypothesen über die Erwartungswerte μ_i im Normalverteilungsmodell werden die Hypothesen im nichtparametrischen Modell 2.5 über die Verteilungen F_i bzw. über die relativen Behandlungseffekte p_i mit Kontrastvektoren oder Kontrastmatrizen in der Form $H_0^F : \boldsymbol{CF} = 0$ oder $H_0^p : \boldsymbol{Cp} = 0$ formuliert.

Bei den Hypothesen H_0^F bezeichnet 0 die Funktion, die identisch 0 ist, bzw. $\mathbf{0}$ bezeichnet den Vektor der Funktionen, die identisch 0 sind. Die Hypothese $H_0^F : \boldsymbol{P}_a\boldsymbol{F} = \mathbf{0}$ mit der zentrierenden Matrix $\boldsymbol{P}_a$ bedeutet also, dass

$$\boldsymbol{P}_a\boldsymbol{F} = \begin{pmatrix} F_1 - \overline{F}_\cdot \\ \vdots \\ F_a - \overline{F}_\cdot \end{pmatrix} = \begin{pmatrix} 0 \\ \vdots \\ 0 \end{pmatrix} = \mathbf{0}$$

ist, d.h. es ist $F_1 = F_2 = \cdots = F_a = \overline{F}_\cdot$. Die Hypothese $H_0^F : \boldsymbol{P}_a\boldsymbol{F} = \mathbf{0}$ ist also eine äquivalente Formulierung zu $F_1 = \cdots = F_a$ in Vektorschreibweise. Analog bedeutet die Hypothese $H_0^p : \boldsymbol{P}_a\boldsymbol{p} = \mathbf{0}$, dass alle relativen Behandlungseffekte p_i gleich $\overline{p}_\cdot = \frac{1}{a}\sum_{i=1}^{a} p_i$ sind, also dass $p_1 = \cdots = p_a = \overline{p}_\cdot$ ist.

Die Hypothese $H_0^F : \boldsymbol{CF} = \mathbf{0}$ impliziert die Hypothese $H_0^p : \boldsymbol{Cp} = \mathbf{0}$, da aus $\boldsymbol{CF} = \mathbf{0}$ folgt, dass $\boldsymbol{Cp} = \boldsymbol{C}\int Hd\boldsymbol{F} = \int Hd(\boldsymbol{CF}) = \mathbf{0}$ ist. Die Hypothese H_0^F ist also restriktiver als die Hypothese H_0^p.

Zur Verdeutlichung soll die Bedeutung dieser Hypothesen in einem einfaktoriellen Normalverteilungsmodell $X_{ik} \sim N(\mu_i, \sigma^2)$ erläutert werden, in dem verschiedene Erwartungswerte zugelassen sind, aber gleiche Varianzen angenommen werden (Homoskedastizität). In diesem Modell sind die drei Hypothesen $H_0^\mu : \boldsymbol{P}_a\boldsymbol{\mu} = \mathbf{0}$, $H_0^F : \boldsymbol{P}_a\boldsymbol{F} = \mathbf{0}$ und $H_0^p : \boldsymbol{P}_a\boldsymbol{p} = \mathbf{0}$ äquivalent. Lässt man auch ungleiche Varianzen zu (heteroskedastisches Modell), $X_{ik} \sim N(\mu_i, \sigma_i^2)$, dann ist H_0^F äquivalent zu $\mu_1 = \cdots = \mu_a$ und $\sigma_1^2 = \cdots = \sigma_a^2$. Dies bedeutet, dass H_0^F restriktiver ist als H_0^μ. Da die relativen Effekte p_i aber unempfindlich gegenüber Skalen-Alternativen sind (siehe Definition 1.8, S. 22 und Abbildung 1.3, S. 17), ist H_0^μ im heteroskedastischen Modell äquivalent zu H_0^p. Ein Test für die Hypothese H_0^p ist also bei einer Einschränkung auf ein heteroskedastisches Normalverteilungsmodell ein Test für das Behrens-Fisher Problem bei mehreren Stichproben.

Für das Beispiel der relativen Lebergewichte (fünf Versuchsgruppen: vier verschiedene Dosierungen und eine Kontrolle) sind die Kontrastvektoren und -matrizen zur Formulierung der Hypothesen über die Verteilungsfunktionen und über die relativen Effekte für die vier typischen Fragestellungen (siehe S. 92) nachfolgend in tabellarischer Form angegeben.

Tabelle 2.11 Formulierung der Hypothesen H_0^F und H_0^p mit Kontrastvektoren bzw. -matrizen für das Beispiel der relativen Lebergewichte.

Frage	Kontrastvektor / -matrix	H_0^F	H_0^p
(1)	$\boldsymbol{P}_5 = \boldsymbol{I}_5 - \frac{1}{5}\boldsymbol{J}_5$	$F_i - \overline{F}. = 0$ $(i = 1, \ldots, 5)$	$p_i - \overline{p}. = 0$ $(i = 1, \ldots, 5)$
(2)	wie (1)	wie (1)	wie (1)
(3)	$\boldsymbol{c}_1' = (1, -1, 0, 0, 0)$	$F_1 = F_2$	$p_1 = p_2$
	$\boldsymbol{c}_2' = (1, 0, -1, 0, 0)$	$F_1 = F_3$	$p_1 = p_3$
	$\boldsymbol{c}_3' = (1, 0, 0, -1, 0)$	$F_1 = F_4$	$p_1 = p_4$
	$\boldsymbol{c}_4' = (1, 0, 0, 0, -1)$	$F_1 = F_5$	$p_1 = p_5$
(4)	$\boldsymbol{c}_5' = (0, 1, -1, 0, 0)$	$F_2 = F_3$	$p_2 = p_3$
	$\boldsymbol{c}_6' = (0, 0, 1, -1, 0)$	$F_3 = F_4$	$p_3 = p_4$
	$\boldsymbol{c}_7' = (0, 0, 0, 1, -1)$	$F_4 = F_5$	$p_4 = p_5$

Die Fragestellungen (1) und (2) in Tabelle 2.11 beinhalten die Gleichheit aller Verteilungen der fünf Behandlungen. Während man bei (1) alle möglichen Alternativen im Auge hat, möchte man bei der Fragestellung (2) besonders die Alternativen aufdecken, die dem vermuteten Muster $\boldsymbol{w} = (w_1, \ldots, w_5)'$ entsprechen, formuliert aber die Hypothesen in der gleichen Weise. Die Hypothesen in (3) sollen die Frage überprüfen, welche Dosierungen der Substanz einen unterschiedlichen Effekt gegenüber der Kontrolle auf das relative Lebergewicht haben. Beliebige Paarvergleiche zwischen den Dosierungen einschließlich der Kontrolle werden mit den Hypothesen in (3) und (4) durchgeführt. Hier sind beispielhaft die Vergleiche zwischen je zwei aufeinander folgenden Dosierungen mit den Kontrastvektoren $\boldsymbol{c}_5$, $\boldsymbol{c}_6$ und $\boldsymbol{c}_7$ dargestellt.

Tabelle 2.12 Rangmittel und Ränge der relativen Lebergewichte sowie Schätzer für die entsprechenden relativen Effekte.

	Ränge der relativen Lebergewichte				
	P	D1	D2	D3	D4
	22	13	19	24	32.5
	11	29	9	23	30
	5.5	1	10	32.5	26
	2	14	18	17	35
	15	7.5	12	28	37
	21	20	5.5	31	27
	3.5	3.5	16	36	34
	7.5		25		38
$\overline{R}_{i\cdot}$	10.94	12.57	14.31	27.36	32.44
$\widehat{p}_i$	0.275	0.318	0.363	0.707	0.841

Zur Überprüfung dieser Hypothesen müssen zunächst die relativen Behandlungseffekte p_i geschätzt werden. Dies geschieht einfach durch die in (1.5.13) auf Seite 38 hergeleiteten Schätzer $\widehat{p}_i = \frac{1}{N}\left(\overline{R}_{i\cdot} - \frac{1}{2}\right)$. Für die relativen Lebergewichte sind die Schätzer $\widehat{p}_i$ zusammen mit den Rängen, die zur vereinfachten Berechnung dieser Schätzer dienen, in Tabelle 2.12 dargestellt.

Die Schätzer $\widehat{p}_i$ werden zum Vektor

$$\widehat{\boldsymbol{p}} = \begin{pmatrix} \widehat{p}_1 \\ \vdots \\ \widehat{p}_a \end{pmatrix} = \frac{1}{N} \begin{pmatrix} \overline{R}_{1\cdot} - \frac{1}{2} \\ \vdots \\ \overline{R}_{a\cdot} - \frac{1}{2} \end{pmatrix} = \frac{1}{N}\left(\overline{\boldsymbol{R}}_{\cdot} - \tfrac{1}{2}\mathbf{1}_a\right)$$

zusammengefasst, um eine übersichtliche Notation zu erreichen. Hierbei bezeichnet $\overline{\boldsymbol{R}}_{\cdot} = (\overline{R}_{1\cdot}, \ldots, \overline{R}_{a\cdot})'$ den Vektor der Rangmittelwerte in den a Versuchsgruppen. Konsistenz und Erwartungstreue von $\widehat{\boldsymbol{p}}$ für $\boldsymbol{p}$ folgen unmittelbar aus Proposition 4.7 (siehe S. 180). Dabei ist die Konsistenz im Sinne der L_2-Norm zu verstehen, d.h. es gilt $\|\widehat{\boldsymbol{p}} - \boldsymbol{p}\|_2 \to 0$.

Anmerkung 2.7 Die L_2-Norm eines Zufallsvektors $\boldsymbol{Z} = (Z_1, \ldots, Z_a)'$ ist definiert als $\|\boldsymbol{Z}\|_2 = \sqrt{\sum_{i=1}^a E(Z_i^2)}$ und es folgt $E(Z_i^2) \to 0, i = 1, \ldots, a$, ist äquivalent zu $\|\boldsymbol{Z}\|_2 \to 0$.

Zur Überprüfung von Hypothesen muss die Verteilung von $\widehat{\boldsymbol{p}}$ unter der jeweiligen Hypothese bestimmt werden. Dabei hatte sich bereits im Fall zweier Stichproben herausgestellt, dass die Betrachtung der Hypothese $H_0^F : F_1 = F_2$ zu wesentlich einfacheren Verfahren führt als die Betrachtung der Hypothese $H_0^p : p_1 = p_2$. Anschaulich ist dies u.a. dadurch zu erklären, dass die Hypothese H_0^p auch heteroskedastische Verteilungen enthält, während unter H_0^F die beiden Verteilungen gleich, insbesondere also auch homoskedastisch sind.

Im Fall mehrerer Stichproben kann nicht damit gerechnet werden, dass die Betrachtung von Hypothesen über die relativen Effekte p_i einfacher wird. Selbst im Normalverteilungsmodell lassen sich nur Näherungslösungen angeben, wenn man ungleiche Varianzen zulässt. Infolgedessen werden wir uns bei der Behandlung nichtparametrischer Modelle bei mehreren Stichproben auf die Untersuchung von Hypothesen über die Verteilungen beschränken. Es wird also die Verteilung von $\widehat{\boldsymbol{p}}$ unter $H_0^F : \boldsymbol{CF} = \mathbf{0}$ hergeleitet, wobei $\boldsymbol{C}$ eine beliebige Kontrastmatrix ist.

2.2.3 Statistiken

Die gleichzeitige Betrachtung mehrerer Stichproben erfordert eine Untersuchung der multivariaten Verteilung des Vektors $\widehat{\boldsymbol{p}}$. Um jedoch zur Überprüfung der globalen Hypothese $H_0^F : \boldsymbol{P}_a\boldsymbol{F} = \mathbf{0}$ technisch einfach zu handhabende Statistiken zu erhalten, wird eine auf $\widehat{\boldsymbol{p}}$ basierende quadratische Form gebildet und deren Verteilung unter H_0^F untersucht. Dies ist eine analoge Vorgehensweise zur parametrischen Varianzanalyse, in der quadratische Formen verwendet werden, die auf den Stichprobenmittelwerten basieren. Zur Überprüfung der Frage, ob im nichtparametrischen Modell die Abweichung aller relativen Effekte p_i

vom mittleren Effekt $\overline{p}.$ gleich 0 ist, reicht die Betrachtung einer quadratischen Form unter der Hypothese $H_0^F : \boldsymbol{P}_a\boldsymbol{F} = \boldsymbol{0}$ aus, da aus $\boldsymbol{P}_a\boldsymbol{F} = \boldsymbol{0}$ folgt, dass $p_i - \overline{p}. = 0$ ist, $i = 1, \ldots, a$. Dies ist identisch mit $\sum_{i=1}^a (p_i - \overline{p}.)^2 = 0$, oder in Vektorschreibweise $\boldsymbol{P}_a\boldsymbol{p} = \boldsymbol{0} \iff \boldsymbol{p}'\boldsymbol{P}_a\boldsymbol{p} = 0$.

Bei Vergleichen gegen eine Kontrollgruppe oder bei Paarvergleichen ist die Verteilung einer Linearkombination $\boldsymbol{c}'\widehat{\boldsymbol{p}}$ von einem geeigneten Kontrastvektor $\boldsymbol{c}$ und dem Vektor der geschätzten relativen Effekte $\widehat{\boldsymbol{p}}$ unter $H_0^F : \boldsymbol{c}'\boldsymbol{F} = 0$ zu bestimmen. In ähnlicher Weise muss zur Prüfung von Trends oder gemusterten Alternativen die Verteilung einer Linearkombination $L_N(\boldsymbol{w}) = \boldsymbol{w}'\boldsymbol{C}\widehat{\boldsymbol{p}} = \sum_{i=1}^a w_i\widehat{p}_i$ von einem Gewichtsvektor $\boldsymbol{w} = (w_1, \ldots, w_a)'$ und $\widehat{\boldsymbol{p}}$ unter $H_0^F : \boldsymbol{C}\boldsymbol{F} = 0$ hergeleitet werden.

In beiden Fällen wird die multivariate Verteilung, insbesondere die Kovarianzmatrix von $\widehat{\boldsymbol{p}}$ benötigt. Daher werden zunächst die hierfür relevanten Ergebnisse angegeben, wobei zur Herleitung der Resultate auf die entsprechenden Stellen in Kapitel 4 verwiesen wird.

Zunächst ist zu beachten, dass unter $H_0^F : \boldsymbol{P}_a\boldsymbol{F} = \boldsymbol{0} \iff F_1 = \cdots = F_a = F$ alle Verteilungen gleich sind und daher die Beobachtungen X_{ik} unabhängig und identisch nach $F(x)$ verteilt sind. Damit können die speziellen Resultate, die in Abschnitt 4.3 für unabhängig identisch verteilte Zufallsvariablen hergeleitet sind, verwendet werden.

Proposition 2.15 *($E(\widehat{\boldsymbol{p}})$ und $Var(\widehat{\boldsymbol{p}})$ unter H_0^F)*
Die Zufallsvariablen X_{ik}, $i = 1, \ldots, a$, $k = 1, \ldots, n_i$, seien unabhängig und identisch verteilt nach $F(x) = \frac{1}{2}[F^-(x) + F^+(x)]$. Es bezeichne R_{ik} den Rang von X_{ik} unter allen $N = \sum_{i=1}^a n_i$ Beobachtungen und $\boldsymbol{R} = (R_{11}, \ldots, R_{an_a})'$ den Vektor der N Ränge. Ferner bezeichne $\overline{\boldsymbol{R}}. = (\overline{R}_{1}., \ldots, \overline{R}_{a}.)'$ den Vektor der Rangmittelwerte $\overline{R}_{i}. = n_i^{-1}\sum_{k=1}^{n_i} R_{ik}$ in den a Versuchsgruppen. Dann gilt

(1) $E(\boldsymbol{R}) = \frac{N+1}{2}\boldsymbol{1}_N$,

(2) $Var(\boldsymbol{R}) = \sigma_R^2\left(\boldsymbol{I}_N - \frac{1}{N}\boldsymbol{J}_N\right) = \sigma_R^2\boldsymbol{P}_N$,

$$\text{mit } \sigma_R^2 = N\left[(N-2)\int F^2 dF - \frac{N-3}{4}\right] - \frac{N}{4}\int (F^+ - F^-)dF.$$

(3) Falls $F(x)$ stetig ist, vereinfacht sich σ_R^2 zu $\sigma_R^2 = N(N+1)/12$.

(4) $E(\overline{\boldsymbol{R}}.) = \frac{N+1}{2}\boldsymbol{1}_a$,

(5) $Var(\overline{\boldsymbol{R}}.) = \sigma_R^2\left(\boldsymbol{\Lambda}_a^{-1} - \frac{1}{N}\boldsymbol{J}_a\right)$, wobei $\boldsymbol{\Lambda}_a = diag\{n_1, \ldots, n_a\}$ ist.

Beweis: Die Aussagen (1) und (2) sind in Lemma 4.13 (siehe Seite 187) bewiesen. Zum Beweis der Aussage (3) sei angemerkt, dass für stetige Verteilungen $F^-(x) = F^+(x)$ ist und daher $\frac{N}{4}\int (F^+ - F^-)dF = 0$ ist. Ferner gilt dann $\int F^2 dF = \int_0^1 u^2 du = 1/3$. Damit folgt

$$\sigma_R^2 = N\left[\frac{N-2}{3} - \frac{N-3}{4}\right] = \frac{N(N+1)}{12}.$$

•

Zum Beweis der Aussage (4) stellt man $\overline{\boldsymbol{R}}.$ in der Form $\overline{\boldsymbol{R}}. = \left(\bigoplus_{i=1}^{a} \frac{1}{n_i}\boldsymbol{1}_{n_i}'\right) \cdot \boldsymbol{R}$ dar und erhält mit der Aussage (1)

$$
\begin{aligned}
E(\overline{\boldsymbol{R}}.) &= \left(\bigoplus_{i=1}^{a} \frac{1}{n_i}\boldsymbol{1}_{n_i}'\right) \cdot \frac{N+1}{2}\,\boldsymbol{1}_N \\
&= \frac{N+1}{2}\left(\frac{1}{n_1}\cdot n_1, \ldots, \frac{1}{n_a}\cdot n_a\right)' \;=\; \frac{N+1}{2}\boldsymbol{1}_a\,.
\end{aligned}
$$

In ähnlicher Weise erhält man für die Kovarianzmatrix

$$
\begin{aligned}
Cov(\overline{\boldsymbol{R}}.) &= \left(\bigoplus_{i=1}^{a} \frac{1}{n_i}\boldsymbol{1}_{n_i}'\right) \cdot \sigma_R^2\left(\boldsymbol{I}_N - \tfrac{1}{N}\boldsymbol{J}_N\right) \cdot \left(\bigoplus_{i=1}^{a} \frac{1}{n_i}\boldsymbol{1}_{n_i}\right) \\
&= \sigma_R^2 \cdot \left(\bigoplus_{i=1}^{a} \frac{1}{n_i^2}\boldsymbol{1}_{n_i}'\boldsymbol{1}_{n_i} - \frac{1}{N}\left(\bigoplus_{i=1}^{a} \frac{1}{n_i}\boldsymbol{1}_{n_i}'\right)\boldsymbol{1}_N\boldsymbol{1}_N'\left(\bigoplus_{i=1}^{a} \frac{1}{n_i}\boldsymbol{1}_{n_i}\right)\right) \\
&= \sigma_R^2 \cdot \left(\bigoplus_{i=1}^{a} \frac{1}{n_i} - \frac{1}{N}\boldsymbol{J}_a\right) \;=\; \sigma_R^2 \cdot \left(\boldsymbol{\Lambda}_a^{-1} - \tfrac{1}{N}\boldsymbol{J}_a\right)\,.
\end{aligned}
$$

□

Für kleine Stichprobenumfänge kann die (exakte) Permutationsverteilung von $\boldsymbol{R}$ unter der globalen Hypothese $H_0^F : \boldsymbol{P}_a\boldsymbol{F} = \boldsymbol{0}$ (siehe Satz 4.12, S. 185) bestimmt werden. Damit kann auch die Permutationsverteilung von $\overline{\boldsymbol{R}}.$ bestimmt werden. Da es sich dabei um eine multivariate Verteilung handelt, ist das Verfahren sehr aufwendig und rechentechnisch schwierig umzusetzen. Man ist daher auf asymptotische Aussagen angewiesen. Zur Formulierung einer solchen Aussage ist zu beachten, dass die Kovarianzmatrix von $\overline{\boldsymbol{R}}.$ für $\min n_i \to \infty$ gegen die Nullmatrix konvergiert. Daher muss $\overline{\boldsymbol{R}}.$ mit einem vom gesamten Stichprobenumfang abhängigen Faktor $f(N)$ multipliziert werden, sodass $f(N)\overline{\boldsymbol{R}}.$ asymptotisch eine nicht degenerierte Verteilung hat. Aus dem Zentralen Grenzwertsatz (siehe z.B. Satz A.6, Anhang A.2.2, S. 234) ist zu ersehen, dass $f(N) = \sqrt{N}$ ein sinnvoller Faktor ist. Damit erhält man

$$
Cov(\sqrt{N}\,\overline{\boldsymbol{R}}.) \;=\; N \cdot \sigma_R^2\left(\boldsymbol{\Lambda}_a^{-1} - \tfrac{1}{N}\boldsymbol{J}_a\right) \;=\; \sigma_R^2\left(N \cdot \boldsymbol{\Lambda}_a^{-1} - \boldsymbol{J}_a\right).
$$

Da die Diagonalelemente der Matrix $N \cdot \boldsymbol{\Lambda}_a^{-1} = diag\{N/n_1, \ldots, N/n_a\}$ von den Stichprobenumfängen abhängen, muss an die Quotienten N/n_i die Forderung gestellt werden, dass diese gleichmäßig beschränkt bleiben, wenn $N \to \infty$ geht. Dies bedeutet praktisch, dass alle Stichprobenumfänge von der gleichen Ordnung gegen ∞ gehen sollen. Eine solche Forderung ist für die Praxis nicht restriktiv sondern sogar vernünftig und bedeutet, dass die Stichprobenumfänge in allen Versuchsgruppen 'groß' sein sollen. Wenn beispielsweise der Stichprobenumfang in einer Stichprobe extrem klein ist und in allen anderen Stichproben sehr groß, dann kann man keine vernünftigen asymptotischen Aussagen erwarten.

Schließlich ist zu beachten, dass die Verteilung von $\sqrt{N}\boldsymbol{C}\widehat{\boldsymbol{p}}$ unter $H_0^F : \boldsymbol{C}\boldsymbol{F} = \boldsymbol{0}$ gesucht ist. In Abschnitt 4.4.2 auf Seite 193f. ist ausführlich dargelegt, dass sich in diesem Fall die asymptotische Kovarianzmatrix erheblich vereinfacht. Die entsprechenden Aussagen sind im folgenden Korollar zusammengefasst.

Korollar 2.16 (Asymptotische Verteilung von $\sqrt{N}\boldsymbol{C}\widehat{\boldsymbol{p}}$ unter H_0^F)
Die $N = \sum_{i=1}^{a} n_i$ Zufallsvariablen $X_{i1}, \ldots, X_{in_i} \sim F_i(x)$, $i = 1, \ldots, a$, seien unabhängig. Es bezeichne $H(x)$ die in (2.2.25) definierte mittlere Verteilungsfunktion. Ferner gelte $\sigma_i^2 = Var(H(X_{i1})) \geq \sigma_0^2 > 0$, $i = 1, \ldots, a$. Falls $N/n_i \leq N_0 < \infty$ für $N \to \infty$ ist, dann gilt unter der Hypothese $H_0^F : \boldsymbol{CF} = \boldsymbol{0}$

(1) $\sqrt{N}\boldsymbol{C}\,\widehat{\boldsymbol{p}} \mathrel{\dot{\sim}} N(\boldsymbol{0}, \boldsymbol{CV}_N\boldsymbol{C}')$, wobei $\boldsymbol{V}_N = N \cdot diag\{\sigma_1^2/n_1, \ldots, \sigma_a^2/n_a\}$ ist.

(2) $$\widehat{\sigma}_i^2 = \frac{1}{N^2(n_i - 1)} \sum_{k=1}^{n_i} \left(R_{ik} - \overline{R}_{i\cdot}\right)^2$$
ist ein konsistenter Schätzer für σ_i^2 im Sinne, dass $E(\widehat{\sigma}_i^2/\sigma_i^2 - 1)^2 \to 0$ gilt.

(3) Die geschätzte Kovarianzmatrix $\widehat{\boldsymbol{V}}_N = N \cdot diag\{\widehat{\sigma}_1^2/n_1, \ldots, \widehat{\sigma}_a^2/n_a\}$ ist konsistent für $\boldsymbol{V}_N$ im Sinne, dass $\|\widehat{\boldsymbol{V}}_N\boldsymbol{V}_N^{-1} - \boldsymbol{I}_a\|_2 \to 0$ gilt.

Falls $\boldsymbol{C} = \boldsymbol{P}_a$ ist, gilt weiter $\boldsymbol{P}_a\boldsymbol{F} = \boldsymbol{0} \iff F_1 = \cdots = F_a = F$ und es folgt

(4) $H = F$ und $\sigma_1^2 = \cdots = \sigma_a^2 = \sigma^2 > 0$,

(5) $\sqrt{N}\boldsymbol{P}_a\,\widehat{\boldsymbol{p}} \mathrel{\dot{\sim}} N(\boldsymbol{0}, \boldsymbol{P}_a\boldsymbol{V}_N\boldsymbol{P}_a)$,
wobei $\boldsymbol{V}_N = \sigma^2 N \cdot \boldsymbol{\Lambda}_a^{-1}$ und $\boldsymbol{\Lambda}_a = diag\{n_1, \ldots, n_a\}$ ist.

(6) $$\widehat{\sigma}_N^2 = \frac{1}{N^2(N-1)} \sum_{i=1}^{a} \sum_{k=1}^{n_i} \left(R_{ik} - \tfrac{N+1}{2}\right)^2$$
ist ein konsistenter Schätzer für σ^2 im Sinne, dass $E(\widehat{\sigma}_N^2/\sigma^2 - 1)^2 \to 0$ gilt.

(7) Die geschätzte Kovarianzmatrix $\widehat{\boldsymbol{V}}_N = \widehat{\sigma}_N^2 N \cdot \boldsymbol{\Lambda}_a^{-1}$ ist konsistent für $\boldsymbol{V}_N$ im Sinne, dass $\|\widehat{\boldsymbol{V}}_N\boldsymbol{V}_N^{-1} - \boldsymbol{I}_a\|_2 \to 0$ gilt.

(8) Falls $F(x)$ stetig ist, vereinfacht sich $\widehat{\sigma}_N^2$ zu $\widehat{\sigma}_N^2 = \dfrac{N+1}{12N}$.

Anmerkungen 2.1

1. Das Zeichen $\dot{\sim}$ bedeutet '*ist asymptotisch verteilt wie*'. Dabei ist zu beachten, dass $N(\boldsymbol{0}, \boldsymbol{CV}_N\boldsymbol{C}')$ bzw. $N(\boldsymbol{0}, \boldsymbol{P}_a\boldsymbol{V}_N\boldsymbol{P}_a)$ Folgen von multivariaten Normalverteilungen sind und keine Grenzverteilungen. Die Aussagen sind also so zu verstehen, dass sich die Folge der Normalverteilungen $N(\boldsymbol{0}, \boldsymbol{CV}_N\boldsymbol{C}')$ bzw. $N(\boldsymbol{0}, \boldsymbol{P}_a\boldsymbol{V}_N\boldsymbol{P}_a)$ und die Folge der Verteilungen von $\sqrt{N}\boldsymbol{C}\,\widehat{\boldsymbol{p}}$ bzw. von $\sqrt{N}\boldsymbol{P}_a\,\widehat{\boldsymbol{p}}$ 'beliebig nahe' kommen. Dabei muss der Abstand der Verteilungen mathematisch noch näher präzisiert werden (z.B. durch die Prokhorov-Metrik). Darauf soll aber hier nicht näher eingegangen werden. Der interessierte Leser sei auf Domhof (2001) verwiesen.

2. Man beachte, dass $N^2\widehat{\sigma}_N^2 = \sigma_R^2 = \frac{N}{N-1}\, Var(R_{11})$ ist, falls $F(x)$ stetig ist (siehe Proposition 2.15, S. 99 und Proposition 4.14, S. 190).

Beweis zu Korollar 2.16: Die Aussage (1) ergibt sich aus Satz 4.18 (siehe S. 195), die Aussagen (2) und (3) aus Satz 4.19 (siehe S. 195). Die Aussage (4) ist unmittelbar einsichtig, während sich die Aussagen (5), (6) und (7) aus den Aussagen (1), (2) und (3) dieses Korollars ergeben. Dabei erhält man $\widehat{\sigma}_N^2$ durch poolen der Schätzer $\widehat{\sigma}_i^2$ unter H_0^F. Ein direkter Beweis der Aussagen (6) und (7) kann analog zum Beweis der Proposition 4.14 (siehe S. 190) erfolgen und ist als Übungsaufgabe 4.26 im theoretischen Teil gestellt. Zum Beweis der Aussage (8) ist zu bemerken, dass bei einer stetigen Verteilungsfunktion $F(x)$ mit Wahrscheinlichkeit 0 Bindungen vorkommen und daher die Ränge R_{ik} als Werte die ganzen Zahlen von 1 bis N annehmen. Damit folgt

$$\begin{aligned}\widehat{\sigma}_N^2 &= \frac{1}{N^2(N-1)}\sum_{i=1}^{a}\sum_{k=1}^{n_i}\left(R_{ik}-\tfrac{N+1}{2}\right)^2 = \frac{1}{N^2(N-1)}\sum_{s=1}^{N}\left(s-\tfrac{N+1}{2}\right)^2 \\ &= \frac{N(N+1)(2N+1)/6 - N(N+1)^2/4}{N^2(N-1)} = \frac{N+1}{12N}\,.\end{aligned}$$ □

Auf den Aussagen des Korollars 2.16 basieren die in den folgenden Abschnitten beschriebenen Verfahren für einfaktorielle Versuchsanlagen.

2.2.4 Kruskal-Wallis-Test

2.2.4.1 Asymptotisches Verfahren

Zunächst wird ein Test zur Überprüfung der globalen Hypothese, dass alle Verteilungen gleich sind, hergeleitet. Dabei sollen alle möglichen Alternativen von Interesse sein. Man betrachtet daher eine quadratische Form des Zufallsvektors $\sqrt{N}\boldsymbol{P}_a\,\widehat{\mathbf{p}}$. Als erzeugende Matrix wählt man eine verallgemeinerte Inverse der Kovarianzmatrix von $\sqrt{N}\boldsymbol{P}_a\widehat{\mathbf{p}}$, sodass sich für große Stichprobenumfänge unter H_0^F eine χ^2-Verteilung ergibt. Die Berechnung der Permutationsverteilung für kleine Stichprobenumfänge (analog zum WMW-Test) wird anschließend gesondert betrachtet.

Das im Folgenden beschriebene Testverfahren wurde von Kruskal und Wallis (1952, 1953) angegeben. Die Statistik und deren asymptotische Verteilung sowie die Voraussetzungen für die Anwendung des Verfahrens sind im folgenden Satz zusammengestellt.

Satz 2.17 (*Asymptotischer Kruskal-Wallis-Test*)
Die Zufallsvariablen $X_{i1}, \ldots X_{in_i}$ seien unabhängig und identisch verteilt nach der Verteilungsfunktion $F_i(x)$, $i = 1, \ldots, a$, und es bezeichne R_{ik} den Rang von X_{ik} unter allen $N = \sum_{i=1}^a n_i$ Beobachtungen und $\overline{R}_{i\cdot} = n_i^{-1}\sum_{k=1}^{n_i} R_{ik}$, $i = 1, \ldots, a$, den Mittelwerte der Ränge in der Stichprobe i. Ferner sei $\sigma_i^2 = Var(H(X_{i1})) \geq \sigma_0^2 > 0$, $i = 1, \ldots, a$, wobei $H(x)$ die in (2.2.25) definierte mittlere Verteilungsfunktion bezeichnet. Falls $N/n_i \leq N_0 < \infty$ für $N \to \infty$ ist, gilt unter der Hypothese $H_0^F : \boldsymbol{P}_a\boldsymbol{F} = \mathbf{0} \iff F_1 = \cdots = F_a$

(1) $\sigma_1^2 = \cdots = \sigma_a^2$,

(2)
$$Q_N^H = \frac{N-1}{\sum_{i=1}^{a}\sum_{k=1}^{n_i}\left(R_{ik} - \frac{N+1}{2}\right)^2} \sum_{i=1}^{a} n_i \left(\overline{R}_{i\cdot} - \frac{N+1}{2}\right)^2 \qquad (2.2.26)$$
$$\sim \chi^2_{a-1}, \quad \text{für } N \to \infty.$$

(3) Falls keine Bindungen vorhanden sind, vereinfacht sich Q_N^H zu

$$Q_N^H = \frac{12}{N(N+1)} \sum_{i=1}^{a} n_i \overline{R}_{i\cdot}^2 - 3(N+1).$$

Beweis: Der Beweis folgt unmittelbar aus Korollar 2.16 und wird als Übung (siehe Übung 2.20) überlassen. □

Anmerkung 2.8 Die Approximation mit der χ^2_{a-1}-Verteilung ist gut brauchbar für $n_i \geq 6$ und $a \geq 3$, wenn keine Bindungen vorhanden sind. Im Falle von Bindungen hängt die Güte der Approximation von der Anzahl und vom Ausmaß der Bindungen ab.

2.2.4.2 Permutationsverteilung

Die Zufallsvariablen $X_{11}, \ldots, X_{an_a}$ in einer einfaktoriellen Versuchsanlage sind unter der Hypothese $H_0^F : F_1 = \cdots = F_a$ unabhängig und identisch verteilt und daher sind alle Permutationen der Beobachtungen gleich wahrscheinlich (siehe Satz 2.6, S. 54). Mit den gleichen Argumenten, wie sie zur Herleitung des exakten WMW-Tests verwendet wurden (siehe Abschnitt 2.1.2.1), kann die Permutationsverteilung von Q_N^H unter H_0^F bestimmt werden. Die Berechnung der Verteilungsfunktion von Q_N^H durch einen schnellen Algorithmus, ist allerdings schwieriger als für den WMW-Test, da der in Abschnitt 2.1.2.1 beschriebene Shift-Algorithmus hier multivariat durchgeführt werden muss. Ein solcher Algorithmus wird unseres Wissens nach derzeit nicht von einem der größeren Statistik-Software Hersteller angewendet. SAS benutzt den von Mehta, Patel und Senchaudhuri (1988) publizierten Netzwerk-Algorithmus, der allerdings auch schon bei einer mäßigen Anzahl von Beobachtungen so zeitaufwendig sein kann, dass dessen Benutzung kaum zu empfehlen ist. In machen Lehrbüchern über Nichtparametrische Statistik sind Tabellen der Permutationsverteilung von Q_N^H abgedruckt, die allerdings unter der Voraussetzung berechnet sind, dass keine Bindungen vorliegen - ein in der Praxis sehr seltener Fall.

Ein brauchbarer Ausweg aus dieser Situation ist, die exakte Permutationsverteilung von Q_N^H bei gegebenen (Mittel-) Rängen $R_{11} = r_{11}, \ldots, R_{an_a} = r_{an_a}$ dadurch zu simulieren, dass (ohne Zurücklegen) jeweils a Stichproben mit den vorgegebenen Umfängen $n_1, \ldots, n_a$ gezogen werden und jedes Mal die Statistik Q_N^H berechnet wird. Dabei ist es i. Allg. nicht notwendig, die gesamte Verteilungsfunktion zu simulieren, sondern zur Bestimmung des p-Wertes genügt es, lediglich abzuzählen, wie oft die simulierten Werte von

Q_N^H größer oder gleich der beobachteten Statistik sind. Die Anzahl der Simulationen kann je nach gewünschter Genauigkeit und verfügbarer Rechenkapazität selbst gewählt werden. Diese Möglichkeit wird von SAS ab der Version 8.0 zur Verfügung gestellt.

Das SAS-Makro OWL.SAS wurde eigens für die Auswertung von einfaktoriellen Versuchsanlagen geschrieben. Eine Adresse, unter der das Makro heruntergeladen werden kann, findet man im Anhang E im Abschnitt E.2 zusammen mit einer kurzen Bedienungsanleitung. Dieses Makro (mit dem auch weitere Verfahren dieses Abschnitts berechnet werden) bietet ebenfalls die Möglichkeit, die exakte Permutationsverteilung von Q_N^H durch Simulationen beliebig genau zu bestimmen. Auf die Ergebnisse dieses Makros wird in den folgenden Abschnitten bei der Durchrechnung der Beispiele Bezug genommen.

2.2.4.3 Die Rangtransformation

Die Rangtransformation wurde bereits in Abschnitt 2.1.2.3 im Fall von zwei Stichproben für den WMW-Test diskutiert. Analog dazu kann man aufgrund der Aussagen von Korollar 2.16, (1), (2) und (3) auf S. 101 eine geringfügig andere Statistik als Q_N^H in (2.2.26) herleiten, die sich nur dadurch von Q_N^H unterscheidet, dass man zur Schätzung der Varianz nicht die Hypothese $H_0^F : F_1 = \cdots = F_a$ berücksichtigt, sondern die Varianzschätzer $\widehat{\sigma}_i^2$ in Korollar 2.16, (2) gewichtet poolt. Man erhält dann anstelle von $\widehat{\sigma}_N^2$ in Aussage (6) des Korollars 2.16 den Schätzer

$$\widetilde{\sigma}_N^2 = \frac{1}{N^2(N-a)} \sum_{i=1}^{a} \sum_{k=1}^{n_i} (R_{ik} - \overline{R}_{i\cdot})^2$$

und bildet damit die Statistik

$$Q_N^{RT} = \frac{\sum_{i=1}^a n_i(\overline{R}_{i\cdot} - \frac{N+1}{2})^2}{\sum_{i=1}^a \sum_{k=1}^{n_i} (R_{ik} - \overline{R}_{i\cdot})^2/(N-a)} . \tag{2.2.27}$$

Diese Statistik hat aufgrund von Korollar 2.16, (1) unter H_0^F asymptotisch eine χ_{a-1}^2-Verteilung. Simulationen haben gezeigt, dass die finite Verteilung von Q_N^{RT} sehr gut durch eine $F(a-1, N-a)$-Verteilung approximiert werden kann.

Formal kann man die Statistik Q_N^{RT} aus der Statistik

$$Z_{a-1} = \frac{\sum_{i=1}^a n_i(\overline{X}_{i\cdot} - \overline{X}_{\cdot\cdot})^2}{\sum_{i=1}^a \sum_{k=1}^{n_i} (X_{ik} - \overline{X}_{i\cdot})^2 \big/ (N-a)} , \tag{2.2.28}$$

der einfaktoriellen Varianzanalyse bei Annahme gleicher Varianzen herleiten. Diese ist unter H_0^F bei Annahme der Normalverteilung und einigen Regularitätsvoraussetzungen asymptotisch zentral χ^2-verteilt mit $a-1$ Freiheitsgraden und für kleine Stichproben hat Z_{a-1} eine $F(a-1, N-a)$-Verteilung. Ersetzt man die Beobachtungen X_{ik} in (2.2.28) durch ihre Ränge R_{ik}, dann erhält man die Statistik Q_N^{RT}, bei der die finite Approximation einfach aus der Varianzanalyse übernommen wurde.

Die Statistiken T_N^R in (2.1.9) und Q_N^{RT} in (2.2.27) wurden *Rang-Transformationsstatistiken* (RT-Statistiken) genannt und es entstand der Gedanke, diese Vorgehensweise auch auf andere Versuchspläne zu verallgemeinern und eine asymptotische χ^2-Verteilung zu postulieren. Die Gründe dafür, dass die Idee der RT in einigen (wenigen) Fällen funktioniert, in anderen aber nicht, werden in Abschnitt 4.5.1.4 auf S. 206 ausführlich diskutiert.

2.2.4.4 Anwendung auf dichotome Daten

Bei dichotomen Daten, d.h. $X_{ik} \sim B(q_i)$, $i = 1, \ldots, a$, stellt man die Versuchsergebnisse üblicherweise in einer Kontingenztafel in der folgenden Form dar:

Versuchs- gruppe	X_{ik} 0	X_{ik} 1	$n_{i\cdot}$
1	n_{10}	n_{11}	$n_{1\cdot}$
$\vdots$	$\vdots$	$\vdots$	$\vdots$
a	n_{a0}	n_{a1}	$n_{a\cdot}$
Summe	$n_{\cdot 0}$	$n_{\cdot 1}$	N

Die bekannte χ^2-Statistik zum Testen der Hypothese $H_0 : q_1 = \cdots = q_a$ ist dann

$$C_N = \sum_{i=1}^{a} \sum_{j=0}^{1} \frac{(n_{ij} - n_{i\cdot} n_{\cdot j}/N)^2}{n_{i\cdot} n_{\cdot j}/N},$$

die auch in der Form

$$C_N = \frac{N^2}{n_{\cdot 0} n_{\cdot 1}} \left(\sum_{i=1}^{a} \frac{n_{i1}^2}{n_{i\cdot}} - \frac{n_{\cdot 1}^2}{N} \right) \tag{2.2.29}$$

geschrieben werden kann (siehe Lienert, 1973; Formel (5.4.1.1) in Abschnitt 5.4.1). Wendet man das im Abschnitt 2.2.4.1 beschriebene Rangverfahren auf dichotome Daten an, so ist zu beachten, dass nur zwei verschiedene Mittel-Ränge vergeben werden (siehe auch Abschnitt 2.1.2.4, S. 60ff), nämlich

$$\begin{aligned} r_0 &= \frac{1}{n_{\cdot 0}} \sum_{s=1}^{n_{\cdot 0}} s = \tfrac{1}{2}(n_{\cdot 0} + 1) = \tfrac{1}{2}(N - n_{\cdot 1} + 1), \qquad \text{für } X_{ik} = 0, \\ r_1 &= \tfrac{1}{2}(n_{\cdot 1} + 1) + n_{\cdot 0} = N - \tfrac{1}{2}(n_{\cdot 1} - 1), \qquad \text{für } X_{ik} = 1. \end{aligned}$$

Damit folgt

1. $$\frac{1}{N-1} \sum_{i=1}^{a} \sum_{k=1}^{n_i} \left(R_{ik} - \frac{N+1}{2} \right)^2 = \frac{N n_{\cdot 0} n_{\cdot 1}}{4(N-1)},$$

2. $$\sum_{i=1}^{a} n_i \overline{R}_{i\cdot}^2 = \frac{N^2}{4} \sum_{i=1}^{a} \frac{n_{i1}^2}{n_{i\cdot}} - \frac{1}{4} \left(n_{\cdot 1}^2 N + N^3 + 2N^2 + N \right)$$

und man erhält für Q_N^H in (2.2.26)

$$Q_N^H = \frac{N-1}{N} C_N ,$$

wobei C_N in (2.2.29) gegeben ist. Damit sind die Statistiken für den χ^2-Homogenitätstest und den Kruskal-Wallis Test (auf dichotome Daten angewandt) asymptotisch äquivalent. Bis auf den Faktor $(N-1)/N$ ist also der χ^2-Homogenitätstest ein Spezialfall des Kruskal-Wallis Tests. Die einfachen Rechnungen für die oben angegebenen Zusammenhänge zwischen den Statistiken der beiden Tests werden als Übungsaufgabe überlassen (Übung 2.25).

2.2.4.5 Zusammenfassung

Daten und Modell

$X_{i1}, \ldots, X_{in_i} \sim F_i(x),\ i = 1, \ldots, a,$ unabhängige Zufallsvariablen
$N = \sum_{i=1}^a n_i,$ Gesamtanzahl der Daten,
$\boldsymbol{F} = (F_1, \ldots, F_a)',$ Vektor der Verteilungen.

Voraussetzungen

1. F_i keine Einpunkt-Verteilung,
2. $N/n_i \leq N_0 < \infty,\ i = 1, \ldots, a.$

Relative Effekte

$$p_i = \int H dF_i \,, \quad H = \frac{1}{N} \sum_{i=1}^a n_i F_i \,.$$

Hypothese

$H_0^F : F_1 = \cdots = F_a \iff \boldsymbol{P}_a \boldsymbol{F} = \boldsymbol{0}$ bzw. $F_i = \overline{F}_\cdot\,,\ i = 1, \ldots, a.$

Notation

R_{ik} : Rang von X_{ik} unter allen $N = \sum_{i=1}^a n_i$ Beobachtungen,

$\overline{R}_{i\cdot} = \dfrac{1}{n_i} \displaystyle\sum_{k=1}^{n_i} R_{ik},\ i = 1, \ldots, a,$ Rangmittelwerte,

$\sigma_R^2 = \frac{N}{N-1}\, Var(R_{11}).$

Schätzer für die relativen Effekte

$$\widehat{p}_i = \frac{1}{N}\left(\overline{R}_{i\cdot} - \frac{1}{2}\right),\ i = 1, \ldots, a.$$

Varianzschätzer

$$\widehat{\sigma}_R^2 = \frac{1}{N-1} \sum_{i=1}^a \sum_{k=1}^{n_i} \left(R_{ik} - \frac{N+1}{2}\right)^2 = N^2 \widehat{\sigma}_N^2.$$

Statistik

Allgemein: $$Q_N^H = \frac{1}{\widehat{\sigma}_R^2} \sum_{i=1}^{a} n_i \left(\overline{R}_{i\cdot} - \frac{N+1}{2}\right)^2 .$$

Falls keine Bindungen vorhanden sind, vereinfacht sich Q_N^H zu

$$Q_N^H = \frac{12}{N(N+1)} \sum_{i=1}^{a} n_i \overline{R}_{i\cdot}^2 - 3(N+1) .$$

Verteilung unter H_0^F und p-Wert (asymptotisch und exakt)

$Q_N^H \sim \chi^2_{a-1}$, für $N \to \infty$,

p-Wert für $Q_N^H = q$: $p(q) = 1 - \Psi_{a-1}(q)$, wobei $\Psi_{a-1}(q)$ die Verteilungsfunktion der zentralen χ^2-Verteilung mit $a-1$ Freiheitsgraden bezeichnet.

Den exakten p-Wert kann man aus der Permutationsverteilung von Q_N^H erhalten. Da das 'Auszählen' aller Permutationen zu zeitaufwendig ist, bestimmt man den p-Wert technisch am einfachsten durch Simulation (ziehen ohne Zurücklegen) aus dem gegebenen Vektor der (Mittel)-Ränge.

Bemerkungen

Die Approximation mit der χ^2_{a-1}-Verteilung ist gut für $n_i \geq 6$ und $a \geq 3$, wenn keine Bindungen vorhanden sind. Im Falle von Bindungen hängt die Güte der Approximation von der Anzahl und vom Ausmaß der Bindungen ab.

2.2.4.6 Anwendung auf ein Beispiel

Die Anwendung des Kruskal-Wallis Tests wird anhand der Daten des Beispiels 2.7 (Lebergewichte, siehe Tabelle 2.10, S. 93) demonstriert. Die Box-Plots für die Originaldaten sind in Abbildung 2.5 wiedergegeben und vermitteln - zumindest optisch - den Eindruck, dass die verabreichte Substanz einen Einfluss auf das relative Lebergewicht hat. Aus den Box-Plots ist ebenfalls ersichtlich, dass die Daten in einigen Dosisstufen schief verteilt sind, sodass die Annahme einer Normalverteilung nicht gerechtfertigt erscheint. Zur adäquaten Analyse der Daten empfiehlt sich daher ein nichtparametrisches Verfahren.

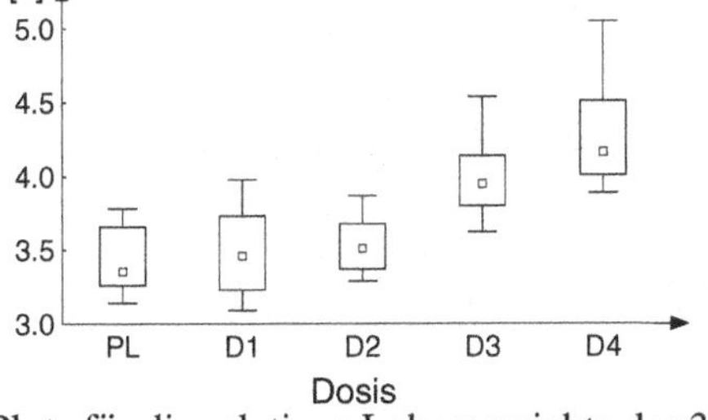

Abbildung 2.5 Box-Plots für die relativen Lebergewichte der 38 Wistar-Ratten in Beispiel C.3 (Anhang C, S. 250).

In dieser Versuchsanlage ist nur ein Faktor mit den fünf Stufen *Placebo, Dosis1, Dosis2, Dosis3* und *Dosis4* vorhanden und die fünf Stichproben sind unverbunden. Damit können den Daten unabhängige Zufallsvariablen $X_{ik} \sim F_i(x)$, $i = 1, \ldots, 5$, $k = 1, \ldots, n_i$, zugrunde gelegt werden. Zur Auswertung dieser einfachen Versuchsanlage kann daher der Kruskal-Wallis Test angewandt werden. Zunächst werden die relativen Effekte p_i, $i = 1, \ldots, 5$, durch $\widehat{p}_i = \frac{1}{N}(\overline{R}_{i\cdot} - \frac{1}{2})$ geschätzt. Dazu weist man den $N = 38$ Beobachtungen X_{ik} Mittel-Ränge R_{ik} zu. Diese sind zusammen mit den Rangmittelwerten $\overline{R}_{i\cdot}$ und den Schätzern $\widehat{p}_i = \frac{1}{38}(\overline{R}_{i\cdot} - \frac{1}{2})$ in Tabelle 2.12 (siehe S. 97) angegeben.

Als Varianzschätzer erhält man $\widehat{\sigma}_R^2 = 123.45$ und damit Für die Statistik des Kruskal-Wallis Tests $Q_N^H = 23.565$ und den p-Wert 0.000098 aus der asymptotischen χ_4^2-Verteilung von Q_N^H unter $H_0^F : F_1 = \cdots = F_5$. Mithilfe des Statistik-Programms SAS erhält man diese Ergebnisse aus der Prozedur NPAR1WAY. Eine kurze Beschreibung findet man im Anhang E im Abschnitt E.2.

Eine weitere wesentliche Frage bei der Auswertung der relativen Lebergewichte ist z.B. die Untersuchung eines mit der Dosierung steigenden Trends. Verfahren zur Beantwortung dieser Frage werden in den folgenden Abschnitten diskutiert.

2.2.5 Gemusterte Alternativen

Vielfach wird aufgrund sachlicher Überlegungen oder aufgrund von Voruntersuchungen ein bestimmter *Trend* oder ein bestimmtes *Muster von Alternativen* vermutet. Bei den relativen Lebergewichten (Beispiel 2.7, S. 92) wäre beispielsweise zu erwarten, dass das relative Lebergewicht mit steigender Dosis der Substanz zunimmt, wenn ein entsprechender toxischer Effekt vorliegt. Man ist dann an der Aufdeckung dieser speziellen Alternativen besonders interessiert und wird daFür in Kauf nehmen, dass möglicherweise andere Alternativen weniger gut oder gar nicht aufgedeckt werden, da sie in diesem Kontext schwierig zu interpretieren wären.

Die in den vorigen Abschnitten beschriebene quadratische Form Q_N^H deckt jede Art von Alternativen auf und ist nicht auf spezielle Alternativen besonders empfindlich. Daher muss eine andere Statistik gewählt werden, welche zwar die gleiche Hypothese testet, aber auf eine bestimmte gemusterte Alternative besonders empfindlich ist. Die Idee zur Konstruktion einer solchen Statistik ist ganz einfach. Man gewichtet die Abweichungen vom Mittelwert der relativen Effekte in den Stichproben stärker, wo man einen größeren Wert der Alternativen vermutet. Eine solch stärkere Gewichtung kann man auf zwei verschiedene Arten erreichen, die (ohne Beschränkung der Allgemeinheit) anhand eines steigenden Trends erläutert werden sollen.

1. Man multipliziert die Kontraste $\boldsymbol{C}\widehat{\boldsymbol{p}}$ der geschätzten relativen Effekte mit Gewichten $\boldsymbol{w} = (w_1, \ldots, w_a)'$ und addiert diese Terme auf, d.h. man bildet die *Linearform* $L_N = \boldsymbol{w}'\boldsymbol{C}\widehat{\boldsymbol{p}}$. Dabei sind die Gewichte w_i der vermuteten Alternativen angepasst. Im Falle eines steigenden Trends würde man z. B. $\boldsymbol{w} = (1, 2, 3, \ldots, a)'$ als Gewichtsvektor wählen.

2. Man addiert die Statistiken für alle Paarvergleiche so auf, dass ein Vergleich um so öfter aufaddiert wird, je größer das Ausmaß der Alternativen für diesen Vergleich sein soll. Bezeichne U_{ij} eine Zweistichproben-Statistik für den Vergleich der Gruppen i und j, dann bildet man bei einem (vermuteten) steigenden Trend die Summe $K_N = \sum_{i=1}^{a-1} \sum_{j=i+1}^{a} U_{ij}$.

Beide Möglichkeiten sind in der Literatur untersucht worden. Ein Verfahren, das auf der Statistik K_N beruht, ist von Jonckheere (1954) und Terpstra (1952) für den Fall entwickelt worden, dass keine Bindungen vorliegen. Obwohl die erste Möglichkeit nahe liegend und wesentlich flexibler ist als die zweite, wurde erst 1987 von Hettmansperger und Norton ein auf der Statistik L_N beruhendes Verfahren mit optimalen Gewichten für Verschiebungseffekte hergeleitet. Hierbei wurde ebenfalls angenommen, dass keine Bindungen vorliegen.

Das Verfahren von Hettmansperger und Norton lässt sich mit den hier zur Verfügung gestellten Methoden leicht auf unstetige Verteilungen und faktorielle Designs verallgemeinern (Akritas und Brunner, 1996) und ist wesentlich einfacher zu handhaben als das Verfahren von Jonckheere und Terpstra. Daher wird im weiteren das Verfahren von Hettmansperger und Norton benutzt und das Verfahren von Jonckheere und Terpstra wird nur der Vollständigkeit halber kurz beschrieben.

2.2.5.1 Das Verfahren von Hettmansperger-Norton

Neben der in den vorangegangenen Abschnitten diskutierten quadratischen Form Q_N^H kann man die Hypothese $\boldsymbol{CF} = \mathbf{0}$ auch durch die oben beschriebene Linearform $L_N = \boldsymbol{w}'\boldsymbol{C}\widehat{\boldsymbol{p}}$ überprüfen. Dieses Verfahren kann sehr effizient sein, falls die vermutete Alternative wirklich vorliegt. Andererseits kann es gegen andere Alternativen völlig ineffizient sein. Die Gewichte müssen entsprechend der (vor der Datenerhebung) vermuteten Alternativen gewählt werden. Diese Statistik kann sehr leicht für beliebige *Muster* von Alternativen gebildet werden. Statistiken für gemusterte Alternativen sind Verallgemeinerungen von Statistiken für einseitige Alternativen vom Zweistichprobenfall auf den Mehrstichprobenfall.

Um bei ungleichen Stichprobenumfängen größere Gewichte für Stichproben mit großen Umfängen vergeben zu können, verwendet man als Kontrastmatrix die so genannte *gewichtet zentrierende Matrix* (siehe auch Anhang B.6, S. 247)

$$\boldsymbol{W}_a \;=\; \boldsymbol{\Lambda}_a\left[\boldsymbol{I}_a - \frac{1}{N}\boldsymbol{J}_a\boldsymbol{\Lambda}_a\right],$$

wobei $\boldsymbol{\Lambda}_a = diag\{n_1,\ldots,n_a\}$ die Diagonalmatrix der Stichprobenumfänge und $N = \sum_{i=1}^a n_i$ die gesamte Anzahl aller Beobachtungen ist. Der entsprechend dem Muster der vermuteten Alternativen gewählte Gewichtsvektor $\boldsymbol{w} = (w_1,\ldots,w_a)'$ wird mit der Kontrastmatrix $\boldsymbol{W}_a$ multipliziert und man betrachtet die Verteilung der Statistik $\sqrt{N}\boldsymbol{w}'\boldsymbol{W}_a\widehat{\boldsymbol{p}}$ unter der Hypothese $H_0^F : \boldsymbol{P}_a\boldsymbol{F} = \mathbf{0}$. Bei der Anwendung des asymptotischen Äquivalenzsatzes zur Herleitung der asymptotischen Verteilung von $\sqrt{N}\boldsymbol{w}'\boldsymbol{W}_a\widehat{\boldsymbol{p}}$ (siehe Satz 4.16, S. 192) ist zu beachten, dass $\boldsymbol{w}'\boldsymbol{W}_a$ ein Kontrastvektor ist, d.h. es gilt $\boldsymbol{w}'\boldsymbol{W}_a\mathbf{1}_a = 0$. Ferner ist $\boldsymbol{P}_a\boldsymbol{F} = \mathbf{0}$ äquivalent zu $\boldsymbol{W}_a\boldsymbol{F} = \mathbf{0}$ (siehe Übung 4.30). Daher folgt mit Korollar 2.16 (1) und (4) auf Seite 101 unter $H_0^F : \boldsymbol{P}_a\boldsymbol{F} = \mathbf{0} \iff F_1 = \cdots = F_a$,

$$\sqrt{N}\boldsymbol{w}'\boldsymbol{W}_a\widehat{\boldsymbol{p}}/\sigma_w \;=\; \sqrt{N}\sum_{i=1}^a n_i(w_i - \widetilde{w}_\cdot)\widehat{p}_i/\sigma_w \;\;\sim\;\; N(0,1), \quad N \to \infty,$$

wobei $\widetilde{w}_\cdot = \frac{1}{N}\sum_{i=1}^a n_i w_i$ ist und

$$\sigma_w^2 \;=\; N\cdot\sigma^2\cdot\boldsymbol{w}'\boldsymbol{W}_a\boldsymbol{\Lambda}_a^{-1}\boldsymbol{W}_a\boldsymbol{w} \;=\; N\cdot\sigma^2\cdot\sum_{i=1}^a n_i(w_i - \widetilde{w}_\cdot)^2,$$

da unter H_0^F folgt, dass $\sigma_i^2 = Var(H(X_{i1})) = \sigma^2$, $i = 1, \ldots, a$, ist (siehe Korollar 2.16 (4)). Man erhält dann mit der Aussage (6) dieses Korollars für σ_w^2 den konsistenten Schätzer $\widehat{\sigma}_w^2 = N \cdot \widehat{\sigma}_N^2 \cdot \sum_{i=1}^a n_i(w_i - \widetilde{w}.)^2$ und damit die Statistik

$$T_N^{HN} = \sqrt{N}\boldsymbol{w}'\boldsymbol{W}_a\widehat{\boldsymbol{p}}/\widehat{\sigma}_w = \frac{1}{\sqrt{N \cdot \widehat{\sigma}_w^2}} \sum_{i=1}^a n_i(w_i - \widetilde{w}.)\overline{R}_{i\cdot} \qquad (2.2.30)$$

und unter $H_0^F : \boldsymbol{P}_a\boldsymbol{F} = \boldsymbol{0}$ folgt, dass T_N^{HN} asymptotisch standard-normalverteilt ist. für kleine Stichproben ($n_i \geq 7, a \geq 3$) kann man die Verteilung von T_N^{HN} unter H_0^F durch die t_{N-1}-Verteilung approximieren. Eine Anwendung dieses Verfahrens auf *Regenschirm-Alternativen* mit bekannter und mit unbekannter 'Schirmspitze' findet man in Hettmansperger und Norton (1987).

Anmerkung 2.9 Man benutzt bei der Bildung der Teststatistik T_N^{HN} in (2.2.30) die Kontrastmatrix $\boldsymbol{W}_a$, da sie zu einer optimalen Anpassung der Gewichte an die Stichprobenumfänge führt (Hettmansperger und Norton, 1987). Es würde sich auch anbieten, anstelle von $\boldsymbol{W}_a$ die zentrierende Matrix $\boldsymbol{P}_a$ zu verwenden, die jedoch dann nicht zu einem bezüglich der Gewichte optimalen Verfahren führen würde. Bei gleichen Stichprobenumfängen sind die Statistiken $\sqrt{N}\boldsymbol{w}'\boldsymbol{P}_a\widehat{\boldsymbol{p}}$ und $\sqrt{N}\boldsymbol{w}'\boldsymbol{W}_a\widehat{\boldsymbol{p}}$ äquivalent.

2.2.5.2 Das Verfahren von Jonckheere-Terpstra

In diesem Abschnitt wird ausnahmsweise angenommen, dass die Verteilungen F_i stetig sind, d.h. dass keine Bindungen zwischen den Beobachtungen vorliegen (Bindungskorrekturen: siehe Hollander und Wolfe, 1999, S. 203f). Man vergleicht jeweils die Zufallsvariablen X_{ik} und $X_{jk'}$ und schätzt die Wahrscheinlichkeit $\varphi_{ij} = P(X_{ik} \leq X_{jk'})$ durch $\widehat{\varphi}_{ij} = (n_i n_j)^{-1} \sum_{k=1}^{n_i} \sum_{k'=1}^{n_j} c^+(X_{jk'} - X_{ik})$. Unter der geordneten Alternativen $\varphi_{i1} \leq \varphi_{i2} \leq \cdots \leq \varphi_{ia}$ sollte die Doppelsumme

$$K_N = \sum_{i=1}^{a-1} \sum_{j=i+1}^{a} n_i n_j \widehat{\varphi}_{ij}$$

große Werte annehmen, da stets $\varphi_{ij} \leq \varphi_{ij'}$ ist für $j < j'$. Diese Statistik wurde unabhängig von Terpstra (1952) und Jonckheere (1954) vorgeschlagen. Man kann die Statistik K_N mithilfe von paarweisen Rängen darstellen. für $i < j$ bezeichne $R_{jk}^{(ij)}$ den Rang von X_{jk} unter allen $n_i + n_j$ Beobachtungen in den Stichproben i und j. Ferner sei $R_{j\cdot}^{(ij)} = \sum_{k=1}^{n_j} R_{jk}^{(ij)}$ die Summe dieser Ränge in der Stichprobe j. Dann folgt

$$K_N = \sum_{i=1}^{a-1} \sum_{j=i+1}^{a} R_{j\cdot}^{(ij)} - \frac{1}{2} \sum_{i=1}^{a-1} \sum_{j=i+1}^{a} n_j(n_j + 1). \qquad (2.2.31)$$

Da die Statistik K_N eine Linearkombination von paarweisen WMW-Statistiken für den Vergleich der Stichproben i und j ist, kann die asymptotische Normalität von K_N relativ einfach gezeigt werden. Zur Standardisierung benötigt man noch $\mu_N = E(K_N)$ und

$s_N^2 = Var(K_N)$ unter der Hypothese H_0^F. Es folgt

$$\mu_N = E_{H_0^F}(K_N) = \frac{1}{4}\Big(N^2 - \sum_{i=1}^{a} n_i^2\Big),$$

$$s_N^2 = Var_{H_0^F}(K_N) = \frac{1}{72}\Big(N^2(2N+3) - \sum_{i=1}^{a} n_i^2(2n_i+3)\Big)$$

und falls $N/n_i \le N_0 < \infty$ ist, folgt weiter

$$T_N^{JT} = (K_N - \mu_N)/s_N \xrightarrow{\mathcal{L}} N(0,1) \quad \text{für } N \to \infty,$$

wobei K_N in (2.2.31) gegeben ist und das Symbol $\xrightarrow{\mathcal{L}}$ die Konvergenz in Verteilung bezeichnet. Weitere Verfahren und Vergleiche von verschiedenen Tests für geordnete Alternativen findet man in Tryon und Hettmansperger (1973), Rao und Gore (1984) und in Fairly und Fligner (1987).

2.2.5.3 Zusammenfassung

Daten und Modell

$X_{i1}, \ldots, X_{in_i} \sim F_i(x),\ i = 1, \ldots, a,$ unabhängige Zufallsvariablen,

$N = \sum_{i=1}^{a} n_i$ Gesamtanzahl der Daten,

$\boldsymbol{F} = (F_1, \ldots, F_a)'$ Vektor der Verteilungen,

$H = \frac{1}{N}\sum_{i=1}^{a} n_i F_i$ gewichteter Mittelwert der Verteilungen.

Voraussetzungen

1. F_i keine Einpunkt-Verteilung,
2. $N/n_i \le N_0 < \infty,\ i = 1, \ldots, a.$

Hypothese

$H_0^F : F_1 = \cdots = F_a \iff \boldsymbol{P}_a\boldsymbol{F} = \boldsymbol{0}$ bzw. $F_i = \overline{F}_\cdot\,,\ i = 1, \ldots, a.$

Vermutetes Muster

$\boldsymbol{w} = (w_1, \ldots, w_a)', \quad \widetilde{w}_\cdot = \frac{1}{N}\sum_{i=1}^{a} n_i w_i$ gewichteter Mittelwert.

Notation

Hettmansperger-Norton:

R_{ik} Rang von X_{ik} unter allen $N = \sum_{i=1}^{a} n_i$ Beobachtungen,

$\overline{R}_{i\cdot} = \frac{1}{n_i}\sum_{k=1}^{n_i} R_{ik},\ i = 1, \ldots, a,$ Rangmittelwerte.

Jonckheere-Terpstra:

$R_{jk}^{(ij)}$ Rang von X_{jk} unter allen Beobachtungen in den Stichproben i und j.

$$R_{j\cdot}^{(ij)} = \sum_{k=1}^{n_j} R_{jk}^{(ij)} \quad \text{Rangsummen},$$

$$K_N = \sum_{i=1}^{a-1} \sum_{j=i+1}^{a} R_{j\cdot}^{(ij)} - \frac{1}{2} \sum_{i=1}^{a-1} \sum_{j=i+1}^{a} n_j(n_j + 1),$$

$$\mu_N = \frac{1}{4}\Big(N^2 - \sum_{i=1}^{a} n_i^2\Big), \quad s_N^2 = \frac{1}{72}\Big(N^2(2N+3) - \sum_{i=1}^{a} n_i^2(2n_i + 3)\Big).$$

Varianzschätzer (Hettmansperger-Norton)

$$\widehat{\sigma}_w^2 = N \cdot \widehat{\sigma}_N^2 \cdot \sum_{i=1}^{a} n_i(w_i - \widetilde{w}.)^2, \quad \widehat{\sigma}_N^2 = \frac{1}{N^2(N-1)} \sum_{i=1}^{a} \sum_{k=1}^{n_i} \left(R_{ik} - \tfrac{N+1}{2}\right)^2.$$

Statistiken und Verteilungen unter H_0^F

Hettmansperger-Norton:

$$T_N^{HN} = \frac{1}{\sqrt{N \cdot \widehat{\sigma}_w^2}} \sum_{i=1}^{a} n_i(w_i - \widetilde{w}.)\overline{R}_{i\cdot} \sim N(0,1), \quad N \to \infty,$$

Jonckheere-Terpstra (keine Bindungen):

$$T_N^{JT} = (K_N - \mu_N)/s_N \sim N(0,1), \quad N \to \infty.$$

Für kleine Stichproben erhält man die exakte Verteilung von T_N^{JT} aus der Permutationsverteilung der Ränge $R_{11}, \ldots, R_{an_a}$. Bindungskorrekturen sowie Tabellen der Quantile für $a = 3$ und $2 \leq n_1 \leq n_2 \leq n_3 \leq 8$ sowie für $a = 4, 5, 6$ und $n_1 = \cdots = n_a = 2, 3, 4, 5, 6$ findet man in Hollander und Wolfe (1999).

Einseitige p-Werte (asymptotisch)

p-Wert für $T_N^{HN} = t_1$: $\quad p(t_1) = 1 - \Phi(t_1)$,
p-Wert für $T_N^{JT} = t_2$: $\quad p(t_2) = 1 - \Phi(t_2)$,
wobei $\Phi(\cdot)$ die Verteilungsfunktion der Standard-Normalverteilung ist.

Bemerkungen

Die Approximation mit der Standard-Normalverteilung ist für $n_i \geq 7$ und $a \geq 3$ ziemlich gut, wenn keine Bindungen vorhanden sind. Bei der Statistik T_N^{HN} hängt im Falle von Bindungen die Güte der Approximation von der Anzahl und vom Ausmaß der Bindungen ab. T_N^{JT} ist bei Bindungen nicht anwendbar. Die Varianz von T_N^{JT} bei Bindungen ist in Hollander und Wolfe (1999) auf S. 204 angegeben.

2.2.5.4 Anwendung auf ein Beispiel

Die Verfahren des vorangegangenen Abschnitts werden auf einen Teil der Daten des Beispiels 2.7 (siehe S. 92) angewendet. Dabei werden nur die drei Dosisstufen 1, 2 und 3 betrachtet. Innerhalb dieser Daten treten keine Bindungen auf, sodass die Ergebnisse sowohl für die Kruskal-Wallis Statistik, die Hettmansperger-Norton Statistik und die Jonckheere-Terpstra Statistik miteinander verglichen werden können. Es wird ein mit der Dosierung steigender Effekt vermutet. Entsprechend wählt man die Gewichte $w_i = 1, 2, 3$. Die Ränge und Rangmittelwerte für diese Daten sind in Tabelle 2.13 wiedergegeben.

Tabelle 2.13 Ränge und Rangmittel der relativen Lebergewichte in den Dosisstufen 1, 2 und 3 von $N = 22$ Wistar-Ratten der Fertilitätsstudie in Tabelle 2.10.

	Ränge der relativen Lebergewichte		
	D1	D2	D3
	$n_1 = 7$	$n_2 = 8$	$n_3 = 7$
	8	13	16
	19	5	15
	1	6	21
	9	12	11
	4	7	18
	14	3	20
	2	10	22
		17	
$\overline{R}_{i\cdot}$	8.14	9.13	17.57

Man erhält für die Berechnung der Kruskal-Wallis Statistik $\widehat{\sigma}_R^2 = 42.167$ und damit $Q_N^H = 9.061$ (p-Wert 0.0108), für die Berechnung der Hettmansperger-Norton Statistik $\widetilde{w}_\cdot = 2, \sum_{i=1}^3 n_i(w_i - \widetilde{w})^2 = 14, \widehat{\sigma}_N^2 = \widehat{\sigma}_R^2/N^2 = 0.08712, \widehat{\sigma}_w^2 = 22 \cdot \widehat{\sigma}_N^2 \cdot 14 = 26.83$ und schließlich $T_N^{HN} = 2.717$ (p-Wert 0.0033). Für die Berechnung der Jonckheere-Terpstra Statistik erhält man die Rangsummen $R_{2\cdot}^{(12)} = 68$, $R_{3\cdot}^{(13)} = 72$ und $R_{3\cdot}^{(23)} = 79$. Damit wird $K_N = 127$, $\mu_N = 80.5$, $\sigma_N^2 = 275.917$ und $T_N^{JT} = 2.799$ (p-Wert 0.00256). Die kleinen p-Werte für die Hettmansperger-Norton Statistik und die Jonckheere-Terpstra Statistik bestätigen die Vermutung eines steigenden Trends. Beide p-Werte sind kleiner als der p-Wert für die Kruskal-Wallis Statistik und bestätigen empirisch die höhere Empfindlichkeit der Statistiken T_N^{HN} und T_N^{JT} für gemusterte Alternativen gegenüber der globalen Statistik Q_N^H, falls das vermutete Muster (oder ein sehr ähnliches Muster) von Alternativen vorliegt.

Das SAS Makro *OWL.SAS* bietet neben der Berechnung der Kruskal-Wallis Statistik auch die Möglichkeit, die Hettmansperger-Norton Statistik für gemusterte Alternativen zu berechnen. Näheres Findet man in Abschnitt E.2 im Anhang. Die Jonckheere-Terpstra Statistik kann in SAS mit der Prozedur FREQ ausgerechnet werden. Näheres findet man ebenfalls in Abschnitt E.2 im Anhang und in der Online-Hilfe von SAS.

2.2.6 Paarweise und multiple Vergleiche

Nachdem mit dem exakten Kruskal-Wallis Test auf dem 5%-Niveau im Beispiel 2.7 unterschiedliche relative Lebergewichte in den verschiedenen Dosisstufen nachgewiesen werden konnten, stellt sich nun zum Beispiel die Frage, in welcher der vier Dosisstufen sich die relativen Gewichte gegenüber der Kontrolle unterscheiden. Dazu müssen die vier Paarvergleiche PL/D1, PL/D2, PL/D3 und PL/D4 untersucht werden. Dabei bieten sich zwei

Möglichkeiten an, dies mit Rangverfahren durchzuführen. Im einen Fall benutzt man die globalen Ränge, die zur Berechnung der Kruskal-Wallis Statistik verwendet wurden (joint ranking), im anderen Fall vergibt man für jeden Paarvergleich neue Ränge (pairwise rankings).

Bei paarweiser Rangvergabe besteht bei der Untersuchung aller $a(a-1)/2$ Paarvergleiche die Gefahr, dass Efron's Würfel-Paradoxon (siehe Abschnitt 1.4.2.2) auftreten kann. Bei der Untersuchung der $a-1$ Paarvergleiche gegen die Kontrolle kann dieses Paradoxon allerdings nicht auftreten, da in diesem Fall jedes Mal gegen die Kontrolle verglichen wird, die jetzt die Rolle des 'Bankwürfels' übernimmt. Der Vorteil ist, dass man als Statistiken die bekannten Zwei-Stichproben-Statistiken verwenden kann. Die so erhaltenen p-Werte müssen dann nur noch mit einem geeigneten Verfahren bezüglich der Multiplizität adjustiert werden.

Mit einer globalen Rangvergabe vermeidet man das Efron'sch Würfel-Paradoxon. Jedoch muss man dabei in Kauf nehmen, dass die relativen Effekte $p_i = \int H dF_i$ und $p_j = \int H dF_j$ beim Vergleich der Faktorstufen i und j auch von den Verteilungen F_k, $k \neq i$ und $k \neq j$ abhängen. Betrachtet man allerdings die Differenz $p_j - p_i$ und testet die Hypothese $H_0^F(i,j) : F_i = F_j$, so sieht man sofort, dass die Differenz $p_j - p_i$ unter $H_0^F(i,j)$ nicht von den in diesem Paarvergleich nicht untersuchten Verteilungen abhängt. Unter $H_0^F(i,j) : F_i = F_j$ folgt

$$p_j - p_i \quad = \quad \int H dF_j - \int H dF_i = \int H d(F_j - F_i) = 0.$$

Die Schätzer $\widehat{p}_i = \int \widehat{H} d\widehat{F}_i$ und $\widehat{p}_j = \int \widehat{H} d\widehat{F}_j$ sind erwartungstreu für p_i bzw. p_j und daher ist unter $H_0^F(i,j)$

$$E(\widehat{p}_j - \widehat{p}_i) \quad = \quad E\left[\tfrac{1}{N}(\overline{R}_{j\cdot} - \overline{R}_{i\cdot})\right] = 0.$$

Allerdings hängt die asymptotische Varianz von $\sqrt{N}(\widehat{p}_j - \widehat{p}_i)$ auch von anderen Verteilungen als F_i und F_j ab. Studentisiert man nun $\widehat{p}_j - \widehat{p}_i$ mit einem konsistenten Schätzer für die Standardabweichung, dann erhält man asymptotisch eine Pivot-Größe, die unter $H_0^F(i,j)$ eine $N(0,1)$-Verteilung besitzt, also nicht von unbekannten Parametern oder Verteilungen abhängt. Es gilt

$$T_N(i,j) \quad = \quad \frac{\overline{R}_{j\cdot} - \overline{R}_{i\cdot}}{\sqrt{\displaystyle\sum_{k=i,k=j} \frac{1}{n_k(n_k-1)} \sum_{\ell=1}^{n_k} (R_{k\ell} - \overline{R}_{k\cdot})^2}} \quad \dot{\sim} \quad N(0,1) \tag{2.2.32}$$

unter $H_0^F(i,j)$, falls $N/n_k \leq N_0 < \infty$ ist für $N \to \infty$. Dieses Ergebnis folgt auch als Sonderfall einer gemusterten Alternativen, wenn der Gewichtsvektor $\boldsymbol{w}$ in den Komponenten j und i eine 1 bzw. eine -1 hat und sonst in allen anderen Komponenten eine 0 hat. Die für alle Paarvergleiche mit diesen $a(a-1)/2$ Tests erhaltenen p-Werte (bzw. $a-1$ Tests für Vergleiche gegen die Kontrollgruppe) müssen dann nur noch mit einem geeigneten Verfahren bezüglich der Multiplizität adjustiert werden, um das multiple Fehlerniveau (familywise error rate in the strong sense) einzuhalten. Als einfaches Ein-Schritt-Verfahren bietet sich hier das allerdings ziemlich konservative Bonferroni-Verfahren an, bei dem das Niveau α für jeden Paarvergleich durch die Anzahl aller Paarvergleiche geteilt wird. Ein einfaches sequentielles step-down Verfahren ist die von Holm (1979) angegebene Holm-Prozedur. Ein setp-up Verfahren, das auf dem Simes Test beruht, wurde von Gao et al. (2008) angegeben. Näheres hierzu findet man in den Originalarbeiten und in der Spezialliteratur zu multiplen Vergleichen, z.B. in Hochberg und Tamhane (1987).

Bei $a = 3$ Gruppen kann man sehr einfach das Abschluss-Test-Prinzip (Marcus, Peritz und Gabriel, 1976) anwenden. Falls die globale Hypothese mit dem Kruskal-Wallis Test zum Niveau α abgelehnt wurde, kann man alle drei Paarvergleiche zum Niveau α mit $T_N(i,j)$ in (2.2.32) oder mit der Statistik W_N des WMW-Tests in (2.1.8) testen und hält dabei das multiple Niveau α ein.

Weitere Verfahren für multiple Vergleiche mittels Rangverfahren und Diskussionen hierzu, sowohl für Vergleiche gegen eine Kontrolle als auch für alle paarweisen Vergleiche, findet man in der Literatur bei Dunn (1964), Dwass (1960), Fligner (1985), Gabriel (1969), Munzel und Hothorn (2001) und bei Steel (1959,1960). In neueren Arbeiten werden multiple Vergleiche über simultane Konfidenzintervalle für relative Effekte konstruiert, z.B. in den Arbeiten von Konietschke und Hothorn (2012), Konietschke et al. (2012*a*, 2012*b*).

2.2.7 Konfidenzintervalle für relative Effekte

Es gehört zu den wesentlichen Aufgaben einer Datenanalyse, Behandlungseffekte zu schätzen und anschaulich die Versuchsergebnisse darzustellen. Darüber hinaus sollte auch noch ein optischer Eindruck über die im Experiment vorhandene Variabilität gegeben werden, beispielsweise durch Angabe von Konfidenzintervallen für die Behandlungseffekte. In der Literatur wird häufig auf Ebene der Ränge argumentiert, wobei die zugrunde liegenden Effekte außer Acht gelassen werden. Dies hat dazu geführt, dass nichtparametrische Methoden im Wesentlichen zum Testen verwendet und die Beschreibung von Effekten, z.B. durch Konfidenzintervalle, vernachlässigt werden. Durch Betrachtung der relativen Effekte ist es jedoch möglich, in nichtparametrischen Modellen neben Punktschätzern auch Bereichsschätzer zu verwenden, wie sie in diesem Abschnitt vorgestellt werden.

2.2.7.1 Direkte Anwendung des Zentralen Grenzwertsatzes

Im Abschnitt 1.4.1 (siehe S. 15ff) ist der direkte Bezug des relativen Effektes $p = \int F_1 dF_2$ zur Differenz der Erwartungswerte im Falle zweier Normalverteilungen diskutiert worden. Auch für beliebige Verteilungen ergibt sich ein gut interpretierbarer Effekt $p_i = \int H dF_i$, der sich zudem auf mehrere Verteilungen $F_1, \ldots, F_a$ übertragen lässt, wobei $H = \frac{1}{N}\sum_{i=1}^a n_i F_i$ der gewichtete Mittelwert der Verteilungen ist. Dieser relative Effekt p_i kann sehr einfach durch den Rangschätzer $\widehat{p}_i$ in (1.5.13) auf Seite 38 geschätzt werden. In Proposition 4.7 (siehe S. 180) wird gezeigt, dass dieser Schätzer erwartungstreu und konsistent für p_i ist. Schließlich wird die asymptotische Normalität von $\widehat{p}_i$, oder genauer gesagt, von $\sqrt{N}(\widehat{p}_i - p_i)$ in Satz 4.26 (siehe S. 210) hergeleitet. Für die asymptotische Varianz s_i^2 von $\sqrt{N}\widehat{p}_i$ ist in Satz 4.27 (siehe S. 211) ein konsistenter Schätzer angegeben.

Unter der ziemlich schwachen Voraussetzung $N/n_i \leq N_0 < \infty$ folgt für $N \to \infty$ dann

$$P\left(\sqrt{N}(\widehat{p}_i - p_i)/\widehat{s}_i \leq u_{1-\alpha}\right) \;=\; P\left(\widehat{p}_i - \widehat{s}_i\, u_{1-\alpha}/\sqrt{N} \leq p_i\right) \;=\; 1-\alpha,$$

wobei $u_{1-\alpha} = \Phi^{-1}(1-\alpha)$ das $(1-\alpha)$-Quantil der Standard-Normalverteilung bezeichnet. Eine zweiseitige Abgrenzung für den relativen Effekt erhält man schließlich aus

$$P\left(\widehat{p}_i - \widehat{s}_i\, u_{1-\alpha/2}/\sqrt{N} \leq p_i \leq \widehat{p}_i + \widehat{s}_i\, u_{1-\alpha/2}/\sqrt{N}\right) \;=\; 1-\alpha.$$

Zu der etwas komplizierten Schätzung der asymptotischen Varianz s_i^2 von $\sqrt{N}\widehat{p}_i$ benötigt man die Gesamt-Ränge R_{ik}, die Intern-Ränge $R_{ik}^{(i)}$ und die Teil-Ränge $R_{ik}^{(-r)}$, $k = 1,\ldots,n_i, r \neq i = 1,\ldots,a$, der Beobachtungen $X_{11},\ldots,X_{an_a}$, wie sie in Definition 1.18 auf Seite 36 festgelegt sind. Zur Erläuterung dieser drei verschiedenen Arten, Ränge für a Gruppen von je n_i, $i = 1,\ldots,a$, Beobachtungen zuzuweisen, sei auf das Beispiel in Tabelle 1.15 (siehe S. 38) verwiesen. Man erhält die Rangdarstellung des Schätzers $\widehat{s}_i^{\,2}$ aus Satz 4.27 (siehe S. 211) als

$$\widehat{s}_i^{\,2} \;=\; \frac{N}{n_i}\widehat{\sigma}_i^2 + \frac{N}{n_i^2}\sum_{r\neq i}^{d} n_r \widehat{\tau}_{r:i}^2, \qquad r \neq i = 1,\ldots,a,$$

wobei

$$\widehat{\sigma}_i^2 \;=\; \frac{1}{N^2(n_i-1)}\sum_{k=1}^{n_i}\left(R_{ik} - R_{ik}^{(i)} - \overline{R}_{i\cdot} + \frac{n_i+1}{2}\right)^2,$$

$$\widehat{\tau}_{r:i}^2 \;=\; \frac{1}{N^2(n_r-1)}\sum_{s=1}^{n_r}\left(R_{rs} - R_{rs}^{(-i)} - \overline{R}_{r\cdot} + \overline{R}_{r\cdot}^{(-i)}\right)^2, \qquad r \neq i$$

ist. Die Schwierigkeit, das Intervall $[p_{i,U}, p_{i,O}]$ mit

$$p_{i,U} \;=\; \widehat{p}_i - u_{1-\alpha/2}\cdot \widehat{s}_i/\sqrt{N}\,, \qquad p_{i,O} \;=\; \widehat{p}_i + u_{1-\alpha/2}\cdot \widehat{s}_i/\sqrt{N} \qquad (2.2.33)$$

als Konfidenzintervall für p_i zu interpretieren, liegt darin, dass $p_i = \int H dF_i$ von den Stichprobenumfängen n_i abhängt, falls diese nicht alle gleich sind. Damit ist p_i (für ungleiche Stichprobenumfänge) keine feste Modellgröße, sondern ist von den Stichprobenumfängen abhängig. Dies liegt an der Definition von $H = \frac{1}{N}\sum_{i=1}^a n_i F_i$ als gewichteter Mittelwert der Verteilungen $F_1,\ldots,F_a$. Bei gleichen Stichprobenumfängen $n_i \equiv n$ folgt $H = \frac{1}{a}\sum_{r=1}^a F_r$ und $p_i = \int H dF_i = \frac{1}{a}\sum_{r=1}^a \int F_r dF_i$ ist für das gegebene Experiment eine konstante Größe, die nur von den im Experiment vorhandenen Verteilungen, nicht aber von den Stichprobenumfängen abhängt. Daher sollte das Intervall $[p_{i,U}, p_{i,O}]$ in (2.2.33) nur bei (annähernd) gleichen Stichprobenumfängen als Konfidenzintervall für p_i interpretiert werden.

Im Abschnitt 4.7 (siehe S. 216ff) wird eine entsprechend veränderte Definition der Verteilung H als ungewichteter Mittelwert $H = \frac{1}{a}\sum_{r=1}^a F_r$ der Verteilungen $F_1,\ldots,F_a$ diskutiert. Die sich daraus für die relativen Effekte ergebenden Schätzer $\widehat{q}_i$ in (4.7.61) auf Seite 218 haben keine einfache Rangdarstellung mehr wie $\widehat{p}_i$ in (1.5.13) auf Seite 38, sondern benötigen für eine Darstellung über Ränge außer den Gesamträngen R_{ik} noch zusätzlich die Intern-Ränge $R_{ik}^{(i)}$ und die Teil-Ränge $R_{ik}^{(-r)}$, $i \neq r$, aus Definition 1.18 (siehe S. 36). Für diese ungewichteten Schätzer $\widehat{q}_i$ gelten analoge Resultate und Aussagen, wie sie hier für die (gewichteten) Schätzer $\widehat{p}_i$ angegeben sind. Darauf soll aber hier nicht näher eingegangen werden. Stattdessen wird das in (2.2.33) angegebene Intervall $[p_{i,U}, p_{i,O}]$ nur bei annähernd gleichen Stichprobenumfängen verwendet, sodass es eine sinnvolle Interpretation hat.

2.2.7.2 Anwendung der δ-Methode

In Abschnitt 1.4.2 (siehe S. 22ff) wurde erläutert, dass der relative Effekt p_i in den Grenzen $n_i/(2N)$ und $1 - n_i/(2N)$ liegt. Dies bedeutet, dass die obere Grenze $p_{i,O}$ (bzw. die untere Grenze $p_{i,U}$) eines sinnvollen Konfidenzintervalls nicht größer sein kann als $1 - n_i/(2N)$ (bzw. nicht kleiner sein kann als $n_i/(2N)$). Man kann - in analoger Weise zur *arcsin*-Transformation bei der Binomialverteilung - dieses Problem dadurch lösen, dass man das Intervall $[n_i/(2N), 1 - n_i/(2N)]$ z.B. auf die ganze reelle Achse $(-\infty, \infty)$ streckt. Dazu transformiert man den relativen Effekt p_i und den Schätzer $\widehat{p}_i$ mit einer stetig differenzierbaren Funktion $g(\cdot)$ und bestimmt dann ein Konfidenzintervall $[p_{i,U}^g, p_{i,O}^g]$ für den transformierten Effekt $g(p_i)$. Anschließend transformiert man die Grenzen $p_{i,U}^g$ und $p_{i,O}^g$ durch $p_{i,U} = g^{-1}(p_{i,U}^g)$ bzw. $p_{i,O} = g^{-1}(p_{i,O}^g)$ wieder auf die ursprüngliche Skala $[n_i/(2N), 1 - n_i/(2N)]$ zurück.

Zur Bestimmung der asymptotischen Verteilung von $g(\widehat{p}_i)$ verwendet man wie in Abschnitt 2.1.5.1 wieder die δ-Methode. Unter den gleichen Voraussetzungen wie in Abschnitt 2.2.7.1 besitzt die Statistik $\sqrt{N}[g(\widehat{p}_i) - g(p_i)] \big/ [g'(\widehat{p}_i)\widehat{s}_i]$ asymptotisch eine Standard-Normalverteilung, falls zusätzlich

1. $g(\cdot)$ eine umkehrbare Funktion mit stetiger erster Ableitung $g'(\cdot)$ ist,
2. $g'(p_i) \neq 0$ ist und
3. $n_r/N \to \lambda_r$, $r = 1, \ldots, a$, gilt.

Für die relativen Effekte bietet sich zur Transformation auf die reelle Achse die *logit*-Transformation an, die das Einheitsintervall $(0, 1) \to (-\infty, \infty)$ abbildet. Dazu transformiert man zunächst das Intervall $[n_i/(2N), 1 - n_i/(2N)]$ durch

$$\widehat{p}_i^{\,*} \quad = \quad (N\widehat{p}_i - n_i/2)/(N - n_i)$$

auf das Einheitsintervall. Unter dieser Transformation verändert sich der Schätzer $\widehat{s}_i$ zu $\widehat{s}_i^{\,*} = N \cdot \widehat{s}_i/(N - n_i)$. Anschließend wendet man die *logit*-Transformation auf $\widehat{p}_i^{\,*}$ an

$$g(\widehat{p}_i^{\,*}) = logit(\widehat{p}_i^{\,*}) = \log\left(\frac{\widehat{p}_i^{\,*}}{1 - \widehat{p}_i^{\,*}}\right), \qquad g'(\widehat{p}_i^{\,*}) = \frac{1}{\widehat{p}_i^{\,*}(1 - \widehat{p}_i^{\,*})}$$

und erhält so die Grenzen des Konfidenzintervalls für den transformierten Effekt $logit(\widehat{p}_i^{\,*})$ als

$$p_{i,U}^g = logit(\widehat{p}_i^*) - \frac{\widehat{s}_i^*}{\widehat{p}_i^*(1-\widehat{p}_i^*)\sqrt{N}} u_{1-\alpha/2}, \quad (2.2.34)$$

$$p_{i,O}^g = logit(\widehat{p}_i^*) + \frac{\widehat{s}_i^*}{\widehat{p}_i^*(1-\widehat{p}_i^*)\sqrt{N}} u_{1-\alpha/2}. \quad (2.2.35)$$

Die Konfidenzgrenzen $p_{i,U}$ und $p_{i,O}$ für den relativen Effekt p_i erhält man durch Rücktransformation auf das ursprüngliche Intervall $[n_i/(2N), 1 - n_i/(2N)]$ aus

$$p_{i,U} = \frac{n_i}{2N} + \frac{N-n_i}{N} \cdot \frac{\exp(p_{i,U}^g)}{1+\exp(p_{i,U}^g)}$$

$$p_{i,O} = \frac{n_i}{2N} + \frac{N-n_i}{N} \cdot \frac{\exp(p_{i,O}^g)}{1+\exp(p_{i,O}^g)}.$$

Simulationen zeigen, dass man mit dieser Methode auch für kleine Stichprobenumfänge ($n_i \geq 10$) approximative Konfidenzintervalle erhält, welche die gewählte Konfidenzwahrscheinlichkeit $1-\alpha$ sehr gut einhalten. Eine Verbesserung gegenüber den in Abschnitt 2.2.7.1 diskutierten Konfidenzintervallen lässt sich insbesondere für relative Effekte erreichen, die nahe an den Rändern des Wertebereichs, also nahe an $n_i/(2N)$ bzw. $1 - n_i/(2N)$ liegen.

In der Literatur wurden schon von Birnbaum (1956) Konfidenzintervalle für den relativen Effekt p angegeben und von Sen (1967) und Govindarajulu (1968) weiter entwickelt. Hanley und McNeil (1982) diskutieren Konfidenzintervalle für die Accuracy eines diagnostischen Tests, d.h. für die Fläche unter der ROC-Kurve von zwei diagnostischen Tests (die Fläche unter der ROC-Kurve ist gerade der relative Effekt p). Im Kontext der Zuverlässigkeit bei der Material-Belastbarkeit wurden von Cheng und Chao (1984) Konfidenzintervalle für p untersucht.

Halperin et al. (1987) haben die verschiedenen Verfahren verglichen und Mee (1990) erweiterte die Methode auf Konfidenzintervalle für Funktionen von X und Y. Newcombe (2006*a*, 2006*b*) diskutiert die verschiedenen Verfahren und entwickelt eine 'tail-area-based' Methode, die insbesondere bei sehr kleinen Stichprobenumfängen und in extremen Situationen (wie Schätzern nahe bei 0 oder 1) angewendet werden kann. Zhou (2008) schlägt Edgeworth-expansions sowie Bootstrap-Approximationen für die studentisierte WMW-Statistik vor und untersucht in einer Simulationsstudie die Eigenschaften der verschiedenen Methoden zur Berechnung der Konfidenzintervalle. Bezüglich näherer Einzelheiten sei auf die oben genannte Spezialliteratur und die in diesen Arbeiten zitierten Artikel verwiesen.

2.2.7.3 Zusammenfassung

Daten und Modell

$X_{i1}, \ldots, X_{in_i} \sim F_i(x),\ i = 1, \ldots, a$ unabhängige Zufallsvariablen
$N = \sum_{i=1}^a n_i$, Gesamtanzahl der Daten,
$\boldsymbol{F} = (F_1, \ldots, F_a)'$, Vektor der Verteilungen.

Voraussetzungen

1. F_i keine Einpunkt-Verteilung,
2. $N/n_i \leq N_0 < \infty,\ i = 1, \ldots, a$,
3. gleiche (oder wenigstens annähernd gleiche) Stichprobenumfänge n_i.

Relative Effekte

$$p_i = \int H dF_i\,, \quad H = \frac{1}{N}\sum_{i=1}^{a} n_i F_i \approx \frac{1}{a}\sum_{i=1}^{a} F_i\,.$$

Schätzer für die relativen Effekte

$$\widehat{p}_i = \tfrac{1}{N}\left(\overline{R}_{i\cdot} - \tfrac{1}{2}\right),\ i = 1, \ldots, a,$$

$$\overline{R}_{i\cdot} = \frac{1}{n_i}\sum_{k=1}^{n_i} R_{ik},\ i = 1, \ldots, a, \text{ Rangmittelwerte.}$$

Notation

R_{ik} Gesamt-Rang von X_{ik} unter allen $N = \sum_{i=1}^{a} n_i$ Beobachtungen,

$R_{ik}^{(i)}$ Intern-Rang von X_{ik} unter allen n_i Beobachtungen in der Gruppe i,

$R_{ik}^{(-r)}$ Teil-Rang von X_{ik} unter allen Beobachtungen ohne die Gruppe r.

Varianzschätzer

$$\widehat{\sigma}_i^2 = \frac{1}{N^2(n_i - 1)}\sum_{k=1}^{n_i}\left(R_{ik} - R_{ik}^{(i)} - \overline{R}_{i\cdot} + \frac{n_i + 1}{2}\right)^2,$$

$$\widehat{\tau}_{r:i}^2 = \frac{1}{N^2(n_r - 1)}\sum_{s=1}^{n_r}\left(R_{rs} - R_{rs}^{(-i)} - \overline{R}_{r\cdot} + \overline{R}_{r\cdot}^{(-i)}\right)^2, \quad r \neq i\,,$$

$$\widehat{s}_i^{\,2} = \frac{N}{n_i}\widehat{\sigma}_i^2 + \frac{N}{n_i^2}\sum_{r \neq i}^{d} n_r \widehat{\tau}_{r:i}^2, \quad r \neq i = 1, \ldots, a\,.$$

Grenzen des $(1-\alpha)$-Konfidenzintervalls (asymptotisch)

Direkte Anwendung des Zentralen Grenzwertsatzes

$$p_{i,U} = \widehat{p}_i - u_{1-\alpha/2} \cdot \widehat{s}_i/\sqrt{N}\,, \qquad p_{i,O} = \widehat{p}_i + u_{1-\alpha/2} \cdot \widehat{s}_i/\sqrt{N},$$

wobei $u_{1-\alpha/2} = \Phi^{-1}(1-\alpha/2)$ das $(1-\alpha/2)$-Quantil der Standard-Normalverteilung ist.

δ-Methode

$$p_{i,U} = \frac{n_i}{2N} + \frac{N - n_i}{N} \cdot \frac{\exp(p_{i,U}^g)}{1 + \exp(p_{i,U}^g)}$$

$$p_{i,O} = \frac{n_i}{2N} + \frac{N - n_i}{N} \cdot \frac{\exp(p_{i,O}^g)}{1 + \exp(p_{i,O}^g)}\,,$$

wobei $p_{i,U}^g$ und $p_{i,O}^g$ in (2.2.34) bzw. (2.2.35) angegeben sind.

2.2.7.4 Anwendung auf ein Beispiel und Software

Das Verfahren zur Konstruktion von Konfidenzintervallen für relative Effekte soll anhand eines Beispiels mit ordinalen Daten demonstriert werden. Dazu werden die Daten des Beispiels C.9 (Anhang C, S. 255) für die Substanz 1 verwendet.

Beispiel 2.8 (Reizung der Nasen-Schleimhaut) Eine inhalierbare Testsubstanz wurde in drei Konzentrationen an je 20 Ratten bezüglich ihrer Reizaktivität auf die Nasen-Schleimhaut nach subchronischer Inhalation untersucht. Die Reizaktivität wurde histopatholoisch durch Vergabe von Scores (0 = 'keine Reizung', 1 = 'leichte Reizung', 2 = 'starke Reizung', 3 = 'schwere Reizung') beurteilt. Die Versuchsergebnisse der 60 Ratten sind in Tabelle 2.14 wiedergegeben.

Tabelle 2.14 Reizungsscores der Nasen-Schleimhaut bei 60 Ratten nach Inhalation einer Testsubstanz in drei verschiedenen Konzentrationen.

Konzentration	Anzahl der Tiere mit Reizungsscore			
	0	1	2	3
2 [ppm]	18	2	0	0
5 [ppm]	12	6	2	0
10 [ppm]	3	7	6	4

Die Versuchsergebnisse sollen grafisch beschrieben werden, wobei auch ein anschaulicher Eindruck von der Variabilität der Daten vermittelt werden soll.

Da in diesem Beispiel ordinale Daten beobachtet wurden, können Behandlungseffekte nicht über Mittelwerte beschrieben werden, da für rein ordinale Daten keine Summen oder Differenzen definiert sind. Hier bieten sich die relativen Effekte p_i zur Beschreibung von Effekten an. Da die Beobachtungen nur die Werte 0, 1, 2 und 3 annehmen können, treten bei der Rangzuweisung zahlreiche Bindungen auf. Die 0 erhält den Rang 17, die 1 den Rang 41, die 2 den Rang 52.5 und die 3 den Rang 58.5. Daraus erhält man die Schätzer $\widehat{p}_i = \frac{1}{60}(\overline{R}_{i\cdot} - \frac{1}{2})$ für die relativen Effekte. Diese sind zusammen mit den Grenzen für die zweiseitigen 95%-Konfidenzintervalle in der Tabelle 2.15 angegeben und in Abbildung 2.6 grafisch dargestellt.

Tabelle 2.15 Schätzer für die relativen Effekte mit den zugehörigen (approximativen) zweiseitigen 95%-Konfidenzintervallen $[p_{i,U}, p_{i,O}]$ für die drei Konzentrationen der Testsubstanz. Unter 'ZGW' sind die unmittelbar aus dem Zentralen Grenzwertsatz bestimmten Grenzen und unter 'δ-Methode' die mittels der *logit*-Transformation bestimmten Grenzen angegeben.

		ZGW		δ-Methode	
Konzentration	$\widehat{p}_i$	$p_{i,U}$	$p_{i,O}$	$p_{i,U}$	$p_{i,O}$
2[ppm]	0.315	0.258	0.372	0.266	0.380
5[ppm]	0.454	0.379	0.530	0.383	0.530
10[ppm]	0.731	0.662	0.800	0.642	0.783

Die angegebenen Grenzen der Konfidenzintervalle sind einmal durch direkte Anwendung des Zentralen Grenzwertsatzes (ZGW) und zum anderen mittels der *logit*-Transformation (δ-Methode) bestimmt worden. Man sieht, dass die Konfidenzintervalle, die über die *logit*-Transformation bestimmt worden sind, am oberen bzw. unteren Rand des Intervalls $[1/6, 5/6]$ leicht schief sind und somit dem beschränkten Wertebereich der relativen Effekte besser entsprechen.

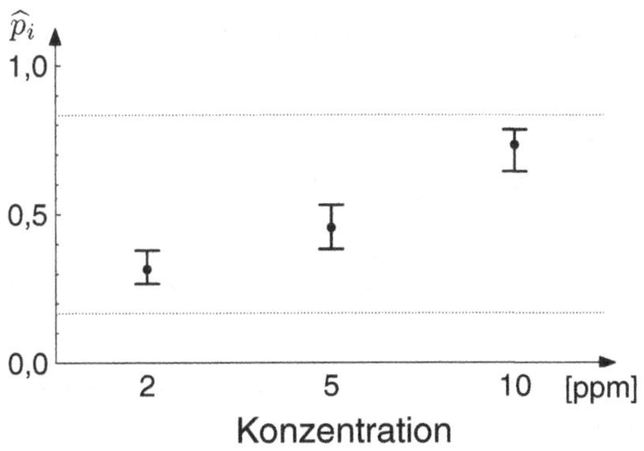

Abbildung 2.6 Zweiseitige 95%-Konfidenzintervalle (δ-Methode) für die relativen Effekte p_i von den drei Konzentrationen der Testsubstanz. Die gestrichelten Linien bezeichnen die obere und untere Grenze $1/6 \leq p_i \leq 5/6$ für die relativen Effekte dieses Versuchs. Ebenso stellen diese Linien sinnvolle Begrenzungen für die obere bzw. untere Schranke der Konfidenzintervalle dar.

Die Ergebnisse sind mit dem SAS-Makro *OWL.SAS* (siehe Abschnitt E.2 im Anhang) berechnet worden. Die Statements zum Einlesen der Daten und für den Aufruf des Makros sind nachfolgend angegeben.

```
DATA nase1;
INPUT kon$ score;
DATALINES;
2ppm   0
 .
 .
 .
10ppm   3
;
RUN;
```

```
% OWL(DATA=nase1,
      VAR=score,
      GROUP=kon,
      ALPHA_C=0.05,
      EXACT=NO);
```

2.2.8 Übungen

Übung 2.20 Werten Sie die Daten des Beispiels C.16 (Verschlusstechniken des Perikards, Anhang C, S. 260) mit folgenden Fragestellungen aus:

1. Anschauliche Darstellung der Versuchsergebnisse.

2. Untersuchung, ob der Verwachsungsscore bei allen Verschlusstechniken gleich ist ($\alpha = 5\%$).
3. Die neue Verschlusstechnik PT ist zweiseitig auf dem multiplen Niveau 5% mit den drei anderen Verschlusstechniken zu vergleichen.

Bestimmen Sie in allen Fällen sowohl die asymptotischen p-Werte als auch die p-Werte aus den Permutationsverfahren.

Übung 2.21 Werten Sie die Daten des Beispiels C.10 (Anzahl der Corpora Lutea, Anhang C, S. 255) mit folgenden Fragestellungen aus:

1. Anschauliche Darstellung der Versuchsergebnisse.
2. Untersuchung, ob das Verum einen Einfluss auf die Anzahl der Corpora Lutea hat ($\alpha = 10\%$).
3. Lässt sich mit zunehmender Dosis ein ansteigender Effekt des Verums nachweisen? ($\alpha = 10\%$).
4. Falls das Verum einen Einfluss auf die Anzahl der Corpora Lutea hat, kann dann einseitig auf dem multiplen Niveau 10% festgestellt werden, bei welcher Dosis sich die Anzahl der Corpora Lutea signifikant von der Kontrolle unterscheidet?

Übung 2.22 Leiten Sie in Satz 2.17 (siehe S. 102f) die Aussage (3) aus der Aussage (2) dieses Satzes her, falls keine Bindungen vorliegen.

Übung 2.23 Leiten Sie die Statistik Q_N^H in (2.2.26) auf Seite 103 aus der Aussage des Korollars 2.16 auf Seite 101 her. Gehen Sie dabei folgendermaßen vor:

(a) Bilden Sie zunächst die quadratische Form

$$\widetilde{Q}_N^H \;=\; \left(\sqrt{N}\boldsymbol{P}_a\widehat{\boldsymbol{p}}\right)' \boldsymbol{\Sigma}^- \left(\sqrt{N}\boldsymbol{P}_a\widehat{\boldsymbol{p}}\right),$$

wobei $\boldsymbol{\Sigma}^-$ eine g-Inverse zu $\boldsymbol{\Sigma} = N \cdot \sigma^2 \boldsymbol{P}_a \boldsymbol{\Lambda}_a^{-1} \boldsymbol{P}_a$ ist. Dann ist zu zeigen, dass $\boldsymbol{W}_a$ eine g-Inverse zu $\boldsymbol{P}_a \boldsymbol{\Lambda}_a^{-1} \boldsymbol{P}_a$ ist, für die weiterhin die Beziehung $\boldsymbol{P}_a \boldsymbol{W}_a \boldsymbol{P}_a = \boldsymbol{W}_a$ gilt. Verwenden Sie hierzu die im Anhang B.6 beschriebene Matrizentechnik.

(b) Leiten Sie unter Benutzung von Aussage (5) des Korollars 2.16 die asymptotische Verteilung von $\widetilde{Q}_N^H$ unter $H_0^F : \boldsymbol{P}_a \boldsymbol{F} = \boldsymbol{0}$ her.

(c) Ersetzen Sie σ^2 dann durch den konsistenten Schätzer $\widehat{\sigma}_N^2$ in Aussage (6) von Korollar 2.16, um die Kruskal-Wallis Statistik zu erhalten. Warum hat Q_N^H asymptotisch die gleiche Verteilung wie $\widetilde{Q}_N^H$?

Übung 2.24 Zeigen Sie, dass die Kruskal-Wallis Statistik Q_N^H für dichotome Daten bis auf den Faktor $(N-1)/N$ äquivalent zur χ^2-Statistik für den Homogenitätstest ist (siehe Abschnitt 2.2.4.4, S. 105f).

Übung 2.25 Bestimmen Sie für die Daten des Beispiels C.10 (Anzahl der Corpora Lutea, Anhang C, S. 255) zweiseitige 95%-Konfidenzintervalle für die relativen Effekte

(a) durch direkte Anwendung des Zentralen Grenzwertsatzes,

(b) mithilfe der δ-Methode

und diskutieren Sie die Ergebnisse. In welchen Grenzen müssen die relativen Effekte und somit auch die Grenzen der Konfidenzintervalle liegen?

Berechnen Sie die zu den relativen Effekten äquivalenten Effekte (siehe Beispiel 1.1, S. 20), falls jeweils Normalverteilungen vorliegen würden. Wie würden Sie Konfidenzintervalle hierfür ermitteln?

Übung 2.26 Für den relativen Effekt p_i sei ein zweiseitiges $(1-\alpha)$-Konfidenzintervall, das direkt aus dem Zentralen Grenzwertsatz ermittelt wurde, gegeben durch $[p_{i,U}, p_{i,O}]$. Der Stichprobenumfang der Versuchsgruppe i sei n_i und der gesamte Stichprobenumfang sei N. Bestimmen Sie daraus allgemein mithilfe der *logit*-Transformation ein anderes zweiseitiges $(1-\alpha)$-Konfidenzintervall.

Übung 2.27 Von Beispiel C.9 (Reizung der Nasen-Schleimhaut, Anhang C, S. 255) sollen in dieser Aufgabe nur die Daten für die Substanz 2 betrachtet werden.

(a) Prüfen Sie, ob alle Konzentrationen den gleichen Effekt auf die Schädigung der Nasenschleimhaut haben.

(b) Kann man mit steigender Konzentration eine stärkere Schädigung der Nasenschleimhaut feststellen?

(c) Für die relativen Effekte in den einzelnen Konzentrationsstufen sind zweiseitige 95%-Konfidenzintervalle anzugeben.

Übung 2.28 Überprüfen Sie im Beispiel C.10 (Anzahl der Corpora Lutea, Anhang C, S. 255) folgende Fragestellungen:

(a) Ist ein Effekt des Verum auf die Anzahl der Corpora Lutea vorhanden?

(b) Vergleichen Sie unter Einhaltung des multiplen Niveaus $\alpha = 5\%$ die einzelnen Dosisstufen gegen die Kontrolle.

(c) Ist ein Dosis-abhängiger Effekt auf die Anzahl der Corpora Lutea vorhanden (d.h. Zunahme oder Abnahme mit steigender Dosis)?

Übung 2.29 Betrachten Sie im Beispiel C.12 (Relative Nierengewichte, Anhang C, S. 257) getrennt die männlichen und die weiblichen Tiere und beantworten Sie folgende Fragen:

(a) Ist ein Effekt des Verum auf die Anzahl der relativen Nierengewichte vorhanden?

(b) Vergleichen Sie unter Einhaltung des multiplen Niveaus $\alpha = 5\%$ die einzelnen Dosisstufen gegen die Kontrolle.

(c) Ist ein Dosis-abhängiger Effekt auf die relativen Nierengewichte vorhanden (d.h. Zunahme oder Abnahme mit steigender Dosis)?

(d) Für die relativen Effekte in den einzelnen Dosisstufen sind zweiseitige 95%-Konfidenzintervalle anzugeben.

Übung 2.30 Fassen Sie in Beispiel C.14 (Anzahl der Implantationen und Anzahl der Resorptionen, Anhang C, S. 259) die Daten der beiden Jahre zusammen, ignorieren Sie die Information, dass der Versuch in zwei Durchgängen durchgeführt wurde und beantworten Sie folgende Fragen:

(a) Ist ein Effekt des Verum auf die Anzahl der Implantationen vorhanden?

(b) Vergleichen Sie unter Einhaltung des multiplen Niveaus $\alpha = 5\%$ die einzelnen Dosisstufen gegen die Kontrolle.

(c) Ist ein Dosis-abhängiger Effekt auf die Anzahl der Implantationen vorhanden (d.h. Zunahme oder Abnahme mit steigender Dosis)?

(d) Für die relativen Effekte in den einzelnen Dosisstufen sind zweiseitige 95%-Konfidenzintervalle anzugeben.

Beantworten Sie dieselben Fragen für die Anzahl der Resorptionen.

Kapitel 3

Mehrfaktorielle Versuchspläne

Im Folgenden werden Auswertungsverfahren für Versuchspläne mit mehreren Faktoren beschrieben. Die Faktoren können miteinander gekreuzt oder untereinander verschachtelt sein (siehe Abschnitt 1.2.1). Zunächst werden die Ideen zu einer nichtparametrischen Modellierung und Formulierung von Hypothesen anhand von Versuchsplänen mit zwei Faktoren erläutert und dann auf drei Faktoren erweitert, wobei die Technik zur Verallgemeinerung auf mehrere Faktoren erklärt wird.

Um die im vorigen Kapitel für einen festen Faktor diskutierten Verfahren auf mehrere Faktoren zu verallgemeinern, musste in der historischen Entwicklung eine bestimmte gedankliche Schwelle überwunden werden, die lange Zeit ein großes Hindernis darstellte. Die wesentliche Schwierigkeit bestand darin, mit nichtparametrischen Methoden, also ohne Verwendung von Parametern, die *alleinige Wirkung* eines Faktors (Haupteffekt) oder eine *Kombinationswirkung* mit einem anderen oder mit mehreren anderen Faktoren (Wechselwirkung) zu beschreiben. Für Modelle ohne Wechselwirkungen oder eingeschränkte Hypothesen, in denen Haupteffekte und Wechselwirkungen vermischt sind, wurden zahlreiche Verfahren hergeleitet, ohne dass eine allgemeine Theorie entwickelt werden konnte, aus der Verfahren für beliebige Versuchspläne hergeleitet werden können (siehe z.B. Lemmer und Stoker, 1967; Mack und Skillings, 1980; de Kroon und van der Laan, 1981; Rinaman, 1983; Brunner und Neumann, 1986; Hora und Iman, 1988; Thompson, 1990, 1991). Zu diesen Verfahren gehört auch die *Rang-Transformationstechnik (RT)*, die von Conover und Iman (1976, 1981) für einfaktorielle Versuchspläne heuristisch diskutiert wurde, sich aber für mehrfaktorielle Versuchspläne als fehlerhaft erwies (Brunner und Neumann, 1986; Blair, Sawilowski und Higgens, 1987; Akritas, 1990, 1991, 1993; Thompson, 1990, 1991).

Der entscheidende Schritt zur Lösung des Problems gelang Akritas und Arnold (1994), die in einem zweifaktoriellen nichtparametrischen Modell die Hypothesen über die Verteilungsfunktionen analog zu den Hypothesen in den linearen Modellen formulierten. Diese Hypothesen werden in den folgenden Abschnitten beschrieben und es werden entsprechende Testverfahren hergeleitet, deren Anwendung anhand von Beispielen diskutiert wird.

3.1 Zwei feste Faktoren

In den meisten Experimenten wird das Versuchsergebnis nicht nur von einem Faktor, sondern von zwei oder mehreren Faktoren beeinflusst. Zur Vereinfachung beschränkt man sich häufig auf zwei wesentliche Faktoren, deren Einflüsse auf das Versuchsergebnis man untersuchen möchte. Verfahren zur Auswertung solcher Versuchsanlagen werden in diesem Abschnitt beschrieben. Dabei unterscheidet man Versuchsanlagen, bei denen die Faktoren vollständig miteinander gekreuzt sind (die so genannte Kreuzklassifikation) und Versuchsanlagen, bei denen die Faktoren untereinander verschachtelt sind (hierarchische Versuchspläne). Nähere Erläuterungen zur Anordnung von Faktoren findet man im Kapitel 1 in Abschnitt 1.2.1.

3.1.1 Kreuzklassifikation ($a \times b$-Versuchspläne)

Eine zweifaktorielle Versuchsanlage mit den beiden gekreuzten Faktoren A (a Stufen) und B (b Stufen) heißt $(a \times b)$-Versuchsplan oder auch $(a \times b)$-Kreuzklassifikation. Die Analyse eines solchen Versuchsplans beschäftigt sich mit einer Trennung der Einflüsse der beiden Faktoren A und B in die Einflüsse, die alleine auf die Stufen des Faktors A (Haupteffekt A) oder alleine auf die Stufen des Faktors B (Haupteffekt B) zurückzuführen sind, und in den Einfluss, der durch das Zusammenwirken der jeweiligen Stufen von A und B entsteht (Wechselwirkung). Dabei kann das Zusammenwirken der Faktorstufen verstärkend (synergistisch) oder abschwächend (antagonistisch) sein. So kann z.B. der Effekt einer neuen Therapie gegenüber einer Standard-Therapie vom Schweregrad einer Erkrankung abhängen oder das Ausmaß des toxischen Dosis-Wirkungsprofils einer Substanz kann für männliche Versuchstiere anders sein als für weibliche. Die Fragestellungen bei einer Kreuzklassifikation werden anhand einer Toxizitätsstudie an männlichen und weiblichen Wistar-Ratten erläutert.

Beispiel 3.1 (Nierengewichte) In einer Toxizitätsstudie wurden bei männlichen und weiblichen Wistar-Ratten die relativen Nierengewichte (rechte + linke Niere, bezogen auf das jeweilige Körpergewicht), bestimmt. Gegenüber Placebo sollten unerwünschte toxische Wirkungen einer Substanz untersucht werden, die in vier (steigenden) Dosisstufen den Tieren verabreicht wurde. Zur Beurteilung der Toxizität der untersuchten Substanz war u.a. für den Tier-Pathologen das auf das Körpergewicht bezogene, so genannte relative Gewicht der Nieren von Interesse. Als wichtige Faktoren wählte man das Geschlecht der Tiere (Faktor A) mit den beiden Stufen $i = 1$ (männlich) und $i = 2$ (weiblich) und den Faktor B (Dosis der Substanz) mit den fünf Stufen $i = 1$ (Placebo = Dosis 0) bis $i = 5$ (Dosis 4). Die relativen Gewichte [‰] sind in Tabelle C.12, Anhang C, S. 257 aufgelistet. In Abbildung 3.1 sind die Box-Plots der Daten getrennt nach dem Geschlecht der Tiere und der Dosis der Behandlung dargestellt.

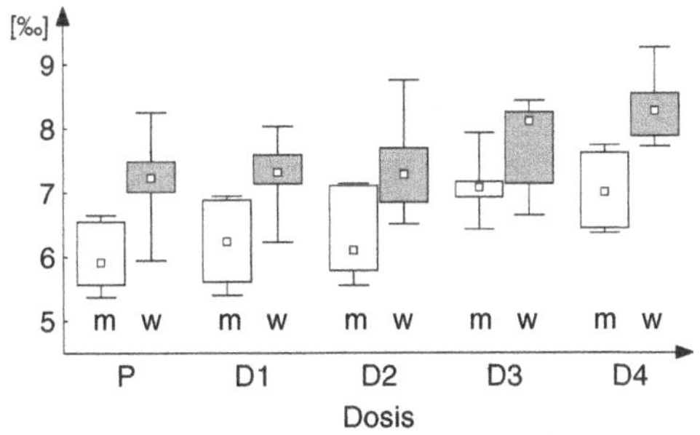

Abbildung 3.1 Box-Plots für die relativen Nierengewichte der Wistar-Ratten aus der Toxizitätsstudie in Beispiel 3.1.

Ein Haupteffekt des Faktors A würde bedeuten, dass männliche und weibliche Tiere (über alle Dosisstufen gemittelt) unterschiedliche relative Nierengewichte haben. Ein Haupteffekt des Faktors B würde bedeuten, dass das relative Nierengewicht (über männliche und weibliche Tiere einer Dosierung gemittelt) nicht für alle Dosisstufen gleich ist. Eine Wechselwirkung zwischen den Faktoren A und B würde bedeuten, dass sich Veränderungen der relativen Nierengewichte der männlichen und weiblichen Tiere über die einzelnen Dosisstufen nicht gleichartig verhalten. Beispielsweise könnte es sein, dass sich das relative Nierengewicht der weiblichen Tiere in den hohen Dosisstufen stärker gegenüber Placebo verändert als bei den männlichen Tieren.

Der optische Eindruck, der bei der Betrachtung der Box-Plots in Abbildung 3.1 entsteht, scheint für einen Haupteffekt des Faktors A, einen Haupteffekt des Faktors B und gegen eine Wechselwirkung zu sprechen. Eine adäquate statistische Analyse dieses Beispiels sollte diese Aussagen durch entsprechende p-Werte belegen können.

3.1.1.1 Modelle und Hypothesen

Die Daten einer Kreuzklassifikation der Faktoren A und B werden für jede Kombination der Faktorstufen $i = 1, \ldots, a$ und $j = 1, \ldots, b$ durch unabhängige Zufallsvariablen X_{ijk}, $k = 1, \ldots, n_{ij}$, beschrieben, wobei der Index k die unabhängigen Wiederholungen bzw. die Individuen nummeriert. Diese Versuchsanlage wird im Folgenden kurz als *CRF-ab (Completely Randomized Factorial Design, zwei vollständig gekreuzte Faktoren mit a bzw. b Stufen)* bezeichnet (siehe auch Abschnitt 1.2.3, S. 9ff). Die Bezeichnung CRF-ab wird unabhängig davon verwendet, welches spezielle Modell für die Zufallsvariablen X_{ijk} oder welche Verteilungen angenommen werden. Bezüglich weiterer Erläuterungen zur Struktur und Notation von faktoriellen Versuchsanlagen wird auf den Abschnitt 1.2.1 (siehe S. 4ff) verwiesen. Die Daten X_{ijk} und die Struktur des CRF-ab sind anschaulich im Schema 3.1 dargestellt.

Die verschiedenen Analyseverfahren zur Auswertung des CRF-ab hängen davon ab, welches statistische Modell man sinnvollerweise den Daten unterlegen kann. Im Folgenden wird zunächst exemplarisch das bekannte lineare Modell für metrische Daten beschrieben. Anhand dieses Modells werden die parametrischen Hypothesen und deren technische

Formulierung erläutert. Diese Begriffe werden dann anschließend auf ein allgemeines nichtparametrisches Modell übertragen.

Schema 3.1 (Zweifaktorieller Versuchsplan, CRF-ab)

		Faktor B		
		$j=1$	$\cdots$	$j=b$
Faktor A	$i=1$	X_{111} $\vdots$ $X_{11n_{11}}$	$\cdots$	X_{1b1} $\vdots$ $X_{1bn_{1b}}$
	$\vdots$	$\vdots$	$\ddots$	$\vdots$
	$i=a$	X_{a11} $\vdots$ $X_{a1n_{a1}}$	$\cdots$	X_{ab1} $\vdots$ $X_{abn_{ab}}$

Lineares Modell In einem linearen Modell wird die Beobachtung X_{ijk} additiv in den Erwartungswert $\mu_{ij} = E(X_{ijk})$ und einen Fehlerterm ϵ_{ijk} mit $E(\epsilon_{ijk}) = 0$ zerlegt.

Modell 3.1 (CRF-ab / Lineares Modell)
Die Daten im CRF-ab werden durch die unabhängigen Zufallsvariablen

$$\begin{aligned} X_{ijk} &= \mu_{ij} + \epsilon_{ijk}\,, \\ &\quad i = 1, \ldots, a,\ j = 1, \ldots, b,\ k = 1, \ldots, n_{ij}, \end{aligned}$$

beschrieben, wobei $\mu_{ij} = E(X_{ijk})$ und $E(\epsilon_{ijk}) = 0$ ist. Zusätzlich nimmt man an, dass $\sigma_{ij}^2 = Var(\epsilon_{ij1}) < \infty$, $i = 1, \ldots, a$, $j = 1, \ldots, b$, ist.

Bezeichnet man mit $\overline{\mu}_{i\cdot} = \frac{1}{b}\sum_{j=1}^{b}\mu_{ij}$ und $\overline{\mu}_{\cdot j} = \frac{1}{a}\sum_{i=1}^{a}\mu_{ij}$ die Zeilen- und Spalten-Mittelwerte und mit $\overline{\mu}_{\cdot\cdot} = \frac{1}{ab}\sum_{i=1}^{a}\sum_{j=1}^{b}\mu_{ij}$ den ungewichteten Gesamt-Mittelwert der Erwartungswerte, dann beschreiben die Größen

$$\begin{aligned} \alpha_i &= \overline{\mu}_{i\cdot} - \overline{\mu}_{\cdot\cdot}\,, \quad i = 1, \ldots, a, && \text{– den Haupteffekt } A, \\ \beta_j &= \overline{\mu}_{\cdot j} - \overline{\mu}_{\cdot\cdot}\,, \quad j = 1, \ldots, b, && \text{– den Haupteffekt } B, \\ (\alpha\beta)_{ij} &= \mu_{ij} - \overline{\mu}_{i\cdot} - \overline{\mu}_{\cdot j} + \overline{\mu}_{\cdot\cdot}\,, \\ &\quad i = 1, \ldots, a,\ j = 1, \ldots, b, && \text{– die Wechselwirkung } AB. \end{aligned}$$

Man bezeichnet weiter mit $\boldsymbol{\mu} = (\mu_{11}, \ldots, \mu_{1b}, \ldots, \mu_{a1}, \ldots, \mu_{ab})'$ den Vektor der Erwartungswerte, wobei die Komponenten in lexikografischer Reihenfolge angeordnet sind. Mit dieser Vektorschreibweise und der Matrizentechnik (siehe Anhang B.6, S. 243ff) schreibt man den Parametervektor, der den Haupteffekt A beschreibt, in der Form

$$\boldsymbol{\alpha} = \begin{pmatrix} \alpha_1 \\ \vdots \\ \alpha_a \end{pmatrix} = \begin{pmatrix} \overline{\mu}_{1\cdot} - \overline{\mu}_{\cdot\cdot} \\ \vdots \\ \overline{\mu}_{a\cdot} - \overline{\mu}_{\cdot\cdot} \end{pmatrix} = \left(\boldsymbol{P}_a \otimes \tfrac{1}{b}\mathbf{1}_b'\right)\boldsymbol{\mu}\,,$$

den Parametervektor, der den Haupteffekt B beschreibt, in der Form

$$\boldsymbol{\beta} = \begin{pmatrix} \beta_1 \\ \vdots \\ \beta_b \end{pmatrix} = \begin{pmatrix} \overline{\mu}_{\cdot 1} - \overline{\mu}_{\cdot\cdot} \\ \vdots \\ \overline{\mu}_{\cdot b} - \overline{\mu}_{\cdot\cdot} \end{pmatrix} = \left(\tfrac{1}{a}\mathbf{1}_a' \otimes \boldsymbol{P}_b\right)\boldsymbol{\mu}$$

und den Parametervektor, der die Wechselwirkung AB beschreibt, in der Form

$$(\boldsymbol{\alpha\beta}) = \begin{pmatrix} (\alpha\beta)_{11} \\ \vdots \\ (\alpha\beta)_{ab} \end{pmatrix} = \begin{pmatrix} \mu_{11} - \overline{\mu}_{1\cdot} - \overline{\mu}_{\cdot 1} + \overline{\mu}_{\cdot\cdot} \\ \vdots \\ \mu_{ab} - \overline{\mu}_{a\cdot} - \overline{\mu}_{\cdot b} + \overline{\mu}_{\cdot\cdot} \end{pmatrix} = (\boldsymbol{P}_a \otimes \boldsymbol{P}_b)\,\boldsymbol{\mu}\,.$$

Die Matrizen $\boldsymbol{P}_a = \boldsymbol{I}_a - \frac{1}{a}\boldsymbol{J}_a$ und $\boldsymbol{P}_b = \boldsymbol{I}_b - \frac{1}{b}\boldsymbol{J}_b$ sind die a- bzw. b-dimensionalen zentrierenden Matrizen und das Symbol $\otimes$ bezeichnet das Kronecker-Produkt der jeweiligen Matrizen und Vektoren.

Die bekannten Hypothesen des linearen Modells lassen sich damit äquivalent in folgender Form schreiben

1. $H_0^\mu(A) : \alpha_i = 0,\ i = 1, \ldots, a \Longleftrightarrow \left(\boldsymbol{P}_a \otimes \frac{1}{b}\mathbf{1}_b'\right)\boldsymbol{\mu} = \mathbf{0}$,
2. $H_0^\mu(B) : \beta_j = 0,\ j = 1, \ldots, b \Longleftrightarrow \left(\frac{1}{a}\mathbf{1}_a' \otimes \boldsymbol{P}_b\right)\boldsymbol{\mu} = \mathbf{0}$,
3. $H_0^\mu(AB) : (\alpha\beta)_{ij} = 0,\ i = 1, \ldots, a,\ j = 1, \ldots, b \Longleftrightarrow (\boldsymbol{P}_a \otimes \boldsymbol{P}_b)\,\boldsymbol{\mu} = \mathbf{0}$.

Es ist zu beachten, dass die Matrizen $\boldsymbol{C}_A = \left(\boldsymbol{P}_a \otimes \frac{1}{b}\mathbf{1}_b'\right)$, $\boldsymbol{C}_B = \left(\frac{1}{a}\mathbf{1}_a' \otimes \boldsymbol{P}_b\right)$ und $\boldsymbol{C}_{AB} = (\boldsymbol{P}_a \otimes \boldsymbol{P}_b)$ Kontrastmatrizen sind. Für Kontrastmatrizen gilt, dass alle Zeilensummen gleich 0 sind, also $\boldsymbol{C}_A\mathbf{1}_{ab} = \mathbf{0}$, $\boldsymbol{C}_B\mathbf{1}_{ab} = \mathbf{0}$ und $\boldsymbol{C}_{AB}\mathbf{1}_{ab} = \mathbf{0}$ (vergl. Definition 2.14, S. 95).

Nimmt man zusätzlich an, dass im Modell 3.1 der Fehlerterm $\epsilon_{ijk} \sim N(0, \sigma^2)$-verteilt ist, dann liegt das homoskedastische lineare Modell vor, das dem CRF-ab der klassischen Varianzanalyse (ANOVA) zugrunde liegt. Verfahren zur Auswertung dieses Modells sind z.B. in dem Lehrbuch von Kirk (1982) ausführlich beschrieben. Lässt man die Annahme gleicher Varianzen fallen, dann kann man entweder asymptotische Verfahren verwenden (siehe z.B. Arnold, 1981) oder man kann für kleine Stichproben eine gute Approximation verwenden, wie zum Beispiel die Approximation, die in Brunner, Dette und Munk (1997) beschrieben ist. Will man ganz auf die Annahme der Normalverteilung verzichten und nimmt nur das Modell 3.1 an, so ist man zur Analyse des CRF-ab auf große Stichprobenumfänge und somit auf asymptotische Verfahren angewiesen.

Nichtparametrisches Modell In einem nichtparametrischen CRF-ab nimmt man lediglich an, dass alle Beobachtungen X_{ijk} unabhängig und innerhalb der Stufenkombination (i, j) identisch verteilt sind nach der Verteilungsfunktion $F_{ij}(x)$. Dabei bezeichnet $F_{ij}(x) = \frac{1}{2}\left[F_{ij}^+(x) + F_{ij}^-(x)\right]$ die normalisierte Version der Verteilungsfunktion, die es erlaubt, auch beliebig unstetige Verteilungsfunktionen mit in das Modell aufnehmen zu können. Lediglich der triviale Fall einer Einpunkt-Verteilung wird ausgeschlossen (vergl. Definition 1.3, S. 13).

Modell 3.2 (*CRF-ab / Allgemeines Modell*)
Die Daten im CRF-ab werden durch die unabhängigen Zufallsvariablen

$$X_{ijk} \quad \sim \quad F_{ij}(x)\,, \quad i=1,\ldots,a,\ j=1,\ldots,b,\ k=1,\ldots,n_{ij},$$

beschrieben, wobei die Verteilungsfunktionen $F_{ij}(x) = \frac{1}{2}\left[F_{ij}^{+}(x) + F_{ij}^{-}(x)\right]$ (bis auf Einpunkt-Verteilungen) beliebig sein können. Der Vektor der $a \cdot b$ Verteilungen wird mit $\boldsymbol{F} = (F_{11}, \ldots, F_{1b}, \ldots, F_{a1}, \ldots, F_{ab})'$ bezeichnet, wobei die Komponenten von $\boldsymbol{F}$ in lexikografischer Reihenfolge angeordnet sind.

Analog zum linearen Modell kann man mithilfe der Verteilungsfunktionen $F_{ij}(x)$ nichtparametrische Haupteffekte und Wechselwirkungen beschreiben. Eine ausführliche Diskussion hierzu findet man bei Akritas und Arnold (1994) und bei Akritas, Arnold und Brunner (1997). Bezeichne $\overline{F}_{i\cdot}(x) = \frac{1}{b}\sum_{j=1}^{b} F_{ij}(x)$ und $\overline{F}_{\cdot j}(x) = \frac{1}{a}\sum_{i=1}^{a} F_{ij}(x)$ die Zeilen- und Spalten-Mittelwerte und $\overline{F}_{\cdot\cdot}(x) = \frac{1}{ab}\sum_{i=1}^{a}\sum_{j=1}^{b} F_{ij}(x)$ den ungewichteten Gesamt-Mittelwert der Verteilungsfunktionen, dann beschreiben die Größen

$$\begin{aligned}
A_i(x) &= \overline{F}_{i\cdot}(x) - \overline{F}_{\cdot\cdot}(x)\,, \quad i=1,\ldots,a, \quad \text{– den Haupteffekt } A,\\
B_j(x) &= \overline{F}_{\cdot j}(x) - \overline{F}_{\cdot\cdot}(x)\,, \quad j=1,\ldots,b, \quad \text{– den Haupteffekt } B,\\
W_{ij}(x) &= F_{ij}(x) - \overline{F}_{i\cdot}(x) - \overline{F}_{\cdot j}(x) + \overline{F}_{\cdot\cdot}(x)\,,\\
& \qquad i=1,\ldots,a,\ j=1,\ldots,b, \quad \text{– die Wechselwirkung } AB
\end{aligned}$$

im nichtparametrischen Modell 3.2. Unter Benutzung der Matrizentechnik können die nichtparametrischen Haupteffekte A und B in der Form

$$\begin{pmatrix} A_1(x) \\ \vdots \\ A_a(x) \end{pmatrix} = \begin{pmatrix} \overline{F}_{1\cdot}(x) - \overline{F}_{\cdot\cdot}(x) \\ \vdots \\ \overline{F}_{a\cdot}(x) - \overline{F}_{\cdot\cdot}(x) \end{pmatrix} = \left(\boldsymbol{P}_a \otimes \tfrac{1}{b}\boldsymbol{1}_b'\right)\boldsymbol{F}(x)\,,$$

$$\begin{pmatrix} B_1(x) \\ \vdots \\ B_b(x) \end{pmatrix} = \begin{pmatrix} \overline{F}_{\cdot 1}(x) - \overline{F}_{\cdot\cdot}(x) \\ \vdots \\ \overline{F}_{\cdot b}(x) - \overline{F}_{\cdot\cdot}(x) \end{pmatrix} = \left(\tfrac{1}{a}\boldsymbol{1}_a' \otimes \boldsymbol{P}_b\right)\boldsymbol{F}(x)$$

und die nichtparametrische Wechselwirkung AB in der Form

$$\begin{pmatrix} W_{11}(x) \\ \vdots \\ W_{ab}(x) \end{pmatrix} = \begin{pmatrix} F_{11}(x) - \overline{F}_{1\cdot}(x) - \overline{F}_{\cdot 1}(x) + \overline{F}_{\cdot\cdot}(x) \\ \vdots \\ F_{ab}(x) - \overline{F}_{a\cdot}(x) - \overline{F}_{\cdot b}(x) + \overline{F}_{\cdot\cdot}(x) \end{pmatrix} = (\boldsymbol{P}_a \otimes \boldsymbol{P}_b)\,\boldsymbol{F}(x)$$

geschrieben werden. Mithilfe der Funktionen $A_i(x)$, $B_j(x)$ und $W_{ij}(x)$ formuliert man die folgenden nichtparametrischen Hypothesen für den CRF-ab.

1. $H_0^F(A): A_i \equiv 0,\ i=1,\ldots,a \iff \left(\boldsymbol{P}_a \otimes \tfrac{1}{b}\boldsymbol{1}_b'\right)\boldsymbol{F} = \boldsymbol{0}$,
2. $H_0^F(B): B_j \equiv 0,\ j=1,\ldots,b \iff \left(\tfrac{1}{a}\boldsymbol{1}_a' \otimes \boldsymbol{P}_b\right)\boldsymbol{F} = \boldsymbol{0}$,

3. $H_0^F(AB) : W_{ij} \equiv 0,\ i = 1,\ldots,a,\ j = 1,\ldots,b \Longleftrightarrow (\boldsymbol{P}_a \otimes \boldsymbol{P}_b)\,\boldsymbol{F} = \boldsymbol{0}.$

Hierbei bezeichnet die 0 jeweils eine Funktion, die identisch 0 ist. Entsprechend bezeichnet **0** einen Vektor von Funktionen, die identisch 0 sind. Diese Hypothesen sind eine unmittelbare Verallgemeinerung der nichtparametrischen Hypothese $H_0^F : \boldsymbol{P}_a\boldsymbol{F} = \boldsymbol{0}$ im Mehrstichproben-Modell (einfaktorieller Zufallsplan, CRF-a) auf den zweifaktoriellen CRF-ab.

Zur Verdeutlichung der Analogie werden nachfolgend die Funktionen $A_i(x)$, $B_j(x)$ und $W_{ij}(x)$ des nichtparametrischen Modell den entsprechenden parametrischen Größen α_i, β_j und $(\alpha\beta)_{ij}$ in einem linearen Modell gegenübergestellt.

Modell

nichtparametrisch	**parametrisch (linear)**
$A_i(x) = \overline{F}_{i\cdot}(x) - \overline{F}_{\cdot\cdot}(x)$	$\alpha_i = \overline{\mu}_{i\cdot} - \overline{\mu}_{\cdot\cdot}$
$B_j(x) = \overline{F}_{\cdot j}(x) - \overline{F}_{\cdot\cdot}(x)$	$\beta_j = \overline{\mu}_{\cdot j} - \overline{\mu}_{\cdot\cdot}$
$W_{ij}(x) = F_{ij}(x) - \overline{F}_{i\cdot}(x) - \overline{F}_{\cdot j}(x) + \overline{F}_{\cdot\cdot}(x)$	$(\alpha\beta)_{ij} = \mu_{ij} - \overline{\mu}_{i\cdot} - \overline{\mu}_{\cdot j} + \overline{\mu}_{\cdot\cdot}$

Im linearen Modell 3.1 ist $\mu_{ij} = \int x dF_{ij}(x)$, $i = 1,\ldots,a$, $j = 1,\ldots,b$, oder in vektorieller Kurzschreibweise

$$\boldsymbol{\mu} = \begin{pmatrix} \mu_{11} \\ \vdots \\ \mu_{ab} \end{pmatrix} = \begin{pmatrix} \int x\, dF_{11}(x) \\ \vdots \\ \int x\, dF_{ab}(x) \end{pmatrix} = \int x\, d \begin{pmatrix} F_{11}(x) \\ \vdots \\ F_{ab}(x) \end{pmatrix} = \int x d\boldsymbol{F}(x)\,.$$

In diesem Modell implizieren die nichtparametrischen Hypothesen H_0^F die linearen Hypothesen H_0^μ, da für jede Kontrastmatrix $\boldsymbol{C}$ aus $H_0^F(\boldsymbol{C}) : \boldsymbol{C}\boldsymbol{F} = \boldsymbol{0}$ folgt, dass dann auch $H_0^\mu(\boldsymbol{C}) : \boldsymbol{C}\boldsymbol{\mu} = \boldsymbol{C} \int x\, d\boldsymbol{F}(x) = \int x\, d(\boldsymbol{C}\boldsymbol{F}(x)) = \boldsymbol{0}$ gilt. Die sich daraus ergebenden Implikationen für die parametrischen und nichtparametrischen Haupteffekte und die Wechselwirkung sind nachfolgend zusammengestellt.

Implikationen

nichtparametrisch		**parametrisch**
$A_i \equiv 0$	$\Rightarrow$	$\alpha_i = 0$
$B_j \equiv 0$	$\Rightarrow$	$\beta_j = 0$
$W_{ij} \equiv 0$	$\Rightarrow$	$(\alpha\beta)_{ij} = 0$

Relative Effekte Die nichtparametrischen Haupteffekte $A_i(x)$ und $B_j(x)$ sowie die nichtparametrische Wechselwirkung $W_{ij}(x)$, $i = 1,\ldots,a$, $j = 1,\ldots,b$, sind Funktionen und daher anschaulich schwierig als Effekt zu interpretieren. Zur anschaulichen Beschreibung von nichtparametrischen Effekten im CRF-ab verwendet man daher die relativen Effekte

$$p_{ij} = \int H dF_{ij}\,, \quad i = 1,\ldots,a,\ j = 1,\ldots,b, \tag{3.1.1}$$

wobei $H = \frac{1}{N}\sum_{i=1}^{a}\sum_{j=1}^{b} n_{ij}F_{ij}$ die gewichtete mittlere Verteilung ist. Bezeichnet man mit

$$p = \begin{pmatrix} p_{11} \\ \vdots \\ p_{ab} \end{pmatrix} = \begin{pmatrix} \int H\, dF_{11} \\ \vdots \\ \int H\, dF_{ab} \end{pmatrix} = \int H\, d\begin{pmatrix} F_{11} \\ \vdots \\ F_{ab} \end{pmatrix} = \int H dF$$

den Vektor dieser relativen Effekte, mit $C_A = P_a \otimes \frac{1}{b}\mathbf{1}'_b$ und $C_B = \frac{1}{a}\mathbf{1}'_a \otimes P_b$ die Kontrastmatrizen zur Erzeugung der nichtparametrischen Haupteffekte A bzw. B sowie mit $C_{AB} = P_a \otimes P_b$ die Kontrastmatrix zur Erzeugung der nichtparametrischen Wechselwirkungen, dann sind $C_A p = \int Hd(C_A F)$ und $C_B p = \int Hd(C_B F)$ die Vektoren der relativen Haupteffekte A bzw. B und $C_{AB}p = \int Hd(C_{AB}F)$ der Vektor der relativen Effekte, welche die Wechselwirkungen beschreiben. Man sieht an dieser Darstellung sofort, dass aus $C_A F = \mathbf{0} \Rightarrow C_A p = \mathbf{0}$ folgt, aus $C_B F = \mathbf{0} \Rightarrow C_B p = \mathbf{0}$ und aus $C_{AB}F = \mathbf{0} \Rightarrow C_{AB}p = \mathbf{0}$. Diese Beziehungen sind in Abbildung 3.2 grafisch dargestellt.

Anschaulich bedeutet der relative Haupteffekt A folgendes: Falls $\overline{p}_{i\cdot} - \overline{p}_{\cdot\cdot} < \overline{p}_{i'\cdot} - \overline{p}_{\cdot\cdot}$ ist, dann tendieren in Bezug auf die mittlere Verteilungsfunktion $H(x)$ die Beobachtungen X_{ijk}, $j = 1, \ldots, b$, $k = 1, \ldots, n_{ij}$, in der Stufe i des Faktors A ‘im Mittel’ zu kleineren Werten als die Beobachtungen $X_{i'jk}$, $j = 1, \ldots, b$, $k = 1, \ldots, n_{i'j}$, in der Stufe i' des Faktors A. Eine Wechselwirkung zwischen den relativen Effekten bedeutet, dass die Differenzen $p_{ij} - \overline{p}_{\cdot j}$ von den Stufen $j = 1, \ldots, b$ des Faktors B abhängen und nicht alle gleich $\overline{p}_{i\cdot} - \overline{p}_{\cdot\cdot}$ sind.

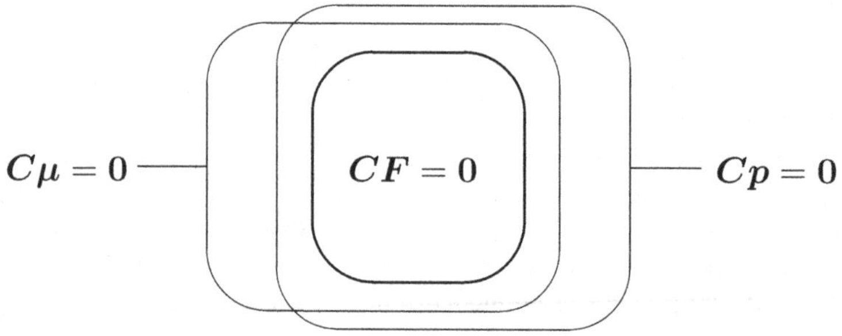

Abbildung 3.2 Implikationen der Kontraste für die Verteilungsfunktionen $F_{ij}(x)$, die relativen Effekte p_{ij} und die Erwartungswerte μ_{ij} in einem linearen Modell.

Zur Konstruktion von Tests für die nichtparametrischen Hypothesen $H_0^F(C) : CF = \mathbf{0}$ benötigt man konsistente Schätzer für die relativen Effekte p_{ij} in (3.1.1). Diese erhält man dadurch, dass man die Verteilungsfunktionen $H(x)$ und $F_{ij}(x)$ in (3.1.1) durch die empirischen Verteilungsfunktionen

$$\widehat{F}_{ij}(x) = \frac{1}{n_{ij}}\sum_{k=1}^{n_{ij}} c(x - X_{ijk}), \quad \widehat{H}(x) = \frac{1}{N}\sum_{i=1}^{a}\sum_{j=1}^{b} n_{ij}\widehat{F}_{ij}(x)$$

ersetzt (siehe Definition 1.12, S. 28). Man erhält so für p_{ij} den Rangschätzer

$$\widehat{p}_{ij} = \int \widehat{H} d\widehat{F}_{ij} = \frac{1}{N}\left(\overline{R}_{ij\cdot} - \tfrac{1}{2}\right),$$

wobei $\overline{R}_{ij\cdot} = n_{ij}^{-1} \sum_{k=1}^{n_{ij}} R_{ijk}$ ist und R_{ijk} bezeichnet dabei den Rang von X_{ijk} unter allen $N = \sum_{i=1}^{a} \sum_{j=1}^{b} n_{ij}$ Beobachtungen (siehe Definition 1.18, S. 36). Dieser Schätzer ist nach Proposition 4.7 (siehe S. 180) konsistent und erwartungstreu für p_{ij}. Die Schätzer $\widehat{p}_{ij}$ fasst man in einem Vektor $\widehat{\boldsymbol{p}}$ in folgender Form zusammen,

$$\widehat{\boldsymbol{p}} = \int \widehat{H} d\widehat{\boldsymbol{F}} = \begin{pmatrix} \widehat{p}_{11} \\ \vdots \\ \widehat{p}_{ab} \end{pmatrix} = \frac{1}{N} \begin{pmatrix} \overline{R}_{11\cdot} - \frac{1}{2} \\ \vdots \\ \overline{R}_{ab\cdot} - \frac{1}{2} \end{pmatrix}. \tag{3.1.2}$$

Für die relativen Nierengewichte in Beispiel 3.1 (siehe S. 126) erhält man als Schätzer $\widehat{p}_{ij}$, $i = 1, 2$ und $j = 1, \ldots, 5$, für die relativen Effekte die in Tabelle 3.1 angegebenen Werte. An den Rändern sind die Zeilen- und Spalten-Mittelwerte $\widehat{p}_{i\cdot} = \frac{1}{b} \sum_{j=1}^{b} \widehat{p}_{ij}$ bzw. $\widehat{p}_{\cdot j} = \frac{1}{a} \sum_{i=1}^{a} \widehat{p}_{ij}$ angegeben. Der einfacheren Notation wegen wird hier und im Folgenden bei der Bildung der Mittelwerte $\widehat{p}_{i\cdot}$ anstelle von $\overline{\widehat{p}}_{i\cdot}$ geschrieben. Die Versuchsergebnisse sind anschaulich in Abbildung 3.3 dargestellt.

Tabelle 3.1 Schätzer für die relativen Effekte p_{ij} und deren Zeilen- und Spalten-Mittelwerte $\overline{p}_{i\cdot}$ bzw. $\overline{p}_{\cdot j}$ für die relativen Nierengewichte.

	Dosis					
Geschlecht	P	D1	D2	D3	D4	$\widehat{p}_{i\cdot}$
w	0.54	0.58	0.58	0.72	0.88	0.66
m	0.15	0.18	0.25	0.48	0.47	0.31
$\widehat{p}_{\cdot j}$	0.34	0.38	0.42	0.60	0.67	

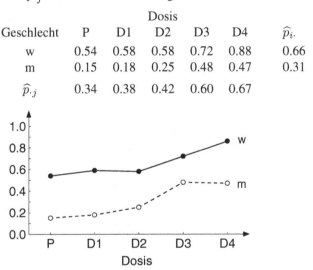

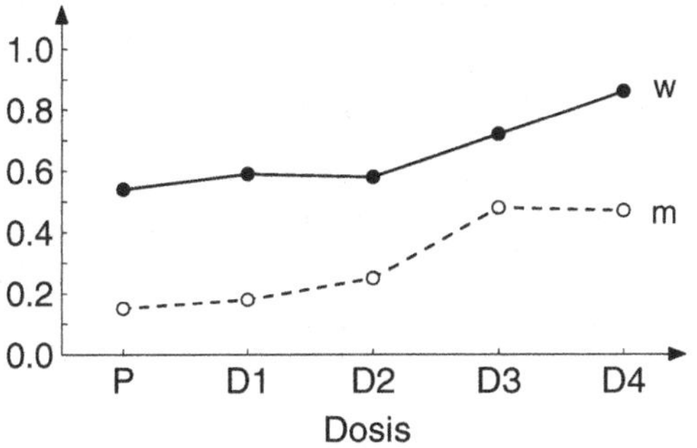

Abbildung 3.3 Schätzer für die relativen Effekte p_{ij} der relativen Nierengewichte bei den männlichen (○) und weiblichen (•) Wistar-Ratten aus Beispiel 3.1. Die gestrichelten und durchgezogenen Linien dienen der gedanklichen Verbindung der Werte für die männlichen bzw. weiblichen Tiere.

Anmerkung 3.1 Es sei darauf hingewiesen, dass $\widehat{p}_{\cdot\cdot} = \frac{1}{ab} \sum_{i=1}^{a} \sum_{j=1}^{b} \widehat{p}_{ij}$ bei ungleichen Stichprobenumfängen etwas von $1/2$ abweichen kann, da $\widehat{p}_{\cdot\cdot}$ ein ungewichteter Mittelwert der $\widehat{p}_{ij}$ ist. Für die relativen Effekte in Tabelle 3.1 ergibt sich z.B. $\widehat{p}_{\cdot\cdot} = 0.48$. Analog zur Analyse unbalancierter Versuchsanlagen im parametrischen Fall wird hier ebenfalls eine Analyse mit ungewichteten Mittelwerten $\widehat{p}_{i\cdot}$, $\widehat{p}_{\cdot j}$ und $\widehat{p}_{\cdot\cdot}$ (unweighted means analysis) gewählt, um mögliche Verzerrungen der Schätzer für die Haupteffekte zu vermeiden (*Simpson's Paradoxon*).

3.1.1.2 Teststatistiken

Asymptotische Verteilung Um Statistiken zum Testen der nichtparametrischen Hypothesen $H_0^F : \boldsymbol{CF} = \mathbf{0}$ herzuleiten, muss die asymptotische Verteilung des Vektors $\widehat{\boldsymbol{p}}$ in (3.1.2) bestimmt werden. Aus dem Asymptotischen Äquivalenzsatz (siehe Satz 4.16, S. 192) folgt zunächst

$$\sqrt{N}(\widehat{\boldsymbol{p}} - \boldsymbol{p}) \quad \doteq \quad \sqrt{N}\left(\int H d\widehat{\boldsymbol{F}} + \int \widehat{H} d\boldsymbol{F} - 2\boldsymbol{p}\right) = \sqrt{N}\boldsymbol{Z}_N ,$$

das heißt der Vektor $\sqrt{N}(\widehat{\boldsymbol{p}} - \boldsymbol{p})$ hat asymptotisch die gleiche Verteilung wie der Vektor $\sqrt{N}\boldsymbol{Z}_N = \sqrt{N}\left(\int H d\widehat{\boldsymbol{F}} + \int \widehat{H} d\boldsymbol{F} - 2\boldsymbol{p}\right)$. Allerdings hat die Kovarianzmatrix von $\sqrt{N}\boldsymbol{Z}_N$ eine sehr komplizierte Struktur. Nun wird aber eigentlich nicht die Verteilung von $\sqrt{N}(\widehat{\boldsymbol{p}} - \boldsymbol{p})$ benötigt sondern nur die Verteilung des Kontrastvektors $\sqrt{N}\boldsymbol{C}(\widehat{\boldsymbol{p}} - \boldsymbol{p})$ unter der Hypothese $H_0^F : \boldsymbol{CF} = \mathbf{0}$. In diesem Fall hat die Kovarianzmatrix von $\sqrt{N}\boldsymbol{C}\boldsymbol{Z}_N$ eine sehr einfache Struktur. Falls $\boldsymbol{CF} = \mathbf{0}$ ist, gilt nämlich

$$\sqrt{N}\boldsymbol{C}\boldsymbol{Z}_N \quad = \quad \sqrt{N}\boldsymbol{C} \int H d\widehat{\boldsymbol{F}},$$

da $\boldsymbol{C} \int \widehat{H} d\boldsymbol{F} = \int \widehat{H} d(\boldsymbol{CF}) = \mathbf{0}$ ist. Es genügt also, die asymptotische Verteilung von $\sqrt{N} \int H d\widehat{\boldsymbol{F}}$ zu betrachten. Die (i,j)-te Komponente dieses Vektors ist

$$\sqrt{N} \int H d\widehat{F}_{ij} \quad = \quad \frac{\sqrt{N}}{n_{ij}} \sum_{k=1}^{n_{ij}} H(X_{ijk}) \;=\; \sqrt{N}\, \overline{Y}_{ij\cdot} \,, \tag{3.1.3}$$

wobei $\overline{Y}_{ij\cdot} = n_{ij}^{-1} \sum_{k=1}^{n_{ij}} Y_{ijk}$ ist und $Y_{ijk} = H(X_{ijk})$ die so genannte *asymptotische Rang-Transformation (ART) von* X_{ijk} bezeichnet. Die Bezeichnung ART rührt daher, dass

$$\widehat{Y}_{ijk} \quad = \quad \widehat{H}(X_{ijk}) \;=\; \frac{1}{N}\left(R_{ijk} - \frac{1}{2}\right) \tag{3.1.4}$$

ist und, dass $E(\widehat{Y}_{ijk} - Y_{ijk})^2 \to 0$ für $N \to \infty$ gilt.

Die Zufallsvariablen Y_{ijk} sind unabhängig, da die Zufallsvariablen X_{ijk} nach Voraussetzung unabhängig sind. Damit sind die Mittelwerte $\overline{Y}_{ij\cdot}$ ebenfalls unabhängig und die Kovarianzmatrix des Vektors $\sqrt{N}\ \overline{\boldsymbol{Y}}_{\cdot} = \sqrt{N}(\overline{Y}_{11\cdot}, \ldots \overline{Y}_{ab\cdot})' = \sqrt{N} \int H d\widehat{\boldsymbol{F}}$ ist eine Diagonalmatrix, d.h.

$$\boldsymbol{V}_N \quad = \quad Cov\left(\sqrt{N} \int H d\widehat{\boldsymbol{F}}\right) = N \cdot diag\left\{\frac{\sigma_{11}^2}{n_{11}}, \ldots, \frac{\sigma_{ab}^2}{n_{ab}}\right\}, \tag{3.1.5}$$

wobei $\sigma_{ij}^2 = Var(H(X_{ij1}))$ ist.

Aus $\boldsymbol{V}_N = Cov(\sqrt{N}\,\overline{\boldsymbol{Y}}.)$ ergibt sich dann die Kovarianzmatrix $\boldsymbol{S}_N$ von $\sqrt{N}\,\boldsymbol{C}\overline{\boldsymbol{Y}}.$ als $\boldsymbol{S}_N = \boldsymbol{C}\boldsymbol{V}_N\boldsymbol{C}'$. Es ist zu beachten, dass die Varianzen σ_{ij}^2 in (3.1.5) i. Allg. ungleich sind, auch wenn für die ursprünglichen Beobachtungen X_{ijk} gleiche Varianzen angenommen werden. Dies liegt daran, dass die Funktion $H(\cdot)$ eine nicht-lineare Funktion ist. Die Heteroskedastizität der ART Y_{ijk} in faktoriellen Versuchsplänen wurde bereits von Akritas (1990) erkannt.

Die asymptotische Normalität von $\sqrt{N}\boldsymbol{C}\overline{\boldsymbol{Y}}.$ erhält man sofort aus dem Zentralen Grenzwertsatz (siehe z.B. Satz A.6 und Korollar A.7, Anhang A.2.2, S. 234ff). Daraus folgt dann, dass die asymptotische Verteilung der Statistik $\sqrt{N}\boldsymbol{C}\overline{\boldsymbol{Y}}.$ unter $H_0^F : \boldsymbol{CF} = \boldsymbol{0}$ eine multivariate Normalverteilung mit Erwartungswert $\boldsymbol{0}$ und Kovarianzmatrix $\boldsymbol{S}_N = \boldsymbol{C}\boldsymbol{V}_N\boldsymbol{C}'$ ist, falls die Stichprobenumfänge die Beschränkung $N/n_{ij} \leq N_0 < \infty$ erfüllen (siehe auch Satz 4.18, S. 195).

Die unbekannten Varianzen σ_{ij}^2 in (3.1.5) können konsistent durch die empirische Varianz der Ränge $R_{ij1}, \ldots, R_{ijn_{ij}}$ in der Zelle (i,j) geschätzt werden. Es folgt aus Satz 4.19 (siehe S. 195), dass

$$\widehat{\sigma}_{ij}^2 \;=\; \frac{1}{N^2(n_{ij}-1)} \sum_{k=1}^{n_{ij}} \left(R_{ijk} - \overline{R}_{ij\cdot}\right)^2 \tag{3.1.6}$$

ein konsistenter Schätzer für σ_{ij}^2, $i = 1, \ldots, a$, $j = 1, \ldots, b$, ist. Damit erhält man für $\boldsymbol{V}_N$ in (3.1.5) den konsistenten Schätzer

$$\widehat{\boldsymbol{V}}_N \;=\; N \cdot diag\left\{\frac{\widehat{\sigma}_{11}^2}{n_{11}}, \ldots, \frac{\widehat{\sigma}_{ab}^2}{n_{ab}}\right\}. \tag{3.1.7}$$

Die vorangegangenen Überlegungen werden als zentrales Ergebnis dieses Abschnitts im Folgenden Satz zusammengefasst.

Satz 3.1 (Asymptotische Normalität von $\widehat{\boldsymbol{p}}$)
Die Zufallsvariablen $X_{ijk} \sim F_{ij}(x)$, $k = 1, \ldots, n_{ij}$, seien unabhängig und es sei $\sigma_{ij}^2 = Var(H(X_{ij1})) \geq \sigma_0^2 > 0$, $i = 1, \ldots, a$, $j = 1, \ldots, b$. Bezeichne $\widehat{\boldsymbol{p}}$ in (3.1.2) den Vektor der geschätzten relativen Effekte und $\boldsymbol{V}_N$ in (3.1.5) die Kovarianzmatrix von $\sqrt{N}\boldsymbol{C}\overline{\boldsymbol{Y}}..$ Falls $N/n_{ij} \leq N_0 < \infty$ ist, dann hat unter $H_0^F : \boldsymbol{CF} = \boldsymbol{0}$ der Vektor $\sqrt{N}\boldsymbol{C}(\widehat{\boldsymbol{p}} - \boldsymbol{p})$ asymptotisch eine multivariate Normalverteilung mit Erwartungswert **0** und Kovarianzmatrix $\boldsymbol{S}_N = \boldsymbol{C}\boldsymbol{V}_N\boldsymbol{C}'$, wobei die unbekannten Varianzen σ_{ij}^2 in (3.1.5) durch $\widehat{\sigma}_{ij}^2$ in (3.1.6) konsistent geschätzt werden können.

Der Beweis dieses Satzes folgt aus den vorangegangenen Überlegungen und aus den in Abschnitt 4.4.2 angegebenen Sätzen. □

Analog zum einfaktoriellen Versuchsplan verwendet man zur Überprüfung der globalen Hypothesen, dass kein Haupteffekt A, kein Haupteffekt B oder keine Wechselwirkung AB vorhanden ist, quadratische Formen. Diese basieren im CRF-ab auf den Kontrastvektoren $\sqrt{N}\,\boldsymbol{C}\widehat{\boldsymbol{p}}$, wobei $\boldsymbol{C}$ die Kontrastmatrix für den jeweiligen Effekt ist, d.h.

$$\begin{aligned} C = C_A &= P_a \otimes \tfrac{1}{b}\mathbf{1}_b' && \text{für den Haupteffekt } A, \\ C = C_B &= \tfrac{1}{a}\mathbf{1}_a' \otimes P_b && \text{für den Haupteffekt } B, \\ C = C_{AB} &= P_a \otimes P_b && \text{für die Wechselwirkung } AB. \end{aligned}$$

Diese Kontrastmatrizen wurden bereits im Zusammenhang mit den Hypothesen im linearen Modell auf Seite 129 diskutiert.

Wald-Typ Statistik (WTS) Entsprechend den Sätzen über die Verteilung quadratische Formen (siehe Anhang A.3, S. 235ff) hat unter den Voraussetzungen von Satz 3.1 die quadratische Form

$$\begin{aligned} Q_N &= \sqrt{N}\ (C\widehat{p})' \left(CV_N C'\right)^- \sqrt{N}\ (C\widehat{p}) \\ &= N \cdot \widehat{p}' C' \left(CV_N C'\right)^- C\widehat{p} \end{aligned}$$

unter $H_0^F : CF = 0$ asymptotisch eine zentrale χ_f^2-Verteilung mit $f = r(C)$, da die Kovarianzmatrix V_N in (3.1.5) nach Voraussetzung von vollem Rang ist. Dabei bezeichnet $(CV_N C')^-$ eine g-Inverse zu $CV_N C'$, da die Kontrastmatrix C, und damit auch die Matrix $CV_N C'$, nicht von vollem Rang zu sein braucht. Ersetzt man die unbekannten Varianzen σ_{ij}^2 in der Kovarianzmatrix V_N durch den konsistenten Schätzer $\widehat{V}_N$ in (3.1.7), dann erhält man eine nichtparametrische Wald-Typ Statistik (WTS), die asymptotisch die gleiche Verteilung hat wie die quadratische Form $Q_N = N \cdot \widehat{p}' C' (CV_N C')^- C\widehat{p}$. Daher hat die WTS

$$Q_N(C) \;=\; N \cdot \widehat{p}' C' (C\widehat{V}_N C')^- C\widehat{p} \tag{3.1.8}$$

unter der Hypothese $H_0^F : CF = 0$ asymptotisch eine zentrale χ_f^2-Verteilung mit $f = r(C)$ Freiheitsgraden. Falls die geschätzte Kovarianzmatrix singulär oder 'fast' singulär ist, dann ist die quadratische Form Q_N schlecht konditioniert, d.h. kleine Veränderungen in den Daten können zu einer großen Veränderung von Q_N führen. Weiterhin zeigen Simulationen (siehe Brunner, Dette und Munk, 1997), dass die Approximation durch die zentrale χ^2-Verteilung für kleine Stichprobenumfänge schlecht sein kann und somit das vorgegebene Niveau nicht eingehalten wird. Dabei wird die Approximation mit wachsender Anzahl von Freiheitsgraden $f = r(C)$ schlechter. Bei kleinen Stichprobenumfängen verwendet man daher besser eine andere Statistik.

ANOVA-Typ Statistik (ATS) Die Schätzung der Kovarianzmatrix V_N in (3.1.5) bei der WTS führt zu einer schlechten Approximation bei kleinen Stichprobenumfängen. Man lässt daher die geschätzte Matrix $\widehat{V}_N$ in (3.1.7) bei der erzeugenden Matrix für die quadratische Form Q_N in (3.1.8) weg und betrachtet die asymptotische Verteilung von

$$Q_N^* \;=\; N \cdot \widehat{p}' C' (CC')^- C\widehat{p} \;=\; N \cdot \widehat{p}'\, T\, \widehat{p}.$$

Aufgrund von Satz A.12 (Anhang A.3, S. 235) und Satz 3.1 ist unter $H_0^F : CF = 0$ die quadratische Form Q_N^* asymptotisch verteilt wie eine gewichtete Summe von unabhängig

χ_1^2-verteilten Zufallsvariablen, d.h. $Q_N^* \stackrel{\cdot}{\sim} \sum_{i=1}^a \sum_{j=1}^b \lambda_{ij} Z_{ij}$, wobei die Zufallsvariablen Z_{ij} unabhängig und identisch χ_1^2-verteilt sind und die Konstanten λ_{ij} die Eigenwerte von $(\boldsymbol{C}\boldsymbol{C}')^-\boldsymbol{C}\boldsymbol{V}_N\boldsymbol{C}'$ sind. Diese Verteilung kann man durch eine gestreckte χ^2-Verteilung approximieren, d.h. durch die Verteilung einer Zufallsvariablen $g \cdot C_f$, wobei $C_f \sim \chi_f^2$-verteilt ist und die Konstanten g und f so bestimmt werden, dass die ersten beiden Momente von Q_N^* und $g \cdot C_f$ übereinstimmen. Damit hat die Statistik $Q_N^*/(g \cdot f)$ approximativ eine χ_f^2/f-Verteilung. Die Konstanten g und f bestimmt man mit $\boldsymbol{T} = \boldsymbol{C}'(\boldsymbol{C}\boldsymbol{C}')^-\boldsymbol{C}$ aus

$$\begin{aligned} E(Q_N^*) &= Sp(\boldsymbol{T}\boldsymbol{V}_N) = g \cdot f\,, \\ Var(Q_N^*) &= 2\,Sp(\boldsymbol{T}\boldsymbol{V}_N\boldsymbol{T}\boldsymbol{V}_N) = 2g^2 \cdot f \end{aligned}$$

wobei $Sp(\cdot)$ die Spur einer quadratischen Matrix bezeichnet. Man schätzt g und f dadurch, dass man $\boldsymbol{V}_N$ durch die geschätzte Kovarianzmatrix $\widehat{\boldsymbol{V}}_N$ ersetzt und erhält so die Statistik

$$F_N(\boldsymbol{T}) = \frac{Q_N^*}{\widehat{gf}} = \frac{N}{Sp(\boldsymbol{T}\widehat{\boldsymbol{V}}_N)}\,\widehat{\boldsymbol{p}}'\,\boldsymbol{T}\,\widehat{\boldsymbol{p}}\,. \tag{3.1.9}$$

Die Verteilung von $F_N(\boldsymbol{T})$ approximiert man durch eine zentrale $F(f, f_0)$-Verteilung, deren Freiheitsgrade f und f_0 durch

$$\widehat{f} = \frac{\left[Sp(\boldsymbol{T}\widehat{\boldsymbol{V}}_N)\right]^2}{Sp(\boldsymbol{T}\widehat{\boldsymbol{V}}_N\boldsymbol{T}\widehat{\boldsymbol{V}}_N)} \quad \text{und} \quad \widehat{f}_0 = \frac{\left[Sp(\boldsymbol{D}_T\widehat{\boldsymbol{V}}_N)\right]^2}{Sp(\boldsymbol{D}_T^2\widehat{\boldsymbol{V}}_N^2\boldsymbol{\Lambda})} \tag{3.1.10}$$

geschätzt werden, wobei $\boldsymbol{D}_T$ die Diagonalmatrix der Diagonalelemente von $\boldsymbol{T}$ und $\boldsymbol{\Lambda} = diag\{(n_{11}-1)^{-1}, \ldots, (n_{ab}-1)^{-1}\}$ ist. Nähere Einzelheiten zu dieser Approximation findet man auf den Seiten 198 ff. in Abschnitt 4.5.1.2. Simulationen zeigen, dass die Approximation für $n_{ij} \geq 7$ gut brauchbar ist. Dafür muss man gegenüber Q_N in (3.1.8) möglicherweise einen Effizienzverlust hinnehmen.

Falls die Kontrastmatrix den Rang $r(\boldsymbol{C}) = 1$ hat, sind die Statistiken Q_N in (3.1.8) und $F_N(\boldsymbol{T})$ in (3.1.9) identisch und weiter ist $f = \widehat{f} = 1$. Dieser Zusammenhang ist in Proposition 4.25 (siehe, S. 204) bewiesen. In diesem Fall haben alle Statistiken eine sehr einfache Form. Daher wird der (2×2)-Versuchsplan in Abschnitt 3.1.3 gesondert behandelt.

Nachfolgend werden aus den allgemeinen quadratische Formen $Q_N(\boldsymbol{C})$ und $F_N(\boldsymbol{T})$ in (3.1.8) bzw. (3.1.9) die Statistiken für die Haupteffekte und Wechselwirkungen hergeleitet und aufgelistet.

3.1.1.3 Tests für die Haupteffekte

Haupteffekt A Unter der Hypothese $H_0^F(A): \boldsymbol{C}_A\boldsymbol{F} = \boldsymbol{0} \iff \overline{F}_{i\cdot} = \overline{F}_{\cdot\cdot}, i = 1, \ldots, a$, hat die Statistik (WTS)

$$Q_N(A) = N \cdot \widehat{\boldsymbol{p}}'\boldsymbol{C}_A'(\boldsymbol{C}_A\widehat{\boldsymbol{V}}_N\boldsymbol{C}_A')^-\boldsymbol{C}_A\widehat{\boldsymbol{p}}$$

asymptotisch eine zentrale χ_f^2-Verteilung mit $f = r(\boldsymbol{C}_A) = a - 1$ Freiheitsgraden.

Für kleine Stichprobenumfänge verwendet man die ATS und die Approximation mit der F-Verteilung. Für den Haupteffekt A ist $\boldsymbol{T} = \boldsymbol{T}_A = \boldsymbol{C}_A'(\boldsymbol{C}_A\boldsymbol{C}_A')^-\boldsymbol{C}_A = \boldsymbol{P}_a \otimes \frac{1}{b}\boldsymbol{J}_b$ und $\widehat{\boldsymbol{p}}'\, \boldsymbol{T}_A\, \widehat{\boldsymbol{p}} = bN^{-2}\sum_{i=1}^a (\widetilde{R}_{i\cdot\cdot} - \widetilde{R}_{\cdot\cdot\cdot})^2$, wobei

$$\widetilde{R}_{i\cdot\cdot} = \frac{1}{b}\sum_{j=1}^b \overline{R}_{ij\cdot} \quad \text{und} \quad \widetilde{R}_{\cdot\cdot\cdot} = \frac{1}{ab}\sum_{i=1}^a\sum_{j=1}^b \overline{R}_{ij\cdot} \tag{3.1.11}$$

die ungewichteten Mittelwerte der Zellmittel $\overline{R}_{ij\cdot} = n_{ij}^{-1}\sum_{k=1}^{n_{ij}} R_{ijk}$ sind. Bezeichne

$$\begin{aligned} S_0^2 &= N \cdot Sp(\widehat{\boldsymbol{V}}_N) \\ &= \sum_{i=1}^a\sum_{j=1}^b\sum_{k=1}^{n_{ij}} (R_{ijk} - \overline{R}_{ij\cdot})^2 / \left[n_{ij}(n_{ij}-1)\right], \end{aligned} \tag{3.1.12}$$

dann hat unter der Hypothese $H_0^F(A) : \boldsymbol{C}_A\boldsymbol{F} = \boldsymbol{0}$ die Statistik (ATS)

$$F_N(\boldsymbol{T}_A) = \frac{ab^2}{(a-1)S_0^2}\sum_{i=1}^a (\widetilde{R}_{i\cdot\cdot} - \widetilde{R}_{\cdot\cdot\cdot})^2$$

approximativ eine zentrale $F(\widehat{f}_A, \widehat{f}_0)$-Verteilung mit den Freiheitsgraden

$$\widehat{f}_A = \frac{(a-1)^2 S_0^4}{(abN)^2\, Sp(\boldsymbol{T}_A\widehat{\boldsymbol{V}}_N\boldsymbol{T}_A\widehat{\boldsymbol{V}}_N)}, \tag{3.1.13}$$

$$\widehat{f}_0 = \frac{S_0^4}{N^2\sum_{i=1}^a\sum_{j=1}^b (\widehat{\sigma}_{ij}^2/n_{ij})^2/(n_{ij}-1)}, \tag{3.1.14}$$

wobei $\widehat{\sigma}_{ij}^2$ in (3.1.6) angegeben ist.

Haupteffekt B Unter der Hypothese $H_0^F(B) : \boldsymbol{C}_B\boldsymbol{F} = \boldsymbol{0} \iff \overline{F}_{\cdot j} = \overline{F}_{\cdot\cdot}, j = 1, \ldots, b$, hat die Statistik (WTS)

$$Q_N(B) = N \cdot \widehat{\boldsymbol{p}}'\boldsymbol{C}_B'(\boldsymbol{C}_B\widehat{\boldsymbol{V}}_N\boldsymbol{C}_B')^-\boldsymbol{C}_B\widehat{\boldsymbol{p}}$$

asymptotisch eine zentrale χ_f^2-Verteilung mit $f = r(\boldsymbol{C}_B) = b - 1$ Freiheitsgraden.

Für kleine Stichprobenumfänge verwendet man die ATS und die Approximation mit der F-Verteilung. Für den Haupteffekt B ist $\boldsymbol{T} = \boldsymbol{T}_B = \boldsymbol{C}_B'(\boldsymbol{C}_B\boldsymbol{C}_B')^-\boldsymbol{C}_B = \frac{1}{a}\boldsymbol{J}_a \otimes \boldsymbol{P}_b$ und $\widehat{\boldsymbol{p}}'\, \boldsymbol{T}_B\, \widehat{\boldsymbol{p}} = aN^{-2}\sum_{j=1}^b (\widetilde{R}_{\cdot j\cdot} - \widetilde{R}_{\cdot\cdot\cdot})^2$, wobei

$$\widetilde{R}_{\cdot j\cdot} = \frac{1}{a}\sum_{i=1}^a \overline{R}_{ij\cdot} \tag{3.1.15}$$

der ungewichtete Mittelwert der Zellmittel $\overline{R}_{ij\cdot} = n_{ij}^{-1}\sum_{k=1}^{n_{ij}} R_{ijk}$ ist. Unter der Hypothese $H_0^F(B) : \boldsymbol{C}_B\boldsymbol{F} = \boldsymbol{0}$ hat die Statistik (ATS)

$$F_N(\boldsymbol{T}_B) = \frac{ba^2}{(b-1)S_0^2}\sum_{j=1}^b (\widetilde{R}_{\cdot j\cdot} - \widetilde{R}_{\cdot\cdot\cdot})^2$$

approximativ eine zentrale $F(\widehat{f}_B, \widehat{f}_0)$-Verteilung mit

$$\widehat{f}_B = \frac{(b-1)^2 S_0^4}{(abN)^2\, Sp(\boldsymbol{T}_B \widehat{\boldsymbol{V}}_N \boldsymbol{T}_B \widehat{\boldsymbol{V}}_N)}$$

und mit $\widehat{f}_0$ wie in (3.1.14) angegeben.

3.1.1.4 Tests für die Wechselwirkungen

Unter der Hypothese $H_0^F(AB) : \boldsymbol{C}_{AB}\boldsymbol{F} = \boldsymbol{0} \iff F_{ij} + \overline{F}_{\cdot\cdot} = \overline{F}_{i\cdot} + \overline{F}_{\cdot j}, i = 1, \ldots, a,$ $j = 1, \ldots, b$, hat die Statistik (WTS)

$$Q_N(AB) = N \cdot \widehat{\boldsymbol{p}}' \boldsymbol{C}'_{AB} (\boldsymbol{C}_{AB} \widehat{\boldsymbol{V}}_N \boldsymbol{C}'_{AB})^- \boldsymbol{C}_{AB} \widehat{\boldsymbol{p}}$$

asymptotisch eine zentrale χ_f^2-Verteilung mit $f = r(\boldsymbol{C}_{AB}) = (a-1)(b-1)$ Freiheitsgraden.

Für kleine Stichprobenumfänge verwendet man wieder die ATS und die entsprechende Approximation mit der F-Verteilung. Für die Wechselwirkung AB ist $\boldsymbol{T} = \boldsymbol{T}_{AB} = \boldsymbol{C}'_{AB}(\boldsymbol{C}_{AB}\boldsymbol{C}'_{AB})^- \boldsymbol{C}_{AB} = \boldsymbol{P}_a \otimes \boldsymbol{P}_b$ und

$$\widehat{\boldsymbol{p}}'\, \boldsymbol{T}_{AB}\, \widehat{\boldsymbol{p}} = \frac{1}{N^2} \sum_{i=1}^{a} \sum_{j=1}^{b} (\overline{R}_{ij\cdot} - \widetilde{R}_{i\cdot\cdot} - \widetilde{R}_{\cdot j\cdot} + \widetilde{R}_{\cdot\cdot\cdot})^2.$$

Unter der Hypothese $H_0^F(AB) : \boldsymbol{C}_{AB}\boldsymbol{F} = \boldsymbol{0}$ hat die Statistik (ATS)

$$F_N(\boldsymbol{T}_{AB}) = \frac{ab}{(a-1)(b-1)S_0^2} \sum_{i=1}^{a} \sum_{j=1}^{b} (\overline{R}_{ij\cdot} - \widetilde{R}_{i\cdot\cdot} - \widetilde{R}_{\cdot j\cdot} + \widetilde{R}_{\cdot\cdot\cdot})^2$$

approximativ eine zentrale $F(\widehat{f}_{AB}, \widehat{f}_0)$-Verteilung mit

$$\widehat{f}_{AB} = \frac{(a-1)^2(b-1)^2 S_0^4}{(abN)^2\, Sp(\boldsymbol{T}_{AB} \widehat{\boldsymbol{V}}_N \boldsymbol{T}_{AB} \widehat{\boldsymbol{V}}_N)}$$

und mit $\widehat{f}_0$ wie in (3.1.14) angegeben.

3.1.1.5 Tests für gemusterte Alternativen bei den Haupteffekten

Falls keine Wechselwirkungen vorliegen, sind die Haupteffekte A und B gut interpretierbar und es können gemusterte Alternativen für die Haupteffekte von Interesse sein. Für das Beispiel 3.1 (Nierengewichte, siehe S. 126) ist es für den Tierpathologen von Interesse, zu untersuchen, ob die Veränderung des relativen Nierengewichtes mit steigender Dosierung (Faktor B) zunimmt. Für die Fragestellung ist es sinnvoll, eine Statistik zu verwenden, die auf die vermutete gemusterte Alternative besonders empfindlich ist. Dieses Problem wurde bereits bei den einfaktoriellen Versuchsplänen im Abschnitt 2.2.5 diskutiert. Bei den zweifaktoriellen Versuchsplänen lassen sich analoge Verfahren für die Haupteffekte A und B angeben. Die von Hettmansperger und Norton verwendete Technik für eine optimale Anpassung der Gewichte an die Stichprobenumfänge lässt sich im CRF-ab jedoch nicht anwenden, da die Mittelwerte der relativen Effekte $\widehat{p}_{i\cdot}$ und $\widehat{p}_{\cdot j}$ ungewichtete Mittelwerte sind und die Varianzen σ_{ij}^2 in (3.1.5) auch unter den Hypothesen $\boldsymbol{C}_A\boldsymbol{F} = \mathbf{0}$ bzw. $\boldsymbol{C}_B\boldsymbol{F} = \mathbf{0}$ verschieden sein können. Stattdessen wird hier die ungewichtete Form $\boldsymbol{P}_a$ bzw. $\boldsymbol{P}_b$ der zentrierenden Matrix verwendet.

Allgemein betrachtet man im CRF-ab die lineare Rangstatistik

$$L_N(\boldsymbol{w}) \quad = \quad \sqrt{N}\boldsymbol{w}'\boldsymbol{C}\widehat{\boldsymbol{p}}/\widehat{\sigma}_N$$

unter der Hypothese $H_0^F : \boldsymbol{C}\boldsymbol{F} = \mathbf{0}$. Dabei ist $\boldsymbol{w}$, genau wie bei den einfaktoriellen Plänen in Abschnitt 2.2.5 ein Gewichtsvektor, welcher der vermuteten Alternativen entspricht, und $\widehat{\sigma}_N^2$ ist ein konsistenter Schätzer für $\sigma_N^2 = Var(\sqrt{N}\boldsymbol{w}'\boldsymbol{C}\widehat{\boldsymbol{p}})$ unter H_0^F. Diese Statistik ist nach Satz 3.1 (siehe S. 135) asymptotisch standard-normalverteilt.

Bezeichnet man mit $\boldsymbol{w}_A = (w_1^A, \ldots, w_a^A)'$ und $\boldsymbol{w}_B = (w_1^B, \ldots, w_b^B)'$ die Gewichtsvektoren für die Faktoren A bzw. B, mit $\widetilde{R}_{i\cdot\cdot}$, $\widetilde{R}_{\cdot j\cdot}$ und $\widetilde{R}_{\cdots}$ die ungewichteten Rangmittelwerte, wie sie in (3.1.11) und (3.1.15) angegeben sind und mit $\widehat{\sigma}_{ij}^2$ den Varianzschätzer aus (3.1.6), dann hat die Statistik

$$\begin{aligned} L_N^A(\boldsymbol{w}_A) &= \sqrt{N}\boldsymbol{w}_A'\boldsymbol{C}_A\widehat{\boldsymbol{p}}/\widehat{\sigma}_{N,A} \\ &= \frac{1}{\sqrt{N}} \sum_{i=1}^a w_i^A \left(\widetilde{R}_{i\cdot\cdot} - \widetilde{R}_{\cdots}\right) / \widehat{\sigma}_{N,A} \end{aligned} \qquad (3.1.16)$$

unter $H_0^F : \boldsymbol{C}_A\boldsymbol{F} = \mathbf{0}$ asymptotisch eine Standard-Normalverteilung, wobei

$$\widehat{\sigma}_{N,A}^2 \quad = \quad \frac{N}{b^2} \sum_{i=1}^a (w_i^A - \overline{w}_\cdot^A)^2 \sum_{j=1}^b \widehat{\sigma}_{ij}^2/n_{ij}$$

ist und $\overline{w}_\cdot^A = \frac{1}{a}\sum_{i=1}^a w_i^A$ der Mittelwert der Gewichte $w_1^A, \ldots, w_a^A$ ist.

Für kleine Stichprobenumfänge verwendet man die in (4.5.47) auf Seite 209 angegebene Approximation mit der t-Verteilung. Den Freiheitsgrad der t-Verteilung erhält man aus (4.5.48). Speziell für den CRF-ab ergibt sich

$$\widehat{f}_A \quad = \quad \frac{\left(\sum_{i=1}^a \sum_{j=1}^b q_{ij}^2\widehat{\sigma}_{ij}^2/n_{ij}\right)^2}{\sum_{i=1}^a \sum_{j=1}^b (q_{ij}^2\widehat{\sigma}_{ij}^2/n_{ij})^2(n_{ij}-1)}\,,$$

wobei die q_{ij} die Komponenten des $a \cdot b$-dimensionalen Zeilenvektors $\boldsymbol{w}_A'\boldsymbol{C}_A$ sind. Man beachte, dass $q_{i1} = \cdots = q_{ib} = w_i^A - \overline{w}_\cdot^A$, $i = 1, \ldots, a$, ist. Somit erhält man

$$\widehat{f}_A \quad = \quad \frac{\left(\sum_{i=1}^a (w_i^A - \overline{w}_\cdot^A)^2 \sum_{j=1}^b \widehat{\sigma}_{ij}^2/n_{ij}\right)^2}{\sum_{i=1}^a (w_i^A - \overline{w}_\cdot^A)^4 \sum_{j=1}^b (\widehat{\sigma}_{ij}^2/n_{ij})^2/(n_{ij}-1)} \qquad (3.1.17)$$

und daraus die Approximation der Verteilung von $L_N^A(\boldsymbol{w})$ in (3.1.16) unter H_0^F mit der $t_{\widehat{f}_A}$-Verteilung.

Entsprechend hat die Statistik

$$\begin{aligned} L_N^B(\boldsymbol{w}_B) &= \sqrt{N}\boldsymbol{w}_B'\boldsymbol{C}_B\widehat{\mathbf{p}}/\widehat{\sigma}_{N,B} \\ &= \frac{1}{\sqrt{N}}\sum_{j=1}^b w_j^B\left(\widetilde{R}_{\cdot j \cdot} - \widetilde{R}_{\cdots}\right)/\widehat{\sigma}_{N,B} \end{aligned} \qquad (3.1.18)$$

unter $H_0^F : \boldsymbol{C}_B\boldsymbol{F} = \mathbf{0}$ asymptotisch eine Standard-Normalverteilung, wobei

$$\widehat{\sigma}_{N,B}^2 = \frac{N}{a^2}\sum_{j=1}^b(w_j^B - \overline{w}_\cdot^B)^2\sum_{i=1}^a\widehat{\sigma}_{ij}^2/n_{ij}$$

ist und $\overline{w}_\cdot^B = \frac{1}{b}\sum_{j=1}^b w_j^B$ der Mittelwert der Gewichte $w_1^B, \ldots, w_b^B$ ist.

Bei kleinen Stichprobenumfängen kann man die Verteilung der Statistik $L_N^B(\boldsymbol{w}_B)$ in (3.1.18) unter H_0^F mit einer t-Verteilung approximieren, wobei man den Freiheitsgrad aus

$$\widehat{f}_B = \frac{\left(\sum_{j=1}^b(w_j^B - \overline{w}_\cdot^B)^2\sum_{i=1}^a\widehat{\sigma}_{ij}^2/n_{ij}\right)^2}{\sum_{j=1}^b(w_j^B - \overline{w}_\cdot^B)^4\sum_{i=1}^a(\widehat{\sigma}_{ij}^2/n_{ij})^2/(n_{ij}-1)}$$

in analoger Weise wie für $\widehat{f}_A$ in (3.1.17) erhält.

3.1.1.6 Zusammenfassung

Daten und Modell

$X_{ijk} \sim F_{ij}(x),\ k = 1,\ldots,n_{ij},\ \ i = 1,\ldots,a,\ \ j = 1,\ldots,b,$
unabhängige Zufallsvariablen
$N = \sum_{i=1}^a\sum_{j=1}^b n_{ij}$, Gesamtanzahl der Daten,
$\boldsymbol{F} = (F_{11},\ldots,F_{1b},\ldots,F_{a1},\ldots,F_{ab})'$, Vektor der Verteilungen
$\overline{F}_{i\cdot} = \frac{1}{b}\sum_{j=1}^b F_{ij},\quad i = 1,\ldots,a,\quad \overline{F}_{\cdot j} = \frac{1}{a}\sum_{i=1}^a F_{ij},\ j = 1,\ldots,b,$
$\overline{F}_{\cdot\cdot} = \frac{1}{ab}\sum_{i=1}^a\sum_{j=1}^b F_{ij}$ Mittelwerte der Verteilungen.

Voraussetzungen

1. F_{ij} keine Einpunkt-Verteilung,
2. $N/n_{ij} \le N_0 < \infty,\ i = 1,\ldots,a,\ j = 1,\ldots,b.$

Relative Effekte

$$p_{ij} = \int H dF_{ij}\,, \quad H = \frac{1}{N}\sum_{i=1}^a\sum_{j=1}^b n_{ij}F_{ij}\,,$$

$\boldsymbol{p} = (p_{11},\ldots,p_{1b},\ldots,p_{a1},\ldots,p_{ab})'$, Vektor der relativen Effekte.

Hypothese und Kontrastmatrizen

$$\boldsymbol{C}_A = \boldsymbol{P}_a \otimes \tfrac{1}{b}\boldsymbol{1}_b', \quad \boldsymbol{C}_B = \tfrac{1}{a}\boldsymbol{1}_a' \otimes \boldsymbol{P}_b, \quad \boldsymbol{C}_{AB} = \boldsymbol{P}_a \otimes \boldsymbol{P}_b$$
$$\boldsymbol{T}_A = \boldsymbol{P}_a \otimes \tfrac{1}{b}\boldsymbol{J}_b, \quad \boldsymbol{T}_B = \tfrac{1}{a}\boldsymbol{J}_a \otimes \boldsymbol{P}_b, \quad \boldsymbol{T}_{AB} = \boldsymbol{P}_a \otimes \boldsymbol{P}_b$$

$$H_0^F(A) : \boldsymbol{C}_A \boldsymbol{F} = \boldsymbol{0} \iff \overline{F}_{i\cdot} = \overline{F}_{\cdot\cdot}, \quad i = 1, \ldots, a$$
$$H_0^F(B) : \boldsymbol{C}_B \boldsymbol{F} = \boldsymbol{0} \iff \overline{F}_{\cdot j} = \overline{F}_{\cdot\cdot}, \quad j = 1, \ldots, b$$
$$H_0^F(AB) : \boldsymbol{C}_{AB} \boldsymbol{F} = \boldsymbol{0} \iff F_{ij} + \overline{F}_{\cdot\cdot} = \overline{F}_{i\cdot} + \overline{F}_{\cdot j}, \quad i = 1, \ldots, a, \; j = 1, \ldots, b.$$

Gewichtsvektoren (gemusterte Alternativen)

$$\boldsymbol{w}_A = (w_1^A, \ldots, w_a^A)', \quad \boldsymbol{w}_B = (w_1^B, \ldots, w_b^B)'$$

Notation

R_{ijk} : Rang von X_{ijk} unter allen N Beobachtungen,

$$\overline{R}_{ij\cdot} = \frac{1}{n_{ij}} \sum_{k=1}^{n_{ij}} R_{ijk}, \; i = 1, \ldots, a, \; j = 1, \ldots, b, \text{ Rangmittelwerte,}$$

$$\widetilde{R}_{i\cdot\cdot} = \frac{1}{b} \sum_{j=1}^{b} \overline{R}_{ij\cdot}, i = 1, \ldots, a, \quad \widetilde{R}_{\cdot j\cdot} = \frac{1}{a} \sum_{i=1}^{a} \overline{R}_{ij\cdot}, j = 1, \ldots, b,$$

$$\widetilde{R}_{\cdot\cdot\cdot} = \frac{1}{ab} \sum_{i=1}^{a} \sum_{j=1}^{b} \overline{R}_{ij\cdot} \quad \text{ungewichtete Mittelwerte der Zellmittel } \overline{R}_{ij\cdot}$$

Schätzer für die relativen Effekte

$$\widehat{p}_{ij} = \tfrac{1}{N}\left(\overline{R}_{ij\cdot} - \tfrac{1}{2}\right), \; i = 1, \ldots, a, \; j = 1, \ldots, b,$$
$$\widehat{\boldsymbol{p}} = (\widehat{p}_{11}, \ldots, \widehat{p}_{1b}, \ldots, \widehat{p}_{a1}, \ldots, \widehat{p}_{ab})'.$$

Varianzschätzer

$$\widehat{\sigma}_{ij}^2 = \frac{1}{N^2(n_{ij}-1)} \sum_{k=1}^{n_{ij}} \left(R_{ijk} - \overline{R}_{ij\cdot}\right)^2, \; i = 1, \ldots, a, \; j = 1, \ldots, b$$
$$\widehat{\boldsymbol{V}}_N = N \cdot diag\left\{\widehat{\sigma}_{11}^2/n_{11}, \ldots, \widehat{\sigma}_{ab}^2/n_{ab}\right\},$$
$$S_0^2 = \sum_{i=1}^{a} \sum_{j=1}^{b} \sum_{k=1}^{n_{ij}} (R_{ijk} - \overline{R}_{ij\cdot})^2 / \left[n_{ij}(n_{ij}-1)\right],$$
$$\widehat{\sigma}_{N,A}^2 = \frac{N}{b^2} \sum_{i=1}^{a} (w_i^A - \overline{w}_\cdot^A)^2 \sum_{j=1}^{b} \widehat{\sigma}_{ij}^2/n_{ij}, \quad \overline{w}_\cdot^A = \tfrac{1}{a}\textstyle\sum_{i=1}^{a} w_i^A,$$

$$\widehat{\sigma}^2_{N,B} = \frac{N}{a^2} \sum_{j=1}^{b} (w_j^B - \overline{w}_{\cdot}^B)^2 \sum_{i=1}^{a} \widehat{\sigma}^2_{ij}/n_{ij}\,, \quad \overline{w}_{\cdot}^B = \tfrac{1}{b} \sum_{j=1}^{b} w_j^B \;.$$

Statistiken und Verteilungen unter H_0^F

WTS: $n_{ij} \geq 20$ *(asymptotisch)*

$$\begin{aligned}
Q_N(A) &= N \cdot \widehat{\boldsymbol{p}}' \boldsymbol{C}_A' (\boldsymbol{C}_A \widehat{\boldsymbol{V}}_N \boldsymbol{C}_A')^- \boldsymbol{C}_A \widehat{\boldsymbol{p}} \sim \chi^2_{a-1}, \\
Q_N(B) &= N \cdot \widehat{\boldsymbol{p}}' \boldsymbol{C}_B' (\boldsymbol{C}_B \widehat{\boldsymbol{V}}_N \boldsymbol{C}_B')^- \boldsymbol{C}_B \widehat{\boldsymbol{p}} \sim \chi^2_{b-1}, \\
Q_N(AB) &= N \cdot \widehat{\boldsymbol{p}}' \boldsymbol{C}_{AB}' (\boldsymbol{C}_{AB} \widehat{\boldsymbol{V}}_N \boldsymbol{C}_{AB}')^- \boldsymbol{C}_{AB} \widehat{\boldsymbol{p}} \sim \chi^2_{(a-1)(b-1)}
\end{aligned}$$

ATS: $n_{ij} \geq 7$ *(approximativ)*

$$\begin{aligned}
F_N(\boldsymbol{T}_A) &= \frac{N}{Sp(\boldsymbol{T}_A \widehat{\boldsymbol{V}}_N)} \widehat{\boldsymbol{p}}' \, \boldsymbol{T}_A \, \widehat{\boldsymbol{p}} \\
&= \frac{ab^2}{(a-1)S_0^2} \sum_{i=1}^{a} (\widetilde{R}_{i\cdot\cdot} - \widetilde{R}_{\cdot\cdot\cdot})^2 \;\dot{\sim}\; F(\widehat{f}_A, \widehat{f}_0)\,, \\
F_N(\boldsymbol{T}_B) &= \frac{N}{Sp(\boldsymbol{T}_B \widehat{\boldsymbol{V}}_N)} \widehat{\boldsymbol{p}}' \, \boldsymbol{T}_B \, \widehat{\boldsymbol{p}} \\
&= \frac{ba^2}{(b-1)S_0^2} \sum_{j=1}^{b} (\widetilde{R}_{\cdot j\cdot} - \widetilde{R}_{\cdot\cdot\cdot})^2 \;\dot{\sim}\; F(\widehat{f}_B, \widehat{f}_0)\,, \\
F_N(\boldsymbol{T}_{AB}) &= \frac{N}{Sp(\boldsymbol{T}_{AB} \widehat{\boldsymbol{V}}_N)} \widehat{\boldsymbol{p}}' \, \boldsymbol{T}_{AB} \, \widehat{\boldsymbol{p}} \;\dot{\sim}\; F(\widehat{f}_B, \widehat{f}_0) \\
&= \frac{ab}{(a-1)(b-1)S_0^2} \sum_{i=1}^{a} \sum_{j=1}^{b} (\overline{R}_{ij\cdot} - \widetilde{R}_{i\cdot\cdot} - \widetilde{R}_{\cdot j\cdot} + \widetilde{R}_{\cdot\cdot\cdot})^2
\end{aligned}$$

Freiheitsgrade

$$\begin{aligned}
\widehat{f}_A &= \frac{(a-1)^2 S_0^4}{(abN)^2 \, Sp(\boldsymbol{T}_A \widehat{\boldsymbol{V}}_N \boldsymbol{T}_A \widehat{\boldsymbol{V}}_N)}, \\
\widehat{f}_B &= \frac{(b-1)^2 S_0^4}{(abN)^2 \, Sp(\boldsymbol{T}_B \widehat{\boldsymbol{V}}_N \boldsymbol{T}_B \widehat{\boldsymbol{V}}_N)} \\
\widehat{f}_{AB} &= \frac{(a-1)^2 (b-1)^2 S_0^4}{(abN)^2 \, Sp(\boldsymbol{T}_{AB} \widehat{\boldsymbol{V}}_N \boldsymbol{T}_{AB} \widehat{\boldsymbol{V}}_N)}\,, \\
\widehat{f}_0 &= \frac{S_0^4}{N^2 \sum_{i=1}^{a} \sum_{j=1}^{b} (\widehat{\sigma}^2_{ij}/n_{ij})^2/(n_{ij}-1)}
\end{aligned}$$

Statistiken für gemusterte Alternativen

Haupteffekt A: $\boldsymbol{w}_A = (w_1^A, \ldots, w_a^A)'$ Gewichtsvektor

$$\begin{aligned} L_N^A(\boldsymbol{w}_A) &= \sqrt{N}\boldsymbol{w}_A'\boldsymbol{C}_A\widehat{\mathbf{p}}/\widehat{\sigma}_{N,A} \\ &= \frac{1}{\sqrt{N}}\sum_{i=1}^{a} w_i^A\left(\widetilde{R}_{i\cdot\cdot} - \widetilde{R}_{\cdot\cdot\cdot}\right)/\widehat{\sigma}_{N,A} \sim N(0,1), \quad N \to \infty \end{aligned}$$

Approximation für kleine Stichproben $L_N^A(\boldsymbol{w}) \stackrel{\cdot}{\sim} t_{\widehat{f}_A}$,

$$\widehat{f}_A = \frac{\left(\sum_{i=1}^a (w_i^A - \overline{w}_\cdot^A)^2 \sum_{j=1}^b \widehat{\sigma}_{ij}^2/n_{ij}\right)^2}{\sum_{i=1}^a (w_i^A - \overline{w}_\cdot^A)^4 \sum_{j=1}^b (\widehat{\sigma}_{ij}^2/n_{ij})^2/(n_{ij}-1)}$$

Haupteffekt B: $\boldsymbol{w}_B = (w_1^B, \ldots, w_b^B)'$ Gewichtsvektor

$$\begin{aligned} L_N^B(\boldsymbol{w}_B) &= \sqrt{N}\boldsymbol{w}_B'\boldsymbol{C}_B\widehat{\mathbf{p}}/\widehat{\sigma}_{N,B} \\ &= \frac{1}{\sqrt{N}}\sum_{j=1}^{b} w_j^B\left(\widetilde{R}_{\cdot j\cdot} - \widetilde{R}_{\cdot\cdot\cdot}\right)/\widehat{\sigma}_{N,B} \sim N(0,1), \quad N \to \infty \end{aligned}$$

Approximation für kleine Stichproben $L_N^B(\boldsymbol{w}_B) \stackrel{\cdot}{\sim} t_{\widehat{f}_B}$,

$$\widehat{f}_B = \frac{\left(\sum_{j=1}^b (w_j^B - \overline{w}_\cdot^B)^2 \sum_{i=1}^a \widehat{\sigma}_{ij}^2/n_{ij}\right)^2}{\sum_{j=1}^b (w_j^B - \overline{w}_\cdot^B)^4 \sum_{i=1}^a (\widehat{\sigma}_{ij}^2/n_{ij})^2/(n_{ij}-1)}$$

3.1.1.7 Anwendung auf ein Beispiel

Die Daten des Beispiels 3.1 (Nierengewichte, S. 126) werden im Folgenden mit den Verfahren dieses Abschnitts ausgewertet und die damit erhaltenen Ergebnisse diskutiert. Da die Stichprobenumfänge ziemlich klein sind ($7 \leq n_{ij} \leq 11$), sollte man die ATS in (3.1.9) verwenden. Die Ergebnisse sind in Tabelle 3.2 angegeben, wobei zum Vergleich die WTS sowie die zugehörigen p-Werte ebenfalls mit aufgelistet sind.

Tabelle 3.2 Ergebnisse für die WTS und die ATS mit den zugehörigen p-Werten für die Daten des Beispiels 3.1 (siehe S. 126). Die Originaldaten sind im Anhang C (siehe S. 257) angegeben.

Faktor	WTS	f	p-Werte	ATS	$\widehat{f}$	$\widehat{f}_0$	p-Werte
A	68.18	1	$< 10^{-5}$	68.18	1	58.02	$< 10^{-5}$
B	46.41	4	$< 10^{-5}$	9.02	3.76	58.02	10^{-5}
AB	1.91	4	0.7525	0.55	3.76	58.02	0.6893

Trotz der kleinen Stichprobenumfänge stimmen die p-Werte für die WTS und die ATS ziemlich gut überein (für den Faktor A ist zu beachten, dass WTS = ATS gilt, da $f = 1$ ist; s. Proposition 4.25, S. 204). Diese Werte bestätigen den optischen Eindruck der Abbildung 3.3 (siehe S. 133). Es ist sowohl ein starker Effekt des Geschlechts als auch der verwendeten Dosisstufen vorhanden, während sich keine Wechselwirkung dieser beiden Faktoren nachweisen lässt. Damit sind die beiden Haupteffekte gut interpretierbar und die eingangs von Abschnitt 3.1.1.5 aufgeworfenen Frage, ob die relativen Nierengewichte mit steigender Dosis zunehmen, kann mit einem Test für einen ansteigenden Trend untersucht werden. Man wählt also $\boldsymbol{w}_B = (1, 2, 3, 4, 5)'$ und erhält $L_N^B(\boldsymbol{w}_B) = 6.36 \quad (p = 2.7 \cdot 10^{-9}, \widehat{f}_B = 35.6)$ für die in (3.1.18) angegebene Statistik mit der Approximation durch die t-Verteilung.

Zur Untersuchung der Frage, ob sich auch ein ansteigender Trend der relativen Nierengewichte nachweisen lässt, falls man die höchste oder die beiden höchsten Dosisstufen weglässt, werden multiple Trend-Tests durchgeführt (z.B. durch die sequentiell verwerfende Bonferroni-Holm Prozedur).

Man erhält so für den Gewichtsvektor $\boldsymbol{w}_B = (1, 2, 3, 4)'$, d.h. ohne die Beobachtungen in der höchsten Dosisstufe, die Statistik $L_N^B(\boldsymbol{w}_B) = 3.53$ $(p = 0.00076, \widehat{f}_B = 26.7)$ und für $\boldsymbol{w}_B = (1, 2, 3)'$, d.h. ohne die beiden höchsten Dosisstufen, die Statistik $L_N^B(\boldsymbol{w}_B) = 1.37$ $(p = 0.1328, \widehat{f}_B = 27)$. In beiden Fällen wurde die Approximation mit der t-Verteilung verwendet, da kleine Stichprobenumfänge vorliegen. Die Ergebnisse lassen sich dahingehend interpretieren, dass die beiden höchsten Dosierungen zu einer Steigerung des relativen Nierengewichtes führen, während sich für die beiden niedrigsten Dosisstufen gegenüber Placebo ein solcher Trend nicht nachweisen lässt.

3.1.1.8 Rangtransformation und Software

Ab der Version 8.0 bietet SAS die Möglichkeit an, die ATS zu berechnen. Da sowohl die WTS als auch die ATS die RT-Eigenschaft besitzen (siehe S. 207), können beide Statistiken technisch dadurch berechnet werden, dass man die Originaldaten X_{ijk} durch die Ränge R_{ijk} ersetzt und dafür ein heteroskedastisches Modell annimmt. Alle oben angegebenen Ergebnisse können daher mit den Standardprozeduren PROC RANK und PROC MIXED von SAS berechnet werden.

Dateneingabe Die Eingabe der Daten wird genau wie für ein parametrisches faktorielles Modell durchgeführt, d.h. die beiden Faktoren werden als klassifizierende Variablen eingegeben.

Rangvergabe Die Prozedur PROC RANK wird benutzt, um den Originaldaten die Mittel-Ränge zuzuweisen (man beachte hierbei, dass die Vergabe von Mittel-Rängen als Voreinstellung bei dieser Prozedur verwendet wird).

Heteroskedastisches Modell Die Prozedur PROC MIXED bietet die Möglichkeit, für die Mittelwerte $\overline{R}_{ij\cdot}$ die Kovarianzmatrix durch die Option 'TYPE = $\cdots$' im REPEATED Statement zu wählen. Es ist zu beachten, dass viele Typen von Kovarianzmatrizen (einschließlich Diagonalmatrizen) durch diese Option definiert werden können. Daher ist die Bezeichnung MIXED an dieser Stelle etwas irreführend. Durch Hinzufügen der Option CHISQ hinter dem Schrägstrich / im MODEL Statement wird die WTS mit den zugehörigen p-Werten berechnet und ausgedruckt.

Bei unabhängigen Beobachtungen hat die Kovarianzmatrix der Mittelwerte $\overline{Y}_{ij\cdot}$ der ART in (3.1.3) eine Diagonalstruktur, die durch TYPE=UN(1) im REPEATED Statement festgelegt wird. Im Allgemeinen sind bei allen nichtparametrischen Haupteffekten und Wechselwirkungen die Varianzen in dieser Diagonalmatrix in allen Faktorstufenkombinationen verschieden. Daher muss der höchste Wechselwirkungsterm in der Option GRP zugewiesen werden, um die Heteroskedastizität zu berücksichtigen. Bei einem CRF-ab mit den Faktoren A und B lautet diese Option GRP=A*B.

Ab der Version 8.0 kann die Option ANOVAF in der Zeile PROC MIXED hinzugefügt werden, um die ATS mit den zugehörigen p-Werten zu berechnen und auszudrucken.

Gemusterte Alternativen Durch Eingabe eines Kontrastvektors im CONTRAST Statement können beliebige gemusterte Alternativen getestet werden. Hierbei ist zu beachten, dass der Kontrastvektor zentriert sein muss, d.h. die Summe der Gewichte muss gleich 0 sein. Um die richtige Ordnung der Faktorstufen zu erhalten, müssen die Daten in der Reihenfolge eingelesen werden, die der Reihenfolge der Gewichte im CONTRAST Statement entspricht, wobei gleichzeitig in der Zeile PROC MIXED die Option ORDER=DATA hinzugefügt werden muss. Wird diese Option nicht verwendet, ordnet SAS automatisch die Bezeichnungen der Faktorstufen in lexikografischer Reihenfolge den Gewichten zu. Wenn man die Daten nach der Eingabe sortiert, entspricht ORDER=DATA der Reihenfolge der Daten, wie sie in der Prozedur SORT angegeben wird.

Bei Verwendung des CONTRAST Statements ist zu beachten, dass das Quadrat der Statistik L_N (siehe Abschnitt 3.1.1.5), also L_N^2 und der zugehörige p-Wert berechnet werden. Dieser ist doppelt so groß wie der entsprechende einseitige (obere) p-Wert. Das Vorzeichen von L_N erhält man aus dem ESTIMATE Statement durch Hinzufügen der Option UPPER nach dem Schrägstrich /. Der hierbei ausgegebene p-Wert für L_N ist allerdings unter den Annahme gleicher Varianzen berechnet worden und kann nur dazu verwendet werden, die Richtung des Trends zu erkennen.

Beispiel: Nierengewichte, Ergebnisse, siehe Tabelle 3.2

```
DATA nierel;
INPUT sex$ dos$ relg;
DATALINES;
M PL 6.62
  :
M D4 7.26
  :
W PL 7.11
  :
W D4 8.31
;
RUN;
```

```
PROC RANK DATA=nierel OUT=nierel;
VAR relg;
RANKS r;
RUN;

PROC MIXED DATA=nierel
                    ORDER=DATA ANOVAF;
CLASS sex dos;
MODEL r = sex | dos / CHISQ;
REPEATED / TYPE=UN(1) GRP = sex*dos;
CONTRAST 'steigender Tend' dos -2 -1 0 1 2;
LSMEANS sex*dos;
RUN;
```

3.1.2 Konfidenzintervalle für die relativen Effekte

Um einen anschaulichen Eindruck von der Variabilität der Daten des Versuchs zu erhalten, kann man Konfidenzintervalle für die die relativen Effekte p_{ij} angeben. Man erhält die Grenzen $p_{ij,U}$ und $p_{ij,O}$ dadurch, dass man den zweifaktoriellen Versuchsplan als einfaktoriellen Versuchsplan mit doppelter Indizierung auffasst und dann wie im Abschnitt 2.2.7.1 (siehe S. 115ff) verfährt. Man erhält

$$p_{ij,U} = \widehat{p}_{ij} - u_{1-\alpha/2} \cdot \widehat{s}_{ij}/\sqrt{N}\,, \qquad p_{ij,O} = \widehat{p}_{ij} + u_{1-\alpha/2} \cdot \widehat{s}_{ij}/\sqrt{N},$$

wobei

$$\begin{aligned}
\widehat{s}_{ij}^2 &= \frac{N}{n_{ij}}\widehat{\sigma}_{ij}^2 + \frac{N}{n_{ij}^2} \sum_{\substack{(r,t)=(1,1)\\(r,t)\neq(i,j)}}^{(a,b)} n_{rt}\, \widehat{\tau}^2_{(r,t):(i,j)}\,,\\
\widehat{\sigma}_{ij}^2 &= \frac{1}{N^2(n_{ij}-1)} \sum_{k=1}^{n_{ij}} \left(R_{ijk} - R_{ijk}^{(ij)} - \overline{R}_{ij\cdot} + \frac{n_{ij}+1}{2}\right)^2,\\
\widehat{\tau}^2_{(r,t):(i,j)} &= \frac{1}{N^2(n_{rt}-1)} \sum_{s=1}^{n_{rt}} \left(R_{rts} - R_{rts}^{(-ij)} - \overline{R}_{rt\cdot} + \overline{R}_{rt\cdot}^{(-ij)}\right)^2, \quad (r,t)\neq(i,j)
\end{aligned}$$

analog zu $\widehat{s}_i^{\,2}$, $\widehat{\sigma}_i^2$ und $\widehat{\tau}_{r:i}^2$ in Abschnitt 2.2.7.1 (siehe S. 115) gebildet sind. Dabei bezeichnet $R_{ijk}^{(ij)}$ die Intern-Ränge in der Zelle (i,j) und $R_{rtk}^{(-ij)}$ die entsprechenden Teil-Ränge (siehe Definition 1.18, S. 36).

Mit der *logit*-Transformation erhält man analog wie in Abschnitt 2.2.7.2 (siehe S. 117) die zweiseitigen Grenzen zum Konfidenzniveau $1-\alpha$

$$p_{ij,U} = \frac{n_{ij}}{2N} + \frac{(N-n_{ij})\exp(p_{ij,U}^g)}{N[1+\exp(p_{ij,U}^g)]}\,, \qquad p_{ij,O} = \frac{n_{ij}}{2N} + \frac{(N-n_{ij})\exp(p_{ij,O}^g)}{N[1+\exp(p_{ij,O}^g)]}$$

wobei

$$\begin{aligned}
p_{ij,U}^g &= \mathit{logit}(\widehat{p}_{ij}^*) - \frac{\widehat{s}_{ij}^*}{\widehat{p}_{ij}^*(1-\widehat{p}_{ij}^*)\sqrt{N}}\, u_{1-\alpha/2}\,,\\
p_{ij,O}^g &= \mathit{logit}(\widehat{p}_{ij}^*) + \frac{\widehat{s}_{ij}^*}{\widehat{p}_{ij}^*(1-\widehat{p}_{ij}^*)\sqrt{N}}\, u_{1-\alpha/2}\,,\\
\widehat{p}_{ij}^* &= \frac{1}{N-n_{ij}}\left(N\widehat{p}_{ij} - \frac{n_{ij}}{2}\right), \quad \widehat{s}_{ij}^* = \frac{N}{N-n_{ij}}\,\widehat{s}_{ij}
\end{aligned}$$

analog zu den entsprechenden Größen in Abschnitt 2.2.7.2 bestimmt werden.

Für das Beispiel 3.1 (Nierengewichte, S. 126) erhält man die in Tabelle 3.3 angegebenen zweiseitigen 95%-Konfidenzintervalle (*logit*-Transformation), die in Abbildung 3.4 grafisch dargestellt sind.

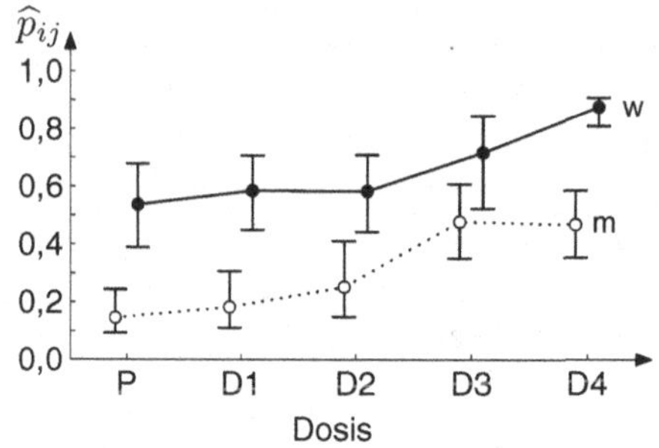

Abbildung 3.4 Schätzer und zweiseitige 95%-Konfidenzintervalle (*logit*-Transformation) für die relativen Effekte der relativen Nierengewichte bei den männlichen (○) und weiblichen (•) Wistar-Ratten aus Beispiel 3.1. Die gestrichelten und durchgezogenen Linien dienen der gedanklichen Verbindung der Werte für die männlichen bzw. weiblichen Tiere.

Tabelle 3.3 Schätzer und zweiseitige 95%-Konfidenzintervalle (*logit*-Transformation) für die relativen Effekte p_{ij} des Beispiels 3.1 (Nierengewichte, S. 126).

	Geschlecht					
	w			m		
Dosis	$\widehat{p}_{ij}$	$p_{ij,U}$	$p_{ij,O}$	$\widehat{p}_{ij}$	$p_{ij,U}$	$p_{ij,O}$
P	0.54	0.39	0.68	0.15	0.09	0.24
D1	0.58	0.45	0.71	0.18	0.11	0.31
D2	0.58	0.44	0.71	0.25	0.15	0.41
D3	0.72	0.52	0.84	0.48	0.35	0.61
D4	0.88	0.81	0.91	0.47	0.35	0.59

Die in der Tabelle 3.3 angegebenen Konfidenzintervalle sind mit dem SAS-Makro OWL.SAS berechnet worden. Dieses ist allerdings für einfaktorielle Versuchsanlagen konzipiert. Zur Anwendung auf eine zweifaktorielle Versuchsanlage müssen die Stufen der beiden Faktoren A und B lexikografisch geordnet und einem neuen Faktor zugeordnet werden.

3.1.3 Kreuzklassifikation (2 × 2-Versuchsplan)

Falls beide Faktoren A und B nur zwei Stufen haben, liegt der Sonderfall eines 2×2-Versuchsplans vor. Die entsprechenden Teststatistiken, Freiheitsgrade und Approximationen ergeben sich natürlich automatisch aus den im Abschnitt 3.1.1 angegebenen Formeln. In diesem Abschnitt werden jedoch aus mehreren Gründen die Verfahren für den 2×2-Versuchsplan separat angegeben. Einerseits wird der 2×2-Versuchsplan häufig verwendet und andererseits sind jeweils die WTS und die ATS identisch, da alle Kontrastmatrizen den Rang 1 haben (siehe Proposition 4.25, S. 204). Aufgrund dieser eindimensionalen Struktur ist es nicht notwendig, quadratische Formen als Statistiken zu verwenden, sondern es genügt, lineare Rangstatistiken zu betrachten, die u.a. auch die Durchführung einseitiger Tests erlauben. Diese linearen Rangstatistiken werden im Folgenden unter Verwendung der bisherigen Notation zusammen mit den Hypothesen kurz aufgelistet.

In einem linearen Modell schreibt man die Hypothesen in einem 2×2-Versuchsplan kurz als

$$\begin{aligned} H_0^\mu(A) : \mu_{11} + \mu_{12} - \mu_{21} - \mu_{22} &= 0, \\ H_0^\mu(B) : \mu_{11} - \mu_{12} + \mu_{21} - \mu_{22} &= 0, \\ H_0^\mu(AB) : \mu_{11} - \mu_{12} - \mu_{21} + \mu_{22} &= 0. \end{aligned}$$

Entsprechend formuliert man die Hypothesen mithilfe der Verteilungsfunktionen in einem nichtparametrischen Modell

$$\begin{aligned} H_0^F(A) : F_{11} + F_{12} - F_{21} - F_{22} &= 0, \\ H_0^F(B) : F_{11} - F_{12} + F_{21} - F_{22} &= 0, \\ H_0^F(AB) : F_{11} - F_{12} - F_{21} + F_{22} &= 0, \end{aligned}$$

wobei hier jeweils 0 eine Funktion bezeichnet, die identisch gleich 0 ist.

Bezeichne für $i = 1, 2$ und $j = 1, 2$, wie bisher, $\overline{R}_{ij\cdot} = n_{ij}^{-1} \sum_{k=1}^{n_{ij}} R_{ijk}$ die Mittelwerte der Ränge in den vier Zellen, $S_{ij}^2 = (n_{ij} - 1)^{-1} \sum_{k=1}^{n_{ij}} (R_{ijk} - \overline{R}_{ij\cdot})^2$ die empirischen Varianzen und sei zur Abkürzung $S_0^2 = \sum_{i=1}^2 \sum_{j=1}^2 S_{ij}^2 / n_{ij}$ sowie

$$\widehat{f}_0 = \frac{S_0^4}{\sum_{i=1}^2 \sum_{j=1}^2 (S_{ij}^2/n_{ij})^2/(n_{ij} - 1)} \tag{3.1.19}$$

gesetzt. Dann gilt:

1. Unter der Hypothese $H_0^F(A) : F_{11} + F_{12} - F_{21} - F_{22} = 0$

$$\begin{aligned} L_N^A = \frac{\overline{R}_{11\cdot} + \overline{R}_{12\cdot} - \overline{R}_{21\cdot} - \overline{R}_{22\cdot}}{S_0} &\sim N(0,1) \qquad N \to \infty, \\ &\stackrel{\cdot}{\sim} t_{\widehat{f}_0} \qquad \text{(kleine Stichproben).} \end{aligned}$$

2. Unter der Hypothese $H_0^F(B) : F_{11} - F_{12} + F_{21} - F_{22} = 0$

$$\begin{aligned} L_N^B = \frac{\overline{R}_{11\cdot} - \overline{R}_{12\cdot} + \overline{R}_{21\cdot} - \overline{R}_{22\cdot}}{S_0} &\sim N(0,1) \qquad N \to \infty, \\ &\stackrel{\cdot}{\sim} t_{\widehat{f}_0} \qquad \text{(kleine Stichproben).} \end{aligned}$$

3. Unter der Hypothese $H_0^F(AB) : F_{11} - F_{12} - F_{21} + F_{22} = 0$

$$\begin{aligned} L_N^{AB} = \frac{\overline{R}_{11\cdot} - \overline{R}_{12\cdot} - \overline{R}_{21\cdot} + \overline{R}_{22\cdot}}{S_0} &\sim N(0,1) \qquad N \to \infty, \\ &\stackrel{\cdot}{\sim} t_{\widehat{f}_0} \qquad \text{(kleine Stichproben).} \end{aligned}$$

Die Tests für die beiden Haupteffekte können sowohl einseitig als auch zweiseitig durchgeführt werden.

3.1.3.1 Anwendung auf ein Beispiel

Die im vorigen Abschnitt kurz angegeben Verfahren werden hier auf ein Beispiel angewendet. Dazu werden die Schmerz-Scores der Schulterschmerz Studie (siehe Beispiel C.4, Anhang C, S. 251) zu einem bestimmten Zeitpunkt für die behandelten und unbehandelten (Faktor A), männlichen und weiblichen (Faktor B) Patienten betrachtet. Es ist die Frage zu klären, ob zu diesem Zeitpunkt die Schmerzen unter der neuen Behandlung Y geringer sind als in der Kontrollgruppe N. Weiterhin ist ein möglicher Einfluss des Geschlechts (F/M) zu untersuchen und auf eine möglicherweise unterschiedliche Schmerzreduktion in Abhängigkeit vom Geschlecht zu achten.

Beispiel 3.2 (Schulter-Schmerz Studie) In Tabelle 3.4 sind für die Schulter-Schmerz Studie die Schmerz-Scores am Abend des ersten Tages nach der Operation (zweiter Zeitpunkt) nach männlichen und weiblichen Patienten getrennt aufgelistet.

Tabelle 3.4 Schmerz-Scores am Abend des ersten Tages nach einer laparoskopischen Operation für die 22 Patienten (14 Frauen und 8 Männer) der Behandlungsgruppe Y und die 19 Patienten (11 Frauen und 8 Männer) der Kontrollgruppe N.

	Schmerz-Score	
Gruppe	Frauen	Männer
Y	1, 2, 1, 1, 2, 1, 1, 1, 1, 1, 4, 4, 1, 1	2, 2, 3, 1, 2, 1, 1, 1
N	2, 5, 4, 4, 1, 3, 2, 2, 1, 5, 4	4, 3, 3, 1, 5, 1, 3, 3

Die Stichprobenumfänge n_{ij}, sowie die Rangmittelwerte $\overline{R}_{ij\cdot}$, die empirischen Varianzen $S_{ij}^2 = N^2\widehat{\sigma}_{ij}^2$ der Ränge und die relativen Effekte $\widehat{p}_{ij}$ sind in Tabelle 3.5 aufgelistet.

Zur Überprüfung der Hypothesen $H_0^F(A)$, $H_0^F(B)$ und $H_0^F(AB)$ berechnet man $S_0^2 = 42.185$ aus (3.1.12) und damit den Freiheitsgrad $\widehat{f}_0 = 29$ aus (3.1.14). Die Ergebnisse sind ebenfalls in Tabelle 3.5 dargestellt.

Tabelle 3.5 Ergebnisse für die Analyse der Schmerz-Scores am Abend des ersten Tages nach der Operation in der Schulter-Schmerz Studie.

Deskriptive Ergebnisse

Behandlung	Geschlecht	n_{ij}	$\overline{R}_{ij\cdot}$	$\widehat{p}_{ij}$	S_{ij}^2
Y	F	14	15.07	0.355	96.57
	M	8	16.88	0.400	67.41
N	F	11	27.50	0.659	123.15
	M	8	26.56	0.636	125.32

Statistiken und p-Werte

Effekt	Hypothese	Statistik	p-Wert
Behandlung	$H_0^F(A)$	-3.40	0.0020
Geschlecht	$H_0^F(B)$	-0.14	0.8948
Wechselwirkung	$H_0^F(AB)$	-0.42	0.6761

Es lässt sich somit keine Wechselwirkung und kein Einfluss des Geschlechts feststellen. Die Behandlung Y ist jedoch mit einem p-Wert von 0.002 signifikant besser als die Behandlung N, d.h. durch das spezielle Absaugverfahren tendieren die Schmerz-Scores am Ende des ersten Tages nach der Operation zu geringeren Werten als die Schmerz-Scores in der unbehandelten Gruppe von Patienten.

3.1.4 Hierarchische Versuchspläne

Ein hierarchischer Versuchsplan mit festen Effekten entsteht, wenn die $i = 1, \ldots, a$ Stufen eines festen Faktors in jeweils b_i feste Untereinheiten (sub-categories) eingeteilt werden. Bei demografischen Untersuchungen unterteilt man z.B. die Regierungsbezirke eines Landes in Kreise. Dabei hat der Kreis Nr. j im Regierungsbezirk Nr. i außer der (willkürlichen) Nummerierung nichts mit dem Kreis der gleichen Nummer im Regierungsbezirk Nr. i' zu tun. Dies wird auch dadurch klar, dass die Regierungsbezirke in verschieden viele Kreise eingeteilt sein können. Man nennt die Kreise (Faktor B) unter den Regierungsbezirken (Faktor A) *verschachtelt*. Daher heißen hierarchische Versuchspläne auch *Schachtel-Pläne* oder *mehrstufige Versuchspläne*.

Als Notation verwendet man die Bezeichnung CRH-$b_i(a)$, (*Completely Randomized Hierarchical Design*), wobei die b_i Stufen des Faktors B innerhalb der Stufe i des Faktors A verschachtelt sind. Die Stufen des Faktors B sind lediglich eine weitere Unter-Einteilung des Faktors A. Innerhalb der $j = 1, \ldots, b_i$ Stufen des Faktors B werden $k = 1, \ldots, n_{ij}$ unabhängige Messwerte $X_{ijk} \sim F_{ij}(x)$ beobachtet. Die diesbezüglich etwas unglücklich erscheinende Notation in dem Buch von Kirk (1982) ist hier der Notation für Versuchspläne mit gekreuzten Faktoren angepasst worden. Dies ist auch deshalb schon notwendig, da in dem Buch von Kirk nur balancierte hierarchische Versuchspläne, also $b_i \equiv b$, behandelt werden.

Modell 3.3 (*CRH-$b_i(a)$ / Allgemeines Modell*)
Die $N = \sum_{i=1}^{a} \sum_{j=1}^{b_i} n_{ij}$ Daten im CRH-$b_i(a)$ Versuchsplan werden durch die unabhängigen Zufallsvariablen

$$X_{ijk} \quad \sim \quad F_{ij}(x) \,, \quad i = 1, \ldots, a, \ \ j = 1, \ldots, b_i, \ \ k = 1, \ldots, n_{ij},$$

beschrieben, wobei die Verteilungsfunktionen $F_{ij}(x) = \frac{1}{2}\left[F_{ij}^{+}(x) + F_{ij}^{-}(x)\right]$ (bis auf Einpunkt-Verteilungen) beliebig sein können. Der Vektor der $N_B = \sum_{i=1}^{a} b_i$ Verteilungen wird mit $\boldsymbol{F} = (F_{11}, \ldots, F_{1b_1}, \ldots, F_{a1}, \ldots, F_{ab_a})'$ bezeichnet, wobei die Komponenten von $\boldsymbol{F}$ in lexikografischer Reihenfolge angeordnet sind.

Einen nichtparametrischen Effekt für die Beobachtungen $X_{ij1}, \ldots, X_{ijn_{ij}}$ innerhalb der Stufe j des Faktors B und der Stufe i des Faktors A beschreibt man durch den relativen Effekt

$$p_{ij} \quad = \quad \int H dF_{ij} \,, \quad H = \frac{1}{N} \sum_{i=1}^{a} \sum_{j=1}^{b_i} n_{ij} F_{ij}$$

und testet die nichtparametrischen Hypothesen

$$H_0^F(A): \quad \overline{F}_{1\cdot} = \cdots \overline{F}_{a\cdot} \tag{3.1.20}$$

$$H_0^F(B(A)): \quad F_{i1} = \cdots = F_{ib_i}, \quad \text{für alle } i = 1, \ldots, a. \tag{3.1.21}$$

Anstelle des ungewichteten Mittelwertes $\overline{F}_{i\cdot} = \frac{1}{b_i}\sum_{j=1}^{b_i} F_{ij}$ der Verteilungen innerhalb der Stufe i des Faktors A kann man allgemeiner den gewichteten Mittelwert $\widetilde{F}_{i\cdot} = \sum_{j=1}^{b_i} q_{ij}F_{ij}$ betrachten, wobei die Gewichte q_{ij}, mit $\sum_{j=1}^{b_i} q_{ij} = 1$, im Rahmen der Versuchsplanung frei gewählt werden können. So kann man z.B. bei einer Untersuchung zum Kraftstoffverbrauch von Mittelklassewagen mehrerer Autohersteller die einzelnen Typen der Automodelle innerhalb eines jeden Herstellers mit dem Grad der Beliebtheit entsprechend den relativen Verkaufszahlen gewichten.

Man testet also allgemeiner die Hypothese

$$H_0^F(A): \widetilde{F}_{1\cdot} = \cdots = \widetilde{F}_{a\cdot}$$

anstelle der Hypothese (3.1.20), bei der die Gewichte $q_{ij} \equiv 1/b_i$, $j = 1, \ldots, b_i$, sind.

Ebenso wie bei der Kreuzklassifikation lassen sich die Hypothesen auch mithilfe von Matrizen formulieren. Dazu bezeichne $\boldsymbol{q}_i = (q_{i1}, \ldots, q_{ib_i})'$ den Gewichtsvektor in der Kategorie i,

$$\boldsymbol{Q} = \bigoplus_{i=1}^{a} \boldsymbol{q}_i' = diag\{\boldsymbol{q}_1', \ldots, \boldsymbol{q}_a'\}$$

die Blockmatrix der Zeilenvektoren $\boldsymbol{q}_1', \ldots, \boldsymbol{q}_a'$ und schließlich $\boldsymbol{P}_{b_i} = \boldsymbol{I}_{b_i} - \frac{1}{b_i}\boldsymbol{J}_{b_i}$ die zentrierende Matrix der Dimension b_i, $i = 1, \ldots, a$. Das Symbol $\oplus$ bezeichnet die direkte Summe der Zeilenvektoren $\boldsymbol{q}_i'$. Zur Definition der direkten Summe von Matrizen und bezüglich ihrer technischen Handhabung sei auf Abschnitt B.3 (siehe S. 239ff) im Anhang verwiesen. Damit kann man die beiden Hypothesen $H_0^F(A)$ und $H_0^F(B(A))$ äquivalent in folgender Form schreiben

$$H_0^F(A): \boldsymbol{P}_a\boldsymbol{Q}\boldsymbol{F} = \boldsymbol{0} \quad \text{und} \quad H_0^F(B(A)): \bigoplus_{i=1}^{a} \boldsymbol{P}_{b_i}\boldsymbol{F} = \boldsymbol{0}.$$

Die Matrizen $\boldsymbol{C}_A = \boldsymbol{P}_a\boldsymbol{Q}$ und $\boldsymbol{C}_{B(A)} = \bigoplus_{i=1}^{a} \boldsymbol{P}_{b_i}$ sind Kontrastmatrizen. Damit folgen die asymptotischen Verteilungen unter $H_0^F(A)$ bzw. $H_0^F(B(A))$ der Statistiken $\sqrt{N}\boldsymbol{C}_A\widehat{\boldsymbol{p}}$ und $\sqrt{N}\boldsymbol{C}_{B(A)}\widehat{\boldsymbol{p}}$ sofort aus Satz 4.18 (siehe S. 195), wobei $\widehat{\boldsymbol{p}}$ der Vektor der geschätzten relativen Effekte $\widehat{p}_{ij} = \frac{1}{N}(\overline{R}_{ij\cdot} - \frac{1}{2})$ ist, $i = 1, \ldots, a; j = 1, \ldots, b_i$.

Die asymptotischen Kovarianzmatrizen von $\sqrt{N}\boldsymbol{C}_A\widehat{\boldsymbol{p}}$ bzw. $\sqrt{N}\boldsymbol{C}_{B(A)}\widehat{\boldsymbol{p}}$ ergeben sich ebenfalls aus Satz 4.18. Man erhält somit unter $H_0^F(A): \boldsymbol{C}_A\boldsymbol{F} = \boldsymbol{0}$ die Kovarianzmatrix $Cov(\sqrt{N}\boldsymbol{C}_A\widehat{\boldsymbol{p}}) = \boldsymbol{C}_A\boldsymbol{V}_N\boldsymbol{C}_A'$ bzw. unter $H_0^F(B(A)): \boldsymbol{C}_{B(A)}\boldsymbol{F} = \boldsymbol{0}$ die Kovarianzmatrix $Cov(\sqrt{N}\boldsymbol{C}_{B(A)}\widehat{\boldsymbol{p}}) = \boldsymbol{C}_{B(A)}\boldsymbol{V}_N\boldsymbol{C}_{B(A)}'$, wobei

$$\boldsymbol{V}_N = N \cdot diag\left\{\frac{\sigma_{11}^2}{n_{11}}, \ldots, \frac{\sigma_{1b_1}^2}{n_{1b_1}}, \ldots, \frac{\sigma_{a1}^2}{n_{a1}}, \ldots, \frac{\sigma_{ab_a}^2}{n_{ab_a}}\right\}$$

und $\sigma_{ij}^2 = Var(H(X_{ij1}))$, $i = 1, \ldots, a$, $j = 1, \ldots, b_i$, ist. Bei der Betrachtung der Hypothese $H_0^F(B(A))$ ist zu beachten, dass die Verteilungen F_{ij}, $j = 1, \ldots, b_i$, unter dieser Hypothese jeweils gleich sind und damit auch $\sigma_{i1}^2 = \cdots = \sigma_{ib_i}^2 \equiv \sigma_i^2$, $i = 1, \ldots, a$, gilt. In diesem Falle werden die Varianzschätzer

$$\widehat{\sigma}_{ij}^2 \quad = \quad \frac{1}{N^2(n_{ij}-1)} \sum_{k=1}^{n_{ij}} (R_{ijk} - \overline{R}_{ij\cdot})^2 \tag{3.1.22}$$

aus Satz 4.19 (siehe S. 195) zu einem gemeinsamen Schätzer

$$\widehat{\sigma}_i^2 \quad = \quad \frac{1}{N^2(N_i - b_i)} \sum_{j=1}^{b_i} \sum_{k=1}^{n_{ij}} (R_{ijk} - \overline{R}_{ij\cdot})^2$$

gepoolt, wobei $N_i = \sum_{j=1}^{b_i} n_{ij}$, $i = 1, \ldots, a$, die Anzahl aller Beobachtungen in der Stufe i des Faktors A ist.

3.1.4.1 Test für den Kategorie-Effekt

Für große Stichproben bildet man entsprechend (3.1.8) die WTS mit dem Kontrastvektor $\sqrt{N}\boldsymbol{C}_A\widehat{\boldsymbol{p}}$. Ferner benötigt man noch die Kovarianzmatrix

$$\boldsymbol{V}_N \quad = \quad N \cdot diag\left\{\frac{\sigma_{11}^2}{n_{11}}, \ldots, \frac{\sigma_{1b_1}^2}{n_{1b_1}}, \ldots, \frac{\sigma_{a1}^2}{n_{a1}}, \ldots, \frac{\sigma_{ab_a}^2}{n_{ab_a}}\right\} \;=\; \bigoplus_{i=1}^{a} \bigoplus_{j=1}^{b_i} \frac{N}{n_{ij}} \sigma_{ij}^2 \, ,$$

wobei $\sigma_{ij}^2 = Var(H(X_{ij1}))$, $i = 1, \ldots, a$, $j = 1, \ldots, b_i$, ist. Einen konsistenten Schätzer $\widehat{\boldsymbol{V}}_N$ erhält man aus Satz 4.19 (siehe S. 195), indem man σ_{ij}^2 durch $\widehat{\sigma}_{ij}^2$ in (3.1.22) ersetzt, d.h.

$$\widehat{\boldsymbol{V}}_N \quad = \quad \bigoplus_{i=1}^{a} \bigoplus_{j=1}^{b_i} \frac{N}{n_{ij}} \widehat{\sigma}_{ij}^2 \, .$$

Setzt man noch zur Abkürzung

$$\widehat{\tau}_i^2 \;=\; \sum_{j=1}^{b_i} \frac{q_{ij}^2}{n_{ij}(n_{ij}-1)} \sum_{k=1}^{n_{ij}} (R_{ijk} - \overline{R}_{ij\cdot})^2 \quad \text{und} \quad \widetilde{R}_{i\cdot\cdot} \;=\; \sum_{j=1}^{b_i} q_{ij} \overline{R}_{ij\cdot} \, ,$$

wobei die q_{ij} die Elemente des Gewichtsvektors $\boldsymbol{q}_i$ sind, dann erhält man zum Testen der Hypothese $H_0^F(A) : \boldsymbol{P}_a\boldsymbol{Q}\boldsymbol{F} = \boldsymbol{0}$ die WTS

$$\begin{aligned} Q_N(A) \quad &= \quad N \cdot \widehat{\boldsymbol{p}}\, \boldsymbol{Q}'\boldsymbol{P}_a(\boldsymbol{P}_a\boldsymbol{Q}\widehat{\boldsymbol{V}}_N\boldsymbol{Q}'\boldsymbol{P}_a)^- \boldsymbol{P}_a\boldsymbol{Q}\, \widehat{\boldsymbol{p}} \\ &= \quad \sum_{i=1}^{a} \frac{1}{\widehat{\tau}_i^2} \left(\widetilde{R}_{i\cdot\cdot} - \frac{1}{\sum_{\ell=1}^{a}(1/\widehat{\tau}_\ell^2)} \sum_{\ell=1}^{a} \frac{\widetilde{R}_{\ell\cdot\cdot}}{\widehat{\tau}_\ell^2} \right)^2 , \end{aligned}$$

die unter $H_0^F(A)$ asymptotisch eine χ^2_{a-1}-Verteilung hat.

Für kleine Stichprobenumfänge verwendet man die ATS in (3.1.9) und die Approximation mit der F-Verteilung in (3.1.10). Die dazu benötigte Matrix $\boldsymbol{T}_A$ wird hier

$$\boldsymbol{T}_A \;=\; \boldsymbol{C}_A'(\boldsymbol{C}_A\boldsymbol{C}_A')^-\boldsymbol{C}_A \;=\; \boldsymbol{Q}'\boldsymbol{P}_a(\boldsymbol{P}_a\boldsymbol{Q}\boldsymbol{Q}'\boldsymbol{P}_a)^-\boldsymbol{P}_a\boldsymbol{Q} \;=\; \boldsymbol{Q}'\boldsymbol{W}_a\boldsymbol{Q},$$

wobei $\boldsymbol{W}_a = \boldsymbol{\Delta}^{-1}\left[\boldsymbol{I}_a - \boldsymbol{J}_a\boldsymbol{\Delta}^{-1}/\,Sp(\boldsymbol{\Delta}^{-1})\right]$, $\boldsymbol{\Delta} = \boldsymbol{Q}\boldsymbol{Q}' = diag\{q_1^2,\ldots,q_a^2\}$ und $q_i^2 = \sum_{j=1}^{b_i} q_{ij}^2$, $i = 1,\ldots,a$, ist. Man benötigt weiter $\boldsymbol{D}_T = diag\{\boldsymbol{T}_A\}$, die Diagonalmatrix der Diagonalelemente von $\boldsymbol{T}_A$. Unter $H_0^F(A)$ hat dann die ATS

$$F_N(\boldsymbol{T}_A) \;=\; \frac{N}{Sp(\boldsymbol{T}_A\widehat{\boldsymbol{V}}_N)}\,\widehat{\boldsymbol{p}}'\,\boldsymbol{T}_A\,\widehat{\boldsymbol{p}}$$

approximativ eine $F(\widehat{f}_A,\widehat{f}_0)$-Verteilung mit $\widehat{f}_A$ und $\widehat{f}_0$ wie in (3.1.10) angegeben.

3.1.4.2 Test für den Subkategorie-Effekt

Hier betrachtet man den Vektor $\sqrt{N}\boldsymbol{C}_{B(A)}\widehat{\boldsymbol{p}}$, wobei $\boldsymbol{C}_{B(A)} = \bigoplus_{i=1}^a \boldsymbol{P}_{b_i}$ ist. Unter der Hypothese $H_0^F(B(A)) : \boldsymbol{C}_{B(A)}\boldsymbol{F} = \boldsymbol{0} \iff F_{i1} = \cdots = F_{ib_i}$, $i = 1,\ldots,a$, folgt $\sigma_{i1}^2 = \cdots = \sigma_{ib_i}^2 = \sigma_i^2$, $i = 1,\ldots,a$, und somit vereinfacht sich die Kovarianzmatrix unter H_0^F zu

$$\boldsymbol{V}_N \;=\; \bigoplus_{i=1}^a \sigma_i^2 \bigoplus_{j=1}^{b_i} \frac{N}{n_{ij}}\,.$$

Man erhält mit $N_i = \sum_{j=1}^{b_i} n_{ij}$ und $S_i^2 = \sum_{j=1}^{b_i}\sum_{k=1}^{n_{ij}}(R_{ijk} - \overline{R}_{ij\cdot})^2/(N_i - b_i)$ für σ_i^2 einen unter H_0^F konsistenten Schätzer $\widehat{\sigma}_i^2 = S_i^2/N^2$. Schließlich folgt mit $\overline{R}_{i\cdot\cdot} = N_i^{-1}\sum_{j=1}^{b_i}\sum_{k=1}^{n_{ij}} R_{ijk}$, dass die WTS

$$Q_N(B(A)) \;=\; \sum_{i=1}^a \frac{1}{S_i^2}\sum_{j=1}^{b_i} n_{ij}(\overline{R}_{ij\cdot} - \overline{R}_{i\cdot\cdot})^2$$

unter $H_0^F(B(A))$ asymptotisch eine χ_f^2-Verteilung mit $f = N_B - a$ Freiheitsgraden hat, wobei $N_B = \sum_{i=1}^a b_i$ ist.

Zur Herleitung der ATS benötigt man

$$\boldsymbol{T}_{B(A)} \;=\; \boldsymbol{C}_{B(A)}'(\boldsymbol{C}_{B(A)}\boldsymbol{C}_{B(A)}')^-\boldsymbol{C}_{B(A)} \;=\; \bigoplus_{i=1}^a \boldsymbol{P}_{b_i}\,,$$

$$\boldsymbol{T}_{B(A)}\widehat{\boldsymbol{V}}_N \;=\; N\cdot\bigoplus_{i=1}^a \frac{S_i^2}{N^2}\boldsymbol{P}_{b_i}\bigoplus_{j=1}^{b_i}\frac{1}{n_{ij}}\,,$$

$$\widehat{\boldsymbol{p}}'\,\boldsymbol{T}_{B(A)}\,\widehat{\boldsymbol{p}} \;=\; \frac{1}{N^2}\sum_{i=1}^a\sum_{j=1}^{b_i}(\overline{R}_{ij\cdot} - \widetilde{R}_{i\cdot\cdot})^2,$$

wobei hier $\widetilde{R}_{i\cdot\cdot} = b_i^{-1} \sum_{j=1}^{b_i} \overline{R}_{ij\cdot}$ ist. Damit erhält man die ATS

$$F_N(\boldsymbol{T}_{B(A)}) = \frac{N}{Sp(\boldsymbol{T}_{B(A)}\widehat{\boldsymbol{V}}_N)} \widehat{\boldsymbol{p}}' \boldsymbol{T}_{B(A)} \widehat{\boldsymbol{p}} ,$$

deren Verteilung man unter $H_0^F(B(A))$ mit der $F(\widehat{f}_{B(A)}, \widehat{f}_0)$-Verteilung approximieren kann. Die Freiheitsgrade erhält man aus

$$\widehat{f}_{B(A)} = \frac{B^2}{\sum_{i=1}^{a} \frac{(b_i-1)S_i^4}{b_i} \sum_{j=1}^{b_i} \frac{1}{n_{ij}^2}} ,$$

$$\widehat{f}_0 = \frac{B^2}{\sum_{i=1}^{a}\sum_{j=1}^{b_i} \left(\frac{(b_i-1)S_i^2}{b_i n_{ij}}\right)^2 \cdot \frac{1}{n_{ij}-1}} ,$$

$$B = \sum_{i=1}^{a} \frac{S_i^2(b_i-1)}{b_i} \sum_{j=1}^{b_i} \frac{1}{n_{ij}} .$$

3.1.5 Übungen

Übung 3.1 Leiten Sie die in Abschnitt 3.1.3 für den 2×2-Versuchsplan angegebenen Hypothesen aus der allgemeinen Form der Hypothesen im nichtparametrischen Modell (Abschnitt 3.1.1.1, S. 130) her.

Übung 3.2 Zeigen Sie, dass die Quadrate der Statistiken L_N^A, L_N^B und L_N^{AB} im 2×2-Versuchsplan auf Seite 149 sich als Spezialfall aus den Statistiken $Q_N(A)$, $Q_N(B)$ und $Q_N(AB)$ bzw. $F_N(\boldsymbol{T}_A)$, $F_N(\boldsymbol{T}_B)$ und $F_N(\boldsymbol{T}_{AB})$ in den Abschnitten 3.1.1.3 und 3.1.1.4 ergeben.

Übung 3.3 Untersuchen Sie für das Beispiel C.4 (Schulter-Schmerz Studie, Anhang C, S. 251),

(a) ob beim letzten Zeitpunkt das Geschlecht der Patienten oder die Behandlung einen Einfluss auf den Schmerz-Score hat ($\alpha = 5\%$).

(b) Prüfen Sie auch eine Wechselwirkung nach ($\alpha = 5\%$).

(c) Schätzen Sie für diesen Zeitpunkt die relativen Effekte der beiden Behandlungen getrennt für die männlichen und weiblichen Patienten.

(d) Geben Sie zweiseitige 95%-Konfidenzintervalle für die in (c) geschätzten Effekte an. Sollte man hierbei unbedingt die δ-Methode anwenden?

(e) Wie groß sind die äquivalenten Effekte (siehe Beispiel 1.1, S. 20), falls jeweils Normalverteilungen vorliegen würden? Wie würden Sie Konfidenzintervalle hierfür ermitteln?

(f) Beantworten Sie die Fragen (c) – (e), ohne das Geschlecht der Patienten zu berücksichtigen.

Übung 3.4 Prüfen Sie auf dem 5%-Niveau für die Daten des Beispiels C.9 (Reizung der Nasen-Schleimhaut, Anhang C, S. 255),

(a) ob die beiden Substanzen den gleichen Effekt auf auf den Reizungsscore der Nasenschleimhaut haben ($\alpha = 5\%$),

(b) ob die Konzentration einen Einfluss auf den Reizungsscore hat ($\alpha = 5\%$),

(c) ob eine Wechselwirkung zwischen Konzentration und Behandlung vorliegt ($\alpha = 5\%$).

(d) Schätzen Sie die relativen Effekte für die sechs Kombinationen von Behandlung und Dosisstufen und geben Sie zweiseitige 95%-Konfidenzintervalle hierfür an. Sollte man dabei die δ-Methode anwenden?

(e) Wie groß sind die äquivalenten Effekte (siehe Beispiel 1.1, S. 20), falls jeweils Normalverteilungen vorliegen würden? Wie würden Sie Konfidenzintervalle hierfür ermitteln?

(f) Prüfen Sie auf dem 5%-Niveau, ob der Effekt mit wachsender Konzentration stärker wird.

Übung 3.5 Beantworten Sie für das Beispiel C.14 (Anhang C, S. 259) folgende Fragen für die Anzahl der Implantationen (jeweils auf dem 5%-Niveau):

(a) Ist der Einfluss der Behandlungen auf die Anzahl der Implantationen in den beiden Versuchsdurchgängen (Jahr 1 / Jahr 2) verschieden?

(b) Ist der Einfluss der beiden Versuchsdurchgänge (Jahr 1 / Jahr 2) auf die Anzahl der Implantationen verschieden?

(c) Ist der Einfluss der Behandlungen auf die Anzahl der Implantationen insgesamt verschieden?

(d) Falls die Behandlungen einen Einfluss auf die Anzahl der Implantationen insgesamt haben, nimmt dieser dann mit steigender Dosierung zu?

(e) Geben Sie für alle acht relativen Effekte des Versuchs zweiseitige 95%-Konfidenzintervalle an. Welche Methode sollte verwendet werden?

(f) Wie groß sind die äquivalenten Effekte (siehe Beispiel 1.1, S. 20), falls jeweils Normalverteilungen vorliegen würden? Wie würden Sie Konfidenzintervalle hierfür ermitteln?

Übung 3.6 Beantworten Sie für das Beispiel C.14 (Anhang C, S. 259) folgende Fragen für die Anzahl der Resorptionen (jeweils auf dem 5%-Niveau):

(a) Ist der Einfluss der Behandlungen auf die Anzahl der Resorptionen in den beiden Versuchsdurchgängen (Jahr 1 / Jahr 2) verschieden?

(b) Ist der Einfluss der beiden Versuchsdurchgänge (Jahr 1 / Jahr 2) auf die Anzahl der Resorptionen verschieden?

(c) Ist der Einfluss der Behandlungen auf die Anzahl der Resorptionen insgesamt verschieden?

(d) Falls die Behandlungen einen Einfluss auf die Anzahl der Resorptionen insgesamt haben, nimmt dieser dann mit steigender Dosierung zu?

(e) Geben Sie für alle acht relativen Effekte des Versuchs zweiseitige 95%-Konfidenzintervalle an. Welche Methode sollte verwendet werden?

(f) Wie groß sind die äquivalenten Effekte (siehe Beispiel 1.1, S. 20), falls jeweils Normalverteilungen vorliegen würden? Wie würden Sie Konfidenzintervalle hierfür ermitteln?

Übung 3.7 Beantworten Sie für das Beispiel C.6 (O_2-Verbrauch von Leukozyten, Anhang C, S. 253), folgende Fragen für den O_2-Verbrauch der Leukozyten (jeweils auf dem 5%-Niveau):

(a) Ist der Einfluss der Behandlungen (P/V) auf den O_2-Verbrauch der Leukozyten für die beiden Bedingungen (mit/ohne Staphylokokken) verschieden?

(b) Ist der Einfluss der Behandlungen (P/V) auf den O_2-Verbrauch der Leukozyten insgesamt verschieden?

(c) Ist der Einfluss der die beiden Bedingungen (mit/ohne Staphylokokken) auf die Anzahl der Resorptionen insgesamt verschieden?

(d) Geben Sie für alle vier relativen Effekte des Versuchs zweiseitige 95%-Konfidenzintervalle an. Welche Methode sollte verwendet werden?

(e) Wie groß sind die äquivalenten Effekte (siehe Beispiel 1.1, S. 20), falls jeweils Normalverteilungen vorliegen würden? Wie würden Sie Konfidenzintervalle hierfür ermitteln?

Übung 3.8 Geben Sie für die relativen Nierengewichte (Beispiel C.12, Anhang C, S. 257) die zu den relativen Effekten äquivalenten Effekte an (siehe Beispiel 1.1, S. 20), falls jeweils Normalverteilungen vorliegen würden. Wie würden Sie Konfidenzintervalle hierfür ermitteln? Vergleichen Sie die Ergebnisse mit den Konfidenzintervallen, die Sie unter Annahme der Normalverteilung mit geeigneten parametrischen Verfahren erhalten würden.

3.2 Drei und mehr feste Faktoren

Die im vorigen Abschnitt untersuchten Modelle, Hypothesen und Verfahren für zwei feste Faktoren lassen sich mithilfe der zuvor auf Seite 128 erläuterten Matrizentechnik (siehe auch Anhang B.6, S. 243) einfach auf drei und mehr feste Faktoren erweitern. Entsprechend zur Terminologie bei den zweifaktoriellen Versuchen nennt man den alleinigen Effekt eines Faktors den *Haupteffekt* des Faktors (siehe auch Abschnitt 1.2, S. 4ff). Alle anderen Effekte werden als *Wechselwirkungen* bezeichnet. Dabei unterscheidet man *Zweifach-Wechselwirkungen* (Kombinationswirkungen von je zwei Faktoren) und *Dreifach-Wechselwirkungen* Kombinationswirkung von drei Faktoren). Theoretisch könnten in höher-faktoriellen Versuchsplänen auch Wechselwirkungen zwischen vier oder mehr Faktoren untersucht werden. Vierfach-Wechselwirkungen sind allerdings vom praktischen Standpunkt kaum noch inhaltlich zu interpretieren, sodass auf eine Diskussion höherer Wechselwirkungen an dieser Stelle verzichtet wird.

Der für die Praxis wichtigste mehrfaktorielle Versuchsplan ist die Kreuzklassifikation, bei der alle auftretenden Faktoren vollständig miteinander gekreuzt sind. Prinzipiell sind aber auch andere Anordnungen von festen Faktoren möglich. Beispielsweise können in einem dreifaktoriellen Versuchsplan zwei Faktoren A und B miteinander gekreuzt sein, während ein dritter Faktor C unter der Wechselwirkung zwischen A und B verschachtelt ist (partiell hierarchisch). Eine andere Anordnung ist gegeben, wenn der Faktor B unter A verschachtelt ist, während der Faktor C unter B verschachtelt ist (Hierarchisch). In diesem Kapitel wird der Kürze halber allerdings nur die Kreuzklassifikation bei drei Faktoren diskutiert. Andere Anordnungen von Faktoren können aber analog behandelt werden. Dabei wird die gleiche Technik verwendet wie bei zwei Faktoren (siehe Abschnitt 3.1.4, S. 151ff).

3.2.1 Kreuzklassifikation ($a \times b \times c$-Versuchspläne)

Eine Kreuzklassifikation ist ein Versuchsplan, in dem jeder Faktor mit jedem anderen Faktor vollständig gekreuzt ist. D.h. in diesem Plan kommen alle möglichen Kombinationen von Faktorstufen vor. Für eine weitere Diskussion ist es sinnvoll, sich zunächst einen Überblick über die möglichen Einflüsse und Effekte innerhalb der dreifaktoriellen Kreuzklassifikation zu verschaffen.

Abbildung 3.5 zeigt eine Übersicht über typische Haupteffekte und Wechselwirkungen. Die betrachteten Faktoren A, B und C haben dabei jeweils zwei Stufen, welche durch Indizes bezeichnet werden. B_1 ist z.B. die erste Stufe des Faktors B. Während die Einteilung auf der Abszisse lediglich die Stufen-Kombination der drei Faktoren repräsentiert, ist auf der Ordinate der Wert eines Effektmaßes, wie etwa Median oder relativer Effekt, angegeben. In der ersten Zeile der Abbildung ist eine Situation ohne Effekt dargestellt. Die Effektmaße sind in diesem Fall in allen Zellen gleich groß.

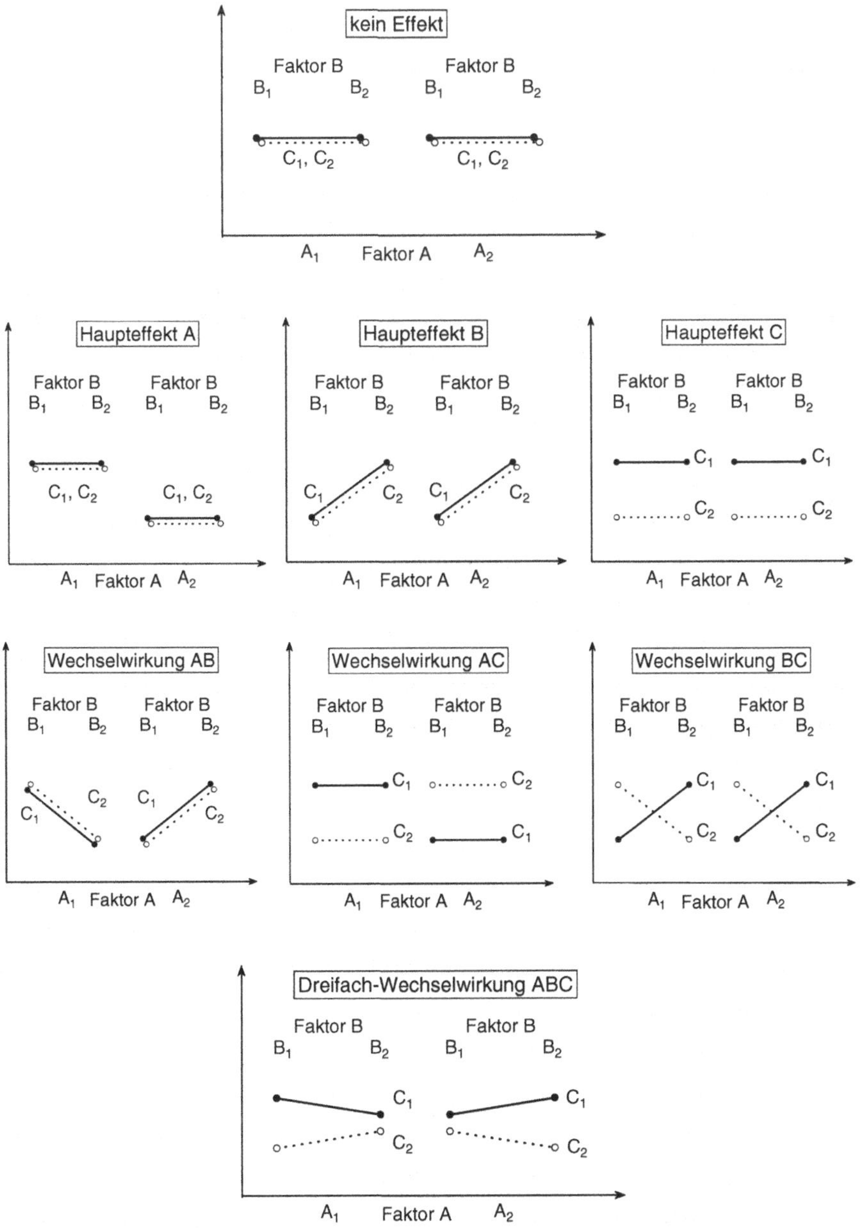

Abbildung 3.5 Typische Effektdarstellung für Haupteffekte und Wechselwirkungen von drei Faktoren A mit den Stufen (A_1, A_2), B mit den Stufen (B_1, B_2) und C mit den Stufen (C_1, C_2). Die eingezeichneten Linien dienen der gedanklichen Verbindungen der Stufen des Faktors B.

In der zweiten Zeile der Abbildung 3.5 variieren dagegen die Effektmaße jeweils über die Stufen eines einzelnen Faktors (Haupteffekte). In der ersten Darstellung hat z.B. nur der Faktor A einen Einfluss auf die Verteilung der Zielgröße, während die beiden Faktoren B und C keinen Effekt haben. In der dritten Zeile der Abbildung 3.5 sind Effektdarstellungen für die im dreifaktoriellen Versuchsplan möglichen Zweifach-Wechselwirkungen AB, AC und BC gegeben. Hierbei hängt der Einfluss eines Faktors von der Stufe eines zweiten Faktors ab. In der ersten Darstellung z.B. hat der Faktor B in der Stufe A_1 des Faktors A von B_1 nach B_2 eine fallende Tendenz, während B in der Stufe A_2 eine steigende Tendenz aufweist. Der Faktor C hat dabei keinen Einfluss. In der letzten Zeile ist schließlich eine Dreifach-Wechselwirkung der Faktoren A, B und C abgebildet. Betrachtet man zunächst nur die Stufe A_1 des Faktors A, so ist zu erkennen, dass B innerhalb der Stufen von C unterschiedliche Effekte hat. In der Stufe C_1 hat B eine fallende Tendenz, während B in der Stufe C_2 eine steigende Tendenz hat. Dies kehrt sich in der Stufe A_2 um, d.h. die Stufe von A hat einen Einfluss auf die Wechselwirkung zwischen B und C.

Ein typische dreifaktorielle Kreuzklassifikation ist in Beispiel C.13 (Leukozyten-Migration, Anhang C, S. 258) gegeben. In diesem Versuch wird die Abhängigkeit der Anzahl [10^6 / ml] der produzierten Leukozyten von der Art des Futters (Faktor A: Normalfutter / Mangelfutter), der Stimulation (Faktor B: nur Glycogen / Glycogen + Staphylokokken) und der Vorbehandlung (Faktor C: Placebo / Verum) untersucht. Dabei ist es für den Biologen von Interesse, neben den Effekten der einzelnen Faktoren (Haupteffekte) auf die Leukozytenanzahl auch die Wirkung von Kombinationen der Faktoren (Wechselwirkungen) zu untersuchen. Die Box-Plots der Daten des Beispiels C.13 (Leukozyten-Migration) sind für die acht verschiedenen Kombinationen der je zwei Faktorstufen in Abbildung 3.6 grafisch dargestellt.

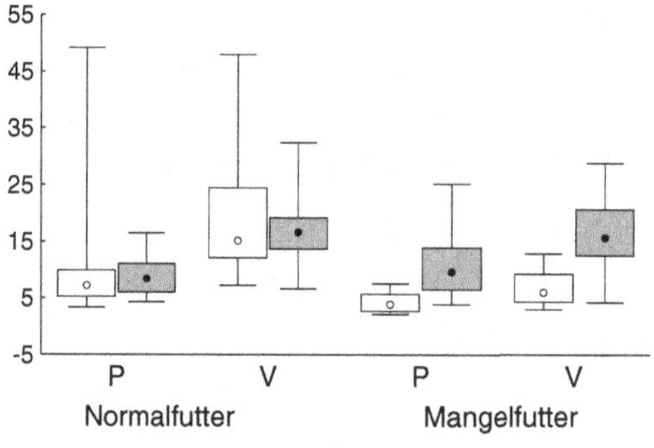

Abbildung 3.6 Box-Plots für die Anzahl der Leukozyten bei 157 Mäusen. Die beobachtete Anzahl der Leukozyten [10^6 / ml] ist in Abhängigkeit von der Art des Futters (Normalfutter / Mangelfutter), der Stimulation (Gl. / Gl. + St.) und der Vorbehandlung (Placebo / Verum) dargestellt. Die Whiskers der Box-Plots sind Darstellungen der 10%- bzw. 90%-Quantile.

Bei einem Vergleich der dargestellten Box-Plots mit den in Abbildung 3.5 gegebenen Effektdarstellungen, lässt sich z.B. vermuten, dass der Haupteffekt des Faktors 'Stimulation' vorliegt. Zudem fällt bei näherer Betrachtung auch auf, dass der Unterschied in der

Stimulationswirkung bei Normalfutter deutlich geringer ausfällt als bei Mangelfutter. Dies kann als Wechselwirkung der Faktoren 'Stimulation' und 'Futter' interpretiert werden.

3.2.1.1 Modelle und Hypothesen

Die Beobachtungen einer Kreuzklassifikation der festen Faktoren A, B und C werden für jede Kombination der Faktorstufen $i = 1, \ldots, a$, $j = 1, \ldots, b$ und $r = 1, \ldots, c$ durch unabhängige Zufallsvariablen X_{ijrk}, $k = 1, \ldots, n_{ijr}$, beschrieben, wobei der Index k die unabhängigen Wiederholungen des Versuchs nummeriert. Die Abkürzung für diese Versuchsanlage ist (entsprechend der in Abschnitt 1.2.3 auf Seite 10 eingeführten Notation) *CRF-abc (Completely Randomized Factorial Design, drei vollständig gekreuzte Faktoren mit a, b bzw. c Stufen)*. Die Beobachtungen X_{ijrk} und die Struktur des CRF-abc sind anschaulich im Schema 3.2 dargestellt.

Schema 3.2 (*Dreifaktorieller Versuchsplan, CRF-abc*)

Faktor B	$j=1$			$\cdots$	$j=b$		
	Faktor C			$\cdots$	Faktor C		
Faktor A	$r=1$	$\cdots$	$r=c$	$\cdots$	$r=1$	$\cdots$	$r=c$
$i=1$	X_{1111} $\vdots$ $X_{111n_{111}}$	$\cdots$	X_{11c1} $\vdots$ $X_{11cn_{11c}}$	$\cdots$	X_{1b11} $\vdots$ $X_{1b1n_{1b1}}$	$\cdots$	X_{1bc1} $\vdots$ $X_{1bcn_{1bc}}$
$\vdots$	$\vdots$	$\vdots$	$\vdots$	$\vdots$	$\vdots$	$\vdots$	$\vdots$
$i=a$	X_{a111} $\vdots$ $X_{a11n_{a11}}$	$\cdots$	X_{a1c1} $\vdots$ $X_{a1cn_{a1c}}$	$\cdots$	X_{ab11} $\vdots$ $X_{ab1n_{ab1}}$	$\cdots$	X_{abc1} $\vdots$ $X_{abcn_{abc}}$

Verteilungsmodelle und Hypothesen werden analog zu den im CRF-ab in Abschnitt 3.1.1.1 diskutierten Modellen und Hypothesen formuliert. Deshalb wird an dieser Stelle auf eine ausführliche Diskussion verzichtet und stattdessen im Folgenden nur eine kurze Zusammenfassung der entsprechenden Modelle und Hypothesen im CRF-abc gegeben. In einem nichtparametrischen CRF-abc wird angenommen, dass die Beobachtungen X_{ijrk} unabhängig und innerhalb jeder Stufenkombination (i, j, r) identisch verteilt sind nach der Verteilungsfunktion $F_{ijr}(x) = \frac{1}{2}\left[F_{ijr}^{+}(x) + F_{ijr}^{-}(x)\right]$, wobei mit $F_{ijr}(x)$ wieder die normalisierte Version der Verteilungsfunktion bezeichnet wird.

Modell 3.4 (*CRF-abc / Allgemeines Modell*)
Die Daten im CRF-abc werden durch die unabhängigen Zufallsvariablen

$$
\begin{aligned}
X_{ijrk} \quad &\sim \quad F_{ijr}(x), \\
&\qquad i = 1, \ldots, a, \ j = 1, \ldots, b, \ r = 1, \ldots, c, \ k = 1, \ldots, n_{ijr} \ ,
\end{aligned}
$$

beschrieben, wobei die Verteilungsfunktionen $F_{ijr}(x) = \frac{1}{2}\left[F_{ijr}^{+}(x) + F_{ijr}^{-}(x)\right]$ (bis auf Einpunkt-Verteilungen) beliebig sein können. Der Vektor der $a \cdot b \cdot c$ Verteilungen wird mit $\boldsymbol{F} = (F_{111}, \ldots, F_{abc})'$ bezeichnet, wobei die Komponenten von $\boldsymbol{F}$ in lexikografischer Reihenfolge angeordnet sind.

In analoger Weise wie im CRF-ab (siehe S. 130) formuliert man die nichtparametrischen Hypothesen für den CRF-abc.

1. Haupteffekte

$$H_0^F(A) : \left(\boldsymbol{P}_a \otimes \tfrac{1}{b}\boldsymbol{1}_b' \otimes \tfrac{1}{c}\boldsymbol{1}_c'\right) \boldsymbol{F} = \boldsymbol{C}_A \boldsymbol{F} = \boldsymbol{0},$$
$$H_0^F(B) : \left(\tfrac{1}{a}\boldsymbol{1}_a' \otimes \boldsymbol{P}_b \otimes \tfrac{1}{c}\boldsymbol{1}_c'\right) \boldsymbol{F} = \boldsymbol{C}_B \boldsymbol{F} = \boldsymbol{0},$$
$$H_0^F(C) : \left(\tfrac{1}{a}\boldsymbol{1}_a' \otimes \tfrac{1}{b}\boldsymbol{1}_b' \otimes \boldsymbol{P}_c\right) \boldsymbol{F} = \boldsymbol{C}_C \boldsymbol{F} = \boldsymbol{0},$$

2. Zweifach-Wechselwirkungen

$$H_0^F(AB) : \left(\boldsymbol{P}_a \otimes \boldsymbol{P}_b \otimes \tfrac{1}{c}\boldsymbol{1}_c'\right) \boldsymbol{F} = \boldsymbol{C}_{AB} \boldsymbol{F} = \boldsymbol{0},$$
$$H_0^F(AC) : \left(\boldsymbol{P}_a \otimes \tfrac{1}{b}\boldsymbol{1}_b' \otimes \boldsymbol{P}_c\right) \boldsymbol{F} = \boldsymbol{C}_{AC} \boldsymbol{F} = \boldsymbol{0},$$
$$H_0^F(BC) : \left(\tfrac{1}{a}\boldsymbol{1}_a' \otimes \boldsymbol{P}_b \otimes \boldsymbol{P}_c\right) \boldsymbol{F} = \boldsymbol{C}_{BC} \boldsymbol{F} = \boldsymbol{0},$$

3. Dreifach-Wechselwirkung

$$H_0^F(ABC) : (\boldsymbol{P}_a \otimes \boldsymbol{P}_b \otimes \boldsymbol{P}_c)\, \boldsymbol{F} = \boldsymbol{C}_{ABC} \boldsymbol{F} = \boldsymbol{0}.$$

Dabei ist eine Verwechslung der Bezeichnung des dritten Faktors mit dem Buchstaben C und der Bezeichnung einer Kontrastmatrix mit $\boldsymbol{C}$ dadurch ausgeschlossen, dass eine Kontrastmatrix stets in Fettdruck geschrieben wird. Die Kontrastmatrix für die Hypothese 'kein Haupteffekt C' wird z.B. als $\boldsymbol{C}_C = \left(\frac{1}{a}\boldsymbol{1}_a' \otimes \frac{1}{b}\boldsymbol{1}_b' \otimes \boldsymbol{P}_c\right)$ geschrieben. Weiterhin bezeichnet die 0 jeweils eine Funktion, die identisch 0 ist. Entsprechend bezeichnet $\boldsymbol{0}$ einen Vektor von Funktionen, die identisch 0 sind.

Falls ein lineares Modell

$$\begin{aligned} X_{ijrk} &= \mu_{ijr} + \epsilon_{ijrk}, \\ & \quad i = 1, \ldots, a,\ j = 1, \ldots, b,\ r = 1, \ldots, c,\ k = 1, \ldots, n_{ijr}\ , \end{aligned}$$

mit $\boldsymbol{\mu} = (\mu_{111}, \ldots, \mu_{abc})' = \int x d\boldsymbol{F}$ vorliegt, dann gilt analog zur Zweifachklassifikation (siehe S. 131), dass für jede Kontrastmatrix $\boldsymbol{C}$ die nichtparametrische Hypothese H_0^F : $\boldsymbol{CF} = \boldsymbol{0}$ die entsprechende Hypothese im linearen Modell $H_0^\mu : \boldsymbol{C\mu} = \boldsymbol{C} \int x\, d\boldsymbol{F}(x) = \int x\, d(\boldsymbol{CF}(x)) = \boldsymbol{0}$ impliziert.

Aus der obigen Formulierung der Hypothesen im CRF-abc wird die Systematik bei der Bildung der Kontrastmatrizen für die einzelnen Hypothesen klar. Bei den Haupteffekten steht die zentrierende Matrix $\boldsymbol{P}$ jeweils an der Stelle des Faktors, für den der Effekt formuliert wird, während über die Stufen der beiden anderen Faktoren gemittelt wird. Bei den Zweifach-Wechselwirkungen stehen die entsprechenden zentrierenden Matrizen an den Stellen der beiden Faktoren, deren Wechselwirkung betrachtet wird, während zur Formulierung der Dreifach-Wechselwirkung die zentrierende Matrix für alle drei Faktoren verwendet wird.

3.2.1.2 Relative Effekte

Zur Beschreibung von Effekten im CRF-abc verwendet man die relativen Effekte

$$p_{ijr} = \int H dF_{ijr}, \quad i = 1, \ldots, a, \; j = 1, \ldots, b, \; r = 1, \ldots, c, \qquad (3.2.23)$$

wobei $H = \frac{1}{N} \sum_{i=1}^{a} \sum_{j=1}^{b} \sum_{r=1}^{c} n_{ijr} F_{ijr}$ die gewichtete mittlere Verteilung ist. Bezeichnet man mit

$$\boldsymbol{p} = \begin{pmatrix} p_{111} \\ \vdots \\ p_{abc} \end{pmatrix} = \begin{pmatrix} \int H \, dF_{111} \\ \vdots \\ \int H \, dF_{abc} \end{pmatrix} = \int H \, d \begin{pmatrix} F_{111} \\ \vdots \\ F_{abc} \end{pmatrix} = \int H d\boldsymbol{F}$$

den Vektor dieser relativen Effekte, dann sind die Vektoren $\boldsymbol{C}_A \boldsymbol{p} = \int H d(\boldsymbol{C}_A \boldsymbol{F})$, $\boldsymbol{C}_B \boldsymbol{p}$ und $\boldsymbol{C}_C \boldsymbol{p}$ Beschreibungen der Haupteffekte A, B bzw. C im nichtparametrischen Modell, während die Vektoren $\boldsymbol{C}_{AB} \boldsymbol{p} = \int H d(\boldsymbol{C}_{AB} \boldsymbol{F})$, $\boldsymbol{C}_{AC} \boldsymbol{p}$ bzw. $\boldsymbol{C}_{BC} \boldsymbol{p}$ entsprechende Formulierungen der Zweifach-Wechselwirkungen im nichtparametrischen Modell sind. Schließlich beschreibt $\boldsymbol{C}_{ABC} \boldsymbol{p}$ die Dreifach-Wechselwirkung.

Wie in den ein- und zweifaktoriellen Modellen ergeben sich Schätzer für die relativen Effekte p_{ijr} wieder dadurch, dass die Verteilungsfunktionen $H(x)$ und $F_{ijr}(x)$ in (3.2.23) durch die empirischen Verteilungsfunktionen

$$\widehat{F}_{ijr}(x) = \frac{1}{n_{ijr}} \sum_{k=1}^{n_{ijr}} c(x - X_{ijrk}), \quad \widehat{H}(x) = \frac{1}{N} \sum_{i=1}^{a} \sum_{j=1}^{b} \sum_{r=1}^{c} n_{ijr} \widehat{F}_{ijr}(x)$$

ersetzt werden. Damit ergibt sich der Rangschätzer

$$\widehat{p}_{ijr} = \int \widehat{H} d\widehat{F}_{ijr} = \frac{1}{N} \left(\overline{R}_{ijr\cdot} - \tfrac{1}{2} \right),$$

wobei $\overline{R}_{ijr\cdot} = n_{ijr}^{-1} \sum_{k=1}^{n_{ijr}} R_{ijrk}$ ist und R_{ijrk} den Rang von X_{ijrk} unter allen $N = \sum_{i=1}^{a} \sum_{j=1}^{b} \sum_{r=1}^{c} n_{ijr}$ Beobachtungen bezeichnet (siehe Definition 1.18, S. 36). Dieser Schätzer ist nach Proposition 4.7 (siehe S. 180) konsistent und erwartungstreu für p_{ijr}. Die Schätzer $\widehat{p}_{ijr}$ werden in lexikografischer Ordnung zu einem Vektor zusammengefasst,

$$\widehat{\boldsymbol{p}} = \int \widehat{H} d\widehat{\boldsymbol{F}} = \begin{pmatrix} \widehat{p}_{111} \\ \vdots \\ \widehat{p}_{abc} \end{pmatrix} = \frac{1}{N} \begin{pmatrix} \overline{R}_{111\cdot} - \frac{1}{2} \\ \vdots \\ \overline{R}_{abc\cdot} - \frac{1}{2} \end{pmatrix}. \qquad (3.2.24)$$

Für die Daten des Beispiels C.13 (Leukozyten-Migration, Anhang C, S. 258) erhält man die in Tabelle 3.6 angegebenen Werte für die Schätzer $\widehat{p}_{ijr}$, $i, j, r = 1, 2$, der relativen Effekte p_{ijr}.

Tabelle 3.6 Schätzer für die relativen Effekte p_{ijr} der Leukozytenanzahlen und deren Rand-Mittelwerte.

Futter	Stimulation	Behandlung			
i	j	Placebo $(r=1)$	Verum $(r=2)$	$\widehat{p}_{ij\cdot}$	
N	Glycogen $(j=1)$	0.40	0.74	0.57	
$(i=1)$	Gl.+Staph. $(j=2)$	0.43	0.76	0.59	
	$\widehat{p}_{1\cdot r}$	0.42	0.75	0.58	$\widehat{p}_{1\cdot\cdot}$
M	Glycogen $(j=1)$	0.13	0.31	0.22	
$(i=2)$	Gl.+Staph. $(j=2)$	0.49	0.72	0.61	
	$\widehat{p}_{2\cdot r}$	0.31	0.52	0.41	$\widehat{p}_{2\cdot\cdot}$
		$(r=1)$	$(r=2)$	$\widehat{p}_{\cdot j\cdot}$	
	$\widehat{p}_{\cdot 1r}$	0.27	0.53	0.40	
	$\widehat{p}_{\cdot 2r}$	0.46	0.74	0.60	
	$\widehat{p}_{\cdot\cdot r}$	0.36	0.63		

Konfidenzintervalle für die relativen Effekte p_{ijr} ergeben sich in analoger Weise wie die Konfidenzintervalle bei der Zweifachklassifikation (siehe Abschnitt 3.1.2). Man erhält für das asymptotische zweiseitige $(1-\alpha)$-Konfidenzintervall für p_{ijr} die Grenzen

$$
\begin{aligned}
p_{ijr,U} &= \widehat{p}_{ijr} - u_{1-\alpha/2} \cdot \widehat{s}_{ijr}/\sqrt{N} \\
p_{ijr,O} &= \widehat{p}_{ijr} + u_{1-\alpha/2} \cdot \widehat{s}_{ijr}/\sqrt{N}.
\end{aligned}
$$

Der dabei verwendete Varianzschätzer ist gegeben durch

$$
\widehat{s}_{ijr}^2 = \frac{N}{n_{ijr}} \widehat{\sigma}_{ijr}^2 + \frac{N}{n_{ijr}^2} \sum_{\substack{(s,t,u)=(1,1,1) \\ (s,t,u)\neq(i,j,r)}}^{(a,b,c)} n_{stu}\, \widehat{\tau}_{(s,t,u):(i,j,r)}^2,
$$

wobei

$$
\begin{aligned}
\widehat{\sigma}_{ijr}^2 &= \frac{1}{N^2(n_{ijr}-1)} \sum_{k=1}^{n_{ijr}} \left(R_{ijrk} - R_{ijrk}^{(ijr)} - \overline{R}_{ijr\cdot} + \frac{n_{ijr}+1}{2} \right)^2, \\
\widehat{\tau}_{(s,t,u):(i,j,r)}^2 &= \frac{1}{N^2(n_{stu}-1)} \sum_{k=1}^{n_{stu}} \left(R_{stuk} - R_{stuk}^{(-ijr)} - \overline{R}_{stu\cdot} + \overline{R}_{stu\cdot}^{(-ijr)} \right)^2, \\
& \qquad (s,t,u) \neq (i,j,r)\,.
\end{aligned}
$$

Diese Größen sind analog zu $\widehat{s}_i^{\,2}$, $\widehat{\sigma}_i^2$ und $\widehat{\tau}_{r:i}^2$ in Abschnitt 2.2.7.1 (siehe S. 115) gebildet. $R_{ijrk}^{(ijr)}$ bezeichnet die Intern-Ränge in der Zelle (i,j,r) und $R_{stuk}^{(-ijr)}$ die entsprechenden Teil-Ränge (siehe Definition 1.18, S. 36) in der Zelle (s,t,u).

Zur besseren Approximation der Konfidenzwahrscheinlichkeit bei kleinen und mittleren Stichprobenumfängen kann die δ-Methode verwendet werden (siehe Abschnitt 2.2.7.2, S. 117). Hierbei ergeben sich z.B. mit der *logit*-Transformation für das zweiseitige $(1-\alpha)$-Konfidenzintervall die Grenzen

$$p_{ijr,U} = \frac{n_{ijr}}{2N} + \frac{(N-n_{ijr})\exp(p^g_{ijr,U})}{N[1+\exp(p^g_{ijr,U})]}, \quad p_{ijr,O} = \frac{n_{ijr}}{2N} + \frac{(N-n_{ijr})\exp(p^g_{ijr,O})}{N[1+\exp(p^g_{ijr,O})]},$$

wobei

$$\begin{aligned}
p^g_{ijr,U} &= logit(\widehat{p}^*_{ijr}) - \frac{\widehat{s}^*_{ijr}}{\widehat{p}^*_{ijr}(1-\widehat{p}^*_{ijr})\sqrt{N}}\, u_{1-\alpha/2}\,, \\
p^g_{ijr,O} &= logit(\widehat{p}^*_{ijr}) + \frac{\widehat{s}^*_{ijr}}{\widehat{p}^*_{ijr}(1-\widehat{p}^*_{ijr})\sqrt{N}}\, u_{1-\alpha/2}\,, \\
\widehat{p}^*_{ijr} &= \frac{1}{N-n_{ijr}}\left(N\widehat{p}_{ijr} - \frac{n_{ijr}}{2}\right), \quad \widehat{s}^*_{ijr} = \frac{N}{N-n_{ijr}}\,\widehat{s}_{ijr}
\end{aligned}$$

analog zu den entsprechenden Größen in Abschnitt 2.2.7.2 bestimmt werden.

Für das Beispiel C.13 (Leukozyten-Migration, Anhang C, S. 258) sind die nach der δ-Methode (logit-Transformation) berechneten zweiseitigen 95%-Konfidenzintervalle für die relativen Effekte p_{ijr} der Leukozytenanzahlen in Tabelle 3.7 angegeben und zusammen mit den Schätzern $\widehat{p}_{ijr}$ in Abbildung 3.7 grafisch dargestellt.

Tabelle 3.7 Zweiseitige 95%-Konfidenzintervalle $[p_{ijr,U}, p_{ijr,O}]$ für die relativen Effekte p_{ijr} der Leukozytenanzahlen des Beispiels C.13.

		Normalfutter $(i=1)$		Mangelfutter $(i=2)$	
Stimulation		$j=1$	$j=2$	$j=1$	$j=2$
Placebo	$p_{ij1,O}$	0.52	0.51	0.19	0.58
$r=1$	$p_{ij1,U}$	0.30	0.36	0.10	0.40
Verum	$p_{ij2,O}$	0.81	0.82	0.39	0.80
$r=2$	$p_{ij2,U}$	0.66	0.68	0.24	0.63

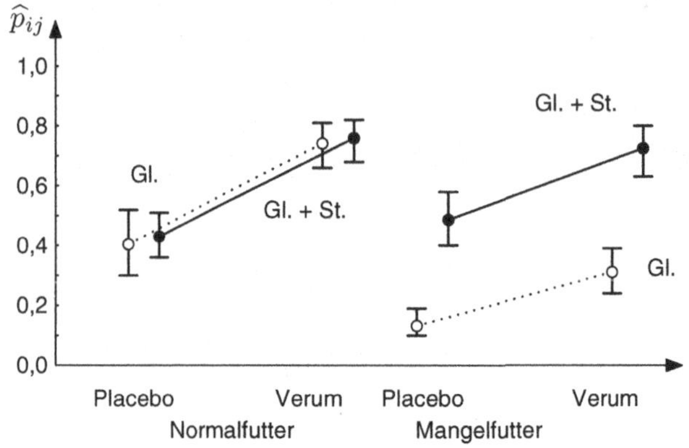

Abbildung 3.7 Relative Effekte $\widehat{p}_{ijr}$ für die Leukozytenanzahlen und zweiseitige 95%-Konfidenzintervalle. Die durchgezogenen und gestrichelten Linien dienen der gedanklichen Verbindung der Ergebnisse für die beiden Stimulationen (nur Glycogen / Glycogen + Staphylokokken).

Beim Vergleich der in Abbildung 3.7 dargestellten relativen Effekte mit den in Abbildung 3.5 veranschaulichten Effekttypen ist zu erkennen, dass für alle drei Faktoren die Haupteffekte vorhanden sind. Zudem besteht eine deutliche Wechselwirkung zwischen den Faktoren 'Stimulation' und 'Futter'.

3.2.1.3 Teststatistiken

Als Statistiken zum Testen der nichtparametrischen Hypothesen H_0^F bieten sich die in Abschnitt 4.5 (siehe S. 197ff) diskutierten Statistiken an, nämlich die quadratischen Formen $Q_N(\boldsymbol{C})$ in (4.5.28) auf Seite 197 (Wald-Typ Statistik) und $F_N(\boldsymbol{T})$ in (4.5.39) auf Seite 203 (ANOVA-Typ Statistik) sowie die Linearform $L_N(\boldsymbol{w})$ in (4.5.45) auf Seite 207. Zur Bildung dieser Statistiken wird neben dem konsistenten und erwartungstreuen Schätzer $\widehat{\boldsymbol{p}}$ in (3.2.24) für den Vektor $\boldsymbol{p}$ der relativen Effekte ein konsistenter Schätzer für die Kovarianzmatrix

$$\boldsymbol{V}_N \;=\; Cov\left(\sqrt{N}\int H d\widehat{\boldsymbol{F}}\right) \;=\; N \cdot diag\left\{\frac{\sigma_{111}^2}{n_{111}}, \ldots, \frac{\sigma_{abc}^2}{n_{abc}}\right\}, \qquad (3.2.25)$$

benötigt, wobei $\sigma_{ijr}^2 = Var(H(X_{ijr1}))$ bezeichnet.

Zur Schätzung der unbekannten Varianzen σ_{ijr}^2 in (3.2.25) wird im Wesentlichen die empirische Varianz der Ränge $R_{ijr1}, \ldots, R_{ijrn_{ijr}}$ in der Zelle (i, j, r) verwendet. Aus Satz 4.19 (siehe S. 195) folgt, dass

$$\widehat{\sigma}_{ijr}^2 \;=\; \frac{1}{N^2(n_{ijr}-1)} \sum_{k=1}^{n_{ijr}} \left(R_{ijrk} - \overline{R}_{ijr\cdot}\right)^2 \qquad (3.2.26)$$

ein konsistenter Schätzer für σ_{ijr}^2, $i = 1, \ldots, a$, $j = 1, \ldots, b$, $r = 1, \ldots, c$, ist. Damit erhält man für $\boldsymbol{V}_N$ in (3.2.25) den konsistenten Schätzer

$$\widehat{\boldsymbol{V}}_N \;=\; N \cdot diag\left\{\widehat{\sigma}_{111}^2/n_{111}, \ldots, \widehat{\sigma}_{abc}^2/n_{abc}\right\}. \qquad (3.2.27)$$

Die Bildung der Statistiken erfolgt dann wie bei der Zweifachklassifikation (siehe Abschnitte 3.1.1.3, 3.1.1.4 und 3.1.1.5, S. 137ff) mithilfe der entsprechenden Kontrastmatrizen $\boldsymbol{C}_A, \boldsymbol{C}_B, \ldots, \boldsymbol{C}_{ABC}$ (siehe S. 162) und wird daher im Folgenden nur beispielhaft für den Haupteffekt A sowie für die Wechselwirkungen AB und ABC erläutert. Die Statistiken zum Testen der übrigen Hypothesen können durch Vertauschung der Indizes daraus hergeleitet werden.

3.2.1.4 Test für den Haupteffekt A

Unter der Hypothese $H_0^F(A) : \boldsymbol{C}_A \boldsymbol{F} = \boldsymbol{0} \iff \overline{F}_{i\cdot\cdot} = \overline{F}_{\cdots}, i = 1, \ldots, a$, hat die Statistik (WTS)

$$Q_N(A) \quad = \quad N \cdot \widehat{\boldsymbol{p}}' \boldsymbol{C}_A' (\boldsymbol{C}_A \widehat{\boldsymbol{V}}_N \boldsymbol{C}_A')^- \boldsymbol{C}_A \widehat{\boldsymbol{p}}$$

asymptotisch eine zentrale χ_f^2-Verteilung mit $f = r(\boldsymbol{C}_A) = a - 1$ Freiheitsgraden.

Für kleine Stichprobenumfänge verwendet man die ATS und die Approximation mit der F-Verteilung.

Für den Haupteffekt A ist $\boldsymbol{T} = \boldsymbol{T}_A = \boldsymbol{C}_A'(\boldsymbol{C}_A \boldsymbol{C}_A')^- \boldsymbol{C}_A = \boldsymbol{P}_a \otimes \frac{1}{b} \boldsymbol{J}_b \otimes \frac{1}{c} \boldsymbol{J}_c$ und $\widehat{\boldsymbol{p}}' \, \boldsymbol{T}_A \, \widehat{\boldsymbol{p}} = bcN^{-2} \sum_{i=1}^a (\widetilde{R}_{i\cdots} - \widetilde{R}_{\cdots\cdot})^2$, wobei

$$\widetilde{R}_{i\cdots} = \frac{1}{bc} \sum_{j=1}^b \sum_{r=1}^c \overline{R}_{ijr\cdot} \quad \text{und} \quad \widetilde{R}_{\cdots\cdot} = \frac{1}{abc} \sum_{i=1}^a \sum_{j=1}^b \sum_{r=1}^c \overline{R}_{ijr\cdot} \tag{3.2.28}$$

die ungewichteten Mittelwerte der Zellmittel $\overline{R}_{ijr\cdot} = n_{ijr}^{-1} \sum_{k=1}^{n_{ijr}} R_{ijrk}$ sind. Bezeichne weiterhin

$$\begin{aligned} S_0^2 &= N \cdot Sp(\widehat{\boldsymbol{V}}_N) \\ &= \sum_{i=1}^a \sum_{j=1}^b \sum_{r=1}^c \sum_{k=1}^{n_{ijr}} (R_{ijrk} - \overline{R}_{ijr\cdot})^2 / \left[n_{ijr}(n_{ijr} - 1) \right] , \end{aligned}$$

dann hat unter der Hypothese $H_0^F(A) : \boldsymbol{C}_A \boldsymbol{F} = \boldsymbol{0}$ die Statistik (ATS)

$$F_N(\boldsymbol{T}_A) \quad = \quad \frac{a(bc)^2}{(a-1)S_0^2} \sum_{i=1}^a (\widetilde{R}_{i\cdots} - \widetilde{R}_{\cdots\cdot})^2$$

approximativ eine zentrale $F(\widehat{f}_A, \widehat{f}_0)$-Verteilung mit den Freiheitsgraden

$$\widehat{f}_A \quad = \quad \frac{(a-1)^2 S_0^4}{(abcN)^2 \, Sp(\boldsymbol{T}_A \widehat{\boldsymbol{V}}_N \boldsymbol{T}_A \widehat{\boldsymbol{V}}_N)} , \tag{3.2.29}$$

$$\widehat{f}_0 \quad = \quad \frac{S_0^4}{N^2 \sum_{i=1}^a \sum_{j=1}^b \sum_{r=1}^c (\widehat{\sigma}_{ijr}^2 / n_{ijr})^2 / (n_{ijr} - 1)} . \tag{3.2.30}$$

3.2.1.5 Tests für die Wechselwirkungen AB und ABC

Unter der Hypothese $H_0^F(AB) : \boldsymbol{C}_{AB}\boldsymbol{F} = \boldsymbol{0} \iff \overline{F}_{ij\cdot} + \overline{F}_{\cdots} = \overline{F}_{i\cdot\cdot} + \overline{F}_{\cdot j\cdot}$, für $i = 1, \ldots, a,\ j = 1, \ldots, b$, hat die Statistik (WTS)

$$Q_N(AB) = N \cdot \widehat{\boldsymbol{p}}'\boldsymbol{C}'_{AB}(\boldsymbol{C}_{AB}\widehat{\boldsymbol{V}}_N\boldsymbol{C}'_{AB})^-\boldsymbol{C}_{AB}\widehat{\boldsymbol{p}}$$

asymptotisch eine zentrale χ^2_f-Verteilung mit $f = r(\boldsymbol{C}_{AB}) = (a-1)(b-1)$ Freiheitsgraden. Für kleine Stichprobenumfänge verwendet man wieder die ATS und die entsprechende Approximation mit der F-Verteilung. Für die Wechselwirkung AB ist

$$\boldsymbol{T} = \boldsymbol{T}_{AB} = \boldsymbol{C}'_{AB}(\boldsymbol{C}_{AB}\boldsymbol{C}'_{AB})^-\boldsymbol{C}_{AB} = \boldsymbol{P}_a \otimes \boldsymbol{P}_b \otimes \frac{1}{c}\boldsymbol{J}_c$$

und

$$\widehat{\boldsymbol{p}}'\,\boldsymbol{T}_{AB}\,\widehat{\boldsymbol{p}} = \frac{c}{N^2}\sum_{i=1}^{a}\sum_{j=1}^{b}(\widetilde{R}_{ij\cdot\cdot} - \widetilde{R}_{i\cdots} - \widetilde{R}_{\cdot j\cdot\cdot} + \widetilde{R}_{\cdots\cdot})^2,$$

wobei $\widetilde{R}_{i\cdots}$ und $\widetilde{R}_{\cdots\cdot}$ in (3.2.28) angegeben sind und $\widetilde{R}_{ij\cdot\cdot} = \frac{1}{c}\sum_{r=1}^{c}\overline{R}_{ijr\cdot}$ ist sowie $\widetilde{R}_{\cdot j\cdot\cdot} = \frac{1}{ac}\sum_{i=1}^{a}\sum_{r=1}^{c}\overline{R}_{ijr\cdot}$.

Unter der Hypothese $H_0^F(AB) : \boldsymbol{C}_{AB}\boldsymbol{F} = \boldsymbol{0}$ hat die Statistik (ATS)

$$\begin{aligned} F_N(\boldsymbol{T}_{AB}) &= \frac{abcN^2}{(a-1)(b-1)S_0^2}\,\widehat{\boldsymbol{p}}'\,\boldsymbol{T}_{AB}\,\widehat{\boldsymbol{p}} \\ &= \frac{abc^2}{(a-1)(b-1)S_0^2}\sum_{i=1}^{a}\sum_{j=1}^{b}(\widetilde{R}_{ij\cdot\cdot} - \widetilde{R}_{i\cdots} - \widetilde{R}_{\cdot j\cdot\cdot} + \widetilde{R}_{\cdots\cdot})^2 \end{aligned}$$

approximativ eine zentrale $F(\widehat{f}_{AB}, \widehat{f}_0)$-Verteilung mit

$$\widehat{f}_{AB} = \frac{[(a-1)(b-1)]^2 S_0^4}{(abcN)^2\,Sp(\boldsymbol{T}_{AB}\widehat{\boldsymbol{V}}_N\boldsymbol{T}_{AB}\widehat{\boldsymbol{V}}_N)}$$

und mit $\widehat{f}_0$ wie in (3.2.30) angegeben.

Für die Hypothese $H_0^F(ABC) : \boldsymbol{C}_{ABC}\boldsymbol{F} = \boldsymbol{0}$ erhält man die WTS

$$Q_N(ABC) = N \cdot \widehat{\boldsymbol{p}}'\boldsymbol{C}'_{ABC}(\boldsymbol{C}_{ABC}\widehat{\boldsymbol{V}}_N\boldsymbol{C}'_{ABC})^-\boldsymbol{C}_{ABC}\widehat{\boldsymbol{p}}\,,$$

die unter $H_0^F(ABC)$ asymptotisch eine zentrale χ^2_f-Verteilung mit $f = r(\boldsymbol{C}_{ABC}) = (a-1)(b-1)(c-1)$ Freiheitsgraden hat.

Für kleine Stichproben verwendet man mit $\boldsymbol{T}_{ABC} = \boldsymbol{P}_a \otimes \boldsymbol{P}_b \otimes \boldsymbol{P}_c$ die ATS

$$F_N(\boldsymbol{T}_{ABC}) = \frac{abcN^2}{(a-1)(b-1)(c-1)S_0^2}\,\widehat{\boldsymbol{p}}'\,\boldsymbol{T}_{ABC}\,\widehat{\boldsymbol{p}},$$

die unter $H_0^F(ABC)$ approximativ eine zentrale $F(\widehat{f}_{ABC}, \widehat{f}_0)$-Verteilung mit

$$\widehat{f}_{ABC} = \frac{[(a-1)(b-1)(c-1)]^2 S_0^4}{(abcN)^2\,Sp(\boldsymbol{T}_{ABC}\widehat{\boldsymbol{V}}_N\boldsymbol{T}_{ABC}\widehat{\boldsymbol{V}}_N)}$$

und mit $\widehat{f}_0$, wie in (3.2.30) angegeben, hat.

3.2.1.6 Anwendung auf ein Beispiel und Software

Die Anwendung der in den vorangegangenen Abschnitten beschriebenen Statistiken zum Testen der nichtparametrischen Hypothesen H_0^F wird anhand der Daten des Beispiels C.13 (Leukozyten-Migration, Anhang C, S. 258) demonstriert. Da alle drei Faktoren (Futter, Stimulation und Behandlung) jeweils nur zwei Stufen besitzen, haben alle Kontrastmatrizen $\boldsymbol{C}_A, \ldots, \boldsymbol{C}_{ABC}$ den Rang 1. Somit sind nach Proposition 4.25 (siehe S. 204) die WTS Q_N und die ATS F_N identisch und der erste Freiheitsgrad für die Approximation mit der F-Verteilung ist jeweils 1. Der zweite Freiheitsgrad $\widehat{f}_0$ ergibt sich aus (3.2.30) und ist im vorliegenden Beispiel $\widehat{f}_0 = 128$. Rechentechnisch kann man die Analyse in SAS 8.0 mithilfe der Prozeduren RANK und MIXED durchführen. Eine allgemeine Beschreibung hierzu befindet sich in Abschnitt 3.1.1.8, wobei die Einzelheiten anhand des CRF-ab beschrieben sind. Die notwendigen Statements zum Einlesen der Daten und zur Analyse des Beispiels C.13 sind nachfolgend angegeben, die Ergebnisse sind in Tabelle 3.8 zusammengestellt.

```
DATA migra;
INPUT fut$ stim$ beh$ anz;
DATALINES;
N GL P 3.3
  :
N GLST V 6.6
M GL P 2.7
  :
M GLST V 9.3
;
RUN;
```

```
PROC RANK DATA=migra OUT=migra;
VAR anz;
RANKS r;
RUN;

PROC MIXED DATA=migra;
CLASS fut stim beh;
MODEL r = fut | stim | beh / CHISQ;
REPEATED / TYPE=UN(1) GRP = fut*stim*beh;
LSMEANS fut | stim | beh;
RUN;
```

Tabelle 3.8 Statistiken und (zweiseitige) p-Werte für die Analyse des Beispiels C.13 (Leukozyten-Migration).

Effekt	Hypothese	Statistik	p-Wert
Futter	$H_0^F(A)$	28.19	$< 10^{-4}$
Stimulation	$H_0^F(B)$	40.31	$< 10^{-4}$
Behandlung	$H_0^F(C)$	71.52	$< 10^{-4}$
Fut.×Stim.	$H_0^F(AB)$	32.17	$< 10^{-4}$
Fut.×Beh.	$H_0^F(AC)$	3.87	0.0514
Stim.×Beh.	$H_0^F(BC)$	0.15	0.6993
Fut.×Stim.×Beh.	$H_0^F(ABC)$	0.29	0.5925

Diese Ergebnisse werden so interpretiert, dass weder eine Dreifach-Wechselwirkung noch eine Wechselwirkung zwischen Stimulation und Behandlung vorhanden ist, während eine deutliche Wechselwirkung zwischen Futter und Stimulation und eine grenzwertige Wechselwirkung zwischen Futter und Behandlung vorhanden ist. Zur weiteren Analyse sollte man daher eine Schichtung nach den Stufen des Faktors 'Futter' vornehmen und getrennte zweifaktorielle Analysen für die Faktoren 'Stimulation' und 'Behandlung' mit den in Abschnitt 3.1.3 (siehe S. 148f) beschriebenen Verfahren durchführen. Da die Analyse nach den Stufen des Faktors 'Futter' geschichtet durchgeführt wird, muss schließlich noch der Einfluss (Haupteffekt) des Futters untersucht werden. Dies kann durch eine Schichtung nach der Stimulation bzw. der Behandlung erfolgen. Die Analyse der jeweiligen zweifaktoriellen Versuche bei den Schichtungen wird als Übungsaufgabe 3.10 überlassen.

3.2.2 Verallgemeinerung auf höher-faktorielle Versuchspläne

Die Verallgemeinerung der in diesem Kapitel beschriebenen Verfahren auf andere, insbesondere auf höher-faktorielle Versuchspläne ist offensichtlich. Man benötigt dazu

1. die Kontrastmatrix zur Formulierung der nichtparametrischen Hypothese $\boldsymbol{CF} = \mathbf{0}$,
2. den Schätzer $\widehat{\boldsymbol{p}}$ für den Vektor $\boldsymbol{p} = \int H d\boldsymbol{F}$ der relativen Effekte,
3. die Kovarianzmatrix $\boldsymbol{V}_N$ sowie einen konsistenten Schätzer $\widehat{\boldsymbol{V}}_N$,
4. Software zur Durchführung der notwendigen Rechnungen.

Die Systematik zur Bildung der Kontrastmatrizen ist im Abschnitt 3.2.1.1 (siehe S. 162) anhand des CRF-abc erläutert worden. Der Schätzer $\widehat{\boldsymbol{p}}$ für den Vektor der relativen Effekte $\boldsymbol{p} = \int H d\boldsymbol{F}$ lässt sich in der allgemeinen Form $\widehat{\boldsymbol{p}} = \int \widehat{H} d\widehat{\boldsymbol{F}}$ schreiben, wobei die Komponenten von $\boldsymbol{F}$ bzw. $\widehat{\boldsymbol{F}}$ in lexikografischer Reihenfolge angeordnet sind. Man berechnet den Schätzer für den relativen Effekt einer bestimmten Faktorstufen-Kombination einfach dadurch, dass man Ränge über alle N Beobachtungen vergibt und in der betreffenden Faktorstufen-Kombination den Mittelwert dieser Ränge bildet, davon $1/2$ abzieht and dann durch N dividiert.

Die asymptotische Kovarianzmatrix des Kontrastes $\sqrt{N}\boldsymbol{C}\widehat{\boldsymbol{p}}$ ist durch $\boldsymbol{C}\boldsymbol{V}_N\boldsymbol{C}'$ gegeben, wobei $\boldsymbol{V}_N$ eine Diagonalmatrix ist, deren Diagonalelemente konsistent durch die empirische Varianz der Ränge in der betreffenden Faktorstufen-Kombination geschätzt wird, wenn man noch durch den gesamten Stichprobenumfang N und durch den Stichprobenumfang in dieser Faktorstufen-Kombination dividiert. Der allgemeine Fall sollte aus den Formeln (3.2.26) und (3.2.27) klar werden.

Wir haben bewusst auf eine allgemeine formelmäßige Beschreibung der vorgenannten Größen in einem f-faktoriellen gekreuzten, hierarchischen oder partiell hierarchischen Versuchsplan verzichtet, weil der dazu notwendige abstrakte Formalismus eine sehr unübersichtliche Notation erfordert. Stattdessen ist die Bildung der entsprechenden Matrizen und Statistiken sowie die Schätzung der relativen Effekte und der Varianzen im jeweiligen Zusammenhang mehrfach ausführlich beschrieben, sodass die Verallgemeinerung auf beliebige Versuchspläne mit den vorangegangenen Bemerkungen ersichtlich ist.

Die Benutzung des Statistik-Programms SAS zur Berechnung der Statistiken und p-Werte ist im Abschnitt 3.1.1.8 anhand des CRF-ab allgemein beschrieben. Wichtig ist hierbei, dass die Diagonalstruktur der Kovarianzmatrix durch die Option TYPE=UN(1) im Statement REPEATED angegeben wird und dass ebenfalls in diesem Statement die heterogene Varianzstruktur durch die höchste Wechselwirkungsstufe, d.h. durch die Option GRP=Faktor1*Faktor2* ...*Faktor$f$, festgelegt wird. Beispiele sind für den CRF-ab auf Seite 146 sowie für den CRF-abc auf Seite 169 angegeben.

3.2.3 Übungen

Übung 3.9 Leiten Sie aus den allgemeinen Formeln für die ATS die Statistik F_N in (4.5.39) und (4.5.40) auf Seite 203 die Statistiken zum Testen der Hypothesen $H_0^F(B)$, $H_0^F(C)$, $H_0^F(AC)$ und $H_0^F(BC)$ her und geben Sie jeweils den Schätzer für den ersten Freiheitsgrad an. Woraus erhält man den zweiten Freiheitsgrad?

Übung 3.10 In Abschnitt 3.2.1.6 konnte für das Beispiels C.13 (Leukozyten-Migration) eine Wechselwirkung zwischen 'Futter' und 'Behandlung' nachgewiesen werden. Deshalb ist eine getrennte Auswertung von Behandlungseffekten in den beiden Futtergruppen sinnvoll. Führen Sie die Analyse weiter, indem Sie jeweils für Normalfutter und Mangelfutter den entsprechenden zweifaktoriellen Versuchsplan analysieren, und interpretieren Sie die Ergebnisse.

Übung 3.11 Für eine $2\times2\times2$-Klassifikation lassen sich zum Testen der Hypothesen $H_0^F(A)$ für den Haupteffekt des Faktors A, $H_0^F(AB)$ der Zweifach-Wechselwirkung zwischen A und B sowie $H_0^F(ABC)$ der Dreifach-Wechselwirkung zwischen A, B und C lineare Rangstatistiken und, für kleine Stichprobenumfänge, Approximationen mit der t-Verteilung angeben. Für die Zweifach-Klassifikation sind die entsprechenden Statistiken in Abschnitt 3.1.3 (siehe S. 148f) angegeben.

(a) Stellen Sie die Statistiken für die $2\times2\times2$-Klassifikation auf.

(b) Warum erhält man hier für die WTS und die ATS dieselben Ergebnisse?

(c) Woraus erhält man den zweiten Freiheitsgrad?

Übung 3.12 Verifizieren Sie, dass man die Statistiken und Freiheitsgrade für die Zweifach-Klassifikation aus den Statistiken der Dreifach-Klassifikation dadurch erhält, dass man die Anzahl der Faktorstufen eines beliebigen Faktors gleich 1 setzt.

3.3 Andere Verfahren

Bereits vor längerer Zeit wurden für mehrfaktorielle lineare Modelle Rangverfahren entwickelt, bei denen die Beobachtungen vor der Rangvergabe 'linear bereinigt' werden, so genannte *ranking after alignment (RAA) Verfahren*. Diese Idee wurde ursprünglich von Hodges und Lehmann (1962) publiziert und dann von u.a. Sen (1968, 1971), Puri und Sen (1969, 1971, 1973, 1985), Sen und Puri (1970, 1977) und Adichie (1978) weiter entwickelt. Diese Verfahren sind jedoch auf lineare Modelle beschränkt und die Verteilungen der Statistiken, die auf der RAA-Technik basieren, hängen von den Schätzern der Parameter in den linearen Modellen ab. Ferner sind diese Verfahren für reine Shift-Modelle entwickelt worden und haben nur einen sehr eingeschränkten Anwendungsbereich.

McKean und Hettmansperger (1976) und Hettmansperger und McKean (1983) entwickelten Verfahren für lineare Modelle, die auf der Minimierung des Jaeckelschen Dispersionsmaßes beruhen (siehe Jaeckel, 1972). Diese Verfahren und auch die RAA-Verfahren sind keine reinen Rangverfahren, d.h. sie sind nicht invariant unter streng monotonen

Transformationen der Daten und benötigen Summen und Differenzen der Daten. Damit sind diese Verfahren z.B. nicht für rein ordinale Daten anwendbar und nur auf lineare Modelle beschränkt. Man nennt diese Verfahren auch *semi-parametrisch*, da sie sich auf die Parameter eines zugrunde liegenden linearen Modells beziehen.

Die oben genannten Verfahren werden in diesem Buch nicht betrachtet, sondern es werden nur solche Verfahren beschrieben, die für allgemeine nichtparametrische Modelle gültig sind und nicht auf Parametern beruhen. Bezüglich einer Beschreibung der Methoden für die oben erwähnten semi-parametrischen Modelle sei auf die Bücher von Hettmansperger (1984), Puri und Sen (1985) und Hettmansperger und McKean (1996) verwiesen.

Kapitel 4

Theorie

In diesem Kapitel werden die theoretischen Resultate hergeleitet, auf denen die vorangegangenen Abschnitte beruhen. Dabei geht es in erster Linie um eine geschlossene Darstellung der Theorie für Modelle mit festen Effekten. Der Leser, der nur an Anwendungen oder Verfahren für spezielle Versuchspläne und deren Umsetzung interessiert ist, kann das Kapitel beim Lesen überschlagen.

4.1 Modelle, Effekte und Hypothesen

Die bereits im Kapitel 2 verwendeten nichtparametrischen Modelle, Effekte und Hypothesen werden in diesem Abschnitt in allgemeiner Form eingeführt und diskutiert.

4.1.1 Allgemeines nichtparametrisches Modell

Allgemeine nichtparametrische Versuchspläne mit unverbundenen Stichproben werden durch unabhängige, identisch verteilte Zufallsvariablen

$$X_{ik} \quad \sim \quad F_i(x), \quad i = 1, \ldots, a, \;\; k = 1, \ldots, n_i, \tag{4.1.1}$$

beschrieben, wobei $F_i(x)$ die *normalisierte Version* der Verteilungsfunktion bezeichnet (siehe Definition 1.3, S. 13). Die Verwendung dieser Version der Verteilungsfunktion ermöglicht es, Resultate unter sehr schwachen Voraussetzungen herzuleiten, d.h. das Modell umfasst sowohl stetige als auch unstetige Verteilungen, wobei der triviale Fall von Einpunkt-Verteilungen zunächst ausgeschlossen wird (für eine Erweiterung auf degenerierte Verteilungen sei auf Abschnitt 4.8 verwiesen).

4.1.2 Nichtparametrische Effekte

Im allgemeinen nichtparametrischen Modell (4.1.1) machen Verschiebungseffekte keinen Sinn, da dieses Modell auch ordinale Daten und $(0,1)$-Daten einschließt. Zur Quantifizierung von Unterschieden zwischen zwei Zufallsvariablen $X_{1k} \sim F_1$ und $X_{2k'} \sim F_2$

bzw. zwischen den Verteilungen F_1 und F_2 wird deshalb der so genannte *relative Effekt* $p = P(X_{1k} < X_{2k'}) + \frac{1}{2}P(X_{1k} = X_{2k'})$ verwendet. Dieser Effekt kann auch für ordinale und dichotome Daten definiert werden und ist invariant unter streng monotonen Transformationen, was zur Anwendung auf ordinale Daten unerlässlich ist (siehe Proposition 1.6, S. 17). Der relative Effekt p kann als Lebesgue-Stieltjes-Integral mit Integrand F_1 und Integrator F_2 dargestellt werden.

Proposition 4.1 (*Integraldarstellung des relativen Effektes*)
Die Zufallsvariablen $X_{ik} \sim F_i(x)$, $i = 1, 2$, $k = 1, \ldots, n_i$, seien unabhängig. Dann gilt

$$p \;=\; P(X_{1k} < X_{2k'}) + \frac{1}{2}P(X_{1k} = X_{2k'}) \;=\; \int F_1 dF_2$$

für alle $k = 1, \ldots, n_1$ und $k' = 1, \ldots, n_2$.

Beweis: Da die Zufallsvariablen unabhängig und innerhalb jeder Stichprobe identisch verteilt sind, genügt es, die Behauptung für $k = k' = 1$ zu zeigen. Bezeichnen $c^-(x)$ und $c^+(x)$ die links- bzw. rechts-stetige Version der Zählfunktion (siehe Definition 1.11, S. 27). Dann folgt wegen der Unabhängigkeit von X_{11} und X_{21} mit dem Satz von Fubini

$$\begin{aligned}
p &= P(X_{11} < X_{21}) + \frac{1}{2}P(X_{11} = X_{21}) \\
&= \frac{1}{2}\left[P(X_{11} < X_{21}) + P(X_{11} \leq X_{21})\right] \\
&= \frac{1}{2}\left[\int\int c^-(y-x)\, dF_1(x)dF_2(y) + \int\int c^+(y-x)\, dF_1(x)dF_2(y)\right] \\
&= \frac{1}{2}\left[\int\int_{(-\infty,y)} dF_1(x)dF_2(y) + \int\int_{(-\infty,y]} dF_1(x)dF_2(y)\right] \\
&= \frac{1}{2}\left[\int F_1^-(y)\, dF_2(y) + \int F_1^+(y)\, dF_2(y)\right] = \int F_1\, dF_2.
\end{aligned}$$

□

Anmerkung 4.1 Der Wert des Integrals $\int F_1\, dF_2$ hängt nicht davon ab, ob der Integrator die links-stetige Version $F_2^-(x)$, die rechts-stetige Version $F_2^+(x)$ oder die normalisierte Version $F_2(x)$ der Verteilungsfunktion ist. Die Differenz zwischen dem rechten und linken Grenzwert ist an jeder beliebigen Stelle für alle drei Funktionen gleich.

Zudem folgt aus Proposition 4.1, dass $\int F dF = \frac{1}{2}$ für die normalisierte Version jeder beliebigen Verteilung F gilt.

Korollar 4.2 Bezeichne $F(x)$ die normalisierte Version einer beliebigen Verteilungsfunktion. Dann gilt

$$\int F dF = \frac{1}{2}. \tag{4.1.2}$$

Beweis: Seien $X_1, X_2 \sim F$ unabhängige Zufallsvariablen und

$$p = P(X_1 < X_2) + \frac{1}{2}P(X_1 = X_2) = \int F dF$$

der relative Effekt von X_2 zu X_1. Da X_1 und X_2 unabhängig und identisch verteilt sind, ist p auch der relative Effekt von X_1 zu X_2 und es folgt mit Proposition 4.1

$$1 = P(X_1 < X_2) + P(X_1 = X_2) + P(X_1 > X_2) = p + p.$$

Daraus folgt die Behauptung.

Einen anderen Beweisansatz bietet die partielle Integration über Lebesgue-Stieltjes-Integrale (siehe Hewitt und Stromberg, 1969, S. 419). Danach gilt für die normalisierte Version der Verteilungsfunktion

$$\int F dF \;=\; 1 - \int F dF \Rightarrow \int F dF \;=\; \frac{1}{2}. \qquad \square$$

Die in (4.1.2) dargestellte Identität ermöglicht es, eine verteilungsfreie *stochastische Tendenz* zu definieren. Entsprechend Definition 1.5 (siehe S. 16) heißt eine Zufallsvariable $X_{11} \sim F_1(x)$ *tendenziell kleiner* als eine andere, von X_{11} unabhängige Zufallsvariable $X_{21} \sim F_2(x)$, falls $p > \frac{1}{2}$ ist und X_{11} und X_{21} heißen *tendenziell gleich*, falls $p = \frac{1}{2}$ ist.

Bei mehreren Gruppen von identisch verteilten Zufallsvariablen bzw. für mehrere Verteilungen $F_1, \ldots, F_d$ definiert man den relativen Effekt einer Zufallsvariablen X_{ik}, $i = 1, \ldots, d$, $k = 1, \ldots, n_i$, gegenüber allen im Experiment betrachteten Zufallsvariablen $X_{11}, \ldots, X_{dn_d}$ als gewichteten Mittelwert aller einzelnen relativen Effekte (siehe Definition 1.8, S. 22). Bezeichnet man die (gewichtete) mittlere Verteilungsfunktion des Experimentes mit $H(x) = \frac{1}{N}\sum_{i=1}^d n_i F_i(x)$, dann ist für alle $i = 1, \ldots, d$ Verteilungen

$$p_i \;=\; \frac{1}{N}\sum_{\ell=1}^{d}\sum_{s=1}^{n_\ell}\left[P(X_{\ell s} < X_{ik}) + \frac{1}{2}P(X_{\ell s} = X_{ik})\right] \;=\; \int H dF_i.$$

Man fasst schließlich die Verteilungen im Vektor $\boldsymbol{F} = (F_1, \ldots, F_d)'$ zusammen sowie die relativen Effekte im Vektor $\boldsymbol{p} = (p_1, \ldots, p_d)'$ und schreibt $\boldsymbol{p} = \int H d\boldsymbol{F}$. Analog fasst man auch die Erwartungswerte $\mu_i = \int x dF_i(x) < \infty$, $i = 1, \ldots, d$, in einem Vektor $\boldsymbol{\mu} = (\mu_1, \ldots, \mu_d)'$ zusammen und schreibt $\boldsymbol{\mu} = \int x d\boldsymbol{F}(x)$.

4.1.3 Hypothesen

Die Formulierung von Hypothesen im nichtparametrischen Modell geschieht über die Verteilungen F_i oder über die relativen Effekte p_i. Dabei wird in analoger Weise verfahren wie beim Formulieren von Hypothesen über Erwartungswerte im linearen Modell. Man wählt eine geeignete Kontrastmatrix $\boldsymbol{C}$, d.h. eine Matrix deren Zeilensummen 0 sind, und formuliert analog zur parametrischen Hypothese $H_0^\mu : \boldsymbol{C\mu} = \boldsymbol{0}$ die nichtparametrischen Hypothesen

$$H_0^F : \boldsymbol{CF} = \boldsymbol{0}, \quad H_0^p : \boldsymbol{Cp} = \boldsymbol{0}.$$

Es ist unmittelbar einzusehen, dass $H_0^F \Rightarrow H_0^\mu$ und $H_0^F \Rightarrow H_0^p$ gilt, da aus $\boldsymbol{CF} = \mathbf{0}$ einerseits $\boldsymbol{C\mu} = \boldsymbol{C} \int x d\boldsymbol{F}(x) = \int x d(\boldsymbol{CF}(x)) = \mathbf{0}$ und andererseits $\boldsymbol{Cp} = \boldsymbol{C} \int H d\boldsymbol{F}(x) = \int H d(\boldsymbol{CF}(x)) = \mathbf{0}$ folgt. Andere Implikationen gelten jedoch im allgemeinen nichtparametrischen Modell nicht.

4.2 Schätzer für die relativen Effekte

Die relativen Effekte sind sehr allgemein verwendbare nichtparametrische Effektmaße. Da sie bei unbekannten Verteilungen nicht beobachtbar sind, müssen sie geschätzt werden. Konsistente Schätzer werden gewonnen, indem die Verteilungsfunktionen $F_i(x)$ und $H(x)$ durch ihre empirischen Gegenstücke ersetzt werden.

4.2.1 Empirische Verteilungsfunktion

Zur Schätzung des relativen Effektes p für zwei Stichproben und der relativen Effekte p_i für mehrere Stichproben benötigt man die Zählfunktion (siehe Definition 1.11, S. 27), wobei man auch hier die normalisierte Version $c(x) = \frac{1}{2}[c^+(x) + c^-(x)]$ verwendet. Dabei bezeichnet $c^-(x)$ die links-stetige und $c^+(x)$ die rechts-stetige Version der Zählfunktion, d.h. $c^-(x) = 0$ für $x \leq 0$ und $c^-(x) = 1$ für $x > 0$, $c^+(x) = 0$ für $x < 0$ und $c^+(x) = 1$ für $x \geq 0$. Insbesondere ist $c(0) = 1/2$.

Die normalisierte Version der empirischen Verteilungsfunktion $\widehat{F}_i(x)$ einer Stichprobe $X_{i1}, \ldots, X_{in_i}$ (siehe Definition 1.12, S. 28) lässt sich mithilfe dieser Zählfunktion definieren als

$$\widehat{F}_i(x) \;=\; \frac{1}{n_i} \sum_{k=1}^{n_i} c(x - X_{ik}).$$

Ebenso bezeichnet $\widehat{H}(x) = N^{-1} \sum_{i=1}^d n_i \widehat{F}_i(x)$ die normalisierte Version der gemittelten empirischen Verteilungsfunktion. Falls im Folgenden die rechts- oder links-stetige Version einer empirischen Verteilungsfunktion benötigt wird, ist das, wie bei den Zählfunktionen, durch ein hochgestelltes $+$ oder $-$ eigens gekennzeichnet.

Im Weiteren werden einige wichtige Ergebnisse für die empirische Verteilungsfunktion $\widehat{F}_i(x)$ zusammengestellt, die an zahlreichen Stellen für die Herleitung asymptotischer Resultate benötigt werden. Dazu werden zunächst einige einfache Aussagen über den Erwartungswert der Zählfunktion an einer festen Stelle x und an einer zufälligen Stelle X_{ik} bewiesen.

Lemma 4.3 (Erwartungswert der Zählfunktion)
Die Zufallsvariablen $X_{ik} \sim F_i$, $i = 1, \ldots, d$, $k = 1, \ldots, n_i$, seien unabhängig. Dann gilt für alle $i, r = 1, \ldots, d$ und $k, s = 1, \ldots, n_i$

$$E[c(x - X_{ik})] \;=\; F_i(x)\,, \tag{4.2.3}$$

$$E[c(X_{ik} - X_{rs})] \;=\; \int F_r dF_i\,. \tag{4.2.4}$$

Beweis: Die erste Aussage ergibt sich aus

$$\begin{aligned} E[c(x - X_{ik})] &= P(X_{ik} < x) + \frac{1}{2}P(X_{ik} = x) \\ &= F_i^-(x) + \frac{1}{2}[F_i^+(x) - F_i^-(x)] \;=\; F_i(x). \end{aligned}$$

Um die zweite Aussage zu beweisen wird eine Fallunterscheidung gemacht. Sei zunächst $(i,k) \neq (r,s)$. Dann sind die Zufallsvariablen X_{ik} und X_{rs} unabhängig. Mit dem Satz von Fubini folgt dann

$$E[c(X_{ik} - X_{rs})] \;=\; \iint c(y-x)dF_r(x)dF_i(y) \;=\; \int F_r dF_i \,.$$

Sei nun $(i,k) = (r,s)$, d.h. $F_i = F_r$. Dann folgt

$$E[c(0)] = \frac{1}{2} = \int F_r dF_i.$$

Somit gilt die Behauptung auch in diesem Fall. □

Das folgende Lemma enthält wichtige Aussagen und Abschätzungen über das erste, zweite und vierte Moment der empirischen Verteilungsfunktion.

Lemma 4.4 (*Momente des empirischen Prozesses*)
Die Zufallsvariablen $X_{ik} \sim F_i$, $i = 1,\ldots,d$, $k = 1,\ldots,n_i$, seien unabhängig. Ferner bezeichne $H(x) = N^{-1}\sum_{i=1}^d n_i F_i(x)$ die gemittelte Verteilungsfunktion und $\widehat{F}_i(x)$ sowie $\widehat{H}(x)$ die empirischen Verteilungsfunktionen zu $F_i(x)$ bzw. $H(x)$. Dann gilt

$$E\left[\widehat{F}_i(x)\right] = F_i(x) \quad \text{an jeder festen Stelle } x, \tag{4.2.5}$$

$$E\left[\widehat{F}_i(X_{rs})\right] = \int F_i dF_r\,, \quad i,r = 1,\ldots,d, \tag{4.2.6}$$

$$E\left[\widehat{F}_i(x) - F_i(x)\right]^2 \le \frac{1}{n_i}\,, \quad i = 1,\ldots,d, \tag{4.2.7}$$

$$E\left[\widehat{F}_i(X_{rs}) - F_i(X_{rs})\right]^2 \le \frac{1}{n_i}\,,\ i,r = 1,\ldots,d,\ s = 1,\ldots,n_r, \tag{4.2.8}$$

$$E\left[\widehat{H}(x) - H(x)\right]^2 \le \frac{1}{N}\,, \tag{4.2.9}$$

$$E\left[\widehat{H}(X_{ik}) - H(X_{ik})\right]^2 \le \frac{1}{N}\,,\ i = 1,\ldots,d,\ k = 1,\ldots,n_i\,, \tag{4.2.10}$$

$$E\left[\widehat{H}(x) - H(x)\right]^4 = O\left(N^{-2}\right), \tag{4.2.11}$$

$$E\left[\widehat{H}(X_{ik}) - H(X_{ik})\right]^4 = O\left(N^{-2}\right),\ i = 1,\ldots,d,\ k = 1,\ldots,n_i. \tag{4.2.12}$$

Beweis: Nach Lemma 4.3 gilt $E\left[c(X_{rs} - X_{ik})\right] = \int F_i dF_r$ und die beiden ersten Behauptungen ergeben sich aus

$$E\left[\widehat{F}_i(X_{rs})\right] = \frac{1}{n_i}\sum_{k=1}^{n_i} E\left[c(X_{rs} - X_{ik})\right] = \frac{1}{n_i}\sum_{k=1}^{n_i}\int F_i dF_r = \int F_i dF_r\,.$$

Zum Beweis von (4.2.7) benutzt man die Unabhängigkeit der Zufallsvariablen X_{ik} und $X_{i\ell}$ für $k \neq \ell$ und (4.2.3). Unter Verwendung von $|c(x - X_{ik}) - F_i(x)| \leq 1$ ergibt sich dann

$$\begin{aligned}
& E\left[\widehat{F}_i(x) - F_i(x)\right]^2 \\
= \;& \frac{1}{n_i^2}\sum_{k=1}^{n_i}\sum_{\ell=1}^{n_i} E\left(\left[c(x - X_{ik}) - F_i(x)\right]\left[c(x - X_{i\ell}) - F_i(x)\right]\right) \\
= \;& \frac{1}{n_i^2}\sum_{k=1}^{n_i} E\left[c(x - X_{ik}) - F_i(x)\right]^2 \leq \frac{1}{n_i}\,.
\end{aligned}$$

Die Abschätzung (4.2.8) ergibt sich analog, wenn für $k \neq \ell$ der Erwartungswert in der Doppelsumme gleich 0 ist. Dazu bezeichne $G(x, y, z)$ die gemeinsame Verteilung von $(X_{rs}, X_{ik}, X_{i\ell})'$ sowie $G_1(x, y)$ die gemeinsame Verteilung von $(X_{rs}, X_{ik})'$ und $G_2(x, z)$ die gemeinsame Verteilung von $(X_{rs}, X_{i\ell})'$. Für $k \neq \ell$ folgt, dass entweder X_{ik} von X_{rs} und $X_{i\ell}$ unabhängig ist oder dass $X_{i\ell}$ von X_{rs} und X_{ik} unabhängig ist.

Damit gilt für $k \neq \ell$ entweder $G(x, y, z) = G_1(x, y) \cdot F_i(z)$ oder $G(x, y, z) = G_2(x, z) \cdot F_i(y)$. Falls X_{ik} von X_{rs} und $X_{i\ell}$ unabhängig ist, erhält man für den Erwartungswert unter Anwendung des Satzes von Fubini

$$\begin{aligned}
& E\left(\left[c(X_{rs} - X_{ik}) - F_i(X_{rs})\right]\left[c(X_{rs} - X_{i\ell}) - F_i(X_{rs})\right]\right) \\
= \;& \int\int\int \left[c(x - y) - F_i(x)\right]\left[c(x - z) - F_i(x)\right] dG(x, y, z) \\
= \;& \int\int \left[c(x - z) - F_i(x)\right] \int \left[c(x - y) - F_i(x)\right] dF_i(y) dG_2(x, z) \;=\; 0,
\end{aligned}$$

da $\int \left[c(x - y) - F_i(x)\right] dF_i(y) = F_i(x) - F_i(x) = 0$ ist. Das gleiche Resultat erhält man, falls $X_{i\ell}$ von X_{rs} und X_{ik} unabhängig ist. Damit folgt

$$\begin{aligned}
& E\left[\widehat{F}_i(X_{rs}) - F_i(X_{rs})\right]^2 \\
= \;& \frac{1}{n_i^2}\sum_{k=1}^{n_i}\sum_{\ell=1}^{n_i} E\left(\left[c(X_{rs} - X_{ik}) - F_i(X_{rs})\right]\left[c(X_{rs} - X_{i\ell}) - F_i(X_{rs})\right]\right) \\
= \;& \frac{1}{n_i^2}\sum_{k=1}^{n_i} E\left[c(X_{rs} - X_{ik}) - F_i(X_{rs})\right]^2 \leq \frac{1}{n_i}\,.
\end{aligned}$$

Die Aussagen in (4.2.9) und (4.2.10) beweist man mithilfe von (4.2.7), (4.2.8) und (4.2.5). für (4.2.9) erhält man z.B.

$$\begin{aligned}E\left[\widehat{H}(x)-H(x)\right]^2 &= \frac{1}{N^2}\sum_{i=1}^{d}\sum_{r=1}^{d} E\left[n_i\left(\widehat{F}_i(x)-F_i(x)\right)n_r\left(\widehat{F}_r(x)-F_r(x)\right)\right]\\ &= \frac{1}{N^2}\sum_{i=1}^{d} n_i^2 E\left[\widehat{F}_i(x)-F_i(x)\right]^2 \le \frac{1}{N^2}\sum_{i=1}^{d} n_i^2\frac{1}{n_i} = \frac{1}{N},\end{aligned}$$

da die Zufallsvariablen X_{ik} und X_{rs} für $i \neq r$ unabhängig sind.

Zum Beweis von (4.2.11) und (4.2.12) indiziert man der besseren Übersicht wegen die Zufallsvariablen X_{ik}, $i = 1,\ldots,d$, $k = 1,\ldots,n_i$, einfach, z.B. durch den Index r und nummeriert die Zufallsvariablen sequentiell zu $X_1,\ldots,X_N$, wobei $N = \sum_{i=1}^d n_i$ ist. Die Verteilung von X_r werde mit $G_r(x)$ bezeichnet, $r = 1,\ldots,N$, (man beachte dabei, dass z.B. $G_1 = \cdots = G_{n_1} = F_1$ ist). Dann ist

$$E\left[\widehat{H}(x)-H(x)\right]^4 = \frac{1}{N^4}\sum_{r=1}^{N}\sum_{s=1}^{N}\sum_{t=1}^{N}\sum_{u=1}^{N} E\left[\varphi_r(X_r)\varphi_s(X_s)\varphi_t(X_t)\varphi_u(X_u)\right],$$

wobei $\varphi_r(X_r) = c(x-X_r)-G_r(x)$ gesetzt ist. Falls einer der Indizes r, s, t, u verschieden von den drei anderen Indizes ist, dann ist die damit indizierte Zufallsvariable unabhängig von den drei anderen Zufallsvariablen und der Erwartungswert ist gleich 0. Dies folgt mit einer analogen Argumentation wie im Beweis von (4.2.7). Die Anzahl der Fälle, in den nicht ein Index von allen drei anderen Indizes verschieden ist, ist von der Ordnung N^2 (entweder sind dann alle Indizes gleich, oder sie sind paarweise gleich). Weiter ist $|\varphi_r(X_r)| \le 1$ und es folgt daher

$$E\left[\widehat{H}(x)-H(x)\right]^4 = O\left(\frac{1}{N^4}\cdot N^2\right) = O\left(\frac{1}{N^2}\right).$$

Der Beweis der letzten Aussage folgt mit einer analogen Argumentation wie im Beweis von (4.2.8). □

Die Aussagen von Lemma 4.4 kann man speziell für unabhängig identisch verteilte Zufallsvariablen $X_1,\ldots,X_N \sim F(x)$ formulieren. Dieser Spezialfall ist im folgenden Korollar wiedergegeben.

Korollar 4.5
Die Zufallsvariablen $X_1,\ldots,X_N \sim F(x)$ seien unabhängig und es bezeichne $\widehat{F}(x)$ deren empirische Verteilungsfunktion. Dann gilt:

$$\begin{aligned}&E\left[\widehat{F}(x)\right] = F(x) \quad \text{an jeder festen Stelle } x,\\ &E\left[\widehat{F}(X_i)\right] = \frac{1}{2}, \quad i = 1,\ldots,N,\\ &E\left[\widehat{F}(x)-F(x)\right]^2 \le \frac{1}{N},\\ &E\left[\widehat{F}(X_i)-F(X_i)\right]^2 \le \frac{1}{N}, \quad i = 1,\ldots,N.\end{aligned}$$

Der Beweis ergibt sich aus Lemma 4.4 für $d = 1$ und $n_1 = N$. □

Mithilfe dieser Abschätzungen lässt sich sofort die Konsistenz der empirischen Verteilungsfunktion $\widehat{F}_i(x)$ von $X_{i1}, \ldots, X_{in_i}$ an einer beliebigen festen Stelle x zeigen.

Korollar 4.6 (*Konsistenz der empirischen Verteilungsfunktion*)
Unter den Voraussetzungen von Lemma 4.4 ist $\widehat{F}_i(x)$ in jedem festen Punkt x ein konsistenter Schätzer für $F_i(x)$, $i = 1, \ldots, d$.

Beweis: Da $E[\widehat{F}_i(x)] = F_i(x)$ für jeden festen Punkt x ist (siehe Lemma 4.4), genügt es zu zeigen, dass $Var[\widehat{F}_i(x)] = E[\widehat{F}_i(x) - F_i(x)]^2 \to 0$ für $n_i \to \infty$ gilt. Dies folgt aber unmittelbar aus (4.2.7). □

4.2.2 Rang-Schätzer und deren Eigenschaften

Man erhält Schätzer für die relativen Effekte $p = \int F_1 dF_2$ im Zweistichproben-Modell bzw. $p_i = \int H dF_i$, $i = 1, \ldots, d$, im Mehrstichproben-Modell, indem man die Verteilungsfunktionen durch die empirischen Verteilungsfunktionen ersetzt. Die so gewonnenen Schätzer lassen sich technisch sehr einfach über die Ränge der Beobachtungen berechnen (siehe Definition 1.18, S. 36 und Proposition 1.20, S. 38). Der Rang R_{ik} einer Zufallsvariablen X_{ik} ist anschaulich die Platznummer der Beobachtung X_{ik} in der Rangreihe, falls keine Bindungen vorhanden sind. Im Fall von Bindungen vergibt man Mittelränge. Diese ergeben sich automatisch durch die Verwendung der normalisierten Version der empirischen Verteilungsfunktion aus der Beziehung $R_{ik} = N \cdot \widehat{H}(X_{ik}) + \frac{1}{2}$ (siehe Lemma 1.19, S. 36). Hieraus ergibt sich der Rang von X_{ik} auch, falls keine Bindungen vorliegen. Daher werden im Folgenden die Größen R_{ik} als *Ränge* bezeichnet, gleichgültig, ob Bindungen vorhanden sind oder nicht. Die resultierenden Rang-Schätzer von p und p_i sind erwartungstreu und konsistent. Die entsprechenden Ergebnisse sind in Proposition 4.7 formuliert.

Proposition 4.7 (*Erwartungstreue und Konsistenz von $\widehat{p}_i$*)
Die Zufallsvariablen X_{ik}, $k = 1, \ldots, n_i$, seien unabhängig und identisch verteilt nach $F_i(x)$, $i = 1, \ldots, d$. Es bezeichne $\widehat{F}_i(x)$ die empirische Verteilungsfunktion der Stichprobe $X_{i1}, \ldots, X_{in_i}$ und $\widehat{H}(x) = N^{-1} \sum_{i=1}^d n_i \widehat{F}_i(x)$ die gemittelte empirische Verteilungsfunktion. Ferner sei R_{ik} der Rang von X_{ik} unter allen $N = \sum_{i=1}^d n_i$ Beobachtungen. Dann gilt

$$\widehat{p}_i = \int \widehat{H} d\widehat{F}_i = \frac{1}{N}\left(\overline{R}_{i\cdot} - \frac{1}{2}\right), \quad i = 1, \ldots, d, \tag{4.2.13}$$

$$E(\widehat{p}_i) = p_i\,, \quad i = 1, \ldots, d, \quad \text{und} \tag{4.2.14}$$

$$E(\widehat{p}_i - p_i)^2 = O\left(\frac{1}{n_i}\right). \tag{4.2.15}$$

Insbesondere gilt für $d = 2$

$$\widehat{p} = \int \widehat{F}_1 d\widehat{F}_2 = \frac{1}{n_1}\left(\overline{R}_{2\cdot} - \frac{n_2+1}{2}\right), \quad (4.2.16)$$

$$E(\widehat{p}) = p \text{ und} \quad (4.2.17)$$

$$E(\widehat{p}-p)^2 = O\left(\frac{1}{N}\right). \quad (4.2.18)$$

Beweis: Die erste Aussage folgt sofort aus der Rangdarstellung von $\widehat{H}(X_{ik})$ in Lemma 1.19 (siehe S. 36). Die Erwartungstreue von $\widehat{p}_i$ ergibt sich aus

$$\begin{aligned} E(\widehat{p}_i) &= E\left(\int \widehat{H} d\widehat{F}_i\right) = \frac{1}{n_i}\sum_{k=1}^{n_i} E\left[\widehat{H}(X_{ik})\right] = \frac{1}{n_i}\sum_{k=1}^{n_i}\frac{1}{N}\sum_{r=1}^{d} n_r E\left[\widehat{F}_r(X_{ik})\right] \\ &= \frac{1}{n_i}\sum_{k=1}^{n_i}\frac{1}{N}\sum_{r=1}^{d} n_r \int F_r dF_i = \frac{1}{n_i}\sum_{k=1}^{n_i}\int H dF_i = p_i \end{aligned}$$

unter Benutzung von (4.2.6) in Lemma 4.4. Zum Beweis von (4.2.15) betrachtet man zunächst

$$(\widehat{p}_i - p_i)^2 = \left(\int \widehat{H} d\widehat{F}_i - \int H dF_i\right)^2 = \left(\int [\widehat{H} - H] d\widehat{F}_i + \int H d[\widehat{F}_i - F_i]\right)^2.$$

Durch Anwendung der c_r-Ungleichung und der Jensen-Ungleichung folgt weiter

$$\begin{aligned} (\widehat{p}_i - p_i)^2 &\leq \frac{2}{n_i}\sum_{k=1}^{n_i}[\widehat{H}(X_{ik}) - H(X_{ik})]^2 \\ &\quad + \frac{2}{n_i^2}\sum_{k=1}^{n_i}\sum_{\ell=1}^{n_i}\left[H(X_{ik}) - \int H dF_i\right]\left[H(X_{i\ell}) - \int H dF_i\right]. \end{aligned}$$

Man bildet dann auf beiden Seiten den Erwartungswert und benutzt (4.2.10) in Lemma 4.4 für den ersten Term. Bei der Abschätzung des zweiten Terms ist zu beachten, dass $H(X_{ik})$ und $H(X_{i\ell})$ für $k \neq \ell$ unabhängig sind und dass $E[H(X_{ik})] = E[H(X_{i\ell})] = \int H dF_i$ ist. Damit folgt

$$\begin{aligned} E(\widehat{p}_i - p_i)^2 &\leq \frac{2}{n_i}\sum_{k=1}^{n_i} E[\widehat{H}(X_{ik}) - H(X_{ik})]^2 \\ &\quad + \frac{2}{n_i^2}\sum_{k=1}^{n_i}\sum_{\ell=1}^{n_i} E\left(\left[H(X_{ik}) - \int H dF_i\right]\left[H(X_{i\ell}) - \int H dF_i\right]\right) \\ &\leq \frac{2}{N} + \frac{2}{n_i^2}\sum_{k=1}^{n_i} E\left[H(X_{ik}) - \int H dF_i\right]^2 \\ &\leq \frac{2}{N} + \frac{2}{n_i} \leq \frac{4}{n_i}. \end{aligned}$$

Die Aussagen für $d = 2$ ergeben sich als Spezialfall aus der Beziehung (siehe (1.4.9), S. 24)

$$p_1 - p_2 = p - \frac{1}{2}$$

und der Dreiecksungleichung für die L_2-Norm. □

Die Aussage der Konsistenz in Proposition 4.7 lässt sich dahingehend verallgemeinern, dass eine differenzierbare Funktion $g : x \in [0,1] \to \mathbb{R}$ betrachtet wird. In diesem Zusammenhang sei daran erinnert, dass eine solche Funktion beschränkt ist, d.h. $\|g\|_\infty = \sup_{0 \le x \le 1} |g(x)| < \infty$. Gleiches gilt auch für die erste Ableitung $\|g'\|_\infty < \infty$.

Lemma 4.8 (Funktionen $g(u)$ mit $\|g'\|_\infty < \infty$)
Sei $g : x \in [0,1] \to \mathbb{R}$ differenzierbar und bezeichne $p_i(g) = \int g(H) dF_i$ sowie $\widehat{p}_i(g) = \int g(\widehat{H}) d\widehat{F}_i$. Dann gilt unter den Voraussetzungen von Proposition 4.7

$$E\left[g(\widehat{p}_i) - g(p_i)\right]^2 = O\left(\frac{1}{n_i}\right), \tag{4.2.19}$$

$$E\left[\widehat{p}_i(g) - p_i(g)\right]^2 = O\left(\frac{1}{n_i}\right). \tag{4.2.20}$$

Beweis: Die Aussage in (4.2.19) folgt durch Anwendung des Mittelwertsatzes

$$g(\widehat{p}_i) - g(p_i) = g'(\theta) \cdot [\widehat{p}_i - p_i],$$

wobei θ zwischen $\widehat{p}_i$ und p_i liegt. Weiter folgt dann aus (4.2.15) in Proposition 4.7

$$E\left[g(\widehat{p}_i) - g(p_i)\right]^2 \le \|g'\|_\infty^2 \cdot E(\widehat{p}_i - p_i)^2 \le \frac{4}{n_i}\|g'\|_\infty^2 \to 0$$

für $\min_{i=1,\ldots,d} n_i \to \infty$.

Zum Beweis der Aussage in (4.2.20) betrachtet man zunächst

$$\begin{aligned}
\widehat{p}_i(g) - p_i(g) &= \int g(\widehat{H}) d\widehat{F}_i - \int g(H) dF_i \\
&= \int \left[g(\widehat{H}) - g(H)\right] d\widehat{F}_i + \int g(H) d(\widehat{F}_i - F_i)
\end{aligned}$$

und wendet den Mittelwertsatz an. Damit erhält man

$$\widehat{p}_i(g) - p_i(g) = g'(\theta) \int (\widehat{H} - H) d\widehat{F}_i + \frac{1}{n_i} \sum_{k=1}^{n_i} \varphi(X_{ik}),$$

wobei θ zwischen $\widehat{H}$ und H liegt und $\varphi(X_{ik}) = g[H(X_{ik})] - \int g[H(x)]dF_i(x)$ ist. Weiter folgt für $[\widehat{p}_i(g) - p_i(g)]^2$ mit der c_r-Ungleichung und der Jensen-Ungleichung

$$\begin{aligned}
&[\widehat{p}_i(g) - p_i(g)]^2 \\
&\leq \; 2\|g'\|_\infty^2 \int (\widehat{H} - H)^2 d\widehat{F}_i + \frac{2}{n_i^2} \sum_{k=1}^{n_i} \sum_{k'=1}^{n_i} \varphi(X_{ik})\varphi(X_{ik'}) \\
&= \; \|g'\|_\infty^2 \cdot \frac{2}{n_i} \sum_{k=1}^{n_i} \left[\widehat{H}(X_{ik}) - H(X_{ik})\right]^2 + \frac{2}{n_i^2} \sum_{k=1}^{n_i} \sum_{k'=1}^{n_i} \varphi(X_{ik})\varphi(X_{ik'}).
\end{aligned}$$

Bei der Abschätzung des Erwartungswertes für den ersten Term auf der rechten Seite benutzt man die Abschätzung (4.2.10) auf Seite 177. Für den zweiten Term nutzt man die Unabhängigkeit von X_{ik} und $X_{ik'}$ für $k \neq k'$ aus und beachtet, dass $E[\varphi(X_{ik})]^2 = Var(g[H(X_{ik})]) \leq \|g\|_\infty^2 < \infty$ ist. Es ergibt sich

$$\begin{aligned}
&E\,[\widehat{p}_i(g) - p_i(g)]^2 \\
&\leq \; \|g'\|_\infty^2 \cdot \frac{2}{n_i} \sum_{k=1}^{n_i} E\left[\widehat{H}(X_{ik}) - H(X_{ik})\right]^2 + \frac{2}{n_i^2} \sum_{k=1}^{n_i} E\,[\varphi(X_{ik})]^2 \\
&\leq \; \frac{2}{N}\|g'\|_\infty^2 + \frac{2}{n_i}\|g\|_\infty^2 \; \to \; 0
\end{aligned}$$

für $\min_{i=1,\ldots,d} n_i \to \infty$. □

4.3 Spezielle Resultate für u.i.v. Zufallsvariable

In Proposition 4.7 wurde gezeigt, dass die Schätzer $\widehat{p}$ bzw. $\widehat{p}_i$ sinnvolle Schätzer für die entsprechenden relativen Effekte p bzw. p_i sind. Zum Testen von nichtparametrischen Hypothesen und zur Konstruktion von Konfidenzintervallen muss die Verteilung von $\widehat{p}$ bzw. des Vektors $\widehat{\boldsymbol{p}} = (\widehat{p}_1, \ldots, \widehat{p}_d)'$ bestimmt werden. Man kann nun nicht erwarten, dass in dem hier betrachteten sehr allgemeinen nichtparametrischen Modell diese Verteilung für beliebige finite Stichprobenumfänge eine sehr einfache Form hat oder nicht von der Verteilungsklasse der beobachteten Zufallsvariablen abhängt. Man ist also entweder auf asymptotische Ergebnisse angewiesen oder man muss die Klasse der zugelassenen Verteilungen durch die Hypothese sehr einschränken.

Eine sehr starke Einschränkung wird gemacht, wenn alle im Experiment betrachteten Zufallsvariablen als unabhängig und identisch verteilt angenommen werden. Eine entsprechende Modellsituation liegt z.B. im unverbundenen a-Stichproben Problem unter der Hypothese $H_0^F : F_1 = \cdots = F_a$ vor. Unter diesen Voraussetzungen lassen sich mithilfe des so genannten *Permutationsarguments* exakte (bedingte) Verfahren für beliebige Stichprobenumfänge angeben. Auch hat die Kovarianzmatrix des Vektors $\boldsymbol{R} = (R_{11}, \ldots, R_{dn_d})'$ der Ränge R_{ik} dann eine sehr einfache Struktur. Diese Resultate sind die Kernaussagen der nächsten beiden Abschnitte. Da hierbei nur identisch verteilte Zufallsvariablen in die

Betrachtungen eingehen, wird der Einfachheit halber auf eine strukturierte Indizierung verzichtet, so dass die $N = \sum_{i=1}^{d} n_i$ Zufallsvariablen X_i durch einen Index $i = 1, \ldots, N$ beschrieben werden.

4.3.1 Permutationsverfahren

Sind zwei Zufallsvariablen X_1 und X_2 unabhängig und identisch verteilt, so hat das Tupel (X_1, X_2) die gleiche Verteilung wie das Tupel (X_2, X_1). Die Verallgemeinerung dieser Aussage auf mehr als zwei Zufallsvariablen ist die Grundlage der so genannten *Permutationsverfahren*. Schon Mann und Whitney (1947) haben die exakte Verteilung der von ihnen betrachteten Rangsumme mithilfe von Permutationen bestimmt. Die dabei benutzte Technik wird auch *equal-in-distribution* Technik genannt (siehe etwa Randles und Wolfe, 1979). In der Theorie dieser Permutationsverfahren spielt der Begriff der Verteilungsgleichheit zweier Zufallsvektoren eine wesentliche Rolle.

Definition 4.9 (*Verteilungsgleichheit*)
Zwei Zufallsvektoren $\boldsymbol{X} = (X_1, \ldots, X_N)'$ und $\boldsymbol{Y} = (Y_1, \ldots, Y_N)'$ mit den gemeinsamen Verteilungsfunktionen $G_1(\boldsymbol{x})$ bzw. $G_2(\boldsymbol{y})$ heißen *verteilungsgleich*, wenn sie die gleiche gemeinsame Verteilungsfunktion besitzen, in Zeichen:

$$\boldsymbol{X} \sim \boldsymbol{Y} \quad \Longleftrightarrow \quad G_1 = G_2.$$

Mithilfe des Begriffs der *Verteilungsgleichheit* definiert man die *Austauschbarkeit* von Zufallsvariablen, die bei der anschaulichen Formulierung der Hypothese 'kein Behandlungseffekt' in nichtparametrischen Modellen verwendet wird. Wesentlich in diesem Zusammenhang ist die *symmetrische Gruppe* $\mathcal{S}_N$ auf der Menge $\{1, \ldots, N\}$, d.h. die Menge aller Permutationen der Zahlen $1, \ldots, N$. Der Bildvektor einer Permutation $\pi \in \mathcal{S}_N$ wird mit $\pi(1, \ldots, N)$ oder auch $(\pi_1, \ldots, \pi_N)'$ bezeichnet.

Definition 4.10 (*Austauschbarkeit*)
Die Zufallsvariablen $X_1, \ldots, X_N$ heißen *austauschbar*, falls für alle $\pi \in \mathcal{S}_N$ die Vektoren $\boldsymbol{X} = (X_1, \ldots, X_N)'$ und $\boldsymbol{X}_\pi = (X_{\pi_1}, \ldots, X_{\pi_N})' = \pi(\boldsymbol{X})$ verteilungsgleich sind.

Das wichtigste Beispiel für Austauschbarkeit ist der Fall unabhängiger und identisch verteilte Zufallsvariablen.

Proposition 4.11 (*Austauschbarkeit von u.i.v. Zufallsvariablen*)
Unabhängig identisch verteilte Zufallsvariablen sind austauschbar.

Beweis: Sei $\boldsymbol{X} = (X_1, \ldots, X_N)'$ eine Vektor von unabhängig identisch verteilten Zufallsvariablen $X_i \sim F(x)$, $i = 1, \ldots, N$. Sei weiter $\pi \in \mathcal{S}_N$ und $\boldsymbol{X}_\pi = (X_{\pi 1}, \ldots, X_{\pi N})'$. Dann gilt für die gemeinsamen Verteilungsfunktionen $G(\boldsymbol{x})$ des Vektors $\boldsymbol{X}$ und $G_\pi(\boldsymbol{x})$ des Vektors $\boldsymbol{X}_\pi$ wegen der Unabhängigkeit

$$G(\boldsymbol{x}) \quad = \quad \prod_{i=1}^{N} F(x_i) \quad = \quad G_\pi(\boldsymbol{x}).$$

Die Austauschbarkeit folgt jetzt unmittelbar aus Definition 4.10. □

Die Laplace-Verteilung auf allen $N!$ Permutationen der Koordinaten $X_1, \ldots, X_N$ von $\boldsymbol{X}$ heißt *Permutationsverteilung* von $\boldsymbol{X}$. Es handelt sich hierbei um eine bedingte Verteilung, wobei auf die Realisationen $x_1, \ldots, x_N$ von $X_1, \ldots, X_N$ bedingt wird.

Betrachtet man nun die Ränge $R_1, \ldots, R_N$ der unabhängig identisch verteilten Zufallsvariablen $X_1, \ldots, X_N$ und nimmt man an, dass die zugrunde liegende Verteilungsfunktion $F(x)$ stetig ist, d.h. es treten keine Bindungen auf, dann hängt die Permutationsverteilung des Rangvektors $\boldsymbol{R} = (R_1, \ldots, R_N)'$ nicht mehr von den Realisationen $x_1, \ldots, x_N$ ab, sondern nur noch vom Stichprobenumfang N.

Satz 4.12 (*Permutationsverteilung*)
Die Zufallsvariablen $X_i, i = 1, \ldots, N$, seien unabhängig und identisch verteilt mit stetiger Verteilungsfunktion $F(x)$. Es bezeichne $\boldsymbol{R} = (R_1, \ldots, R_N)'$ den Vektor der Ränge von $X_1, \ldots, X_N$ und $\mathcal{R} = \{\boldsymbol{r} = \pi(1, \ldots, N)' : \pi \in \mathcal{S}_N\}$ den aus $N!$ Punkten bestehenden Orbit von $\boldsymbol{R}$. Dann ist $\boldsymbol{R}$ diskret gleichverteilt auf $\mathcal{R}$. Die Wahrscheinlichkeit für $R_i = r$ ist dann gleich $1/N$ für alle $i, r = 1, \ldots, N$.

Beweis: Die Stetigkeit der Verteilung impliziert, dass fast sicher keine Bindungen auftreten. Zu jeder Realisation $\boldsymbol{r} = (r_1, \ldots, r_N)' \in \mathcal{R}$ gibt es genau eine Permutation $\pi = (\pi_1, \ldots, \pi_N)' \in \mathcal{S}_N$, sodass $r_i = \pi_i$ gilt. Aus der Austauschbarkeit der Zufallsvariablen $X_1, \ldots, X_N$ folgt weiter

$$
\begin{aligned}
P(\boldsymbol{R} = \boldsymbol{r}) &= P(X_{\pi_1} < X_{\pi_2} < \cdots < X_{\pi_N}) \\
&= P(X_1 < X_2 < \cdots < X_N) = P(\boldsymbol{R} = (1, \ldots, N)').
\end{aligned}
$$

Somit hat jede mögliche Ausprägung $\boldsymbol{r} \in \mathcal{R}$ die gleiche Wahrscheinlichkeit, d.h. $\boldsymbol{R}$ ist diskret gleichverteilt auf $\mathcal{R}$.

Da die Anzahl aller Punkte in $\mathcal{R}$ gleich $N!$ ist, folgt $P(\boldsymbol{R} = \boldsymbol{r}) = 1/N!$ für jedes $\boldsymbol{r} \in \mathcal{R}$. Weiter gibt es genau $(N-1)!$ Punkte in $\mathcal{R}$, deren i-te Komponente gleich einem vorgegebenen $r \in \{1, \ldots, N\}$ ist. Aufgrund der Gleichverteilung auf $\mathcal{R}$ folgt für eine beliebige Komponente R_i von $\boldsymbol{R}$, dass $P(R_i = r) = (N-1)!/N! = 1/N$ ist. □

Anmerkung 4.2 Die Voraussetzung einer stetigen Verteilung ist gleichzusetzen mit der Bedingung, dass im Experiment nur die Ränge $1, \ldots, N$ auftreten. Der Rangvektor $\boldsymbol{R}$ beinhaltet also eine Permutation dieser Zahlen. Daraus ergibt sich nach Satz 4.12 eine Gleichverteilung auf dem Orbit $\mathcal{R}$. Allgemeiner kann man aber auch voraussetzen, dass der Rangvektor $\boldsymbol{R}$ eine Permutation der Zahlen $r_1, \ldots, r_N$ darstellt, wobei die r_i beliebig aber fest gewählt sind. Dann ergibt sich mit analogen Argumenten eine Gleichverteilung auf dem Orbit $\mathcal{R}_r = \{\boldsymbol{r} = \pi(r_1, \ldots, r_N)' : \pi \in \mathcal{S}_r\}$, wobei $\mathcal{S}_r$ die Menge aller Permutationen der Zahlen $r_1, \ldots, r_N$ bezeichnet. Dies kann dazu verwendet werden, den Satz über die Permutationsverteilung auf Bindungen zu verallgemeinern, wobei dann auf die im Experiment beobachteten Ränge bedingt wird.

4.3.2 Grenzen der Permutationsverfahren

Aus der Austauschbarkeit der Komponenten $X_1, \ldots, X_N$ eines Zufallsvektors $\boldsymbol{X}$ folgt die Gleichheit seiner Randverteilungen, d.h. $F_1 = \cdots = F_N$. Aus diesem Grund gilt der Satz von der Permutationsverteilung 4.12 nur unter Hypothesen, welche die Gleichheit aller im Experiment betrachteten Verteilungen beinhalten. Bei einfaktoriellen Versuchsanlagen sind solche Hypothesen sinnvoll und beschreiben die Situation, dass kein Behandlungseffekt vorliegt.

In mehrfaktoriellen Versuchsanlagen wird durch eine Hypothese dieses Typs jedoch nur die Situation erfasst, dass weder einer der Faktoren einen Einfluss hat noch Wechselwirkungen zwischen den Faktoren vorhanden sind. Zur Lösung der Frage, ob in einem mehrfaktoriellen Versuchsplan der Haupteffekt eines bestimmten Faktors vorhanden ist oder nicht, muss man bei Verwendung von Permutationsverfahren also entweder voraussetzen, dass keine Wechselwirkungen dieses Faktors mit anderen Faktoren vorhanden sind, oder man muss diese Wechselwirkungen mit in die Hypothese einbeziehen. Damit kann man aber in mehrfaktoriellen Versuchsanlagen nicht mehr Haupteffekte von Wechselwirkungen trennen, sondern kann sie nur noch gemeinsam betrachten. In der Literatur werden Hypothesen dieser Form als *joint hypotheses* bezeichnet, was man mit *gemeinsame* oder *verbundene* Hypothesen übersetzen könnte. Verfahren zum Testen solcher Hypothesen sind bereits von Koch und Sen (1968) und von Koch (1969) beschrieben worden.

Für Rangverfahren in linearen Modellen wird das Problem der Trennung von Haupteffekten und Wechselwirkungen z.B. dadurch gelöst, dass der oder die störenden Effekte (nuissance parameters) geschätzt und dann die Daten durch Subtrahieren der Schätzer 'bereinigt' werden. Diesen bereinigten Daten werden dann Ränge zugewiesen, weswegen diese Verfahren *ranking after alignment (RAA)*-Verfahren genannt werden. Die Idee dieser RAA-Technik geht auf Hodges und Lehmann (1962) zurück und wurde in den folgenden Jahren von Sen (1968, 1971), Puri und Sen (1969, 1973, 1985) sowie Sen und Puri (1970, 1977) auch für allgemeinere lineare Modelle weiterentwickelt. Allerdings werden hierbei im Allgemeinen keine Permutationen mehr betrachtet sondern fast ausschließlich asymptotische Verfahren. Die Schwierigkeit bei der Anwendung der Permutationstechnik liegt darin, dass die Beobachtungen durch die lineare Bereinigung nicht mehr unabhängig sind. Daher sind nicht mehr alle Permutationen gleich wahrscheinlich, sondern nur noch bestimmte Teilmengen der Permutationen. Das hat zur Folge, dass mit der Technik des Permutierens nur in Spezialfällen Hypothesen über Haupteffekte oder Wechselwirkungen getrennt getestet werden können. Ob dies überhaupt funktioniert und für welchen Effekt oder welche Hypothese das möglich ist, hängt vom Versuchsplan und den zu untersuchenden Hypothesen ab. Dieses Problem ist von Pyhel (1980) diskutiert worden.

Ein weiterer Nachteil der RAA-Technik ist, dass sie nur bei metrischen Beobachtungen anwendbar und insbesondere nicht invariant unter monotonen Transformationen ist. Damit sind RAA-Verfahren für rein ordinale Daten oder dichotome Daten nicht anwendbar. Näheres zu RAA-Verfahren findet der interessierte Leser bei Puri und Sen (1985). An dieser Stelle werden sie wegen ihres engen Anwendungsspektrums nicht nicht weiter diskutiert.

Für das semi-parametrische Behrens-Fisher Problem wurde von Janssen (1997) ein Permutationsverfahren vorgestellt, bei dem nach jeder Permutation die Statistik erneut studentisiert wird und die Verteilung dieser studentisierten Werte zur Bestimmung der Quantile benutzt wird. Dieses Verfahren hält asymptotisch das gewählte Niveau ein und liefert auch schon für kleine Stichprobenumfänge sehr gute Approximationen. Diese Methode wurde für Rangverfahren von Neubert und Brunner (2007) und von Konietschke und Pauly (2012) auf das nichtparametrische Behrens-Fisher Problem für unverbundene bzw. gepaarte Beobachtungen angewendet. Diese Verfahren halten asymptotisch das gewählte Niveau ein und liefern ebenfalls schon für kleine Stichprobenumfänge sehr gute Approximationen. Die Entwicklung analoger Rangverfahren für allgemeine nichtparametrische Modelle bleibt abzuwarten.

Bei mehrfaktoriellen Versuchsanlagen sind die Grenzen der 'klassischen' Permutationsverfahren erreicht. Exakte Verfahren gibt es nur in Spezialfällen. So hat z.B. Pesarin (2001) ein Verfahren mit so genannten *synchronisierten Permutationen* in einem 2×2-Design mit gleichen Varianzen und gleichen Stichprobenumfängen vorgestellt, welches exakt ist. Im Falle ungleicher Varianzen oder ungleicher Stichprobenumfänge treten bei dieser Technik jedoch Schwierigkeiten auf. Die Lösung dieser Probleme ist derzeit noch nicht abzusehen.

Will man eine allgemein gültige Theorie für nichtparametrische Modelle in mehrfaktoriellen Versuchsanlagen entwickeln, ist man daher zunächst auf asymptotische Resultate angewiesen. Dazu muss man versuchen, die asymptotische Verteilung der Schätzer $\widehat{p}_i$ unter der Hypothese $H_0^F : \boldsymbol{CF} = \mathbf{0}$ oder unter der Hypothese $H_0^p : \boldsymbol{Cp} = \mathbf{0}$ zu bestimmen. Zu diesem Zweck werden in einem ersten Schritt asymptotische Resultate hergeleitet und in einem zweiten Schritt brauchbare Approximationen für kleine Stichprobenumfänge entwickelt.

4.3.3 Erwartungswert und Kovarianzmatrix des Rangvektors

Bei der Betrachtung asymptotischer Verteilungen von Rangschätzern spielen der Erwartungswert des Rangvektors $\boldsymbol{R} = (R_1, \ldots, R_N)'$ und dessen Kovarianzmatrix eine wesentliche Rolle. Im Falle von unabhängig und identisch verteilten Zufallsvariablen lassen sich diese Kenngrößen in eine einfache Form bringen, was die Herleitung von Verfahren erlaubt, die bei u.i.v. Zufallsvariablen und kleinen Stichprobenumfängen zu genaueren Resultaten führen als die allgemeineren Verfahren aus Abschnitt 4.4. für den Fall, dass keine Bindungen vorliegen, hängen die resultierenden Varianzschätzer der Ränge R_i nur noch von den Stichprobenumfängen und nicht mehr von der zugrunde liegenden Verteilungsfunktion ab. Daher werden der Erwartungswert $E(\boldsymbol{R})$ und die Kovarianzmatrix $Cov(\boldsymbol{R})$ in diesem Spezialfall gesondert betrachtet.

Lemma 4.13 (*Erwartungswert und Kovarianzmatrix von* $\boldsymbol{R}$)
Die Zufallsvariablen $X_1, \ldots, X_N$ seien unabhängig und identisch verteilt nach $F(x)$. Bezeichne $\boldsymbol{R} = (R_1, \ldots, R_N)'$ den Vektor der Ränge $R_i = N\widehat{F}(X_i) + \frac{1}{2}$ von X_i, wobei $\widehat{F}(x)$ die empirische Verteilungsfunktion von $X_1, \ldots, X_N$ ist. Ferner bezeichne $\mathbf{1}_N$ den N-dimensionalen Einser-Vektor, $\boldsymbol{I}_N$ die N-dimensionale Einheitsmatrix, $\boldsymbol{J}_N = \mathbf{1}_N\mathbf{1}_N'$ die N-dimensionale Einser-Matrix und schließlich $\boldsymbol{P}_N = \boldsymbol{I}_N - \frac{1}{N}\boldsymbol{J}_N$ die N-dimensionale

zentrierende Matrix. Dann gilt

$$\begin{aligned} E(\boldsymbol{R}) &= \tfrac{N+1}{2}\mathbf{1}_N\,, \\ Cov(\boldsymbol{R}) &= \sigma_R^2\left(\boldsymbol{I}_N - \tfrac{1}{N}\boldsymbol{J}_N\right), \end{aligned}$$

wobei

$$\sigma_R^2 = N\left[(N-2)\int F^2 dF - \frac{N-3}{4}\right] - \frac{N}{4}\int (F^+ - F^-)dF$$

ist. Dies vereinfacht sich zu $\sigma_R^2 = N(N+1)/12$, falls keine Bindungen vorhanden sind.

Beweis: Für den Erwartungswert von R_i erhält man mit (4.2.4) auf Seite 176

$$\begin{aligned} E(R_i) &= E\left(N\widehat{F}(X_i) + \tfrac{1}{2}\right) = E\left(\sum_{k=1}^{N} c(X_i - X_k) + \tfrac{1}{2}\right) \\ &= \sum_{k\neq i} E\left(c(X_i - X_k)\right) + 1 = (N-1)\int F dF + 1 = \frac{N+1}{2}\,. \end{aligned}$$

Die Varianz von R_i bestimmt man aus

$$\begin{aligned} Var(R_i) &= Var\left(N\widehat{F}(X_i) + \tfrac{1}{2}\right) = Var\left(N\widehat{F}(X_i)\right) \\ &= E\left(\left[N\widehat{F}(X_i)\right]^2\right) - E^2\left(N\widehat{F}(X_i)\right). \end{aligned}$$

Man betrachtet zunächst

$$E\left(\left[N\widehat{F}(X_i)\right]^2\right) = \sum_{k=1}^{N}\sum_{s=1}^{N} E\left[c(X_i - X_k)c(X_i - X_s)\right].$$

Hierbei sind vier Fälle zu unterscheiden:

	Fall	Anzahl der Terme	Erwartungswert
(1)	$i = k = s$	1	$1/4$
(2)	$i = k \neq s$ oder	$N-1$	$1/4$
	$i = s \neq k$	$N-1$	$1/4$
(3)	$k = s \neq i$	$N-1$	$\frac{1}{2} - \frac{1}{4}\int(F^+ - F^-)dF$
(4)	$i \neq k, i \neq s, k \neq s$	$(N-1)(N-2)$	$\int F^2 dF$

Fall (1): $E\left[c(X_i - X_i)c(X_i - X_i)\right] = E(\frac{1}{4}) = \frac{1}{4}$.

Fall (2): $E\left[c(X_i - X_i)c(X_i - X_s)\right] = \frac{1}{2}\cdot\frac{1}{2} = \frac{1}{4}$.

Fall (3): $E\left[c(X_i - X_k)c(X_i - X_k)\right]$

$$\begin{aligned} &= E\left[c(X_i - X_k)\right]^2 = P(X_k < X_i) + \tfrac{1}{4}P(X_i = X_k) \\ &= \int F^- dF + \tfrac{1}{4}\int (F^+ - F^-)dF = \tfrac{1}{2} - \tfrac{1}{4}\int (F^+ - F^-)dF\,. \end{aligned}$$

Fall (4): $E\left[c(X_i - X_k)c(X_i - X_s)\right]$

$$= \int E\left[c(x - X_k)c(x - X_s)\right] dF(x) = E\left[F^2(X_i)\right] = \int F^2 dF\,.$$

Insgesamt ergibt dies

$$\begin{aligned}
Var(R_i) &= E\left(\left[N\widehat{F}(X_i)\right]^2\right) - E^2\left(N\widehat{F}(X_i)\right) \\
&= \frac{1}{4} + \frac{2(N-1)}{4} + (N-1)\left(\frac{1}{2} - \frac{1}{4}\int (F^+ - F^-)dF\right) \\
&\qquad + (N-1)(N-2)\int F^2 dF - \frac{N^2}{4} \\
&= (N-1)\left[(N-2)\int F^2 dF - \frac{N-3}{4}\right] - \frac{N-1}{4}\int (F^+ - F^-)dF.
\end{aligned}$$

Wenn $F(x)$ stetig ist, dann liegen fast sicher keine Bindungen vor und es folgt

$$\int (F^+ - F^-)dF = 0, \qquad \int_{-\infty}^{\infty} F^2 dF = \int_0^1 u^2 du = \frac{1}{3}$$

und schließlich $Var(R_i) = (N-1)\left[(N-2)\cdot\frac{1}{3} - \frac{N-3}{4}\right] = \frac{N^2-1}{12}$.

Die Kovarianzen hängen nicht von i und j ab, da die Zufallsvariablen X_i unabhängig und identisch verteilt sind. Somit folgt

$$c = Cov(R_i, R_j) = Cov(N\widehat{F}(X_i) + \tfrac{1}{2}, N\widehat{F}(X_j) + \tfrac{1}{2}),\ i \neq j = 1, \ldots, N.$$

Da die Summe der Ränge $\mathbf{1}_N'\boldsymbol{R} = N(N+1)/2$ konstant ist, gilt für die Varianz $Var(\mathbf{1}_N'\boldsymbol{R}) = 0$. Andererseits ist die Varianz einer Linearkombination $Var(\mathbf{1}_N'\boldsymbol{R}) = \mathbf{1}_N'\, Cov(\boldsymbol{R})\mathbf{1}_N$ und es folgt

$$0 = Var(\mathbf{1}_N'\boldsymbol{R}) = N \cdot Var(R_1) + N(N-1)\cdot c,$$

woraus man $c = -\frac{1}{N-1}\, Var(R_1)$ erhält. Somit ergibt sich als Kovarianzmatrix

$$Cov(\boldsymbol{R}) = \frac{Var(R_1)}{N-1}(N\boldsymbol{I}_N - \boldsymbol{J}_N) = \sigma_R^2(\boldsymbol{I}_N - \tfrac{1}{N}\boldsymbol{J}_N),$$

wobei

$$\begin{aligned}
\sigma_R^2 &= \frac{N}{N-1}\, Var(R_1) \\
&= N\left[(N-2)\int F^2 dF - \frac{N-3}{4}\right] - \frac{N}{4}\int (F^+ - F^-)dF
\end{aligned}$$

ist. □

Die Varianz σ_R^2 hängt offensichtlich im Allgemeinen von der zugrunde liegenden Verteilungsfunktion $F(x)$ ab und muss geschätzt werden. In der folgenden Proposition ist ein konsistenter Schätzer $\widehat{\sigma}_R^2$ angegeben. Dabei ist zu beachten, dass sowohl σ_R^2 als auch $\widehat{\sigma}_R^2$ vom Stichprobenumfang N abhängt. Infolgedessen ist der Begriff 'konsistent' in dem Sinne zu verstehen, dass $\widehat{\sigma}_R^2/\sigma_R^2 \xrightarrow{p} 1$ gilt. Es wird sogar das stärkere Resultat $E(\widehat{\sigma}_R^2/\sigma_R^2 - 1)^2 \to 0$ bewiesen.

Proposition 4.14 (*Varianzschätzer*)
Falls $\sigma_R^2 = \frac{N}{N-1}\, Var(R_1) > 0$ ist, dann gilt unter den Voraussetzungen von Lemma 4.13, dass

$$\widehat{\sigma}_R^2 \;=\; \frac{1}{N-1}\sum_{k=1}^{N}\left(R_k - \frac{N+1}{2}\right)^2$$

ein konsistenter Schätzer für σ_R^2 ist im Sinne, dass $E(\widehat{\sigma}_R^2/\sigma_R^2 - 1)^2 \to 0$ gilt.

Beweis: Zunächst wird $\widehat{\sigma}_R^2$ über die Beziehung $R_i = N\widehat{F}_i(X_i) + \frac{1}{2}$ mithilfe der empirischen Verteilungsfunktion dargestellt. Man erhält

$$\begin{aligned}
\widehat{\sigma}_R^2 &= \frac{N^2}{N-1}\sum_{k=1}^{N}\left(\frac{R_k}{N} - \frac{1}{2N} - \frac{N+1}{2N} + \frac{1}{2N}\right)^2 \\
&= \frac{N^2}{N-1}\left[\sum_{k=1}^{N}\left(\widehat{F}(X_k)\right)^2 - \frac{N}{4}\right] \\
&= \frac{N^3}{N-1}\left[\int \widehat{F}^2 d\widehat{F} - \frac{1}{4}\right] \;=\; \frac{N^3}{N-1}\widehat{s}_R^2
\end{aligned}$$

mit $\widehat{s}_R^2 = \int \widehat{F}^2 d\widehat{F} - \frac{1}{4}$.

Weiter ist nach Definition der Varianz von R_1

$$\begin{aligned}
\sigma_R^2 &= \frac{N}{N-1}\, Var(R_1) \\
&= \frac{N^3}{N-1}\, Var\left(\frac{R_1}{N} - \frac{1}{2N}\right) = \frac{N^3}{N-1}\, Var\left(\widehat{F}(X_1)\right) \\
&= \frac{N^3}{N-1}\left[E\left(\widehat{F}^2(X_1)\right) - E^2\left(\widehat{F}(X_1)\right)\right] \;=\; \frac{N^3}{N-1} s_R^2
\end{aligned}$$

mit $s_R^2 = \int F^2 dF - \frac{1}{4}$.

Es ist zu zeigen, dass $E(\widehat{\sigma}_R^2/\sigma_R^2 - 1)^2 = E[(\widehat{\sigma}_R^2 - \sigma_R^2)/\sigma_R^2]^2 \to 0$ gilt. Dazu ist es hinreichend zu zeigen, dass $E(\widehat{s}_R^2 - s_R^2)^2 \to 0$ gilt. Man betrachtet also

$$\begin{aligned} E(\widehat{s}_R^2 - s_R^2)^2 &= E\left[\int \widehat{F}^2 d\widehat{F} - E\left(\widehat{F}^2(X_1)\right) - \frac{1}{4} + E^2\left(\widehat{F}(X_1)\right)\right]^2 \\ &\leq 2E\left[\int \widehat{F}^2 d\widehat{F} - E\left(\widehat{F}^2(X_1)\right)\right]^2 + 2E\left[E^2\left(\widehat{F}(X_1)\right) - \tfrac{1}{4}\right]^2 \\ &\leq 2A + 2B, \end{aligned}$$

was unmittelbar durch Anwendung der c_r-Ungleichung folgt.

Für den zweiten Term erhält man $B = E^2[\widehat{F}(X_1)] - \frac{1}{4} = 0$, da aufgrund von (4.2.6) auf Seite 177 für den Erwartungswert $E[\widehat{F}(X_1)] = \int F dF = \frac{1}{2}$ gilt.

Für den ersten Term folgt durch Anwendung der c_r-Ungleichung

$$\begin{aligned} & E\left[\int \widehat{F}^2 d\widehat{F} - E[\widehat{F}^2(X_1)]\right]^2 \\ & \quad \leq 2E\left[\int \widehat{F}^2 d\widehat{F} - \int F^2 dF\right]^2 + 2E\left[E[\widehat{F}^2(X_1)] - \int F^2 dF\right]^2 \\ & \quad \leq 2A_1 + 2A_2. \end{aligned}$$

Zur Abschätzung von A_1 setzt man $p(g) = \int g(F)dF$ und $\widehat{p}(g) = \int g(\widehat{F})d\widehat{F}$. Dann erhält man mit $g(x) = x^2$ aus Korollar 4.5 (siehe S. 179) und Lemma 4.8 (siehe S. 182)

$$E(A_1) = E\left[\widehat{p}(g) - p(g)\right]^2 \leq \frac{1}{N}.$$

Schließlich wird der Term A_2 mithilfe der Jensen-Ungleichung sowie der Abschätzung $(\widehat{F} + F)^2 \leq 4$ und mit (4.2.10) auf Seite 177 abgeschätzt.

$$\begin{aligned} A_2 &= E\left[E\left(\widehat{F}^2(X_1)\right) - E\left(F^2(X_1)\right)\right]^2 = \left(E\left[\widehat{F}^2(X_1) - F^2(X_1)\right]\right)^2 \\ &\leq E\left(\left[\widehat{F}^2(X_1) - F^2(X_1)\right]^2\right) \\ &\leq 4 \cdot E\left[\widehat{F}(X_1) - F(X_1)\right]^2 \leq \frac{4}{N} \to 0. \end{aligned}$$

□

4.4 Allgemeine asymptotische Resultate

Nachdem in den vorangegangenen Abschnitten Ergebnisse für unabhängige und identisch verteilte Zufallsvariablen diskutiert wurden, werden in diesem Kapitel asymptotische Resultate in allgemeinen Modellen hergeleitet.

In diesem Zusammenhang werden d unverbundene Stichproben betrachtet, denen die unabhängigen Zufallsvariablen $X_{i1}, \ldots, X_{in_i} \sim F_i$, $i = 1, \ldots, d$, zugrunde liegen. Zunächst ist die asymptotische Verteilung der Schätzer $\widehat{p}_i = \int \widehat{H} d\widehat{F}_i$ für die relativen Effekte

$p_i = \int H dF_i$, $i = 1, \ldots, d$, zu ermitteln, wobei $H = \frac{1}{N}\sum_{i=1}^{d} n_i F_i$ das gewichtete Mittel der Verteilungen bezeichnet. Genauer gesagt, wird die gemeinsame Verteilung des zentrierten Vektors

$$\sqrt{N}(\widehat{\boldsymbol{p}} - \boldsymbol{p}) \;=\; \sqrt{N}\begin{pmatrix} \widehat{p}_1 - p_1 \\ \vdots \\ \widehat{p}_d - p_d \end{pmatrix} = \sqrt{N}\begin{pmatrix} \frac{1}{N}(\overline{R}_{1\cdot} - \frac{1}{2}) - p_1 \\ \vdots \\ \frac{1}{N}(\overline{R}_{d\cdot} - \frac{1}{2}) - p_d \end{pmatrix}$$

hergeleitet. Dabei werden nur die folgenden Voraussetzungen benötigt.

Voraussetzungen 4.15

(A) $N \to \infty$, sodass $N/n_i \leq N_0 < \infty$, $i = 1, \ldots, d$, ist,

(B) $\sigma_i^2 = Var[H(X_{i1})] \geq \sigma_0^2 > 0$, $i = 1, \ldots, d$.

Die erste Voraussetzung besagt anschaulich, dass die Stichprobenumfänge in allen Versuchsgruppen etwa gleich schnell wachsen. Voraussetzung (B) schließt Einpunkt-Verteilungen in den einzelnen Versuchsgruppen aus. Diese Voraussetzung kann in bestimmten Fällen abgeschwächt werden. Nähere Ausführungen finden sich in Abschnitt 4.8.

Das wesentliche Hindernis bei der Herleitung asymptotischer Resultate ist, dass die Ränge R_{ik} nicht unabhängig sind (siehe Anmerkung 2.4, S. 57). Daher kann man die klassischen Zentralen Grenzwertsätze nicht unmittelbar anwenden, sondern muss einen Umweg gehen. Man versucht, Summen von unabhängigen Zufallsvariablen zu finden, die asymptotisch äquivalent sind zu $\sqrt{N}(\widehat{p}_i - p_i)$, $i = 1, \ldots, d$, d.h. asymptotisch die gleiche Verteilung haben. Auf diese Summen von unabhängigen Zufallsvariablen wendet man dann einen geeigneten Zentralen Grenzwertsatz an und zeigt damit die asymptotische Normalität von $\sqrt{N}(\widehat{p}_i - p_i)$.

Es sei an dieser Stelle kurz daran erinnert, dass zwei Folgen von Zufallsvariablen Y_N und Z_N asymptotisch äquivalent sind, wenn $Y_N - Z_N \xrightarrow{p} 0$ für $N \to \infty$ gilt. Zur Abkürzung wird die Schreibweise $Y_N \doteq Z_N$ verwendet. Dabei ist es zumeist einfacher, das stärkere Resultat $E(Y_N - Z_N)^2 \to 0$ zu zeigen. Asymptotische Äquivalenz impliziert asymptotische Verteilungsgleichheit.

4.4.1 Asymptotische Äquivalenz

Zur kurzen Formulierung eines asymptotischen Äquivalenz-Satzes werden zunächst der Vektor der Verteilungen als $\boldsymbol{F} = (F_1, \ldots, F_d)'$ und der Vektor der empirischen Verteilungen als $\widehat{\boldsymbol{F}} = (\widehat{F}_1, \ldots, \widehat{F}_d)'$ geschrieben. In dieser Notation werden dann der Vektor der relativen Effekte als $\boldsymbol{p} = \int H d\boldsymbol{F}$ und der zugehörige Schätzer als $\widehat{\boldsymbol{p}} = \int \widehat{H} d\widehat{\boldsymbol{F}}$ geschrieben.

Satz 4.16 (Asymptotischer Äquivalenz-Satz)
Die Zufallsvariablen $X_{i1}, \ldots, X_{in_i} \sim F_i$, $i = 1, \ldots, d$, seien unabhängig. Dann gilt unter der Voraussetzung 4.15, (A) folgende Äquivalenz

$$\sqrt{N}\int \widehat{H} d\left(\widehat{\boldsymbol{F}} - \boldsymbol{F}\right) \;\doteq\; \sqrt{N}\int H d\left(\widehat{\boldsymbol{F}} - \boldsymbol{F}\right).$$

Beweis: Es genügt, die asymptotische Äquivalenz für die i-te Komponente von $\widehat{\boldsymbol{F}} - \boldsymbol{F}$ zu zeigen. Durch Addieren und Subtrahieren von $\int H d\widehat{F}_i$ und $\int H dF_i$ erhält man für $i = 1, \ldots, d$ die Beziehung

$$\sqrt{N} \int \widehat{H} d(\widehat{F}_i - F_i) \;=\; \sqrt{N} \int H d(\widehat{F}_i - F_i) + \sqrt{N} \int [\widehat{H} - H] d(\widehat{F}_i - F_i).$$

Wenn gezeigt werden kann, dass $\sqrt{N} B_{N,i} = \sqrt{N} \int [\widehat{H} - H] d(\widehat{F}_i - F_i) \xrightarrow{p} 0$ für $i = 1, \ldots, d$ gilt, ist die Behauptung bewiesen. Es ist technisch einfacher, das stärkere Resultat $E(\sqrt{N} B_{N,i})^2 \to 0$ zu zeigen. Zunächst ist

$$\begin{aligned} B_{N,i} &= \frac{1}{n_i} \sum_{k=1}^{n_i} \left(\widehat{H}(X_{ik}) - H(X_{ik}) - \int [\widehat{H}(x) - H(x)] dF_i(x) \right) \\ &= \frac{1}{N n_i} \sum_{r=1}^{d} \sum_{s=1}^{n_r} \sum_{k=1}^{n_i} [\varphi_{r1}(X_{ik}, X_{rs}) - \varphi_{r2}(X_{rs})], \end{aligned}$$

wobei

$$\begin{aligned} \varphi_{r1}(X_{ik}, X_{rs}) &= c(X_{ik} - X_{rs}) - F_r(X_{ik}) \quad \text{und} \\ \varphi_{r2}(X_{rs}) &= \int [c(x - X_{rs}) - F_r(x)] dF_i(x) \end{aligned}$$

ist. Zeige nun $E(\sqrt{N} B_{N,i})^2 = N E(B_{N,i}^2) \to 0$ (Übung).

$$\begin{aligned} N E(B_{N,i}^2) &= \frac{N}{N^2 n_i^2} \sum_{r=1}^{d} \sum_{t=1}^{d} \sum_{s=1}^{n_r} \sum_{u=1}^{n_t} \sum_{k=1}^{n_i} \sum_{\ell=1}^{n_i} E\Big([\varphi_{r1}(X_{ik}, X_{rs}) - \varphi_{r2}(X_{rs})] \\ &\qquad\qquad \times [\varphi_{t1}(X_{i\ell}, X_{tu}) - \varphi_{t2}(X_{tu})] \Big) \\ &\ll \frac{1}{N n_i^2} \sum_{r=1}^{d} \sum_{s=1}^{n_r} \sum_{k=1}^{n_i} E\left([\varphi_{r1}(X_{ik}, X_{rs}) - \varphi_{r2}(X_{rs})]^2 \right) \ll \frac{1}{n_i}. \end{aligned}$$

Hierbei ist der Übersichtlichkeit halber das Vinogradov-Symbol $\ll$ anstelle der $O(\cdot)$-Notation verwendet worden. Die Abschätzung erhält man mit ähnlichen Argumenten, wie sie zum Beweis von (4.2.10) in Lemma 4.4 (siehe S. 177) verwendet wurden. □

4.4.2 Asymptotische Normalität unter H_0^F

Der in Abschnitt 4.4.1 bewiesene Asymptotische Äquivalenz-Satz bildet die Grundlage zu den folgenden Ergebnissen, da dieser Satz die Existenz eines Vektors von Mittelwerten unabhängiger Zufallsvariablen sichert, der zum Vektor der Rangmittelwerte asymptotisch äquivalent ist. Hierauf kann man dann zum Nachweis der asymptotischen Normalität einen klassischen Zentralen Grenzwertsatz anwenden.

Durch Umsortieren der Terme und durch Subtraktion von $\boldsymbol{p} = \int H d\boldsymbol{F}$ folgt unmittelbar aus dem Asymptotischen Äquivalenz-Satz

$$\sqrt{N}(\widehat{\boldsymbol{p}} - \boldsymbol{p}) \quad \doteq \quad \sqrt{N}\left(\int H d\widehat{\boldsymbol{F}} + \int \widehat{H} d\boldsymbol{F} - 2\boldsymbol{p}\right).$$

Die Kovarianzmatrix von $\int H d\widehat{\boldsymbol{F}} + \int \widehat{H} d\boldsymbol{F}$ hat eine ziemlich komplizierte Struktur (Puri, 1964). Möchte man jedoch nur die Verteilung der mit der Kontrastmatrix $\boldsymbol{C}$ multiplizierten Statistik $\sqrt{N}(\widehat{\boldsymbol{p}} - \boldsymbol{p})$ untersuchen, so stellt man sofort fest, dass sich diese Struktur unter $H_0^F : \boldsymbol{CF} = \boldsymbol{0}$ erheblich vereinfacht. Es ist nämlich

$$\sqrt{N}\boldsymbol{C}(\widehat{\boldsymbol{p}} - \boldsymbol{p}) \quad \doteq \quad \sqrt{N}\left[\boldsymbol{C}\int H d\widehat{\boldsymbol{F}} + \int \widehat{H} d(\boldsymbol{CF}) - 2\boldsymbol{Cp}\right]. \tag{4.4.21}$$

Da aus $\boldsymbol{CF} = \boldsymbol{0}$ folgt, dass $\boldsymbol{Cp} = \boldsymbol{C}\int H d\boldsymbol{F} = \int H d(\boldsymbol{CF}) = \boldsymbol{0}$ ist, vereinfacht sich (4.4.21) zu

$$\sqrt{N}\boldsymbol{C}\widehat{\boldsymbol{p}} \quad \doteq \quad \sqrt{N}\boldsymbol{C}\int H d\widehat{\boldsymbol{F}} = \sqrt{N}\boldsymbol{C}\overline{\boldsymbol{Y}}_{\cdot}\,, \tag{4.4.22}$$

wobei $\overline{\boldsymbol{Y}}_{\cdot} = (\overline{Y}_{1\cdot}, \ldots, \overline{Y}_{d\cdot})'$ der Vektor der Mittelwerte $\overline{Y}_{i\cdot} = n_i^{-1}\sum_{k=1}^{n_i} Y_{ik}$ und $Y_{ik} = H(X_{ik})$ die so genannte *asymptotische Rangtransformation (ART)* ist. Die Beziehung in (4.4.22) bedeutet, dass unter der Hypothese $H_0^F : \boldsymbol{CF} = \boldsymbol{0}$ der Kontrastvektor $\sqrt{N}\boldsymbol{C}\widehat{\boldsymbol{p}}$ der Rangmittelwerte asymptotisch die gleiche Verteilung hat wie der Kontrastvektor $\sqrt{N}\boldsymbol{C}\overline{\boldsymbol{Y}}_{\cdot}$ der Mittelwerte $\overline{Y}_{i\cdot}$, $i = 1, \ldots, d$. Da nun die Zufallsvariablen X_{ik} nach Voraussetzung unabhängig sind, gilt dies auch für die Zufallsvariablen $Y_{ik} = H(X_{ik})$ und die Kovarianzmatrix $\boldsymbol{V}_N = Cov(\sqrt{N}\,\overline{\boldsymbol{Y}}_{\cdot})$ ist eine Diagonalmatrix.

Nimmt man an, dass alle Varianzen $\sigma_i^2 = Var[H(X_{i1})]$ von 0 weg beschränkt sind, d.h. dass $\sigma_i^2 \geq \sigma_0^2 > 0$, $i = 1, \ldots, d$, gilt, dann folgt unmittelbar aus dem Zentralen Grenzwertsatz, dass $\sqrt{N}\,(\overline{\boldsymbol{Y}}_{\cdot} - \boldsymbol{p})$ asymptotisch eine multivariate Normalverteilung hat mit Erwartungswert $\boldsymbol{0}$ und Kovarianzmatrix

$$\boldsymbol{V}_N \quad = \quad \bigoplus_{i=1}^{d} \frac{N}{n_i}\sigma_i^2 \quad = \quad N \cdot diag\{\sigma_1^2/n_1, \ldots, \sigma_d^2/n_d\}. \tag{4.4.23}$$

Proposition 4.17 (*Asymptotische Normalität der ART*)
Die Zufallsvariablen $X_{i1}, \ldots, X_{in_i} \sim F_i$, $i = 1, \ldots, d$, seien unabhängig. Dann gilt unter den Voraussetzungen 4.15 (siehe S. 192) folgende Äquivalenz

$$\sqrt{N}\,(\overline{\boldsymbol{Y}}_{\cdot} - \boldsymbol{p}) \quad \doteq \quad \boldsymbol{U}_N \sim N(\boldsymbol{0}, \boldsymbol{V}_N), \tag{4.4.24}$$

wobei $\boldsymbol{p} = \int H d\boldsymbol{F}$ ist und $\boldsymbol{V}_N$ in (4.4.23) angegeben ist.

Anmerkung 4.3 Die Schreibweise $\sqrt{N}\,(\overline{\boldsymbol{Y}}_{\cdot} - \boldsymbol{p}) \doteq \boldsymbol{U}_N \sim N(\boldsymbol{0}, \boldsymbol{V}_N)$ ist notwendig, da sowohl die Verteilung von $\sqrt{N}\,(\overline{\boldsymbol{Y}}_{\cdot} - \boldsymbol{p})$ als auch die Kovarianzmatrix $\boldsymbol{V}_N$ der multivariaten Normalverteilung von den Stichprobenumfängen $n_1, \ldots, n_d$ abhängen. Die Konvergenz gegen eine multivariate Normalverteilung kann daher nicht in der üblichen Art

$\sqrt{N}\,(\overline{\boldsymbol{Y}}. - \boldsymbol{p}) \xrightarrow{\mathcal{L}} \boldsymbol{U} \sim N(\boldsymbol{0}, \boldsymbol{V}_N)$ formuliert werden, sondern ist so zu verstehen, dass sich die Folgen der Verteilungen von $\sqrt{N}\,(\overline{\boldsymbol{Y}}.-\boldsymbol{p})$ und der multivariaten Normalverteilungn $N(\boldsymbol{0}, \boldsymbol{V}_N)$ beliebig nahe kommen. Genauer gesagt, konvergiert die Prokhorov-Metrik der Verteilungen gegen 0, woraus die Aussage in (4.4.24) folgt.

Beweis zu Proposition 4.17: Zur Vereinfachung nimmt man an, dass $n_i/N \to \gamma_i > 0$, $i = 1, \ldots, d$, konvergiert. Dann folgt die Behauptung in (4.4.24) aus dem Zentralen Grenzwertsatz, da die Zufallsvariablen Y_{ik} unabhängig und wegen $|Y_{ik}| \leq 1$ gleichmäßig beschränkt sind (Übung). Einen Beweis für die Aussage in (4.4.24) ohne die zusätzliche Annahme $n_i/N \to \gamma_i > 0$ findet man in Domhof (2001). □

Die Zufallsvariablen Y_{ik} heißen *asymptotische Rangtransformation (ART)*, da Y_{ik} und $\widehat{Y}_{ik} = \widehat{H}(X_{ik})$ asymptotisch äquivalent sind (Übung) und die Größe $R_{ik} = N \cdot \widehat{Y}_{ik} + \frac{1}{2}$ der Rang von X_{ik} ist (siehe auch (3.1.4), S. 134). Die asymptotische Äquivalenz der ART Y_{ik} zu $\widehat{Y}_{ik} = \frac{1}{N}(R_{ik} - \frac{1}{2})$ bedeutet jedoch nicht, dass $\sqrt{N}\,\overline{\boldsymbol{Y}}.$ und der mit $\sqrt{N}$ multiplizierte Vektor $\frac{1}{N}(\overline{\boldsymbol{R}}. - \frac{1}{2}\boldsymbol{1}_d) = \frac{1}{N}(\overline{R}_{1\cdot} - \frac{1}{2}, \ldots, \overline{R}_{d\cdot} - \frac{1}{2})'$ asymptotisch die gleiche Verteilung haben. Ein solcher Zusammenhang besteht nur für die Kontrastvektoren $\sqrt{N}\boldsymbol{C}\overline{\boldsymbol{Y}}.$ und $\frac{1}{\sqrt{N}}\boldsymbol{C}\overline{\boldsymbol{R}}.$ unter der Hypothese $H_0^F : \boldsymbol{CF} = \boldsymbol{0}$, was aufgrund von (4.4.21) sofort einsichtig ist. Ferner ist zu beachten, dass sich die Annahme gleicher Varianzen der X_{ik} nicht notwendig auf die Y_{ik} überträgt, da $H(\cdot)$ eine nicht-lineare Transformation ist.

Aus Proposition 4.17 folgt sofort die asymptotische Verteilung des Kontrastvektors $\sqrt{N}\boldsymbol{C}\widehat{\boldsymbol{p}}$ unter der Hypothese H_0^F.

Satz 4.18 (*Asymptotische Normalität von $\sqrt{N}\boldsymbol{C}\widehat{\boldsymbol{p}}$ unter H_0^F*)
Die Zufallsvariablen $X_{i1}, \ldots, X_{in_i} \sim F_i$, $i = 1, \ldots, d$, seien unabhängig und $\boldsymbol{C}$ sei eine beliebige Kontrastmatrix. Dann gilt unter den Voraussetzungen 4.15 (siehe S. 192) und unter $H_0^F : \boldsymbol{CF} = \boldsymbol{0}$

$$\sqrt{N}\boldsymbol{C}\widehat{\boldsymbol{p}} \quad \doteq \quad \boldsymbol{C}\boldsymbol{U}_N \sim N(\boldsymbol{0}, \boldsymbol{C}\boldsymbol{V}_N\boldsymbol{C}').$$

Beweis: Die Aussage folgt aus Satz 4.16 und Proposition 4.17. □

Die Aussage von Satz 4.18 ist für die Praxis in dieser Form noch nicht brauchbar, da die Varianzen $\sigma_i^2 = Var(Y_{i1})$, $i = 1, \ldots, d$, unbekannt und die Zufallsvariablen Y_{ik} nicht beobachtbar sind. Ein weiteres wesentliches Resultat ist nun, dass die unbekannten Varianzen σ_i^2 über die empirischen Varianzen der Ränge konsistent geschätzt werden können.

Satz 4.19 (*Varianzschätzer*)
Die Zufallsvariablen $X_{i1}, \ldots, X_{in_i} \sim F_i$, $i = 1, \ldots, d$, seien unabhängig und

$$\widehat{\sigma}_i^2 \quad = \quad \frac{1}{N^2(n_i - 1)} \sum_{k=1}^{n_i} \left(R_{ik} - \overline{R}_{i\cdot}\right)^2 \tag{4.4.25}$$

bezeichne die empirische Varianz der durch N dividierten Ränge R_{ik}/N in der Stichprobe $X_{i1}, \ldots, X_{in_i}$, $i = 1, \ldots, d$, und

$$\widehat{\boldsymbol{V}}_N = \bigoplus_{i=1}^{d} \frac{N}{n_i} \widehat{\sigma}_i^2 \qquad (4.4.26)$$

den damit gebildeten Schätzer für die Kovarianzmatrix $\boldsymbol{V}_N$. Dann folgt unter den Voraussetzungen 4.15 (siehe S. 192)

$$E\left(\frac{\widehat{\sigma}_i^2}{\sigma_i^2} - 1\right)^2 \to 0 \quad \text{und} \quad \widehat{\boldsymbol{V}}_N \boldsymbol{V}_N^{-1} \xrightarrow{p} \boldsymbol{I}_d.$$

Beweis: Da nach Voraussetzung die Varianzen $\sigma_i^2 \geq \sigma_0^2 > 0$ sind, genügt es, zu zeigen, dass $\widehat{\sigma}_i^2 - \sigma_i^2 \xrightarrow{p} 0$ gilt. Es ist technisch einfacher, das stärkere Resultat $E(\widehat{\sigma}_i^2 - \sigma_i^2)^2 \to 0$ zu zeigen. Dazu schreibt man zunächst den Varianzschätzer in der Form

$$\begin{aligned}
\widehat{\sigma}_i^2 &= \frac{1}{n_i - 1} \sum_{k=1}^{n_i} \left(\widehat{H}(X_{ik}) - \frac{1}{n_i} \sum_{\ell=1}^{n_i} \widehat{H}(X_{i\ell})\right)^2 \\
&= \frac{1}{n_i - 1} \left(\sum_{k=1}^{n_i} [\widehat{H}(X_{ik})]^2 - n_i \left[\frac{1}{n_i} \sum_{\ell=1}^{n_i} \widehat{H}(X_{i\ell})\right]^2\right) \\
&= \frac{1}{n_i} \sum_{k=1}^{n_i} \left[\widehat{H}(X_{ik})\right]^2 - \left(\frac{1}{n_i} \sum_{\ell=1}^{n_i} \widehat{H}(X_{i\ell})\right)^2 + \frac{1}{n_i} \widehat{\sigma}_i^2 \\
&= \int \widehat{H}^2 d\widehat{F}_i - \left(\int \widehat{H} d\widehat{F}_i\right)^2 + O\left(\frac{1}{n_i}\right) \\
&= \int g(\widehat{H}) d\widehat{F}_i - g(\widehat{p}_i) + O\left(\frac{1}{n_i}\right) = \widehat{p}_i(g) - g(\widehat{p}_i) + O\left(\frac{1}{n_i}\right),
\end{aligned}$$

wobei $g(u) = u^2$ differenzierbar ist. Diese Schreibweise entspricht der in Lemma 4.8 eingeführten Notation.

Analog schreibt man die Varianz σ_i^2 als

$$\sigma_i^2 = \int H^2 dF_i - \left(\int H dF_i\right)^2 = \int g(H) dF_i - g(p_i) = p_i(g) - g(p_i).$$

Dann folgt weiter mit der c_r-Ungleichung

$$\begin{aligned}
E\left(\widehat{\sigma}_i^2 - \sigma_i^2\right)^2 &= E\Big(\widehat{p}_i(g) - p_i(g) - [g(\widehat{p}_i) - g(p_i)] + O\left(1/n_i\right)\Big)^2 \\
&\leq 3E\left[\widehat{p}_i(g) - p_i(g)\right]^2 + 3E\left[g(\widehat{p}_i) - g(p_i)\right]^2 + O\left(\frac{1}{n_i^2}\right)
\end{aligned}$$

und mit Lemma 4.8 die Behauptung $E(\widehat{\sigma}_i^2/\sigma_i^2 - 1)^2 \to 0$. Da $\widehat{\boldsymbol{V}}_N$ und $\boldsymbol{V}_N$ beide Diagonalmatrizen sind, folgt schließlich $\widehat{\boldsymbol{V}}_N \boldsymbol{V}_N^{-1} = \bigoplus_{i=1}^{d} \frac{\widehat{\sigma}_i^2}{\sigma_i^2} \xrightarrow{p} \boldsymbol{I}_d$. □

4.5 Statistiken

4.5.1 Quadratische Formen

Nichtparametrische Hypothesen der Form $H_0^F : \boldsymbol{CF} = \mathbf{0}$ werden in der Regel mithilfe quadratischer Formen der folgenden Art getestet

$$\begin{aligned} Q_N^*(\boldsymbol{C}) &= \sqrt{N}(\boldsymbol{C}\widehat{\boldsymbol{p}})' \boldsymbol{A} \sqrt{N}(\boldsymbol{C}\widehat{\boldsymbol{p}}) \\ &= N \cdot \widehat{\boldsymbol{p}}'\boldsymbol{C}'\boldsymbol{A}\boldsymbol{C}\widehat{\boldsymbol{p}}. \end{aligned}$$

Dabei bezeichnet $\boldsymbol{C}$ eine Kontrastmatrix und $\boldsymbol{A}$ eine symmetrische Matrix. Beide Matrizen hängen von der untersuchten Hypothese und der Struktur des zugrunde liegenden Versuchsplans ab.

4.5.1.1 Statistiken vom Wald-Typ

In diesem Abschnitt werden Statistiken vorgestellt, die sich zum Testen von nichtparametrischen Hypothesen der Form $H_0^F : \boldsymbol{CF} = \mathbf{0}$ in beliebigen Versuchsplänen eignen. Allerdings sind sie nur bei großen Stichprobenumfängen einzusetzen. In einem ersten Schritt wird zunächst die quadratische Form

$$Q_N^*(\boldsymbol{C}) = N \cdot \widehat{\boldsymbol{p}}'\boldsymbol{C}'[\boldsymbol{C}\boldsymbol{V}_N\boldsymbol{C}']^-\boldsymbol{C}\widehat{\boldsymbol{p}} \tag{4.5.27}$$

betrachtet, wobei $[\boldsymbol{C}\boldsymbol{V}_N\boldsymbol{C}']^-$ eine beliebige g-Inverse von $\boldsymbol{C}\boldsymbol{V}_N\boldsymbol{C}'$ bezeichnet. Da $\boldsymbol{V}_N$ nach Voraussetzung 4.15, (B) (siehe S. 192) von vollem Rang ist, hat die Größe Q_N^* unter $H_0^F : \boldsymbol{CF} = \mathbf{0}$ asymptotisch eine χ_f^2-Verteilung mit $f = r(\boldsymbol{C})$ Freiheitsgraden. Die Matrix $\boldsymbol{V}_N$ ist allerdings im Allgemeinen unbekannt und man ersetzt sie deshalb durch einen konsistenten Schätzer $\widehat{\boldsymbol{V}}_N$, z.B. den in (4.4.26) auf Seite 196 angegebenen Schätzer. Die daraus resultierende Statistik

$$Q_N(\boldsymbol{C}) = N \cdot \widehat{\boldsymbol{p}}'\boldsymbol{C}'[\boldsymbol{C}\widehat{\boldsymbol{V}}_N\boldsymbol{C}']^-\boldsymbol{C}\widehat{\boldsymbol{p}} \tag{4.5.28}$$

hat unter H_0^F ebenfalls asymptotisch eine $\chi^2_{r(\boldsymbol{C})}$-Verteilung. Bezüglich des technisch sehr aufwendigen Beweises dieser Aussage sei auf Domhof (1999), Satz 3.7, verwiesen. Die quadratische Form $Q_N(\boldsymbol{C})$ ist die Rangversion der *Wald-Typ* Statistik.

In der Praxis ist $Q_N(\boldsymbol{C})$ jedoch nur für sehr große Stichprobenumfänge brauchbar, da die Verteilung von $Q_N(\boldsymbol{C})$ unter H_0^F nur sehr langsam gegen eine $\chi^2_{r(\boldsymbol{C})}$-Verteilung konvergiert. Die Approximation für kleine und mittlere Stichprobenumfänge ist sehr schlecht und das gewählte Niveau wird zum Teil erheblich überschritten. Die Güte der Approximation hängt von der Anzahl der Faktoren, der Anzahl der Faktorstufen, der Kontrastmatrix $\boldsymbol{C}$ und den Stichprobenumfängen ab, wobei die Güte der Approximation um so schlechter ist, je größer der Rang von $\boldsymbol{C}$ ist. Für die Praxis ist es daher ratsam, eine andere Statistik zu verwenden, auch wenn dadurch eventuell asymptotisch ein Güteverlust hingenommen werden muss.

4.5.1.2 Statistiken vom ANOVA-Typ

Wie im letzten Abschnitt diskutiert wurde, führen die Statistiken vom Wald-Typ bei kleinen und mittelgroßen Stichprobenumfängen zu anti-konservativen Testentscheidungen. Dieses Verhalten ist offenbar darauf zurückzuführen, dass die Kovarianzmatrix $\boldsymbol{V}_N$ durch den Schätzer $\widehat{\boldsymbol{V}}_N$ ersetzt wird, der aus einer großen Zahl eindimensionaler Parameterschätzer besteht. Es ist daher nahe liegend, diese Kovarianzmatrix in der Statistik zunächst einfach wegzulassen und stattdessen an anderer Stelle mit einzubeziehen. Man untersucht also die asymptotische Verteilung der Statistik

$$Q_N(\boldsymbol{T}) \;=\; N \cdot \widehat{\boldsymbol{p}}'\boldsymbol{C}'[\boldsymbol{C}\boldsymbol{C}']^-\boldsymbol{C}\widehat{\boldsymbol{p}} = N \cdot \widehat{\boldsymbol{p}}'\boldsymbol{T}\widehat{\boldsymbol{p}}.$$

Es ist wesentlich, dass die Matrix $\boldsymbol{T} = \boldsymbol{C}'[\boldsymbol{C}\boldsymbol{C}']^-\boldsymbol{C}$ ein Projektor, also symmetrisch $\boldsymbol{T} = \boldsymbol{T}'$ und idempotent $\boldsymbol{T}\boldsymbol{T} = \boldsymbol{T}$ ist. Außerdem hat $\boldsymbol{T}$ die Eigenschaft, dass die Äquivalenz

$$H_0^F : \boldsymbol{C}\boldsymbol{F} = \boldsymbol{0} \iff \boldsymbol{T}\boldsymbol{F} = \boldsymbol{0} \tag{4.5.29}$$

gilt, was unmittelbar aus Satz B.21 (siehe Anhang B.5) folgt. Da die Matrix $\boldsymbol{T}$ in dieser Form genau die gleiche Struktur hat wie die Matrizen, welche die quadratischen Formen in den balancierten, homoskedastischen Modellen der parametrischen Varianzanalyse erzeugen, heißt diese quadratische Form Statistik vom *ANOVA-Typ*.

Satz 4.20 (Statistik vom ANOVA-Typ)
Sei $\boldsymbol{C}$ eine Kontrastmatrix und $\boldsymbol{T} = \boldsymbol{C}'[\boldsymbol{C}\boldsymbol{C}']^-\boldsymbol{C}$, wobei $[\boldsymbol{C}\boldsymbol{C}']^-$ eine beliebige verallgemeinerte Inverse zu $\boldsymbol{C}\boldsymbol{C}'$ ist. Bezeichne ferner $\boldsymbol{V}_N$ die in (4.4.23), Seite 194, angegebene Kovarianzmatrix $Cov(\sqrt{N}\,\overline{\boldsymbol{Y}}.)$, wobei $\overline{\boldsymbol{Y}}.$ der Mittelwertsvektor der ART ist. Falls $\boldsymbol{T}\boldsymbol{V}_N \neq \boldsymbol{0}$ ist, dann gilt unter der Hypothese $H_0^F : \boldsymbol{T}\boldsymbol{F} = \boldsymbol{0}$ und unter den Voraussetzungen 4.15 (siehe S. 192)

$$Q_N(\boldsymbol{T}) = N\widehat{\boldsymbol{p}}'\boldsymbol{T}\widehat{\boldsymbol{p}} \;\sim\; \sum_{i=1}^{d} \lambda_i Z_i \quad \text{für } n_i \to \infty, \tag{4.5.30}$$

wobei die $Z_i \sim \chi_1^2$, $i = 1, \ldots, d$, unabhängige Zufallsvariablen und die λ_i die Eigenwerte von $\boldsymbol{T}\boldsymbol{V}_N\boldsymbol{T}$ sind.

Beweis: Wegen (4.5.29) und Satz 4.18 (siehe S. 195) gilt unter $H_0^F : \boldsymbol{T}\boldsymbol{F} = \boldsymbol{0}$, dass $\sqrt{N}\boldsymbol{T}\widehat{\boldsymbol{p}} \doteq \boldsymbol{U} \sim N(\boldsymbol{0}, \boldsymbol{T}\boldsymbol{V}_N\boldsymbol{T})$ ist. Ferner ist zu beachten, dass $Q_N(\boldsymbol{T}) = N\widehat{\boldsymbol{p}}'\boldsymbol{T}'\boldsymbol{T}\widehat{\boldsymbol{p}} = N\widehat{\boldsymbol{p}}'\boldsymbol{T}\widehat{\boldsymbol{p}}$ ist, da $\boldsymbol{T}$ Projektor ist. Aus Satz A.12 (siehe Anhang A.3, S. 235) folgt daher, dass $Q_N(\boldsymbol{T})$ in (4.5.30) asymptotisch verteilt ist wie eine gewichtete Summe $\sum_{i=1}^d \lambda_i Z_i$ von unabhängigen und identisch χ_1^2-verteilten Zufallsvariablen, wobei die Gewichte die Eigenwerte von $\boldsymbol{T} \cdot \boldsymbol{T}\boldsymbol{V}_N\boldsymbol{T} = \boldsymbol{T}\boldsymbol{V}_N\boldsymbol{T}$ sind. Setzt man, wie im Beweis zu Proposition 4.17, vereinfachend voraus, dass $n_i/N \to \gamma_i > 0$ gilt, dann folgt $\boldsymbol{V}_N \to \boldsymbol{V}$ und $\sqrt{N}\boldsymbol{T}\widehat{\boldsymbol{p}} \xrightarrow{\mathcal{L}} N(\boldsymbol{0}, \boldsymbol{T}\boldsymbol{V}\boldsymbol{T})$. Die Behauptung ergibt sich dann aus Satz A.12 (siehe Anhang A.3, S. 235) und dem Satz von Mann-Wald (siehe Anhang A.2, S. 233). Wegen des erheblichen, technischen Aufwandes der Beweisführung ohne die Voraussetzung $n_i/N \to \gamma_i > 0$ wollen wir hier auf die Ausführung verzichten. Der interessierte Leser sei auf den Beweis von Satz 3.8 in Domhof (1999) verwiesen. □

Die Verteilung von $\sum_{i=1}^d \lambda_i Z_i$ kann nicht bestimmt werden, da die Eigenwerte λ_i von $\boldsymbol{T}\boldsymbol{V}_N\boldsymbol{T}$ im Allgemeinen unbekannt sind. Weil die Summe $\sum_{i=1}^d \lambda_i Z_i$ eine gewichtete Summe von unabhängigen χ^2-verteilten Zufallsvariablen ist, kann man sie jedoch sehr gut durch eine gestreckte χ^2-Verteilung approximieren. Diese Approximationsmethode geht u.a. auf Box (1954) zurück und wird vielfach auch für die Schätzung des Freiheitsgrades der t-Verteilung bei der Betrachtung des Behrens-Fisher Problems verwendet.

Die Herleitung einer Approximation für die Verteilung der Statistik vom ANOVA-Typ erfolgt in zwei Schritten. Zuerst wird ein Approximationsverfahren für normalverteilte Zufallsvariablen hergeleitet und dann im zweiten Schritt auf die unter Hypothese asymptotisch normalverteilte Rangstatistik angewendet.

Zunächst werden also unabhängige, normalverteilte Zufallsvariablen

$$X_{ik} \quad \sim \quad N(\mu_i, \sigma_i^2), \quad i = 1, \ldots, d, \; k = 1, \ldots, n_i,$$

mit den Erwartungswerten $\mu_i = E(X_{i1})$ und den Varianzen $\sigma_i^2 = Var(X_{i1})$ betrachtet. Bezeichne $\boldsymbol{X} = (X_{11}, \ldots, X_{dn_d})'$ den Vektor aller $N = \sum_{i=1}^d n_i$ Beobachtungen, $\overline{\boldsymbol{X}}_\cdot = (\overline{X}_{1\cdot}, \ldots, \overline{X}_{d\cdot})'$ den Vektor der d Mittelwerte $\overline{X}_{i\cdot}$ und $\boldsymbol{\mu} = (\mu_1, \ldots, \mu_d)'$ den Vektor der Erwartungswerte. Weiter bezeichne

$$\boldsymbol{S}_0 \quad = \quad Cov(\boldsymbol{X}) = \bigoplus_{i=1}^d \sigma_i^2 \boldsymbol{I}_{n_i} \tag{4.5.31}$$

die Kovarianzmatrix von $\boldsymbol{X}$ und

$$\boldsymbol{S}_N \quad = \quad Cov(\sqrt{N}\,\overline{\boldsymbol{X}}_\cdot) = \bigoplus_{i=1}^d \frac{N}{n_i}\sigma_i^2 \tag{4.5.32}$$

die Kovarianzmatrix von $\sqrt{N}\,\overline{\boldsymbol{X}}_\cdot$. Hypothesen bezüglich des Vektors der Erwartungswerte $\boldsymbol{\mu} = (\mu_1, \ldots, \mu_d)'$ schreibt man gewöhnlich in der Form $H_0^\mu : \boldsymbol{C}\boldsymbol{\mu} = \boldsymbol{0}$, wobei $\boldsymbol{C}$ eine geeignete Kontrastmatrix mit Rang $r = r(\boldsymbol{C})$ ist.

Approximationsverfahren 4.21 (*Heteroskedastische ANOVA-I*)
Seien $X_{ik} \sim N(\mu_i, \sigma_i^2)$, $i = 1, \ldots, d$, $k = 1, \ldots, n_i$, insgesamt $N = \sum_{i=1}^d n_i$ unabhängige, normalverteilte Zufallsvariablen mit den Erwartungswerten $\mu_i = E(X_{i1})$ und den Varianzen $\sigma_i^2 = Var(X_{i1})$. Der Vektor $\overline{\boldsymbol{X}}_\cdot$ und die Kovarianzmatrix $\boldsymbol{S}_N$ seien wie oben definiert. Weiter sei $\widehat{\boldsymbol{S}}_N = N \cdot diag\{\widehat{\sigma}_1^2/n_1, \ldots, \widehat{\sigma}_d^2/n_d\}$ wobei $\widehat{\sigma}_i^2$ die empirische Varianz innerhalb der Stichprobe $X_{i1}, \ldots, X_{in_i}$, $i = 1, \ldots, d$, ist. Ferner bezeichne $\boldsymbol{N}_d = diag\{n_1, \ldots, n_d\}$ die Diagonalmatrix der Stichprobenumfänge, $\boldsymbol{\Lambda} = [\boldsymbol{N}_d - \boldsymbol{I}_d]^{-1}$ und $\boldsymbol{T} = \boldsymbol{C}'(\boldsymbol{C}\boldsymbol{C}')^{-}\boldsymbol{C}$, wobei $\boldsymbol{C}$ eine passende Kontrastmatrix ist. Schließlich bezeichne $\boldsymbol{D}_T = diag\{h_{11}, \ldots, h_{dd}\}$ die Diagonalmatrix der Diagonalelemente von $\boldsymbol{T}$.

Falls $Sp(\boldsymbol{T}\boldsymbol{S}_N) \neq 0$ ist, dann hat die Statistik

$$F_N(\boldsymbol{T}) \quad = \quad \frac{N}{Sp(\boldsymbol{T}\widehat{\boldsymbol{S}}_N)}\,\overline{\boldsymbol{X}}_\cdot'\,\boldsymbol{T}\,\overline{\boldsymbol{X}}_\cdot \tag{4.5.33}$$

unter $H_0^\mu : \boldsymbol{C\mu} = \boldsymbol{0}$ approximativ eine zentrale $F(\widehat{f}, \widehat{f}_0)$-Verteilung mit

$$\widehat{f} = \frac{\left[Sp(\boldsymbol{D}_T\widehat{\boldsymbol{S}}_N)\right]^2}{Sp(\boldsymbol{T}\widehat{\boldsymbol{S}}_N\boldsymbol{T}\widehat{\boldsymbol{S}}_N)} \quad \text{und} \quad \widehat{f}_0 = \frac{\left[Sp(\boldsymbol{D}_T\widehat{\boldsymbol{S}}_N)\right]^2}{Sp(\boldsymbol{D}_T^2\widehat{\boldsymbol{S}}_N^2\boldsymbol{\Lambda})}. \tag{4.5.34}$$

Herleitung: Zunächst wird die Verteilung der Zufallsvariablen $U = \sum_{i=1}^d \lambda_i Z_i$ durch eine gestreckte χ^2-Verteilung approximiert, sodass die ersten beiden Momente der Verteilungen übereinstimmen. Da die Zufallsvariablen Z_i unabhängig sind, ergibt sich das Gleichungssystem

$$\begin{aligned} E(U) = \sum_{i=1}^d \lambda_i &= E(g \cdot \chi_f^2) = g \cdot f, \\ Var(U) = 2\sum_{i=1}^d \lambda_i^2 &= Var(g\chi_f^2) = 2g^2 \cdot f. \end{aligned}$$

Man beachte ferner, dass die Konstanten λ_i die Eigenwerte von $\boldsymbol{TS}_N\boldsymbol{T}$ sind und dass $\sum_{i=1}^d \lambda_i = Sp(\boldsymbol{TS}_N)$ und $\sum_{i=1}^d \lambda_i^2 = Sp(\boldsymbol{TS}_N\boldsymbol{TS}_N)$ ist. Somit folgt

$$g \cdot f = Sp(\boldsymbol{TS}_N) \quad \text{und} \quad f = \frac{[Sp(\boldsymbol{TS}_N)]^2}{Sp(\boldsymbol{TS}_N\boldsymbol{TS}_N)} \tag{4.5.35}$$

und falls $g \cdot f \neq 0$ ist, dann folgt unter H_0^F

$$\widetilde{F}_N(\boldsymbol{T}) \;=\; \frac{N}{g \cdot f}\,\overline{\boldsymbol{X}}_{\cdot}'\,\boldsymbol{T}\,\overline{\boldsymbol{X}}_{\cdot} = \frac{N}{Sp(\boldsymbol{TS}_N)}\,\overline{\boldsymbol{X}}_{\cdot}'\,\boldsymbol{T}\,\overline{\boldsymbol{X}}_{\cdot} \mathrel{\dot\sim} \chi_f^2/f,$$

wobei χ_f^2 die zentrale χ^2-Verteilung mit f Freiheitsgraden bezeichnet und f in (4.5.35) angegeben ist. Die Spur $Sp(\boldsymbol{TS}_N)$ ist unbekannt und muss durch $Sp(\boldsymbol{T}\widehat{\boldsymbol{S}}_N)$ aus den Daten geschätzt werden. Dabei bezeichnet dann $\widehat{\boldsymbol{S}}_N = N \cdot diag\{\widehat{\sigma}_1^2/n_1, \ldots, \widehat{\sigma}_d^2/n_d\}$ und $\widehat{\sigma}_i^2 = (n_i - 1)^{-1}\sum_{j=1}^{n_i}(X_{ij} - \overline{X}_{i\cdot})^2$. Somit kann $Sp(\boldsymbol{T}\widehat{\boldsymbol{S}}_N)$ als quadratische Form geschrieben werden.

$$\begin{aligned} Sp(\boldsymbol{T}\widehat{\boldsymbol{S}}_N) &= Sp(\boldsymbol{D}_T\widehat{\boldsymbol{S}}_N) = N \cdot \sum_{i=1}^d h_{ii}\widehat{\sigma}_i^2/n_i \\ &= N \cdot \sum_{i=1}^d \frac{h_{ii}}{n_i(n_i-1)} \sum_{j=1}^{n_i}(X_{ij} - \overline{X}_{i\cdot})^2. \end{aligned}$$

Man sieht leicht, dass diese quadratische Form von $\overline{\boldsymbol{X}}_{\cdot}'\,\boldsymbol{T}\,\overline{\boldsymbol{X}}_{\cdot}$ unabhängig ist. Dazu setzt man $\boldsymbol{P}_{n_i} = \boldsymbol{I}_{n_i} - \frac{1}{n_i}\boldsymbol{J}_{n_i}$ sowie

$$\boldsymbol{A} = \bigoplus_{i=1}^d \frac{h_{ii}}{n_i(n_i-1)}\boldsymbol{P}_{n_i} \quad \text{und} \quad \boldsymbol{B} = \left(\bigoplus_{i=1}^d \frac{1}{n_i}\boldsymbol{1}_{n_i}\right)\boldsymbol{T}\left(\bigoplus_{i=1}^d \frac{1}{n_i}\boldsymbol{1}_{n_i}'\right).$$

Damit erhält man $\overline{\boldsymbol{X}}_{.}'\, \boldsymbol{T}\, \overline{\boldsymbol{X}}_{.} = \boldsymbol{X}'\boldsymbol{B}\boldsymbol{X}$ bzw. $Sp(\boldsymbol{T}\widehat{\boldsymbol{S}}_N) = N \cdot \boldsymbol{X}'\boldsymbol{A}\boldsymbol{X}$ und es gilt $\boldsymbol{A}\boldsymbol{S}_0\boldsymbol{B} = \boldsymbol{0}$, wobei $\boldsymbol{S}_0$ in (4.5.31) angegeben ist. Die Unabhängigkeit der quadratischen Formen $\overline{\boldsymbol{X}}_{.}'\, \boldsymbol{T}\, \overline{\boldsymbol{X}}_{.}$ und $Sp(\boldsymbol{T}\widehat{\boldsymbol{S}}_N)$ folgt dann aus dem Satz von Craig-Sakamoto (siehe Satz A.15, Anhang A.3, S. 235).

Die Verteilung von $Sp(\boldsymbol{T}\widehat{\boldsymbol{S}}_N)$ approximiert man wieder durch eine gestreckte χ^2-Verteilung $g_0 \cdot \chi^2_{f_0}/f_0$, sodass die beiden ersten Momente übereinstimmen. Dazu ist zu beachten, dass $\sum_{j=1}^{n_i}(X_{ij} - \overline{X}_{i\cdot})^2 \sim \sigma_i^2 Z_{n_i-1}, i = 1, \ldots, d$, ist, wobei die Zufallsvariablen Z_{n_i-1} unabhängig und $\chi^2_{n_i-1}$-verteilt sind, d.h.

$$Sp(\boldsymbol{T}\widehat{\boldsymbol{S}}_N) \quad \sim \quad N \cdot \sum_{i=1}^{d} \frac{h_{ii}\sigma_i^2}{n_i(n_i-1)} Z_{n_i-1}.$$

Damit ergibt sich für den Erwartungswert und die Varianz von $Sp(\boldsymbol{T}\widehat{\boldsymbol{S}}_N)$ das Gleichungssystem

$$\begin{aligned} E\left[Sp(\boldsymbol{T}\widehat{\boldsymbol{S}}_N)\right] &= Sp(\boldsymbol{T}\boldsymbol{S}_N) = E\left(g_0 \cdot \chi^2_{f_0}/f_0\right) = g_0, \\ Var\left[Sp(\boldsymbol{T}\widehat{\boldsymbol{S}}_N)\right] &= 2N^2 \sum_{i=1}^{d} \frac{h_{ii}^2\sigma_i^4}{n_i^2(n_i-1)} = \frac{2g_0^2}{f_0}. \end{aligned}$$

Daraus folgt

$$f_0 \quad = \quad \frac{[Sp(\boldsymbol{T}\boldsymbol{S}_N)]^2}{Sp\left(\boldsymbol{D}_T^2\boldsymbol{S}_N^2\boldsymbol{\Lambda}\right)} \tag{4.5.36}$$

und somit gilt

$$F_0(\boldsymbol{T}) = \frac{Sp(\boldsymbol{T}\widehat{\boldsymbol{S}}_N)}{Sp(\boldsymbol{T}\boldsymbol{S}_N)} \quad \dot{\sim} \quad \chi^2_{f_0}/f_0,$$

wobei f_0 in (4.5.36) angegeben ist. Damit ergibt sich schließlich

$$F_N(\boldsymbol{T}) = \frac{\widetilde{F}_N(\boldsymbol{T})}{F_0(\boldsymbol{T})} = \frac{N}{Sp(\boldsymbol{T}\widehat{\boldsymbol{S}}_N)}\, \overline{\boldsymbol{X}}_{.}'\, \boldsymbol{T}\, \overline{\boldsymbol{X}}_{.} \quad \dot{\sim} \quad \frac{\chi^2_f/f}{\chi^2_{f_0}/f_0} = F(f, f_0)$$

mit

$$f = \frac{[Sp(\boldsymbol{D}_T\boldsymbol{S}_N)]^2}{Sp(\boldsymbol{T}\boldsymbol{S}_N\boldsymbol{T}\boldsymbol{S}_N)} \quad \text{und} \quad f_0 = \frac{[Sp(\boldsymbol{D}_T\boldsymbol{S}_N)]^2}{Sp\left(\boldsymbol{D}_T^2\boldsymbol{S}_N^2\boldsymbol{\Lambda}\right)}.$$

Die Freiheitsgrade schätzt man konsistent durch Einsetzen der empirischen Varianzen und man erhält so

$$\widehat{f} = \frac{[Sp(\boldsymbol{D}_T\widehat{\boldsymbol{S}}_N)]^2}{Sp(\boldsymbol{T}\widehat{\boldsymbol{S}}_N\boldsymbol{T}\widehat{\boldsymbol{S}}_N)} \quad \text{und} \quad \widehat{f}_0 = \frac{\left[Sp(\boldsymbol{D}_T\widehat{\boldsymbol{S}}_N)\right]^2}{Sp\left(\boldsymbol{D}_T^2\widehat{\boldsymbol{S}}_N^2\boldsymbol{\Lambda}\right)}.$$

□

Falls $\boldsymbol{T}$ identische Diagonalelemente $h_{ii} \equiv h$ hat, dann kann das Approximationsverfahren 4.21 etwas vereinfacht werden.

Approximationsverfahren 4.22 (*Heteroskedastische ANOVA-II*)
Falls die Matrix $\boldsymbol{T}$ identische Diagonalelemente $h_{ii} \equiv h$ hat, dann gilt unter den Voraussetzungen des Approximationsverfahrens 4.21, dass

$$\begin{aligned} F_N(\boldsymbol{T}) &= \frac{N}{h \cdot Sp(\widehat{\boldsymbol{S}}_N)} \overline{\boldsymbol{X}}_{\cdot}' \boldsymbol{T} \overline{\boldsymbol{X}}_{\cdot} \\ &= \frac{1}{h \cdot \sum_{i=1}^d (\widehat{\sigma}_i^2/n_i)} \overline{\boldsymbol{X}}_{\cdot}' \boldsymbol{T} \overline{\boldsymbol{X}}_{\cdot} \quad \dot{\sim} \quad F(\widehat{f}, \widehat{f}_0) \end{aligned} \tag{4.5.37}$$

ist mit

$$\widehat{f} = h^2 \cdot \frac{[Sp(\widehat{\boldsymbol{S}}_N)]^2}{Sp(\boldsymbol{T}\widehat{\boldsymbol{S}}_N\boldsymbol{T}\widehat{\boldsymbol{S}}_N)} \quad \text{und} \quad \widehat{f}_0 = \frac{\left[Sp(\widehat{\boldsymbol{S}}_N)\right]^2}{Sp\left(\widehat{\boldsymbol{S}}_N^2\boldsymbol{\Lambda}\right)}. \tag{4.5.38}$$

Im Fall gleicher Stichprobenumfängen $n_i \equiv n$ und gleicher Varianzen $\sigma_i^2 \equiv \sigma^2$ folgt, dass $\widehat{f} = d \cdot h$ und $\widehat{f}_0 = d(n-1)$ ist (Übung). Dies sind genau die Freiheitsgrade der ANOVA-Verfahren für die homoskedastischen linearen Modelle mit gleichem Stichprobenumfang.

Anmerkung 4.4 Es genügt zu überprüfen, ob $Sp(\boldsymbol{T}\widehat{\boldsymbol{S}}_N) \neq 0$ ist. Daraus folgt dann $Sp(\boldsymbol{T}\widehat{\boldsymbol{S}}_N\boldsymbol{T}\widehat{\boldsymbol{S}}_N) \neq 0$, $Sp(\boldsymbol{T}\boldsymbol{S}_N) \neq 0$ und $Sp(\boldsymbol{T}\boldsymbol{S}_N\boldsymbol{T}\boldsymbol{S}_N) \neq 0$ (Übung).

Die Bedeutung der ziemlich schwachen Annahme $Sp(\boldsymbol{T}\boldsymbol{S}_N) \neq 0$ soll noch kurz an einem Spezialfall verdeutlicht werden. In vielen Versuchsanlagen hat die Matrix $\boldsymbol{T}$ identische Diagonalelemente. Beispielsweise haben die Matrizen $\boldsymbol{P}_a \otimes \frac{1}{b}\boldsymbol{J}_b$, $\frac{1}{a}\boldsymbol{J}_a \otimes \boldsymbol{P}_b$ und $\boldsymbol{P}_a \otimes \boldsymbol{P}_b$, womit die Hypothesen im zweifaktoriellen gekreuzten Versuchsplan formuliert werden, identische Diagonalelemente $h_A = (a-1)/(ab)$, $h_B = (b-1)/(ab)$ bzw. $h_{AB} = (a-1)(b-1)/(ab)$. Hat $\boldsymbol{T}$ also identische Diagonalelemente h, so gilt weiter für jede Diagonalmatrix $\boldsymbol{D}$, dass $Sp(\boldsymbol{T}\boldsymbol{D}) = h \cdot Sp(\boldsymbol{D})$ ist. Da $\boldsymbol{S}_N$ eine Diagonalmatrix ist, folgt also auch, dass $Sp(\boldsymbol{T}\boldsymbol{S}_N) = h \cdot Sp(\boldsymbol{S}_N)$ ist. Die Voraussetzung $Sp(\boldsymbol{T}\boldsymbol{S}_N) \neq 0$ reduziert sich in diesem Fall zu $Sp(\boldsymbol{S}_N) = N\sum_{i=1}^d \sigma_i^2/n_i \neq 0$. Sie ist insbesondere wesentlich schwächer als die für die Statistik vom Wald-Typ gestellte Annahme, dass alle Varianzen ungleich 0 sind. Hier wird lediglich gefordert, dass $\sum_{i=1}^d \sigma_i^2/n_i > 0$, was genau dann gilt, wenn $\sum_{i=1}^d \sigma_i^2 > 0$ ist. Dies ist eine Minimalforderung, welche nur besagt, dass im Experiment überhaupt Variation vorhanden ist, auch wenn in Teilräumen die betrachteten Verteilungen degenerieren können. Die Herleitung der asymptotischen Normalität unter dieser Voraussetzung wird dem Leser als Übungsaufgabe überlassen, während eine Modifikation der Statistik vom Wald-Typ für den singulären Fall im Abschnitt 4.8 diskutiert wird.

Im zweiten Schritt werden diese Approximationsverfahren auf die nichtparametrische Statistik $\sqrt{N}\boldsymbol{T}\,\widehat{\boldsymbol{p}}$ angewandt. In Satz 4.18 (siehe S. 195), war gezeigt worden, dass die Statistik $\sqrt{N}\boldsymbol{T}\,\widehat{\boldsymbol{p}}$ unter der Hypothese $H_0^F : \boldsymbol{T}\boldsymbol{F} = \boldsymbol{0}$ asymptotisch eine multivariate Normalverteilung mit Erwartungswert $\boldsymbol{0}$ und Kovarianzmatrix $\boldsymbol{T}\boldsymbol{V}_N\boldsymbol{T}$ hat. Damit hat die quadratische Form $Q_N(\boldsymbol{T}) = N \cdot \widehat{\boldsymbol{p}}'\,\boldsymbol{T}\,\widehat{\boldsymbol{p}}$ asymptotisch die gleiche Verteilung wie die Zufallsvariable $U = \sum_{i=1}^d \lambda_i Z_i$. Dabei sind die Zufallsvariablen $Z_i \sim \chi_1^2$ unabhängig und die λ_i die Eigenwerte von $\boldsymbol{T}\boldsymbol{V}_N\boldsymbol{T}$. Für die Approximation wird nur deren Summe $\sum_{i=1}^d \lambda_i = Sp(\boldsymbol{T}\boldsymbol{V}_N\boldsymbol{T})$ benötigt. Da $\boldsymbol{T}$ Projektor ist und die Spur eines Matrizenproduktes unter zyklischen Vertauschungen invariant ist, folgt

$$\sum_{i=1}^d \lambda_i \quad = \quad Sp(\boldsymbol{T}\boldsymbol{V}_N\boldsymbol{T}) = Sp(\boldsymbol{T}^2\boldsymbol{V}_N) = Sp(\boldsymbol{T}\boldsymbol{V}_N).$$

Genau wie im Fall der Normalverteilung wird die Verteilung der Zufallsvariablen $U = \sum_{i=1}^d \lambda_i Z_i$ durch eine zentrale $F(\widehat{f}, \widehat{f}_0)$-Verteilung approximiert. Die Freiheitsgrade werden aus (4.5.34) hergeleitet, wobei $\widehat{\boldsymbol{S}}_N$ durch $\widehat{\boldsymbol{V}}_N$ ersetzt wird.

Mit den vorangegangenen Überlegungen kann das Approximationsverfahren für die Verteilung der nichtparametrischen Statistik $Q_N(\boldsymbol{T}) = N\widehat{\boldsymbol{p}}'\,\boldsymbol{T}\,\widehat{\boldsymbol{p}}$ formuliert werden.

Approximationsverfahren 4.23 (*Statistik vom ANOVA-Typ-I*)
Unter den Voraussetzungen von Satz 4.20 hat die Statistik

$$F_N(\boldsymbol{T}) \quad = \quad \frac{N}{Sp(\boldsymbol{T}\widehat{\boldsymbol{V}}_N)}\,\widehat{\boldsymbol{p}}'\,\boldsymbol{T}\,\widehat{\boldsymbol{p}} \tag{4.5.39}$$

unter der Hypothese $H_0^F : \boldsymbol{C}\boldsymbol{F} = \boldsymbol{0}$ approximativ eine zentrale $F(\widehat{f}, \widehat{f}_0)$-Verteilung mit

$$\widehat{f} = \frac{\left[Sp(\boldsymbol{T}\widehat{\boldsymbol{V}}_N)\right]^2}{Sp(\boldsymbol{T}\widehat{\boldsymbol{V}}_N\boldsymbol{T}\widehat{\boldsymbol{V}}_N)} \quad \text{und} \quad \widehat{f}_0 = \frac{\left[Sp(\boldsymbol{D}_T\widehat{\boldsymbol{V}}_N)\right]^2}{Sp(\boldsymbol{D}_T^2\widehat{\boldsymbol{V}}_N^2\boldsymbol{\Lambda})}\,, \tag{4.5.40}$$

wobei $\widehat{\boldsymbol{V}}_N = N \cdot diag\{\widehat{\sigma}_1^2/n_1, \ldots, \widehat{\sigma}_d^2/n_d\}$ und $\widehat{\sigma}_i^2$ in (4.4.25) angegeben ist.

Falls $\boldsymbol{T}$ identische Diagonalelemente $h_{ii} \equiv h$ hat, kann man das Approximationsverfahren 4.23 etwas vereinfachen.

Approximationsverfahren 4.24 (*Statistik vom ANOVA-Typ-II*)
Falls die Matrix $\boldsymbol{T}$ identische Diagonalelemente $h_{ii} \equiv h$ hat, dann gilt approximativ

$$\begin{aligned} F_N(\boldsymbol{T}) &= \frac{N}{h \cdot Sp(\widehat{\boldsymbol{V}}_N)}\,\widehat{\boldsymbol{p}}'\,\boldsymbol{T}\,\widehat{\boldsymbol{p}} \\ &= \frac{1}{h \cdot \sum_{i=1}^d (\widehat{\sigma}_i^2/n_i)}\,\widehat{\boldsymbol{p}}'\,\boldsymbol{T}\,\widehat{\boldsymbol{p}} \quad \dot{\sim} \quad F(\widehat{f}, \widehat{f}_0) \end{aligned} \tag{4.5.41}$$

mit

$$\widehat{f} \quad = \quad h^2 \cdot \frac{[Sp(\widehat{\boldsymbol{V}}_N)]^2}{Sp(\boldsymbol{T}\widehat{\boldsymbol{V}}_N\boldsymbol{T}\widehat{\boldsymbol{V}}_N)} = (Nh)^2 \cdot \frac{\left(\sum_{i=1}^d \widehat{\sigma}_i^2/n_i\right)^2}{Sp(\boldsymbol{T}\widehat{\boldsymbol{V}}_N\boldsymbol{T}\widehat{\boldsymbol{V}}_N)}\,, \tag{4.5.42}$$

$$\widehat{f}_0 \quad = \quad \frac{[Sp(\widehat{\boldsymbol{V}}_N)]^2}{Sp(\widehat{\boldsymbol{V}}_N^2\boldsymbol{\Lambda})} = \frac{\left(\sum_{i=1}^d \widehat{\sigma}_i^2/n_i\right)^2}{\sum_{i=1}^d \widehat{\sigma}_i^4/[n_i^2(n_i-1)]}\,. \tag{4.5.43}$$

4.5.1.3 Vergleich der Statistiken vom Wald-Typ und vom ANOVA-Typ

Ein Test, der auf der Statistik vom Wald-Typ $Q_N(\boldsymbol{C})$ in (4.5.28) basiert, ist asymptotisch ein Maximin-Test. Anschaulich bedeutet dies, dass ein solcher Test die Power für den ungünstigsten Fall einer festen Alternativen maximiert. Für andere feste Alternativen können jedoch Tests existieren, die eine bessere Power haben.

Bei Verwendung der Statistik vom ANOVA-Typ $F_N(\boldsymbol{T})$ in (4.5.39) muss man daher möglicherweise einen Effizienzverlust hinnehmen. Dies ist jedoch erst bei sehr großen Stichprobenumfängen von Bedeutung, da die Statistik $Q_N(\boldsymbol{C})$ bei kleinen und mittleren Stichprobenumfängen das gewählte Niveau zum Teil erheblich überschreitet und daher für die Praxis in diesen Fällen nicht in Betracht kommt.

In Spezialfällen kann allerdings gezeigt werden, dass die ANOVA-Typ Statistik und die Statistik vom Wald-Typ identisch sind, so dass man in diesem Fall einerseits asymptotisch einen Maximin-Test über die Statistik vom Wald-Typ erhält und andererseits die hervorragende Approximation für die Statistik vom ANOVA-Typ zur Verfügung hat. Ein solcher Fall ist z.B. dann gegeben, wenn die verwendete Kontrastmatrix den Rang 1 hat. Im einzelnen bedeutet das folgendes:

1. Falls ein Faktor nur zwei Stufen hat, sind die Statistiken vom Wald-Typ und vom ANOVA-Typ für den Haupteffekt dieses Faktors identisch.

2. In allen Versuchsplänen mit gekreuzten Faktoren, die alle jeweils nur zwei Stufen haben (so genannte 2^q-Pläne) sind die Statistiken vom Wald-Typ und vom ANOVA-Typ für alle Haupteffekte und Wechselwirkungen identisch. In diesen 2^q-Versuchsplänen kann man die Statistiken für die einzelnen Effekte als Linearformen schreiben. Dies hat den Vorteil, dass es bei den Haupteffekten möglich ist, die Richtung des Effektes zu erkennen.

3. Für alle 2^qVersuchspläne hat man damit nichtparametrische Statistiken zur Verfügung, die asymptotisch effizient sind und für die sehr gute, einfach zu berechnende Approximationen bei kleinen Stichprobenumfängen verfügbar sind. Der erste Freiheitsgrad der approximativen F-Verteilung ist dabei immer 1. Bei den üblichen Statistiken für die Haupteffekte und Wechselwirkungen ist der zweite Freiheitsgrad mit dem Freiheitsgrad aus der Satterthwaite / Smith / Welch-Approximation für das parametrische Behrens-Fisher Problem strukturell identisch.

Die vorangegangenen Überlegungen sind in der folgenden Proposition zusammengefasst.

Proposition 4.25 (Identität von $Q_N(\boldsymbol{C})$ und $F_N(\boldsymbol{T})$)
Bezeichne $Q_N(\boldsymbol{C})$ die Statistik vom Wald-Typ in (4.5.28) und $F_N(\boldsymbol{T})$ die Statistik vom ANOVA-Typ in (4.5.39). Falls die Kontrastmatrix $\boldsymbol{C}$ den Rang 1 hat, gilt unter den Voraussetzungen des Approximationsverfahrens 4.23, dass $Q_N(\boldsymbol{C}) = F_N(\boldsymbol{T})$ und $\widehat{f} = f = 1$ ist.

Beweis: Da die Kontrastmatrix $\boldsymbol{C}$ den Rang $r(\boldsymbol{C}) = 1$ hat, sind alle Zeilen linear abhängig. Daher hat die Kontrastmatrix die Form $\boldsymbol{C} = \boldsymbol{a}\boldsymbol{k}'$, wobei $\boldsymbol{k}' = (k_1, \ldots, k_d)$ und $\boldsymbol{a} =$

$(a_1, \ldots, a_d)'$ Vektoren von bekannten Konstanten sind. Damit folgt $\boldsymbol{C}\widehat{\boldsymbol{p}} = \widehat{p}_0\boldsymbol{a}$, wobei $\widehat{p}_0 = \boldsymbol{k}'\widehat{\boldsymbol{p}}$ ist.

Für die Statistik vom Wald-Typ benötigt man

$$\boldsymbol{C}\widehat{\boldsymbol{V}}_N\boldsymbol{C}' = \boldsymbol{a}\boldsymbol{k}'\widehat{\boldsymbol{V}}_N\boldsymbol{k}\boldsymbol{a}' = \widehat{\sigma}_N^2\boldsymbol{a}\boldsymbol{a}',$$

wobei $\widehat{\sigma}_N^2 = \boldsymbol{k}'\widehat{\boldsymbol{V}}_N\boldsymbol{k}$ ist. Man erhält somit

$$Q_N(\boldsymbol{C}) = N \cdot \widehat{p}_0\, \boldsymbol{a}' \frac{1}{\widehat{\sigma}_N^2}(\boldsymbol{a}\boldsymbol{a}')^- \boldsymbol{a}\, \widehat{p}_0 = \frac{N}{\widehat{\sigma}_N^2}\, \widehat{p}_0^{\,2}\boldsymbol{a}'\, (\boldsymbol{a}\boldsymbol{a}')^- \boldsymbol{a}.$$

Nun ist $\boldsymbol{a}'(\boldsymbol{a}\boldsymbol{a}')^-\boldsymbol{a}$ einerseits ein Projektor und andererseits ein Skalar und somit folgt $\boldsymbol{a}'(\boldsymbol{a}\boldsymbol{a}')^-\boldsymbol{a} = 1$, da $r(\boldsymbol{C}) = 1$ vorausgesetzt ist. Daher folgt weiter $Q_N(\boldsymbol{C}) = N \cdot \widehat{p}_0^{\,2}/\widehat{\sigma}_N^2$.

Für die Statistik vom ANOVA-Typ benötigt man $\boldsymbol{C}\boldsymbol{C}' = \boldsymbol{a}\boldsymbol{k}'\boldsymbol{k}\boldsymbol{a}' = K_0^2\, \boldsymbol{a}\boldsymbol{a}'$ und

$$\boldsymbol{T} = \boldsymbol{C}'(\boldsymbol{C}\boldsymbol{C}')^-\boldsymbol{C} = \boldsymbol{k}\boldsymbol{a}'\frac{1}{K_0^2}(\boldsymbol{a}\boldsymbol{a}')^-\boldsymbol{a}\boldsymbol{k}' = \frac{1}{K_0^2}\, \boldsymbol{k}\boldsymbol{k}',$$

wobei $K_0^2 = \boldsymbol{k}'\boldsymbol{k}$ ist. Damit ist

$$Sp(\boldsymbol{T}\widehat{\boldsymbol{V}}_N) = \frac{1}{K_0^2}\, Sp(\boldsymbol{k}\boldsymbol{k}'\widehat{\boldsymbol{V}}_N) = \frac{1}{K_0^2}\, Sp(\boldsymbol{k}'\widehat{\boldsymbol{V}}_N\boldsymbol{k}) = \widehat{\sigma}_N^2/K_0^2.$$

Schließlich erhält man die Statistik vom ANOVA-Typ

$$\begin{aligned} F_N(\boldsymbol{T}) &= \frac{N}{Sp(\boldsymbol{T}\widehat{\boldsymbol{V}}_N)} \cdot \widehat{\boldsymbol{p}}'\boldsymbol{T}\widehat{\boldsymbol{p}} = \frac{N}{\widehat{\sigma}_N^2/K_0^2} \cdot \frac{1}{K_0^2}\widehat{\boldsymbol{p}}'\boldsymbol{k}\boldsymbol{k}'\widehat{\boldsymbol{p}} \\ &= N \cdot \widehat{p}_0^{\,2}/\widehat{\sigma}_N^2 = Q_N(\boldsymbol{C}). \end{aligned}$$

Für den geschätzten Freiheitsgrad $\widehat{f}$ ergeben sich aus der Approximation (4.5.40) die Beziehungen

$$Sp(\boldsymbol{T}\widehat{\boldsymbol{V}}_N) = \frac{1}{K_0^2}\, Sp(\boldsymbol{k}\boldsymbol{k}'\widehat{\boldsymbol{V}}_N) = \frac{1}{K_0^2}\, Sp(\boldsymbol{k}'\widehat{\boldsymbol{V}}_N\boldsymbol{k}) = \frac{\widehat{\sigma}_N^2}{K_0^2}$$

und

$$\begin{aligned} Sp(\boldsymbol{T}\widehat{\boldsymbol{V}}_N\boldsymbol{T}\widehat{\boldsymbol{V}}_N) &= \frac{1}{K_0^4}\, Sp(\boldsymbol{k}\boldsymbol{k}'\widehat{\boldsymbol{V}}_N\boldsymbol{k}\boldsymbol{k}'\widehat{\boldsymbol{V}}_N) \\ &= \frac{1}{K_0^4}\, Sp(\boldsymbol{k}'\widehat{\boldsymbol{V}}_N\boldsymbol{k}\boldsymbol{k}'\widehat{\boldsymbol{V}}_N\boldsymbol{k}) = \frac{\widehat{\sigma}_N^4}{K_0^4} = \left[Sp(\boldsymbol{T}\widehat{\boldsymbol{V}}_N)\right]^2. \end{aligned}$$

Daher ist $\widehat{f} = [Sp(\boldsymbol{T}\widehat{\boldsymbol{V}}_N)]^2/\, Sp(\boldsymbol{T}\widehat{\boldsymbol{V}}_N\boldsymbol{T}\widehat{\boldsymbol{V}}_N) = 1$. Analog gilt für den Freiheitsgrad f mit $\boldsymbol{V}_N$ anstelle von $\widehat{\boldsymbol{V}}_N$ und mit $\sigma_N^2 = \boldsymbol{k}'\boldsymbol{V}_N\boldsymbol{k}$, dass $f = 1$ ist. □

Anmerkung 4.5 Die Aussage dieser Proposition ist eine numerische Identität und gilt nicht nur für den Fall, dass $\boldsymbol{V}_N$ bzw. $\widehat{\boldsymbol{V}}_N$ Diagonalmatrizen sind, sondern auch für alle beliebigen Kovarianzmatrizen.

4.5.1.4 Diskussion der Rangtransformation

Der Begriff *Rangtransformation* wurde von Conover und Iman (1976, 1981) geprägt und ist bereits im Abschnitt 2.1.2.3 auf S. 58 für den Zwei-Stichprobenfall und für den Mehr-Stichprobenfall im Abschnitt 2.2.4.3 auf S. 104 diskutiert worden. Die speziellen Schwierigkeiten, die in mehrfaktoriellen Versuchsanlagen bei der unüberlegten Übertragung dieser Idee auftreten und die Gründe dafür, dass die Idee der RT in einigen (wenigen) Fällen funktioniert, in anderen aber nicht, sollen im Folgenden näher erläutert werden.

Aus dem Asymptotischen Äquivalenz-Satz folgt unmittelbar, dass unter der Hypothese $H_0^F : \boldsymbol{CF} = \boldsymbol{0}$ der Kontrastvektor $\sqrt{N}\boldsymbol{C}\widehat{\boldsymbol{p}}$ der Rangmittelwerte asymptotisch die gleiche Verteilung hat wie der Kontrastvektor $\sqrt{N}\boldsymbol{C}\overline{\boldsymbol{Y}}_{\cdot}$ der ART, dessen asymptotische Normalität dann gezeigt werden kann. Für andere Hypothesen, die H_0^F nicht implizieren und für Matrizen $\boldsymbol{C}$, die keine Kontrastmatrizen sind, gilt diese asymptotische Äquivalenz im Allgemeinen nicht.

Auf eine zweite Schwierigkeit wurde von Akritas (1990) hingewiesen. Die Kovarianzmatrix $\boldsymbol{V}_N$ des Vektors der ART $\overline{\boldsymbol{Y}}_{\cdot}$ ist im Allgemeinen nicht homoskedastisch, auch wenn diese Annahme für die Zufallsvariablen X_{ik} gemacht wurde. Das liegt daran, dass die Transformation mit der Verteilungsfunktion $H(x) = \frac{1}{N}\sum_{i=1}^{d} n_i F_i(x)$, welche die ursprünglichen Beobachtungen X_{ik} in die ART $Y_{ik} = H(X_{ik})$ überführt, im Allgemeinen eine nicht-lineare Transformation ist. Falls allerdings unter der Hypothese alle Verteilungen F_i gleich sind, folgt auch, dass alle Varianzen $\sigma_i^2 = Var[H(X_{i1})] = \int H^2 dF_i - (\int H dF_i)^2$ gleich sind.

Da im einfaktoriellen Lokationsmodell die Hypothesen $H_0^F : F_1 = \cdots = F_a$ und $H_0^\mu : \mu_1 = \cdots = \mu_a$ äquivalent sind und ferner alle Varianzen σ_i^2 unter dieser Hypothese gleich sind, ist für den t-Test und die einfaktorielle Varianzanalyse die RT-Technik zum Testen der Hypothese $H_0^F : F_1 = \cdots = F_a$ zulässig. In mehrfaktoriellen Modellen sind im Allgemeinen weder die entsprechenden Hypothesen äquivalent noch die Varianzen σ_i^2 der ART gleich.

Wendet man die RT-Technik aber einfach auf die Formeln an, die für die homoskedastischen linearen Modelle gelten, so zeigt sich beim Vergleich mit der Statistik vom ANOVA-Typ, dass der Nenner der Statistik nicht aus einem gepoolten Varianzschätzer der Ränge zu bilden ist, sondern die Spur der Matrix $\boldsymbol{T}\widehat{\boldsymbol{V}}_N$ (approximativ) zu wählen ist. Ferner ergeben sich die Freiheitsgrade der F-Verteilung, mit deren Quantilen die Statistik verglichen wird, nicht aus den einfachen Formeln, die für die homoskedastischen linearen Modelle gültig sind, sondern aus den Approximationen in (4.5.40) mit den gestreckten χ^2-Verteilungen oder anderen Approximationen der Verteilung der ATS.

Einen asymptotisch korrekten RT-Test erhält man, wenn

1. die Hypothese bezüglich der Verteilungsfunktionen $H_0^F : \boldsymbol{CF} = \boldsymbol{0}$ formuliert wird,
2. unter der Hypothese H_0^F die Struktur der Kovarianzmatrix $\boldsymbol{V}_N$ aus der Struktur der Kovarianzmatrix der ART $\overline{\boldsymbol{Y}}_{\cdot}$ bestimmt wird,
3. in diesem (meist heteroskedastischen) Modell der ART die Y_{ik} durch die Ränge R_{ik} der Beobachtungen X_{ik} ersetzt werden und

4. dieses Modell asymptotisch mit einem hierzu passenden Verfahren für normalverteilte Zufallsvariablen X_{ik} ausgewertet wird.

Wenn eine Rangstatistik in der oben beschriebenen Art hergeleitet worden ist, dann besitzt sie die so genannte *Rangtransformationseigenschaft* (RT-Eigenschaft).

Ein Software-Paket, welches Auswertungen in heteroskedastischen faktoriellen Versuchsanlagen ermöglicht, ist z.B. SAS. In der Prozedur PROC MIXED existieren Approximationen zur Auswertung heteroskedastischer Modelle. Einzelheiten findet man in den entsprechenden Handbüchern und in der Online-Hilfe.

Zu einigen hier diskutierten Versuchsplänen werden auch SAS-Makros angeboten, welche die entsprechenden Statistiken vom Wald- oder ANOVA-Typ mit den zugehörigen p-Werten berechnen. Die Statistik vom Wald-Typ führt bei kleinen oder mittleren Stichprobenumfängen zu anti-konservativen Entscheidungen. Bei der Statistik vom ANOVA-Typ verliert man möglicherweise gegenüber der Statistik vom Wald-Typ etwas an Effizienz. Dafür wird aber das gewählte Niveau (im interessierenden Bereich zwischen $\alpha = 20\%$ und $\alpha = 1\%$) sehr gut eingehalten, wie zahlreiche Simulationen für verschiedene Versuchspläne gezeigt haben. Wenn Bindungen vorhanden sind, hängt die Güte der Approximation natürlich von der Anzahl und vom Ausmaß der Bindungen ab.

4.5.2 Lineare Rangstatistiken

Den einfachsten Typ von Teststatistiken in nichtparametrischen Versuchsplänen bilden die so genannten *linearen Rangstatistiken (LRS)*, die hier in der speziellen Form

$$L_N(\boldsymbol{w}) \quad = \quad \sqrt{N}\boldsymbol{w}'\boldsymbol{C}\,\widehat{\boldsymbol{p}} \tag{4.5.44}$$

untersucht werden. Hierbei ist $\boldsymbol{w} = (w_1, \ldots, w_d)'$ ein Vektor von geeigneten, bekannten Gewichten. Solche Statistiken werden in einfaktoriellen Versuchsplänen zum Testen von Hypothesen gegen *geordnete*, oder allgemeiner, gegen *gemusterte Alternativen* verwendet. Die Gewichte w_i entsprechen dabei dem Muster der vermuteten Alternativen und werden als bekannt vorausgesetzt.

Die asymptotische Verteilung von $L_N(\boldsymbol{w})$ ergibt sich aus Satz 4.18 (siehe S. 195). Es gilt unter $H_0^F : \boldsymbol{CF} = \boldsymbol{0}$

$$L_N(\boldsymbol{w}) \quad \doteq \quad U_N \sim N(0, s_N^2),$$

wobei $s_N^2 = \boldsymbol{w}'\boldsymbol{C}\boldsymbol{V}_N\boldsymbol{C}'\boldsymbol{w}$ ist. Einen konsistenten Schätzer $\widehat{s}_N^2 = \boldsymbol{w}'\boldsymbol{C}\widehat{\boldsymbol{V}}_N\boldsymbol{C}'\boldsymbol{w}$ für s_N^2 erhält man aus Satz 4.19 (siehe S. 195). Damit folgt aus dem Satz von Slutsky, dass unter den Voraussetzungen 4.15 (siehe S. 192) und unter $H_0^F : \boldsymbol{CF} = 0$ die Statistik

$$L_N(\boldsymbol{w})/\widehat{s}_N \quad = \quad \sqrt{N}\boldsymbol{w}'\boldsymbol{C}\,\widehat{\boldsymbol{p}}\Big/\sqrt{\boldsymbol{w}'\boldsymbol{C}\widehat{\boldsymbol{V}}_N\boldsymbol{C}'\boldsymbol{w}} \tag{4.5.45}$$

asymptotisch standard-normalverteilt ist.

Bei kleinen Stichproben kann man die Verteilung von $L_N(\boldsymbol{w})/\widehat{s}_N$ durch eine t-Verteilung approximieren. Dazu betrachtet man die 'empirische Varianz' $\widetilde{\sigma}_i^{\,2}$ der ART $Y_{ik} =$

$H(X_{ik})$, $k = 1, \ldots, n_i$. Bezeichne $\overline{Y}_{i\cdot} = n_i^{-1} \sum_{k=1}^{n_i}$ den Mittelwert der Y_{ik}, dann ist die quadratische Form

$$\widetilde{\sigma}_i^2 = \frac{1}{n_i - 1} \sum_{k=1}^{n_i} (Y_{ik} - \overline{Y}_{i\cdot})^2 \tag{4.5.46}$$

erwartungstreu und konsistent für $\sigma_i^2 = Var(Y_{i1})$, $i = 1, \ldots, d$, da die Zufallsvariablen Y_{ik}, $k = 1, \ldots, n_i$, unabhängig und identisch verteilt und gleichmäßig beschränkt sind. Weiter folgt, dass $\widetilde{\boldsymbol{V}}_N = N \cdot diag\{\widetilde{\sigma}_1^2/n_1, \ldots, \widetilde{\sigma}_d^2/n_d\}$ erwartungstreu und konsistent für $\boldsymbol{V}_N$ in (4.4.23) auf Seite 194 ist.

Bezeichne $\boldsymbol{q}' = (q_1, \ldots, q_d) = \boldsymbol{w}'\boldsymbol{C}$ den Kontrastvektor zur Erzeugung der Statistik $L_N(\boldsymbol{w}) = \sqrt{N}\boldsymbol{w}'\boldsymbol{C}\,\widehat{\boldsymbol{p}} = \sqrt{N}\boldsymbol{q}'\,\widehat{\boldsymbol{p}}$ und $\overline{\boldsymbol{Y}}_{\cdot} = (\overline{Y}_{1\cdot}, \ldots, \overline{Y}_{d\cdot})'$ den Vektor der ART-Mittelwerte. Dann ist

$$\widetilde{s}_N^2 = \boldsymbol{q}'\widetilde{\boldsymbol{V}}_N\boldsymbol{q} = \sum_{i=1}^{d} q_i^2 \frac{N}{n_i} \widetilde{\sigma}_i^2$$

erwartungstreu und konsistent für $s_N^2 = Var(\sqrt{N}\boldsymbol{q}'\overline{\boldsymbol{Y}}_{\cdot}) = \boldsymbol{q}'\boldsymbol{V}_N\boldsymbol{q}$. Wie schon bei der ANOVA-Typ Statistik approximiert man die Verteilung von $\widetilde{s}_N^2$ für kleine Stichprobenumfänge durch eine gestreckte χ_f^2/f-Verteilung, sodass mit $Z_f \sim \chi_f^2$ gilt, dass die beiden ersten Momente von $\widetilde{s}_N^2$ und $g \cdot \chi_f^2/f$ asymptotisch gleich sind. Dabei geht man davon aus, dass die Varianz von $\widetilde{\sigma}_i{}^2$ für nicht zu kleine Stichproben gut durch die Varianz der $\chi_{n_i-1}^2/(n_i-1)$-Verteilung angenähert werden kann, d.h. dass $Var(\widetilde{\sigma}_i^2) \doteq 2\sigma_i^4/(n_i-1)$ ist. Es ergibt sich dann das folgende Gleichungssystem (siehe Übung 4.27)

$$\begin{aligned} E(\widetilde{s}_N^2) = s_N^2 &= \sum_{i=1}^{d} q_i^2 \frac{N}{n_i} \sigma_i^2 = \frac{g}{f} \cdot E(Z_f) = g, \\ Var(\widetilde{s}_N^2) &\doteq \sum_{i=1}^{d} \frac{2N^2 q_i^4 \sigma_i^4}{n_i^2(n_i - 1)} = \frac{g^2}{f^2} \cdot Var(Z_f) = \frac{2g^2}{f}. \end{aligned}$$

Hierzu werden die Lösungen für f und g gesucht. Es folgt $g = s_N^2$ und

$$f = \frac{\left(\sum_{i=1}^{d} q_i^2 \sigma_i^2/n_i\right)^2}{\sum_{i=1}^{d} \left(q_i^2 \sigma_i^2/n_i\right)^2/(n_i - 1)}.$$

Man ersetzt dann in einem ersten Schritt σ_i^2 durch $\widetilde{\sigma}_i^2$ in (4.5.46) und dann in einem zweiten Schritt die nicht beobachtbaren Zufallsvariablen Y_{ik} durch $\widehat{Y}_{ik} = \widehat{H}(X_{ik}) = \frac{1}{N}(R_{ik} - \frac{1}{2})$. Auf diese Weise erhält man den Schätzer $\widehat{\sigma}_i^2$ in (4.4.25) auf Seite 195 und es ergibt sich durch Einsetzen ein konsistenter Schätzer $\widehat{f}$ für f. Die Größen $\widehat{\sigma}_i^2$ und $\widetilde{\sigma}_i^2$ sind asymptotisch äquivalent, da $E(\widehat{Y}_{ik} - Y_{ik})^2 \leq \frac{1}{N}$ ist (siehe Formel (4.2.10), S. 177). Die genaue Herleitung dieser Aussage wird als Übungsaufgabe 4.28 überlassen.

Falls keine Bindungen vorliegen, gilt unter H_0^F für kleine Stichproben ($n_i \geq 7$) in guter Näherung

$$L_N(\boldsymbol{w})/\widehat{s}_N \quad \dot{\sim} \quad t_{\widehat{f}} \tag{4.5.47}$$

mit

$$\widehat{f} \;=\; \frac{\left(\sum_{i=1}^d q_i^2 \widehat{\sigma}_i^2/n_i\right)^2}{\sum_{i=1}^d \left(q_i^2 \widehat{\sigma}_i^2/n_i\right)^2/(n_i-1)}\,. \tag{4.5.48}$$

Im Falle von Bindungen hängt die Güte dieser Approximation von der Anzahl und vom Ausmaß der Bindungen ab.

4.6 Asymptotische Normalität unter Alternativen

Bei der Betrachtung einer Teststatistik ist neben der Verteilung unter Hypothese auch die Verteilung unter Alternative von Interesse. Lässt sich die Verteilung auch in diesem Fall bestimmen, so ist es möglich Konfidenzintervalle für Effekte anzugeben. Weiter ermöglicht eine Betrachtung unter Alternative eine Diskussion des Konsistenzbereiches.

4.6.1 Lineare Rang-Statistiken unter festen Alternativen

Der relative Effekt $p_i = \int H dF_i$ kann zur Quantifizierung eines Verteilungsunterschiedes und zur nichtparametrischen Beschreibung der Versuchsergebnisse verwendet werden. Zur sinnvollen Interpretation von p_i sind etwa gleich große Stichprobenumfänge in den $i = 1, \ldots, d$ Versuchsgruppen notwendig. In diesem Fall hängt das gewichtete Mittel $H(x)$ der Verteilungsfunktionen nicht mehr von den Zellbesetzungen n_r, $r = 1, \ldots, a$, ab. Daher kann p_i hier sinnvoll als Wahrscheinlichkeit dafür interpretiert werden, dass eine nach $H(x)$ verteilte Zufallsvariable kleinere Werte annimmt als eine unabhängige nach $F_i(x)$ verteilte Zufallsvariable und Konfidenzbereiche für p_i sind interpretierbar. Die Grundlage für die Herleitung von Konfidenzintervallen ist die Betrachtung der asymptotischen Verteilung des Schätzers $\widehat{p}_i$ unter Alternative. Die bei ungleichen Stichprobenumfängen auftretenden Probleme der Interpretation und eine Lösungsmöglichkeit hierfür werden separat im Abschnitt 4.7 behandelt. Prinzipielle technische Probleme für ungleiche Stichprobenumfänge bei der Herleitung der asymptotischen Verteilung von $\sqrt{N}(\widehat{p}_i - p_i)$ gibt es nicht.

Die Zufallsvariable $\sqrt{N}(\widehat{p}_i - p_i)$ ist eine spezielle lineare Rangstatistik, die in dieser Form für die nichtparametrische Analyse von Versuchsplänen von Bedeutung ist. Sie bildet die Grundlage zur Herleitung von Statistiken für gemusterte Alternativen und zur Quantifizierung von Haupteffekten in faktoriellen Versuchsplänen. Darüber hinaus kann für $\sqrt{N}(\widehat{p}_i - p_i)$ ein konsistenter Schätzer der unbekannten Varianz $s_i^2 = Var(\sqrt{N}\widehat{p}_i)$ angegeben werden, die bei den Anwendungen (z.B. bei Konfidenzintervallen) benötigt wird.

Die asymptotische Verteilung von $\sqrt{N}(\widehat{p}_i - p_i)$ und ein konsistenter Schätzer für s_i^2 werden in den folgenden beiden Sätzen hergeleitet.

Satz 4.26 (Asymptotische Normalität von $\sqrt{N}(\widehat{p}_i - p_i)$)
Die Zufallsvariablen $X_{ik} \sim F_i(x)$, $i = 1,\ldots,d$, $k = 1,\ldots,n_i$, seien unabhängig und identisch verteilt. Bezeichne weiterhin $Z_{ik} = \frac{1}{N}[NH(X_{ik}) - n_iF_i(X_{ik})]$ sowie $Z_{rs}^{(-i)} = \frac{1}{N}[NH(X_{rs}) - (N - n_i)H^{(-i)}(X_{rs})]$, für $r \neq i$, nicht beobachtbare Zufallsvariablen, wobei

$$H^{(-i)}(x) \quad = \quad \frac{1}{N - n_i}\sum_{r\neq i}^{d} n_rF_r(x) \tag{4.6.49}$$

das gewichtete Mittel aller Verteilungsfunktionen ohne die Verteilungsfunktion $F_i(x)$ bezeichnet. Falls weiterhin mit $\sigma_i^2 = Var(Z_{i1})$ und $\tau_{r:i}^2 = Var(Z_{r1}^{(-i)})$ gilt, dass $\sigma_i^2, \tau_{r:i}^2 \geq \sigma_0^2 > 0$ sind, dann hat die Statistik $\sqrt{N}(\widehat{p}_i - p_i)$ unter den Voraussetzungen 4.15 (siehe S. 192) asymptotisch eine Normalverteilung mit Erwartungswert 0 und Varianz

$$s_i^2 \quad = \quad \frac{N}{n_i}\sigma_i^2 + \frac{N}{n_i^2}\sum_{r\neq i}^{d} n_r\tau_{r:i}^2, \quad i = 1,\ldots,d. \tag{4.6.50}$$

Beweis: Aus dem Asymptotischen Äquivalenz-Satz (Satz 4.16, S. 192) erhält man sofort

$$\sqrt{N}\int \widehat{H}d(\widehat{F}_i - F_i) \quad \doteq \quad \sqrt{N}\int Hd(\widehat{F}_i - F_i)$$

und damit

$$\sqrt{N}(\widehat{p}_i - p_i) \quad \doteq \quad \sqrt{N}\left[\int Hd\widehat{F}_i + \int \widehat{H}dF_i\right] - 2\sqrt{N}\int HdF_i.$$

Durch partielle Integration folgt $\int \widehat{H}dF_i = 1 - \int F_id\widehat{H}$ und weiter

$$\begin{aligned}\sqrt{N}(\widehat{p}_i - p_i) \quad &\doteq \quad \sqrt{N}\left[\int Hd\widehat{F}_i + 1 - \int F_id\widehat{H}\right] - 2\sqrt{N}\int HdF_i \\ &\doteq \quad \sqrt{N}\left(\frac{1}{n_i}\sum_{k=1}^{n_i}\left[H(X_{ik}) - \frac{1}{N}\sum_{r=1}^{d}\sum_{s=1}^{n_r}F_i(X_{rs})\right] + (1 - 2p_i)\right).\end{aligned}$$

Die Zufallsvariablen in den beiden Summen werden in zwei unabhängige Summen mit jeweils unabhängigen Summanden unterteilt.

$$\begin{aligned}&\sqrt{N}(\widehat{p}_i - p_i) \\ &\doteq \quad \sqrt{N}\left(\frac{1}{n_i}\sum_{k=1}^{n_i}\left[H(X_{ik}) - \frac{n_i}{N}F_i(X_{ik})\right] - \frac{1}{N}\sum_{r\neq i}^{d}\sum_{s=1}^{n_r}F_i(X_{rs}) + (1 - 2p_i)\right) \\ &\doteq \quad \sqrt{N}\left(\frac{1}{n_i}\sum_{k=1}^{n_i}Z_{ik} - \frac{1}{n_i}\sum_{r\neq i}^{d}\sum_{s=1}^{n_r}Z_{rs}^{(-i)}\right) + \sqrt{N}(1 - 2p_i).\end{aligned}$$

Der letzte Schritt folgt aus $n_i F_i(x) = NH(x) - \sum_{r \neq i}^{d} n_r F_r(x)$ und der Definition von $H^{(-i)}(x)$. Die Zufallsvariablen Z_{ik} und $Z_{rs}^{(-i)}$ sind unabhängig und gleichmäßig beschränkt und die asymptotische Normalität folgt aus dem Zentralen Grenzwertsatz, wobei

$$s_i^2 = Var\left[\sqrt{N}\left(\frac{1}{n_i}\sum_{k=1}^{n_i} Z_{ik} - \frac{1}{n_i}\sum_{r \neq i}^{d}\sum_{s=1}^{n_r} Z_{rs}^{(-i)}\right)\right] = \frac{N}{n_i}\sigma_i^2 + \frac{N}{n_i^2}\sum_{r \neq i}^{d} n_r \tau_{r:i}^2$$

für $i = 1, \ldots, d$ ist. □

Satz 4.27 (Varianzschätzer für s_i^2)
Sei $R_{ik}^{(i)}$ der Rang von X_{ik} unter allen n_i Beobachtungen innerhalb der Stichprobe i (Intern-Ränge), $i = 1, \ldots, d$, und sei $R_{rs}^{(-i)}$ der Teil-Rang von X_{rs} unter allen $(N - n_i)$ Beobachtungen ohne die Stichprobe $X_{i1}, \ldots, X_{in_i}$. Bezeichne ferner

$$\widehat{\sigma}_i^2 = \frac{1}{N^2(n_i - 1)}\sum_{k=1}^{n_i}\left(R_{ik} - R_{ik}^{(i)} - \overline{R}_{i\cdot} + \frac{n_i + 1}{2}\right)^2, \qquad (4.6.51)$$

$$\widehat{\tau}_{r:i}^2 = \frac{1}{N^2(n_r - 1)}\sum_{s=1}^{n_r}\left(R_{rs} - R_{rs}^{(-i)} - \overline{R}_{r\cdot} + \overline{R}_{r\cdot}^{(-i)}\right)^2, \quad r \neq i, \qquad (4.6.52)$$

wobei $\overline{R}_{r\cdot}^{(-i)} = n_r^{-1}\sum_{s=1}^{n_r} R_{rs}^{(-i)}$ den Mittelwert der Teil-Ränge $R_{rs}^{(-i)}$ in der Stichprobe i bezeichnet. Falls $\sigma_i^2,\ \tau_{r:i}^2 \geq \sigma_0^2 > 0$, $i \neq r = 1, \ldots, d$, ist, dann ist

$$\widehat{s}_i^2 = \frac{N}{n_i}\widehat{\sigma}_i^2 + \frac{N}{n_i^2}\sum_{r \neq i}^{d} n_r \widehat{\tau}_{r:i}^2 \qquad (4.6.53)$$

ein konsistenter Schätzer für s_i^2 in (4.6.50) im Sinne, dass $E(\widehat{s}_i^2 / s_i^2 - 1)^2 \to 0$ gilt.

Beweis: Da $s_i^2 \geq \sigma_0^2 > 0$ vorausgesetzt ist, genügt es, $E(\widehat{s}_i^2 - s_i^2)^2 \to 0$ zu zeigen. Zunächst ist zu beachten, dass σ_i^2 in (4.6.50) folgendermaßen geschrieben werden kann

$$\begin{aligned}
\sigma_i^2 &= E(Z_{i1}^2) - [E(Z_{i1})]^2 \\
&= \int \frac{1}{N^2}[NH - n_i F_i]^2\, dF_i - \left(\int \frac{1}{N}[NH - n_i F_i]\, dF_i\right)^2 \\
&= \int g\left(\frac{1}{N}[NH - n_i F_i]\right) dF_i - g\left(\int \frac{1}{N}[NH - n_i F_i]\, dF_i\right),
\end{aligned}$$

wobei $g(u) = u^2$ ist. Analog schreibt man $\widehat{\sigma}_i^2$ als

$$\widehat{\sigma}_i^2 = \int g\left(\frac{1}{N}\left[N\widehat{H} - n_i \widehat{F}_i\right]\right) d\widehat{F}_i - g\left(\int \frac{1}{N}\left[N\widehat{H} - n_i \widehat{F}_i\right] d\widehat{F}_i\right)$$

und für $r \neq i$ die Varianz $\tau_{r:i}^2$ mithilfe von $Z_{r1}^{(-i)} = \frac{n_i}{N} F_i(X_{r1})$ als

$$\begin{aligned}
\tau_{r:i}^2 &= E\left[\left(Z_{r1}^{(-i)}\right)^2\right] - \left[E\left(Z_{r1}^{(-i)}\right)\right]^2 \\
&= \frac{n_i^2}{N^2}\left[E\left(F_i^2(X_{r1})\right) - E^2\left(F_i(X_{r1})\right)\right] = \frac{n_i^2}{N^2}\, Var(F_i(X_{r1})).
\end{aligned}$$

Schließlich erhält man

$$\frac{n_r - 1}{n_r}\widehat{\tau}_{r:i}^2 = \frac{n_i^2}{N^2}\left[\int \widehat{F}_i^2 d\widehat{F}_r - \left(\int \widehat{F}_i d\widehat{F}_r\right)^2\right].$$

Der Rest des Beweises wird als Übung mit den gleichen Argumenten und Techniken ausgeführt wie der Beweis von Proposition 4.19 (siehe S. 195). □

4.6.2 Benachbarte Alternativen

In Abschnitt 4.4.2 wurde gezeigt, dass die Statistik $\sqrt{N}\boldsymbol{C}(\widehat{\boldsymbol{p}} - \boldsymbol{p})$ unter $H_0^F: \boldsymbol{CF} = \boldsymbol{0}$ asymptotisch multivariat normalverteilt ist mit Erwartungswert $\boldsymbol{0}$ und Kovarianzmatrix $\boldsymbol{C}\boldsymbol{V}_N\boldsymbol{C}'$. Auf diesem Kontrastvektor basieren die linearen Rang-Statistiken (Abschnitt 4.5.2), die Statistiken vom Wald-Typ (Abschnitt 4.5.1.1) und die Statistiken vom ANOVA-Typ (Abschnitt 4.5.1.2).

Es soll nun die Frage geklärt werden, welche Alternativen durch Tests aufgedeckt werden, die auf dem Kontrastvektor $\sqrt{N}\boldsymbol{C}(\widehat{\boldsymbol{p}} - \boldsymbol{p})$ basieren. Hierzu wird das bekannte Konzept der benachbarten Alternativen verwendet. Man betrachtet dabei eine Folge von Alternativen

$$\boldsymbol{F}_N = (F_{N,1}, \ldots, F_{N,d})' = \left(1 - \frac{1}{\sqrt{N}}\right)\boldsymbol{F} + \frac{1}{\sqrt{N}}\boldsymbol{K}, \tag{4.6.54}$$

die zur nichtparametrischen Hypothese $\boldsymbol{CF} = \boldsymbol{0}$ benachbart sind. Hierbei gilt für den Vektor $\boldsymbol{F} = (F_1, \ldots, F_d)'$, dass $\boldsymbol{CF} = \boldsymbol{0}$ ist, während $\boldsymbol{K} = (K_1, \ldots, K_d)'$ ein beliebiger Vektor von Verteilungen ist, für den $\boldsymbol{CK} \neq \boldsymbol{0}$ gilt. Man betrachtet dann unabhängige Zufallsvariablen $X_{ik} \sim F_{N,i}(x)$, $i = 1, \ldots, d$, $k = 1, \ldots, n_i$, wobei

$$F_{N,i}(x) = \left(1 - \frac{1}{\sqrt{N}}\right)F_i(x) + \frac{1}{\sqrt{N}}K_i(x), \quad i = 1, \ldots, d, \tag{4.6.55}$$

ist. Wie üblich, wird der Mittelwert der Verteilungsfunktionen $F_1(x), \ldots, F_d(x)$ mit $H(x) = \frac{1}{N}\sum_{i=1}^d n_i F_i(x)$ bezeichnet, während mit

$$\begin{aligned}
H^*(x) &= \frac{1}{N}\sum_{i=1}^d n_i F_{N,i}(x) \\
&= H(x) - \frac{1}{\sqrt{N}}\sum_{i=1}^d \frac{n_i}{N}\left[F_i(x) - K_i(x)\right] \qquad (4.6.56)
\end{aligned}$$

der Mittelwert von $F_{N,1}(x), \ldots, F_{N,d}(x)$ bezeichnet wird. Die empirischen Verteilungsfunktionen $\widehat{F}_i(x)$ bzw. $\widehat{H}(x)$ sind, wie üblich, definiert. Man beachte, dass $E[\widehat{F}_i(x)] = F_{N,i}(x)$ und $E[\widehat{H}(x)] = H^*(x)$ für jedes feste x gilt.

Weiterhin unterscheidet man die Kovarianzmatrizen

$$\boldsymbol{V}_N = \bigoplus_{i=1}^{d} \frac{N}{n_i}\sigma_i^2, \tag{4.6.57}$$

$$\boldsymbol{V}_N^* = Cov\left(\sqrt{N}\int H d\widehat{\boldsymbol{F}}\right) = \bigoplus_{i=1}^{d} \frac{N}{n_i}\sigma_{N,i}^2, \tag{4.6.58}$$

wobei $\sigma_i^2 = \int H^2 dF_i - (\int H dF_i)^2 \geq \sigma_0^2 > 0$ und $\sigma_{N,i}^2 = \int H^2 dF_{N,i} - (\int H dF_{N,i})^2$ ist.

Mit dieser Notation werden zunächst einige technische Resultate formuliert und bewiesen.

Lemma 4.28
Die Zufallsvariablen $X_{ik} \sim F_{N,i}(x)$, $i = 1, \ldots, d$, $k = 1, \ldots, n_i$, seien unabhängig. Dann gilt für die oben definierten Funktionen $H(x)$, $H^*(x)$ und $\widehat{H}(x)$

1. $[H(x) - H^*(x)]^2 \leq \dfrac{1}{N}$ für jeden festen Punkt x,
2. $E\left[H(X_{ik}) - H^*(X_{ik})\right]^2 \leq \dfrac{1}{N}$,
3. $E\left[\widehat{H}(x) - H(x)\right]^2 \leq \dfrac{4}{N}$.

Beweis: Der Beweis von (1) und (2) folgt aus der Definition von $H^*(x)$

$$|H(x) - H^*(x)| \leq \frac{1}{\sqrt{N}} \sum_{i=1}^{d} \frac{n_i}{N}|F_i(x) - K_i(x)| \leq \frac{1}{\sqrt{N}}.$$

Zu (3): Zunächst folgt mit der c_r-Ungleichung

$$\left[\widehat{H}(x) - H(x)\right]^2 \leq 2\left[\widehat{H}(x) - H^*(x)\right]^2 + 2\left[H^*(x) - H(x)\right]^2.$$

Weiter folgt wegen der Unabhängigkeit von X_{ik} und $X_{rk'}$ für $i \neq r$

$$\begin{aligned}
E&\left[\widehat{H}(x) - H^*(x)\right]^2 \\
&= E\left(\frac{1}{N}\sum_{i=1}^{d} n_i \left[\widehat{F}_i(x) - F_{N,i}(x)\right]\right)^2 \\
&= \frac{1}{N^2}\sum_{i=1}^{d}\sum_{r=1}^{d} n_i n_r E\left(\left[\widehat{F}_i(x) - F_{N,i}(x)\right]\left[\widehat{F}_r(x) - F_{N,r}(x)\right]\right) \\
&= \frac{1}{N^2}\sum_{i=1}^{d} n_i^2 E\left[\widehat{F}_i(x) - F_{N,i}(x)\right]^2.
\end{aligned}$$

Da nun $E[\widehat{F}_i(x)] = F_{N,i}(x)$ ist, folgt mit der gleichen Argumentation wie im Beweis von (4.2.7) in Lemma 4.4 (siehe S. 177), dass $E[\widehat{F}_i(x) - F_{N,i}(x)]^2 \leq 1/n_i$ ist und damit $E[\widehat{H}(x) - H^*(x)]^2 \leq 1/N$. Der Term $[H^*(x) - H(x)]^2$ kann nach Aussage (1) dieses Lemmas ebenfalls durch $1/N$ abgeschätzt werden. Daraus ergibt sich die Behauptung. □

Damit kann die wesentliche Aussage formuliert werden. Der Einfachheit halber wird hier angenommen, dass $n_i/N \to \gamma_i > 0$, $i = 1, \ldots, d$, konvergiert (vergl. Beweis zu Proposition 4.17, S. 195).

Satz 4.29 (*Benachbarte Alternativen*)
Die Zufallsvariablen $X_{ik} \sim F_{N,i}(x)$, $i = 1, \ldots, d$, $k = 1, \ldots, n_i$, seien unabhängig und es gelte $n_i/N \to \gamma_i > 0$, $i = 1, \ldots, d$. Dann hat unter der Voraussetzung 4.15 (B) (siehe S. 192) und unter der in (4.6.54) festgelegten Folge von Alternativen die Statistik $\sqrt{N}\boldsymbol{C}\widehat{\boldsymbol{p}} = \sqrt{N}\boldsymbol{C}\int \widehat{H}d\widehat{\boldsymbol{F}}$ asymptotisch eine multivariate Normalverteilung mit Erwartungswert $\boldsymbol{\nu} = \int H^{(\gamma)}d(\boldsymbol{CK})$ und Kovarianzmatrix

$$\boldsymbol{V} \;=\; \lim_{n\to\infty} \boldsymbol{V}_N \;=\; \bigoplus_{i=1}^{d} \frac{\sigma_i^2}{\gamma_i},$$

wobei $H^{(\gamma)} = \sum_{i=1}^{d} \gamma_i F_i$ ist.

Beweis: Man zerlegt

$$\begin{aligned}
\sqrt{N}\boldsymbol{C}\widehat{\boldsymbol{p}} &= \sqrt{N}\boldsymbol{C}\int \widehat{H}d\widehat{\boldsymbol{F}} \\
&= \sqrt{N}\boldsymbol{C}\int H d\widehat{\boldsymbol{F}} \\
&\quad +\sqrt{N}\boldsymbol{C}\left(\int [\widehat{H} - H]d\boldsymbol{F}_N + \int [\widehat{H} - H + H^* - H^*]d(\widehat{\boldsymbol{F}} - \boldsymbol{F}_N)\right) \\
&= \sqrt{N}\boldsymbol{C}\int H d\widehat{\boldsymbol{F}} + \boldsymbol{a}_1 + \boldsymbol{a}_2 - \boldsymbol{a}_3
\end{aligned}$$

mit

$$\begin{aligned}
\boldsymbol{a}_1 &= \boldsymbol{C}\int [\widehat{H} - H]d\boldsymbol{K} \\
\boldsymbol{a}_2 &= \sqrt{N}\boldsymbol{C}\int [\widehat{H} - H^*]d(\widehat{\boldsymbol{F}} - \boldsymbol{F}_N) \\
\boldsymbol{a}_3 &= \sqrt{N}\boldsymbol{C}\int [H - H^*]d(\widehat{\boldsymbol{F}} - \boldsymbol{F}_N)\,.
\end{aligned}$$

Es genügt, die Aussage für jede Komponente separat zu beweisen. Damit sind die folgenden drei Aussagen zu zeigen

$$\begin{aligned}
&(i) && \int [\widehat{H} - H]\, dK_i \xrightarrow{p} 0, \\
&(ii) && \sqrt{N}\int [\widehat{H} - H^*]\, d(\widehat{F}_i - F_{N,i}) \xrightarrow{p} 0, \\
&(iii) && \sqrt{N}\int [H - H^*]\, d(\widehat{F}_i - F_{N,i}) \xrightarrow{p} 0.
\end{aligned}$$

Die Aussage in (i) folgt durch Anwendung der Jensen-Ungleichung

$$E\left(\int [\widehat{H} - H]dK_i\right)^2 \;\leq\; \int E[\widehat{H} - H]^2 dK_i \;\leq\; \frac{4}{N} \to 0$$

und unter Benutzung der Aussage (3) in Lemma 4.28.

Zum Beweis von (ii) ist zu beachten, dass $E[\widehat{H}(x)] = H^*(x)$ und $E[\widehat{F}_i(x)] = F_{N,i}(x)$ für jedes feste x ist. Die Aussage folgt dann mit der gleichen Argumentation wie im Beweis von Satz 4.16 (Asymptotischer Äquivalenz-Satz, S. 192).

Zum Beweis der Aussage in (iii) berechnet man zuerst

$$\left(\sqrt{N}\int [H(x) - H^*(x)]d(\widehat{F}_i(x) - F_{N,i}(x))\right)^2 \;=\; \frac{N}{n_i^2}\sum_{k=1}^{n_i}\sum_{k'=1}^{n_i} \varphi(X_{ik})\varphi(X_{ik'}),$$

wobei

$$\varphi(X_{ik}) \;=\; H(X_{ik}) - H^*(X_{ik}) - \int [H(x) - H^*(x)]dF_{N,i}(x)$$

ist. Unter Ausnutzung der Unabhängigkeit von X_{ik} und $X_{ik'}$ für $k \neq k'$ erhält man dann für den Erwartungswert

$$\begin{aligned}
E(a_{3,i}^2) &= \frac{N}{n_i^2}\sum_{k=1}^{n_i} E[H(X_{ik}) - H^*(X_{ik}) - \textstyle\int [H(x) - H^*(x)]dF_{N,i}(x)]^2 \\
&\leq \frac{N}{n_i^2}\sum_{k=1}^{n_i}\left(2E[H(X_{ik}) - H^*(X_{ik})]^2 + 2\int [H(x) - H^*(x)]^2 dF_{N,i}(x)\right) \\
&\leq \frac{N}{n_i}\left(\frac{2}{N} + \frac{2}{N}\right) = \frac{4}{n_i} \to 0,
\end{aligned}$$

wobei die letzten beiden Schritte mit der c_r-Ungleichung und der Jensen-Ungleichung folgen. Damit ist die asymptotische Äquivalenz von $\sqrt{N}\boldsymbol{C}\widehat{\boldsymbol{p}}$ und $\sqrt{N}\boldsymbol{C}\int H\widehat{\boldsymbol{F}}$ gezeigt.

Da die Zufallsvariablen $Y_{ik} = H(X_{ik})$ gleichmäßig beschränkt sind mit $E(Y_{i1}) = \int HdF_{N,i}$ und $Var(Y_{i1}) = \sigma_{N,i}^2$, folgt die asymptotische Normalität von $\sqrt{N}\boldsymbol{C}\int H\widehat{\boldsymbol{F}}$, falls für hinreichend großes N die Varianzen $\sigma_{N,i}^2 \geq \sigma_1^2 > 0$ sind. Dies folgt aber aus der Voraussetzung $\sigma_i^2 \geq \sigma_0^2 > 0$, da

$$\begin{aligned}
\sigma_{N,i}^2 &= \int H^2 dF_{N,i} - \left(\int HdF_{N,i}\right)^2 \\
&= \int H^2 dF_i - \left(\int HdF_i\right)^2 + O\left(\frac{1}{\sqrt{N}}\right) \\
&= \sigma_i^2 + O\left(\frac{1}{\sqrt{N}}\right)
\end{aligned}$$

ist. Aus diesen Überlegungen folgt auch, dass $\boldsymbol{V}_N^* \to \boldsymbol{V}$ konvergiert. □

Aus Satz 4.29 folgt, dass die Menge der Alternativen, gegen welche die auf $\sqrt{N}\boldsymbol{C}\widehat{\boldsymbol{p}}$ basierenden Statistiken konsistent sind, die Menge aller Vektoren $\boldsymbol{p}$ ist, für die $\boldsymbol{Cp} \neq \boldsymbol{0}$ gilt.

Bezeichne H_0^F die Hypothese $\boldsymbol{CF} = \boldsymbol{0}$, H_0^p die Hypothese $\boldsymbol{Cp} = \boldsymbol{0}$ und H_0^μ die Hypothese $\boldsymbol{C\mu} = \boldsymbol{0}$. Dann kann man die Implikationen zwischen den beiden nichtparametrischen Hypothesen H_0^F und H_0^p sowie der parametrischen Hypothese H_0^μ durch eine Grafik veranschaulichen, die in Abbildung 4.1 wiedergegeben ist.

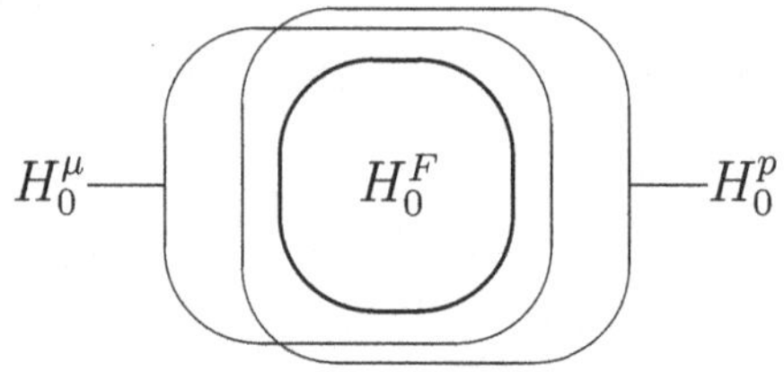

Abbildung 4.1 Zusammenhang zwischen den Hypothesen H_0^F, H_0^p und H_0^μ.

4.7 Relative Effekte und harmonische Ränge

In Abschnitt 1.4.1 wurde für zwei unabhängige Zufallsvariablen $X_1 \sim F_1$ und $X_2 \sim F_2$ ein relativer Unterschied von X_2 zu X_1 durch den relativen Effekt $p = \int F_1 dF_2$ quantifiziert. Bei gegebenen Verteilungen F_1 und F_2 ist p eine feste reelle Zahl zwischen 0 und 1, die insbesondere nicht von den Stichprobenumfängen n_1 und n_2 abhängt. Wenn die Größe p ferner eine sinnvolle und anschauliche Bedeutung als Wahrscheinlichkeit haben soll, dann muss der relative Effekt von X_1 zu X_2 das Komplement von p zu 1, also gleich $1 - p$ sein. Dass p diese Eigenschaft besitzt, folgt aus Korollar 4.2. Für zwei Gruppen von Zufallsvariablen $X_{i1}, \ldots, X_{in_i} \sim F_i(x)$, $i = 1, 2$, gelten die oben genannten Eigenschaften entsprechend. Insbesondere hängt der relative Effekt $p = \int F_1 dF_2$ von X_{1k} zu $X_{2k'}$ nicht von den Stichprobenumfängen n_1 und n_2 ab.

Für $d \geq 2$ Gruppen von Zufallsvariablen $X_{i1}, \ldots, X_{in_i} \sim F_i(x)$, $i = 1, \ldots, d$, wurde in Abschnitt 1.4.2 ein relativer Effekt von $F_i(x)$ zum Mittel $H(x)$ durch $p_i = \int H dF_i$ definiert. Hierbei ist zu beachten, dass $H(x)$ ein mit den Stichprobenumfängen gewichtetes Mittel der Verteilungsfunktionen $F_i(x)$ ist. Damit hängt p_i von den Stichprobenumfängen $n_1, \ldots, n_d$ ab. Dies hat zur Folge, dass p_i in unbalancierten Versuchsplänen keine Modellkonstante ist, sondern sich mit den Stichprobenumfängen verändern kann. Damit verliert aber p_i die Bedeutung einer festen Modellgröße, die geschätzt werden soll und für die man ein Konfidenzintervall angeben möchte, um die Variabilität im Versuch anschaulich darzustellen und zu quantifizieren. Insbesondere ist die Angabe eines asymptotischen Konfidenzintervalls für eine Größe, die vom Stichprobenumfang abhängt, sehr unanschaulich. Weiterhin hängt bei ungleichen Zellbesetzungen der Hypothesenraum bei Hypothesen der Form $H_0^p : \boldsymbol{Cp} = \boldsymbol{0}$ für den Vektor $\boldsymbol{p} = (p_1, \ldots, p_d)'$ der relativen Effekte p_i von den

Stichprobenumfängen ab. Die Abhängigkeit einer Hypothese von Stichprobenumfängen ist jedoch zumindest ungewöhnlich, wenn nicht sogar widersinnig.

Betrachtet man für $d = 2$ Gruppen von Zufallsvariablen $X_{i1}, \ldots, X_{in_i} \sim F_i(x)$, $i = 1, 2$, die relativen Effekte $p_i = \int H dF_i$, dann folgt aus (1.4.9) auf Seite 24, dass

$$p_1 = \frac{1}{n_1}\left(\frac{N}{2} - n_2 p_2\right)$$

ist. Daraus ergibt sich für gleiche Stichprobenumfänge $n_1 = n_2 = n$, dass $p_1 = 1 - p_2$ ist, was jedoch für ungleiche Stichprobenumfänge nur für $p_1 = p_2 = \frac{1}{2}$ gilt. Damit ist im Allgemeinen p_2 nicht als Gegenwahrscheinlichkeit zu p_1 zu interpretieren.

Diese Nachteile kann man dadurch umgehen, dass man

1. die Hypothesen grundsätzlich nur über die Verteilungsfunktionen formuliert und den Vektor $\widehat{\boldsymbol{p}} = (\widehat{p}_1, \ldots, \widehat{p}_d)'$ nur als eine Statistik ansieht, auf der Verfahren zur Prüfung der Hypothese basieren;

2. die relativen Effekte p_i und deren Schätzer $\widehat{p}_i$ nur bei gleichen (oder annähernd gleichen) Stichprobenumfängen verwendet. Auch Konfidenzintervalle für p_i sollte man nur angeben, wenn annähernd gleiche Stichprobenumfänge vorhanden sind.

Wir haben hier der Einfachheit halber diesen Weg gewählt und verzichten somit auf eine Beschreibung von nichtparametrischen Effekten und eine Berechnung von Konfidenzintervallen im Falle von sehr unterschiedlichen Stichprobenumfängen. Weiterhin wird die Formulierung von Hypothesen der Form H_0^p in diesem Fall vermieden. Eine Ausnahme stellt allerdings der Fall $d = 2$ dar, weil der relative Effekt $p = \int F_1 dF_2$ nicht von den Stichprobenumfängen abhängt.

Eine rigorose Lösung des Problems besteht darin, für mehrere Verteilungen Effekte q_i über die ungewichtete mittlere Verteilungsfunktionen $G(x) = \frac{1}{d}\sum_{i=1}^{d} F_i(x)$ zu definieren. Der Vektor dieser Effekte $\boldsymbol{q} = (q_1, \ldots, q_d)' = \int G(x) d\boldsymbol{F}(x)$ hängt dann nur noch vom Versuchsplan, nicht aber von den Stichprobenumfängen ab. Ferner gilt für $d = 2$, dass auch für ungleiche Stichprobenumfänge $q_1 = 1 - q_2$ ist. Die Größen $q_i = \int G dF_i$ können als relative Verteilungsunterschiede angesehen werden und werden konsistent und erwartungstreu durch $\widehat{q}_i = \int \widehat{G} d\widehat{F}_i$ geschätzt. Hierbei ist $\widehat{G}(x) = \frac{1}{d}\sum_{i=1}^{d} \widehat{F}_i(x)$ der ungewichtete Mittelwert der empirischen Verteilungsfunktionen $\widehat{F}_i(x)$. Die relativen Verteilungsunterschiede q_i und deren Schätzer $\widehat{q}_i$ sind, genau wie die relativen Effekte p_i und deren Schätzer $\widehat{p}_i$, unter ordnungserhaltenden Transformationen invariant. Die bei der Schätzung von q_i auftretenden Größen $\widehat{G}(X_{ik})$ können über die Gesamt-Ränge R_{ik}, die Intern-Ränge $R_{ik}^{(i)}$ und die Teil-Ränge $R_{ik}^{(-r)}$ dargestellt werden. Allerdings ist die Darstellung etwas komplizierter als für die gewichteten Effekte $p_i = \int H dF_i$, bei denen zur Schätzung nur die Gesamt-Ränge verwendet werden. Man erhält mit Lemma 1.19 (siehe S. 36)

$$\begin{aligned}
\widehat{G}(X_{ik}) &= \frac{1}{d}\sum_{r=1}^{d}\widehat{F}_r(X_{ik}) = \frac{1}{d}\sum_{r=1}^{d}\frac{1}{n_r}\sum_{\ell=1}^{n_r}c(X_{ik}-X_{r\ell}) \\
&= \frac{1}{d}\left[\sum_{r\neq i}^{d}\frac{1}{n_r}\left(R_{ik}-R_{ik}^{(-r)}\right)+\frac{1}{n_i}\left(R_{ik}^{(i)}-\frac{1}{2}\right)\right] \qquad (4.7.59) \\
&= \frac{1}{d}\left[R_{ik}\sum_{r=1}^{d}\frac{1}{n_r}-\frac{1}{n_i}\left(R_{ik}-R_{ik}^{(i)}\right)-\sum_{r\neq i}^{d}\frac{1}{n_r}R_{ik}^{(-r)}-\frac{1}{2n_i}\right].
\end{aligned}$$

Bezeichnet man mit $\widetilde{n}$ das harmonische Mittel der Stichprobenumfänge, also $1/\widetilde{n} = \frac{1}{d}\sum_{r=1}^{d} 1/n_r$, dann kann man analog zur Darstellung des Gesamt-Rangs R_{ik} von X_{ik} in der Form $R_{ik} = N \cdot \widehat{H}(X_{ik}) + \frac{1}{2}$ die Größe

$$\Psi_{ik} = d \cdot \widetilde{n} \cdot \widehat{G}(X_{ik}) + \frac{\widetilde{n}}{2n_i} \qquad (4.7.60)$$

definieren, die man als *harmonischen Rang* von X_{ik} bezeichnet. Bei gleichen Stichprobenumfängen $n_1 = \cdots = n_d = n$ ist $\widehat{G} = \widehat{H}$, $\widetilde{n} = n$, $d\widetilde{n} = N$ und damit $\Psi_{ik} = R_{ik}$. Für den Schätzer $\widehat{q}_i$ erhält man mit $\overline{\Psi}_{i\cdot} = n_i^{-1}\sum_{k=1}^{n_i}\Psi_{ik}$ die Darstellung

$$\widehat{q}_i = \frac{1}{d\widetilde{n}}\left(\overline{\Psi}_{i\cdot} - \frac{\widetilde{n}}{2n_i}\right), \qquad (4.7.61)$$

die sich bei gleichen Stichprobenumfängen auf $\widehat{p}_i = \frac{1}{N}\left(\overline{R}_{i\cdot} - \frac{1}{2}\right)$ reduziert, wie für die relativen Effekte in (1.5.13) auf Seite 38 abgegeben ist.

Asymptotische Resultate für die Verteilung von $\sqrt{N}(\widehat{q}_i - q_i)$ oder von $\sqrt{N}(\widehat{\boldsymbol{q}} - \boldsymbol{q})$ lassen sich genau wie für $\sqrt{N}(\widehat{p}_i - p_i)$ bzw. $\sqrt{N}(\widehat{\boldsymbol{p}} - \boldsymbol{p})$ herleiten. Damit können dann Schätzer und Konfidenzintervalle für die relativen Verteilungsunterschiede q_i auch bei ungleichen Stichprobenumfängen angegeben werden. Hierauf soll aber an dieser Stelle nicht näher eingegangen werden.

4.8 Einpunkt-Verteilungen

Ist eine Maßnahme oder Therapie sehr wirksam, so kann es vorkommen, dass nur ein Versuchsausgang beobachtet wird, zum Beispiel der Zustand 'geheilt' oder die beste Kategorie einer geordnet kategorialen Skala. Es ist allerdings auch möglich, dass die Skalenpunkte einer an sich stetigen Skala erst ab einer bestimmten Messgenauigkeit beobachtet werden können und die Messgrößen deshalb de facto gleich sind. Gemeinsam ist diesen Beispielen, dass die beobachteten Verteilungen sich auf einen Punkt konzentrieren.

Es ist also von praktischem Interesse, Einpunkt-Verteilungen in die bestehenden Modelle zu integrieren. Technisch gesehen sind Verteilungen dieses Typs bisher durch die Bedingung 4.15, (B) $\sigma_i^2 = Var[H(X_{ik})] \geq \sigma_0^2 > 0$ ausgeschlossen. Diese Bedingung wurde benötigt, um den Zentralen Grenzwertsatz auf die asymptotischen Rangtransformationen anzuwenden und um sich bei der Varianzschätzung auf die Konvergenz der Differenzen $\sigma_i^2 - \widehat{\sigma}_i^2 \to 0$ statt auf die Konvergenz der Quotienten $\sigma_i^2/\widehat{\sigma}_i^2 - 1 \to 0$ zurückziehen zu können. Dies lässt sich allerdings so abschwächen, dass Einpunkt-Verteilungen mit eingeschlossen werden können.

Voraussetzungen 4.30

(A) $N \to \infty$, sodass $N/n_i \leq N_0 < \infty$, $i = 1, \ldots, d$, ist.

(B) Es gibt eine nicht leere Teilmenge $I \in \{1, \ldots, d\}$, so dass gilt

$$\begin{array}{lll} \sigma_i^2 \geq \sigma_0^2 > 0 & \text{für alle} & i \in I, \\ \sigma_j^2 = 0 & \text{für alle} & j \in \{1, \ldots, d\} \setminus I. \end{array}$$

Diese Bedingung lässt im Gegensatz zu Voraussetzung 4.15 Einpunkt-Verteilungen zu, solange im gesamten Versuch noch Variation vorliegt. Der Fall, bei dem alle Varianzen gleich 0 sind, ist trivial.

Unter den Voraussetzungen 4.8 ist es jetzt möglich, die wesentlichen Resultate des Abschnitts 4.4 auf den Fall von Einpunkt-Verteilungen zu verallgemeinern. Dabei ist zunächst zu beachten, dass der Asymptotische Äquivalenz-Satz nur Bedingung 4.15 (A) voraussetzt und deshalb weiter gültig bleibt. Da dieses Kernresultat gilt, ist es wieder möglich, sich bei asymptotischen Betrachtungen unter Hypothese $H_0^F : \boldsymbol{CF} = \boldsymbol{0}$ auf die asymptotischen Rangtransformationen $Y_{ik} = H(X_{ik})$, $i = 1, \ldots, d$, $k = 1, \ldots, n_i$, zurückzuziehen.

Proposition 4.31 (Asymptotische Normalität der ART)
Die Zufallsvariablen $X_{i1}, \ldots, X_{in_i} \sim F_i$, $i = 1, \ldots, d$, seien unabhängig. Dann gilt unter den Voraussetzungen 4.30

$$\sqrt{N}\,(\overline{\boldsymbol{Y}}_{\cdot} - \boldsymbol{p}) \quad \doteq \quad \boldsymbol{U}_N \sim N(\boldsymbol{0}, \boldsymbol{V}_N), \tag{4.8.62}$$

wobei $\boldsymbol{p} = \int H d\boldsymbol{F}$ ist und $\boldsymbol{V}_N$ in (4.4.23) auf Seite 194 angegeben ist.

Beweis: Der Beweis erfolgt analog zum Beweis von Proposition 4.17. Zur Anwendung des Zentralen Grenzwertsatzes ist zu zeigen, dass die Summe der Varianzen gegen ∞ strebt. Dies wird durch die Voraussetzungen 4.30 gesichert. □

Da die asymptotische Normalität der ART bei Einpunkt-Verteilungen gewährleistet ist, gilt auch weiter die asymptotische Normalität des Kontrastvektors $\sqrt{N}\boldsymbol{C}\widehat{\boldsymbol{p}}$ unter der Hypothese H_0^F.

Satz 4.32 (Asymptotische Normalität von $\sqrt{N}\boldsymbol{C}\widehat{\boldsymbol{p}}$ unter H_0^F)
Die Zufallsvariablen $X_{i1}, \ldots, X_{in_i} \sim F_i$, $i = 1, \ldots, d$, seien unabhängig und $\boldsymbol{C}$ sei eine beliebige Kontrastmatrix. Dann gilt unter den Voraussetzungen 4.30 und unter der Hypothese $H_0^F : \boldsymbol{CF} = \boldsymbol{0}$

$$\sqrt{N}\boldsymbol{C}\widehat{\boldsymbol{p}} \quad \doteq \quad \boldsymbol{C}\boldsymbol{U}_N \sim N(\boldsymbol{0}, \boldsymbol{C}\boldsymbol{V}_N\boldsymbol{C}'). \tag{4.8.63}$$

Beweis: Die Aussage folgt aus Satz 4.16 (siehe S. 192) und Proposition 4.31. □

Auch für die Kovarianzmatrix lässt sich analog wie in Abschnitt 4.4 ein Schätzer herleiten. Dabei ist allerdings wegen Voraussetzung 4.30 (B) eine Fallunterscheidung notwendig.

Satz 4.33 (*Varianzschätzer*)
Die Zufallsvariablen $X_{i1}, \ldots, X_{in_i} \sim F_i, i = 1, \ldots, d$, seien unabhängig und es bezeichne

$$\widehat{\sigma}_i^2 = \frac{1}{N^2(n_i - 1)} \sum_{k=1}^{n_i} \left(R_{ik} - \overline{R}_{i\cdot}\right)^2 \tag{4.8.64}$$

die empirische Varianz der Ränge innerhalb der Stichprobe $X_{i1}, \ldots, X_{in_i}$ und

$$\widehat{\boldsymbol{V}}_N = \bigoplus_{i=1}^{d} \frac{N}{n_i} \widehat{\sigma}_i^2, \quad i = 1, \ldots, d, \tag{4.8.65}$$

den damit gebildeten Schätzer für die Kovarianzmatrix $\boldsymbol{V}_N$. Dann folgt unter den Voraussetzungen 4.30

$$\sigma_i^2 = 0 \quad \Rightarrow \quad \sigma_i^2 = \widehat{\sigma}_i^2 \quad \text{(fast sicher)}$$

$$\sigma_i^2 \geq \sigma_0^2 > 0 \quad \Rightarrow \quad E\left(\frac{\widehat{\sigma}_i^2}{\sigma_i^2} - 1\right)^2 \to 0.$$

Beweis: Im Fall $\sigma_i^2 \geq \sigma_0^2 > 0$ wird genauso verfahren wie im Beweis zu Satz 4.19. Im Fall $\sigma_i^2 = 0$ gibt es in der i-ten Gruppe keine Variation, d.h. alle Messwerte sind fast sicher identisch. Damit sind dann auch die ART und die Ränge in dieser Gruppe fast sicher identisch und somit ist $\widehat{\sigma}_i^2 = 0$. □

Die oben diskutierten Resultate bilden die Grundlage zur Herleitung von Statistiken zum Testen nichtparametrischer Hypothesen der Form $H_0^F : \boldsymbol{CF} = \boldsymbol{0}$. Die Ergebnisse für Statistiken vom ANOVA-Typ (siehe Abschnitt 4.5.1.2) lassen sich unmittelbar auf den vorliegenden Fall übertragen. Bei der Betrachtung linearer Rangstatistiken aus Abschnitt 4.5.2 muss zusätzlich zu den Voraussetzungen 4.30 noch gefordert werden, dass die Varianz der Statistik von 0 weg beschränkt bleibt, d.h. $\boldsymbol{w}'\boldsymbol{C}'\boldsymbol{V}_N\boldsymbol{C}\boldsymbol{w} \geq \kappa_0 > 0$, wobei $\boldsymbol{w}$ den verwendeten Gewichtsvektor bezeichnet. Diese Voraussetzung lässt sich wegen der Voraussetzungen 4.30 einfach durch $\boldsymbol{w}'\boldsymbol{C}'\widehat{\boldsymbol{V}}_N\boldsymbol{C}\boldsymbol{w} \neq 0$ überprüfen.

Bei den in Abschnitt 4.5.1.1 diskutierten Statistiken vom Wald-Typ muss jedoch berücksichtigt werden, dass der Freiheitsgrad der verwendeten χ^2-Verteilung gleich $r(\boldsymbol{CV}_n)$ ist und somit davon abhängt, wie sich $Kern(\boldsymbol{C})$ und $Bild(\boldsymbol{V}_N)$ zueinander verhalten. Im Umgang mit Statistiken vom Wald-Typ bei Einpunkt-Verteilungen wird zur Vorsicht geraten. Eine genauere Betrachtung ist in Brunner, Munzel und Puri (1999) zu finden.

4.9 Score-Funktionen

Die Aussagen der vorangegangenen Abschnitte lassen sich dahingehend verallgemeinern, dass eine Gewichtsfunktion $J(u) : u \in (0,1) \to \mathbb{R}$ auf die gemittelte Verteilungsfunktion

$H(x)$ angewandt wird. Man kann durch eine solche Gewichtung zum Beispiel das Zentrum der Verteilungsfunktion $H(x)$ stärker gewichten als die Ränder bzw. umgekehrt, oder den linken Rand stärker als den rechten.

Die Güte der Testverfahren lässt sich in einfaktoriellen Lokationsmodellen mit stetigen Verteilungsfunktionen $F_i(x) = F(x - \mu_i), i = 1, \ldots, a$, durch eine entsprechende Wahl der *Score-Funktion* $J(u)$ optimieren, wenn $F(x)$ bekannt ist. In der Praxis ist jedoch $F(x)$ fast nie bekannt. Man kann daher versuchen, $F(x)$ zunächst aus den Daten zu schätzen und dann die optimale Score-Funktion in einem zweiten Schritt aus der geschätzten Funktion $\widetilde{F}(x)$ bestimmen (Behnen und Neuhaus, 1989). Dieses Verfahren erfordert allerdings sehr große Stichprobenumfänge. Für kleine Stichprobenumfänge kann bei einem solchen zweistufigen Verfahren das gewählte Niveau α 'außer Kontrolle geraten' (siehe z.B. Büning und Trenkler, 1994, Abschnitt 11.4).

Das von Hogg (1974) vorgeschlagene und von Büning (1991) weiter entwickelte Verfahren, über eine *Selektor-Statistik*, die von der Rangstatistik unabhängig ist, die Score-Funktion auszuwählen, setzt stetige Verteilungsfunktionen voraus. Somit beschränkt sich das Konzept optimaler Score-Funktionen auf einfaktorielle Lokationsmodelle, bei denen keine Bindungen in den Daten vorhanden sind. Dies ist in der Praxis ein sehr eingeschränkter Bereich, der nicht weiter verfolgt werden soll, da hier allgemeine nichtparametrische Modelle in mehrfaktoriellen Versuchsanlagen im Vordergrund stehen. Der an den adaptiven Verfahren interessierte Leser sei auf die Bücher von Behnen und Neuhaus (1989) und Büning (1991) verwiesen.

Hier sollen Score-Funktionen unter dem Aspekt der Gewichtung gesehen werden. Mit entsprechenden Gewichtsfunktionen können dann verschiedene Arten von Alternativen aufgedeckt werden, wie etwa Alternativen, welche sich hauptsächlich in einer Änderung der Streuung in den Daten bemerkbar machen, oder Alternativen, die sich als Änderung einer 'zentralen Tendenz', wie z.B. einer Änderung des Erwartungswertes oder des Medians, darstellen. Dazu ist es aber für die Praxis ausreichend, einfache, hinreichend glatte Score-Funktionen zu betrachten, um mathematische Komplikationen zu vermeiden.

Im Folgenden werden daher Score-Funktionen $J(u)$ mit beschränkter zweiter Ableitung betrachtet, d.h. $\|J''\|_\infty = \sup_{0<u<1} |J''(u)| < \infty$ und die wesentlichen Resultate der vorangegangenen Abschnitte werden für diese Score-Funktionen formuliert. Es sei noch angemerkt, dass mit $\|J''\|_\infty < \infty$ natürlich auch $\|J'\|_\infty < \infty$ und $\|J\|_\infty < \infty$ folgt.

Die Herleitung für die Erweiterung der Resultate in den Abschnitten 4.2, 4.4 und 4.6.2 auf Score-Funktionen mit beschränkter zweiter Ableitung ist im Allgemeinen relativ einfach und erfordert nur die Anwendung des Mittelwertsatzes bzw. einer Taylor-Entwicklung 2. Grades (siehe z.B. Munzel, 1994, 1999).

Es bezeichne $p_i(J) = \int J(H) dF_i$ den relativen Score-Effekt der i-ten Versuchsgruppe und $\boldsymbol{p}(J) = (p_1(J), \ldots, p_d(J))'$ den Vektor dieser Score-Effekte. Die Schätzer werden mit $\widehat{p}_i(J) = \int J(\widehat{H}) d\widehat{F}_i$ bzw. $\widehat{\boldsymbol{p}}(J) = (\widehat{p}_1(J), \ldots, \widehat{p}_d(J))'$ bezeichnet.

Bei der Berechnung von $\widehat{p}_i(J)$ ist zu beachten, dass $\widehat{H}(X_{ik}) \in \left[\frac{1}{2N}, 1 - \frac{1}{2N}\right]$ ist für $i = 1, \ldots, d$, $k = 1, \ldots, n_i$. Damit ist $\widehat{H}(X_{ik})$ symmetrisch innerhalb des Intervalls $(0, 1)$ festgelegt, wobei die Grenzen X_{ik} an keiner beobachteten Stelle X_{ik} erreicht werden. Somit ist es möglich, $J[\widehat{H}(x)]$ zu betrachten und es ist es nicht erforderlich, eine Korrektur, etwa der Art $J[\frac{N}{N+1}\widehat{H}(x)]$ zu verwenden. Dies ist nur notwendig, wenn die rechts-stetige Version $\widehat{H}^+(x)$ verwendet wird, nicht aber bei der normalisierten Version $\widehat{H}(x)$. Analoge Überlegungen gelten auch für $H(x)$, da $H(x)$ durch die Wahl der normalisierten Version der Verteilungsfunktion fast sicher Werte im Intervall $(0,1)$ annimmt.

Zur Erweiterung der asymptotischen Resultate in den Abschnitten 4.2, 4.4 und 4.6.2 für Score-Funktionen mit beschränkter zweiter Ableitung wird zusätzlich zu den Voraussetzungen 4.15 (siehe S. 192) die folgende Voraussetzung benötigt.

Voraussetzung 4.34

$J(u) : u \in (0,1) \to \mathbb{R}$ sei eine Score-Funktion mit $\|J''\|_\infty < \infty$.

Dann gelten die folgenden Verallgemeinerungen jeweils zu Lemma 4.4, Satz 4.16, Proposition 4.17, Satz 4.19, Satz 4.29 und Lemma 4.28.

Lemma 4.35 (*Momente des empirischen Prozesses*)
Unter den Voraussetzungen von Lemma 4.4 und unter Voraussetzung 4.34 gilt

1. $E\Big(J[\widehat{H}(x)] - J[H(x)]\Big)^2 \;\le\; \frac{1}{N}\,\|J'\|_\infty^2\,,$

2. $E\Big(J[\widehat{H}(X_{ik})] - J[H(X_{ik})]\Big)^2 \;\le\; \frac{1}{N}\,\|J'\|_\infty^2\,.$

Beweis: Man stellt die Differenz $J[\widehat{H}(x)] - J[H(x)]$ als Integral dar und benutzt den Mittelwertsatz,

$$\begin{aligned} J[\widehat{H}(x)] - J[H(x)] &= \int_{H(x)}^{\widehat{H}(x)} dJ(s) \\ &= J'(\widehat{\theta}_N)\cdot\Big[\widehat{H}(x) - H(x)\Big], \end{aligned}$$

wobei $\widehat{\theta}_N$ zwischen $\widehat{H}(x)$ und $H(x)$ liegt. Damit folgt

$$\Big(J[\widehat{H}(x)] - J[H(x)]\Big)^2 \;\le\; \|J'\|_\infty^2\,\Big[\widehat{H}(x) - H(x)\Big]^2.$$

Die beiden Aussagen des Lemmas erhält man dann aus den Aussagen (4.2.9) und (4.2.10) in Lemma 4.4. □

Satz 4.36 (*Asymptotischer Äquivalenz-Satz*)
Unter den Voraussetzungen von Satz 4.16 und unter Voraussetzung 4.34 gilt

$$\sqrt{N}\int J(\widehat{H})d\Big(\widehat{\boldsymbol{F}} - \boldsymbol{F}\Big) \;\doteq\; \sqrt{N}\int J(H)d\Big(\widehat{\boldsymbol{F}} - \boldsymbol{F}\Big).$$

Beweis: Man zerlegt $\sqrt{N}\int J(\widehat{H})d(\widehat{\boldsymbol{F}}-\boldsymbol{F})$ analog wie im Beweis zu Satz 4.16 und betrachtet die i-te Komponente der Zerlegung

$$\begin{aligned}&\sqrt{N}\int J(\widehat{H})d(\widehat{F}_i-F_i)\\ &= \sqrt{N}\int J(H)d(\widehat{F}_i-F_i)+\sqrt{N}\int[J(\widehat{H})-J(H)]d(\widehat{F}_i-F_i),\ i=1,\ldots,d.\end{aligned}$$

Man führt eine Taylor-Entwicklung durch, um mit der gleichen Beweistechnik wie in Satz 4.16 zeigen zu können, dass $\sqrt{N}\int[J(\widehat{H})-J(H)]d(\widehat{F}_i-F_i)\xrightarrow{p}0$ gilt.

$$J(\widehat{H})-J(H) = J'(H)(\widehat{H}-H)+\frac{1}{2}J''(\widehat{\theta}_N)(\widehat{H}-H)^2,$$

wobei $\widehat{\theta}_N$ zwischen $\widehat{H}(x)$ und $H(x)$ liegt. Damit erhält man

$$\sqrt{N}\int[J(\widehat{H})-J(H)]d(\widehat{F}_i-F_i) = B_{1,i}+B_{2,i}$$

mit

$$\begin{aligned}B_{1,i} &= \sqrt{N}\int J'(H)(\widehat{H}-H)d(\widehat{F}_i-F_i) \quad \text{und}\\ B_{2,i} &= \sqrt{N}\int \frac{1}{2}J''(\widehat{\theta}_N)(\widehat{H}-H)^2d(\widehat{F}_i-F_i).\end{aligned}$$

Um zu zeigen, dass $E(B_{1,i}^2)\to 0$ gilt, wendet man die gleiche Technik an, wie sie im Beweis zu Satz 4.16 verwendet wurde. Den zweiten Term zerlegt man in $B_{2,i}=B_{21,i}+B_{22,i}$ mit

$$\begin{aligned}B_{21,i} &= \sqrt{N}\int \frac{1}{2}J''(\widehat{\theta}_N)(\widehat{H}-H)^2d\widehat{F}_i,\\ B_{22,i} &= \sqrt{N}\int \frac{1}{2}J''(\widehat{\theta}_N)(\widehat{H}-H)^2dF_i\,.\end{aligned}$$

Durch Anwendung der Jensen-Ungleichung folgt dann mit den Aussagen (4.2.11) und (4.2.12) aus Lemma 4.4 (siehe S. 177), dass $E(B_{21,i}^2)\to 0$ und $E(B_{22,i}^2)\to 0$ gilt. □

Die asymptotische Normalität von $\sqrt{N}(\overline{\boldsymbol{Y}}.(J)-\boldsymbol{p}(J))$ folgt genau wie in Proposition 4.17, da die Zufallsvariablen $Y_{ik}(J)=J[H(X_{ik})]$ wegen $\|J\|_\infty<\infty$ gleichmäßig beschränkt sind. Die Kovarianzmatrix von $\sqrt{N}\,\overline{\boldsymbol{Y}}.(J)$ ist dann

$$\begin{aligned}\boldsymbol{V}_N &= \bigoplus_{i=1}^{d}\frac{N}{n_i}\sigma_i^2(J)\\ &= N\cdot diag\{\sigma_1^2(J)/n_1,\ldots,\sigma_d^2(J)/n_d\},\end{aligned}$$

wobei

$$\begin{aligned} \sigma_i^2(J) &= Var\,(J[H(X_{i1})]) \\ &= \int J^2(H)dF_i - \left(\int J(H)dF_i\right)^2 \\ &\geq \sigma_0^2(J) > 0 \end{aligned} \tag{4.9.66}$$

angenommen wird. Man erhält konsistente Schätzer für die unbekannten Varianzen $\sigma_i^2(J)$, $i = 1, \ldots, d$, analog wie in Satz 4.19.

Satz 4.37 (*Varianzschätzer*)
Die Zufallsvariablen $X_{i1}, \ldots, X_{in_i} \sim F_i$, $i = 1, \ldots, d$, seien unabhängig und es bezeichne $\phi_{ik} = \widehat{Y}_{ik}(J) = J[\frac{1}{N}(R_{ik} - \frac{1}{2})]$ die Rang-Scores und $\overline{\phi}_{i\cdot} = n_i^{-1}\sum_{k=1}^{n_i}\phi_{ik}$ deren Mittelwert. Ferner sei $\sigma_i^2(J) \geq \sigma_0^2(J) > 0$, wie in (4.9.66) angegeben. Dann folgt unter den Voraussetzungen 4.15 und 4.34, dass

$$\widehat{\sigma}_i^2(J) = \frac{1}{n_i - 1}\sum_{k=1}^{n_i}\left(\phi_{ik} - \overline{\phi}_{i\cdot}\right)^2, \quad i = 1, \ldots, d, \tag{4.9.67}$$

konsistent für $\sigma_i^2(J)$ ist im Sinne, dass

$$E\left(\frac{\widehat{\sigma}_i^2(J)}{\sigma_i^2(J)} - 1\right)^2 \to 0 \quad \text{und} \quad \widehat{\boldsymbol{V}}_N \boldsymbol{V}_N^{-1} \xrightarrow{p} \boldsymbol{I}_d$$

gilt, wobei

$$\widehat{\boldsymbol{V}}_N = \bigoplus_{i=1}^d \frac{N}{n_i}\widehat{\sigma}_i^2(J)$$

ist.

Beweis: Der Beweis dieser Aussage erfolgt analog zum Beweis von Satz 4.19, wenn man beachtet, dass die Funktion $g_J(u) = g[J(u)]$ für $g(u) = u^2$ eine beschränkte erste Ableitung hat. Der Beweis wird daher nicht näher ausgeführt, sondern als Übung überlassen. □

Schließlich werden die Aussagen für die benachbarten Alternativen auf Score-Funktionen erweitert. Dazu betrachtet man die in (4.6.54) angegebene Folge von Alternativen

$$\begin{aligned} \boldsymbol{F}_N &= (F_{N,1}, \ldots, F_{N,d})' \\ &= \left(1 - \frac{1}{\sqrt{N}}\right)\boldsymbol{F} + \frac{1}{\sqrt{N}}\boldsymbol{K} \end{aligned}$$

und deren gewichteten Mittelwert

$$H^*(x) = H(x) - \frac{1}{\sqrt{N}}\sum_{i=1}^d \frac{n_i}{N}\left[F_i(x) - K_i(x)\right],$$

wie er in (4.6.56) angegeben ist. Damit erweitert man Lemma 4.28 auf Score-Funktionen.

Lemma 4.38
Unter der Folge von Alternativen $F_{N,i}(x)$ und deren gewichtetem Mittelwert $H^*(x)$ gilt unter der Voraussetzung 4.34

1. $(J[H(x)] - J[H^*(x)])^2 \leq \frac{1}{N}\|J'\|_\infty^2$,
2. $E\left(J\left[\widehat{H}(x)\right] - J[H(x)]\right)^2 \leq \frac{4}{N}\|J'\|_\infty^2$,
3. $E(J[H(X_{ik})] - J[H^*(X_{ik})])^2 \leq \frac{1}{N}\|J'\|_\infty^2$.

Beweis: Der Beweis wird unter Anwendung des Mittelwertsatzes analog zum Beweis von Lemma 4.28 geführt und als Übung überlassen. □

Weiterhin benötigt man die Varianzen

$$\sigma_{N,i}^2(J) = Var[Y_{ik}(J)] = Var(J[H(X_{ik})])$$

unter der Folge der Alternativen in (4.6.55) auf Seite 212. Man erhält

$$\begin{aligned}\sigma_{N,i}^2(J) &= \int J^2(H)dF_{N,i} - \left(\int J(H)dF_{N,i}\right)^2 \\ &= \int J^2(H)dF_i - \left(\int J(H)dF_i\right)^2 + O\left(\frac{1}{\sqrt{N}}\right) \\ &= \sigma_i^2(J) + O\left(\frac{1}{\sqrt{N}}\right),\end{aligned}$$

wobei $\sigma_i^2(J) = \int J^2(H)dF_i - \left(\int J(H)dF_i\right)^2$ ist.

Damit unterscheidet man die Folgen der Kovarianzmatrizen

$$\boldsymbol{V}_N = \bigoplus_{i=1}^{d} \frac{N}{n_i}\sigma_i^2(J), \tag{4.9.68}$$

$$\begin{aligned}\boldsymbol{V}_N^* &= Cov\left(\sqrt{N}\int J(H)d\widehat{\boldsymbol{F}}\right) \\ &= \bigoplus_{i=1}^{d} \frac{N}{n_i}\sigma_{N,i}^2(J).\end{aligned} \tag{4.9.69}$$

Unter der Annahme $n_i/N \to \gamma_i > 0$, $i = 1, \ldots, d$, sei weiterhin die Grenze der Folge $\boldsymbol{V}_N$ die Matrix

$$\boldsymbol{V} = \lim_{N\to\infty} \boldsymbol{V}_N. \tag{4.9.70}$$

Mit dieser Notation kann man eine Verallgemeinerung von Satz 4.29 auf Score-Funktionen mit beschränkter zweiter Ableitung formulieren.

Satz 4.39 (*Benachbarte Alternativen bei Score-Funktionen*)
Die Zufallsvariablen $X_{ik} \sim F_{N,i}(x)$, $i = 1, \ldots, d$, $k = 1, \ldots, n_i$, seien unabhängig und es gelte $n_i/N \to \gamma_i > 0$, $i = 1, \ldots, d$. Dann hat unter den Voraussetzungen 4.15 (B) und 4.34 sowie unter der Folge von Alternativen

$$F_{N,i}(x) \quad = \quad \left(1 - \frac{1}{\sqrt{N}}\right) F_i(x) + \frac{1}{\sqrt{N}} K_i(x), \quad i = 1, \ldots, d,$$

die Statistik $\sqrt{N}\boldsymbol{C}\widehat{\boldsymbol{p}}(J) = \sqrt{N}\boldsymbol{C} \int J(\widehat{H}) d\widehat{\boldsymbol{F}}$ asymptotisch eine multivariate Normalverteilung mit Erwartungswert $\boldsymbol{\nu}(J) = \int J(H^{(\gamma)}) d(\boldsymbol{CK})$ und Kovarianzmatrix $\boldsymbol{V}$, wie in (4.9.70) angegeben, wobei $H^{(\gamma)} = \sum_{i=1}^{d} \gamma_i F_i$ ist.

Beweis: Man zerlegt $\sqrt{N}\boldsymbol{C}\widehat{\boldsymbol{p}}(J)$ in folgender Weise

$$\begin{aligned}
&\sqrt{N}\boldsymbol{C}\widehat{\boldsymbol{p}}(J) \\
&= \sqrt{N}\boldsymbol{C} \int J(\widehat{H}) d\widehat{\boldsymbol{F}} \\
&= \sqrt{N}\boldsymbol{C}\Bigg(\int J(H) d\widehat{\boldsymbol{F}} + \int \Big[J(\widehat{H}) - J(H)\Big] d\boldsymbol{F}_N \\
&\qquad + \int \Big[J(\widehat{H}) - J(H) + J(H^*) - J(H^*)\Big] d(\widehat{\boldsymbol{F}} - \boldsymbol{F}_N)\Bigg) \\
&= \sqrt{N}\boldsymbol{C} \int J(H) d\widehat{\boldsymbol{F}} + \boldsymbol{a}_1(J) + \boldsymbol{a}_2(J) - \boldsymbol{a}_3(J)
\end{aligned}$$

mit

$$\begin{aligned}
\boldsymbol{a}_1(J) &= \boldsymbol{C} \int \Big[J(\widehat{H}) - J(H)\Big] d\boldsymbol{K} \\
\boldsymbol{a}_2(J) &= \sqrt{N}\boldsymbol{C} \int \Big[J(\widehat{H}) - J(H^*)\Big] d(\widehat{\boldsymbol{F}} - \boldsymbol{F}_N) \\
\boldsymbol{a}_3(J) &= \sqrt{N}\boldsymbol{C} \int [J(H) - J(H^*)]\, d(\widehat{\boldsymbol{F}} - \boldsymbol{F}_N)\,.
\end{aligned}$$

Der Beweis wird analog zum Beweis von Satz 4.29 unter Anwendung des Mittelwertsatzes und Benutzung von Lemma 4.38 geführt. Dabei ist zu beachten, dass zum Beweis der Aussage, dass $\boldsymbol{a}_2(J) \xrightarrow{p} \boldsymbol{0}$ konvergiert, ähnlich wie im Beweis von Satz 4.36 (siehe S. 222) eine Taylor-Entwicklung durchgeführt werden muss. Die genaue Ausführung des Beweises wird als Übung überlassen. □

4.10 Übungen

Übung 4.1 Für die rechts-stetige Version $F^+(x)$ und die links-stetige Version $F^-(x)$ sind Gegenbeispiele zu finden, die belegen, dass $\int F^+ dF^+ = \frac{1}{2}$ bzw. $\int F^- dF^- = \frac{1}{2}$ im Allgemeinen nicht gilt.

Übung 4.2 Führen Sie den Beweis zur Aussage $E\left[\widehat{H}(X_{ik}) - H(X_{ik})\right]^4 = O\left(N^{-2}\right)$, $i = 1, \ldots, d,\ k = 1, \ldots, n_i$, in Lemma 4.4 auf Seite 177 aus.

Übung 4.3 Zeigen Sie die Aussage $E(\widehat{p} - p)^2 = O\left(\frac{1}{N}\right)$ in (4.2.18) auf Seite 181 direkt ohne Benutzung der Dreiecksungleichung.

Übung 4.4 Finden Sie einen konsistenten Schätzer für $\int (F^+ - F^-)dF$ und weisen Sie dessen Konsistenz nach.

Übung 4.5 Führen Sie den Beweis zu Satz 4.16 (siehe S. 192) genau aus. Überlegen Sie insbesondere, wann

$$E\left([\varphi_{r1}(X_{ik}, X_{rs}) - \varphi_{r2}(X_{rs})]\,[\varphi_{t1}(X_{i\ell}, X_{tu}) - \varphi_{t2}(X_{tu})]\right) \;=\; 0$$

ist. Verwenden Sie hierbei den Satz von Fubini und überlegen Sie, welche Zufallsvariablen von den übrigen Zufallsvariablen unabhängig sein müssen. Bei welchen Index-Kombinationen ist das der Fall?

In diesem Zusammenhang ist auch zu überlegen, wann

$$\begin{aligned} E\left[\varphi_{r1}(X_{ik}, X_{rs})\right] &= 0, \\ E\left[\varphi_{r2}(X_{rs})\right] &= 0, \\ E\left[\varphi_{r1}(X_{ik}, X_{rs}) - \varphi_{r2}(X_{rs})\right] &= 0 \end{aligned}$$

ist. Verwenden Sie auch hier den Satz von Fubini.

Übung 4.6 Führen Sie den Beweis zu Proposition 4.17 (siehe S. 194) unter der Voraussetzung $n_i/N \to \gamma_i > 0, i = 1, \ldots, d$, genau aus, indem Sie einen entsprechenden Zentralen Grenzwertsatz (siehe Anhang A.2.2, S. 233ff) verwenden.

Übung 4.7 Zeigen Sie, dass $Y_{ik} = H(X_{ik})$ und $\widehat{Y}_{ik} = \widehat{H}(X_{ik})$ asymptotisch äquivalent sind. Hinweis: Benutzen Sie Lemma 4.4 auf Seite 177.

Übung 4.8 Es bezeichne $\boldsymbol{S}_N$ die in (4.5.32) angegebene Kovarianzmatrix und $\widehat{\boldsymbol{S}}_N$ einen konsistenten Schätzer hierfür. Ferner sei $\boldsymbol{T}$ ein Projektor mit konstanten Elementen. Zeigen Sie, dass dann aus $Sp(\boldsymbol{T}\widehat{\boldsymbol{S}}_N) \neq 0$ folgt, dass auch die Aussagen

$$\begin{aligned} &(1) \qquad Sp(\boldsymbol{T}\widehat{\boldsymbol{S}}_N\boldsymbol{T}\widehat{\boldsymbol{S}}_N) \neq 0, \\ &(2) \qquad Sp(\boldsymbol{T}\boldsymbol{S}_N) \neq 0, \\ &(3) \qquad Sp(\boldsymbol{T}\boldsymbol{S}_N\boldsymbol{T}\boldsymbol{S}_N) \neq 0 \end{aligned}$$

gelten.

Übung 4.9 Zeigen Sie, dass $Sp(\boldsymbol{T}\boldsymbol{D}) = t \cdot Sp(\boldsymbol{D})$ gilt, wenn $\boldsymbol{D}$ eine Diagonalmatrix ist und $\boldsymbol{T}$ identische Diagonalelemente $t_{ii} = t$ hat.

Übung 4.10 Leiten Sie die Hypothesenäquivalenz in (4.5.29) auf Seite 198 unter Benutzung von Satz B.21 her.

Übung 4.11 Zeigen Sie, dass sich im Fall gleicher Stichprobenumfänge $n_i \equiv n$ und gleicher Varianzen $\sigma_i^2 \equiv \sigma^2$ die Freiheitsgrade $\widehat{f}$ bzw. $\widehat{f_0}$ in (4.5.38) auf Seite 202 zu $\widehat{f} = d \cdot h$ und $\widehat{f_0} = d(n-1)$ vereinfachen.

Übung 4.12 Führen Sie den Beweis zu Satz 4.20 genau aus und verwenden Sie dabei die in der Beweisskizze auf Seite 198 angegebenen Hinweise.

Übung 4.13 Führen Sie den Beweis zu Proposition 4.25 (siehe S. 204) genau aus.

Übung 4.14 Zeigen Sie, dass die Statistik T_N^R in Abschnitt 4.5.1.4 (siehe S. 206) unter $H_0^F : F_1 = F_2$ asymptotisch eine Standard-Normalverteilung hat. Hinweis: Benutzen Sie die Sätze 4.18 und 4.19 (siehe S. 195).

Übung 4.15 Zeigen Sie, dass unter geeigneten Regularitätsvoraussetzungen die Statistik Z_{a-1} in (2.2.28) (siehe S. 104) unter $H_0^F : F_1 = \cdots = F_a$ asymptotisch eine zentrale χ^2-Verteilung mit $a-1$ Freiheitsgraden hat. Versuchen Sie verschiedene Voraussetzungen zu finden, unter denen diese Aussage gilt.

Übung 4.16 Ersetzen Sie in Aufgabe 4.15 die Beobachtungen X_{ik} durch ihre Ränge R_{ik} und zeigen Sie, dass die daraus resultierende Statistik Z_{a-1}^R asymptotisch unter der Hypothese $H_0^F : F_1 = \cdots = F_a$ ebenfalls eine zentrale χ^2-Verteilung mit $a-1$ Freiheitsgraden hat. Welche Regularitätsvoraussetzungen benötigen Sie nun?

Übung 4.17 Führen Sie den Beweis zu Satz 4.27 (siehe S. 211) zu Ende. Gehen Sie dabei so vor wie im Beweis von Proposition 4.19 (siehe S. 195).

Übung 4.18 Zeigen Sie, dass unter der in Formel (4.6.55) auf Seite 212 angegebenen Folge $F_{N,i}(x)$ von benachbarten Alternativen $E[\widehat{F}_i(x) - F_{N,i}(x)]^2 \leq 1/n_i$ ist. Gehen Sie dabei vor wie im Beweis von (4.2.7) in Lemma 4.4 (siehe S. 177). Folgern Sie hieraus die Aussage $E[\widehat{H}(x) - H^*(x)]^2 \leq 1/N$ in Lemma 4.28, (2) auf Seite 213.

Übung 4.19 Zeigen Sie, dass unter der in Formel (4.6.55) auf Seite 212 angegebenen Folge $F_{N,i}(x)$ von benachbarten Alternativen

$$\sqrt{N} \int [\widehat{H} - H^*] \, d(\widehat{F}_i - F_{N,i}) \quad \xrightarrow{p} \quad 0$$

gilt. Anmerkung: Dies ist die Aussage (ii) im Beweis zu Satz 4.29 (siehe S. 214). Überlegen Sie dabei, dass $E[\widehat{F}_i(x)] = F_{N,i}(x)$ und $E[\widehat{H}(x)] = H^*(x)$ für jedes feste x gilt. Verwenden Sie dann die gleiche Argumentation wie im Beweis von Satz 4.16 (Asymptotischer Äquivalenz-Satz, S. 192).

Übung 4.20 Zeigen Sie, dass unter der in Formel (4.6.55) auf Seite 212 angegebenen Folge $F_{N,i}(x)$ von benachbarten Alternativen

$$\sigma_{N,i}^2 = \sigma_i^2 + O\left(\frac{1}{\sqrt{N}}\right)$$

ist, wobei $\sigma_i^2 = \int H^2 dF_i - (\int H dF_i)^2$ und $\sigma_{N,i}^2 = \int H^2 dF_{N,i} - (\int H dF_{N,i})^2$ ist.

Übung 4.21 Bezeichne $G(x) = \frac{1}{d}\sum_{i=1}^d F_i(x)$ den (ungewichteten) Mittelwert der Verteilungsfunktionen $F_i(x)$, $i = 1, \ldots, d$, und $q_i = \int \widehat{G} d\widehat{F}_i$ sowie $q_i = \int \widehat{G} d\widehat{F}_i$. Verifizieren Sie die Darstellung von $\widehat{q}_i$ in (4.7.61) auf Seite 218 und zeigen Sie, dass $\widehat{q}_i$ ein erwartungstreuer und konsistenter Schätzer für q_i ist.

Übung 4.22 Zeigen Sie, dass für Score-Funktionen $J(u)$ mit $\|J''\|_\infty < \infty$ die Erwartungswerte $E(B_{r,i}^2)$, $r = 1, 2$, $i = 1, \ldots, d$, unter den Voraussetzungen von Satz 4.16 (Asymptotischer Äquivalenz-Satz, S. 192) für $N \to \infty$ gegen 0 konvergieren. Dabei ist

$$B_{1,i} = \sqrt{N}\int J'(H)(\widehat{H} - H)d(\widehat{F}_i - F_i) \quad \text{und}$$
$$B_{2,i} = \sqrt{N}\int \frac{1}{2}J''(\theta_N)(\widehat{H} - H)^2 d(\widehat{F}_i - F_i).$$

(Siehe Beweis-Skizze von Satz 4.36, S. 222).

Übung 4.23 Zeigen Sie die Konsistenz des Varianzschätzers $\widehat{\sigma}_i^2(J)$ in (4.9.67) auf Seite 224. Überlegen Sie dabei, dass die Funktion $g_J(u) = g[J(u)]$ für $g(u) = u^2$ eine beschränkte erste Ableitung hat und gehen Sie wie im Beweis von Satz 4.19 (siehe S. 195) vor.

Übung 4.24 Beweisen Sie Lemma 4.38 (siehe S. 225).

Übung 4.25 Beweisen Sie Satz 4.39 (siehe S. 226). Gehen Sie dabei vor wie im Beweis zu Satz 4.29 (siehe S. 214).

Übung 4.26 Beweisen Sie die Aussage (3) in Korollar 2.16 (siehe S. 101). Gehen Sie dabei vor wie im Beweis zu Proposition 4.14 (siehe S. 190).

Übung 4.27 Leiten Sie den Freiheitsgrad $\widehat{f}$ in (4.5.48) auf Seite 209 für die Approximation mit der t-Verteilung bei kleinen Stichproben so her, wie es in Abschnitt 4.5.2 beschrieben ist.

Übung 4.28 Bezeichne $\sigma_i^2 = Var(Y_{i1})$, $i = 1, \ldots, d$, und $\widetilde{\sigma}_i^2$ in (4.5.46) auf Seite 208 die empirische Varianz der ART. Zeigen Sie, dass dann $E(\widetilde{\sigma}_i^2/\sigma_i^2 - 1)^2 \to 0$ für $n_i \to \infty$ gilt. Hinweis: Benutzen Sie die gleiche Technik wie im Beweis zu Satz 4.19 (siehe S. 195) und die Ungleichung (4.2.10) in Lemma 4.4 (siehe S. 177).

Übung 4.29 Beweisen Sie die Aussage (6) des Korollars 2.16 (siehe S. 101), d.h. dass unter der Hypothese $H_0^F : \boldsymbol{C}\boldsymbol{F} = \boldsymbol{0}$ der Schätzer

$$\widehat{\sigma}_N^2 = \frac{1}{N^2(N-1)} \sum_{i=1}^{a} \sum_{k=1}^{n_i} \left(R_{ik} - \tfrac{N+1}{2}\right)^2$$

konsistent für σ^2 ist im Sinne, dass $E(\widehat{\sigma}_N^2/\sigma^2 - 1)^2 \to 0$ gilt.

Übung 4.30 Zeigen Sie, dass die Aussagen $\boldsymbol{W}_a\boldsymbol{F} = \boldsymbol{0}$ und $\boldsymbol{P}_a\boldsymbol{F} = \boldsymbol{0}$ (siehe Abschnitt 2.2.5.1) äquivalent sind. Hinweis: benutzen Sie die Eigenschaften von $\boldsymbol{W}_a$ in Abschnitt B.6 auf Seite 247.

Übung 4.31 Zeigen Sie, dass die quadratische Form $Q_N^*(\boldsymbol{C})$ in (4.5.27) auf Seite 197 nicht von der speziellen Wahl der g-Inversen $(\boldsymbol{C}\boldsymbol{V}_N\boldsymbol{C}')^-$ abhängt.
Hinweis: Benutzen Sie Satz B.21 auf Seite 242 und beachten Sie, dass $\boldsymbol{V}_N$ von vollem Rang ist.

Anhang A

Ergebnisse aus der Analysis und Wahrscheinlichkeitstheorie

Im Folgenden sind einige grundlegenden Definitionen und Resultate aus der Analysis und Wahrscheinlichkeitstheorie zusammengestellt, die in den Beweisen und Herleitungen in den einzelnen Kapiteln benötigt werden. Diese kurze Zusammenstellung soll im Wesentlichen eine einheitliche Nomenklatur zur Verfügung stellen. Für eine ausführliche Herleitung und Diskussion der Definitionen und Ergebnisse sei auf die einschlägige Literatur verwiesen, wie z.B. Dehling und Haupt (2004), Gänßler und Stute (1977), Klenke (2008), Schlittgen (1996) und van der Vaart (2000).

A.1 Ungleichungen

Im Wesentlichen werden folgende Ungleichungen benötigt:

1. (c_r-Ungleichung) Für beliebige (abhängige oder unabhängige) Zufallsvariablen X und Y gilt
$$E|X+Y|^r \leq c_r \cdot \big[E\left(|X|^r\right) + E\left(|Y|^r\right)\big],$$
mit
$$c_r = \begin{cases} 1 & \text{, für} \quad 0 < r \leq 1, \\ 2^{r-1} & \text{, für} \quad r > 1. \end{cases}$$

2. (Cauchy-Schwarz Ungleichung) Für beliebige (abhängige oder unabhängige) Zufallsvariablen X und Y gilt
$$E|XY| \leq \sqrt{E(X^2) \cdot E(Y^2)}.$$

3. (Jensen Ungleichung) Sei X eine Zufallsvariable mit $E(X) < \infty$ und sei $g(\cdot)$ eine konvexe Funktion. Dann gilt
$$g\big[E(X)\big] \leq E\big[g(X)\big].$$

Falls $X \sim F(x)$ ist, gilt insbesondere für die konvexe Funktion $g(u) = u^2$

$$\left(\int x dF(x)\right)^2 \leq \int x^2 dF(x).$$

Speziell folgt weiter

$$\left(\frac{1}{n}\sum_{i=1}^{n} x_i\right)^2 \leq \frac{1}{n}\sum_{i=1}^{n} x_i^2.$$

A.2 Grenzwertsätze

A.2.1 Konvergenzen

Für eine Folge von Zufallsvariablen X_n, $n \geq 1$, existieren verschiedene Arten der Konvergenz.

1. (Konvergenz in Wahrscheinlichkeit)

   $X_n \xrightarrow{p} X$, falls $\forall \epsilon > 0$ gilt: $P(|X_n - X| \geq \epsilon) \to 0$.
2. (Fast sichere Konvergenz)

   $X_n \xrightarrow{a.s.} X$, falls $P(\lim_{n\to\infty} X_n = X) = 1$ gilt oder (äquivalent dazu), falls $\forall \epsilon > 0$ gilt

   $$P\left(\bigcup_{k\geq n} \{|X_k - X| \geq \epsilon\}\right) \to 0 \quad \text{für } n \to \infty.$$

3. (Konvergenz im p-ten Mittel)

   $X_n \xrightarrow{L_p} X$, falls für $p > 0$ gilt: $E|X_n - X|^p \to 0$.

4. (Konvergenz in Verteilung)

   $X_n \sim F_n(x) \xrightarrow{\mathcal{L}} X \sim F(x)$, falls $\lim_{n\to\infty} P(X_n \leq x) = F(x)$ für jeden Stetigkeitspunkt x gilt. Die Schreibweise $F_n \to F$ ist ebenfalls gebräuchlich.

Folgerungen

(a) Aus $X_n \xrightarrow{L_p} X$ folgt $X_n \xrightarrow{p} X$.

(b) Aus $X_n \xrightarrow{a.s.} X$ folgt $X_n \xrightarrow{p} X$.

(c) Aus $X_n \xrightarrow{L_p} X$ folgt $X_n \xrightarrow{L_q} X$ für $0 < q < p$.

(d) Aus $X_n \sim F_n(x)$ und $X_n \xrightarrow{p} X \sim F(x)$ folgt $X_n \xrightarrow{\mathcal{L}} X$.

(e) $X_n \xrightarrow{\mathcal{L}} X \sim F(x)$ und $X_n - Y_n \xrightarrow{p} 0$ folgt $Y_n \xrightarrow{\mathcal{L}} X$.

Anmerkung: Falls die Differenz der Folgen X_n und Y_n in Wahrscheinlichkeit gegen 0 konvergiert, d.h. falls $X_n - Y_n \xrightarrow{p} 0$ gilt, heißen die Folgen *asymptotisch äquivalent*, in Zeichen $X_n \doteq Y_n$.

Satz A.1 (*Slutsky*) Seien X_n und $Y_n, n \geq 1$, zwei Folgen von Zufallsvariablen mit $X_n \xrightarrow{p} X$ bzw. $Y_n \xrightarrow{p} b$ mit $0 \neq b < \infty$. Dann folgt

1. $X_n + Y_n \xrightarrow{p} X + b$,
2. $X_n \cdot Y_n \xrightarrow{p} X \cdot b$,
3. $X_n / Y_n \xrightarrow{p} X/b$.

Falls $b = 1$ ist und die Folge von Zufallsvariablen $Z_n \xrightarrow{p} 0$ konvergiert, gilt weiter

4. $X_n + Z_n \xrightarrow{\mathcal{L}} X$,
5. $X_n \cdot Z_n \xrightarrow{\mathcal{L}} 0$,
6. $X_n / Y_n \xrightarrow{\mathcal{L}} X$.

Satz A.2 (*Stetigkeitssatz*) Sei $\boldsymbol{X}_n \in \mathbb{R}^k$, $n \geq 1$, eine Folge von Zufallsvektoren mit $\boldsymbol{X}_n \xrightarrow{p} \boldsymbol{a}$, wobei $\boldsymbol{a} \in \mathbb{R}^k$ konstant ist. Falls ferner $g(\cdot)$ differenzierbar in $\boldsymbol{a}$ ist, dann gilt

$$g(\boldsymbol{X}_n) \quad \xrightarrow{p} \quad g(\boldsymbol{a}).$$

Satz A.3 (*Mann-Wald*) Sei $\boldsymbol{X}_n \in \mathbb{R}^k, n \geq 1$, eine Folge von Zufallsvektoren mit $\boldsymbol{X}_n \xrightarrow{\mathcal{L}} \boldsymbol{X} \sim F(\boldsymbol{x})$ und sei $g(\cdot)$ eine stetige Funktion, dann gilt

$$g(\boldsymbol{X}_n) \quad \xrightarrow{\mathcal{L}} \quad g(\boldsymbol{X}) \sim F_g(\boldsymbol{x}).$$

A.2.2 Zentrale Grenzwertsätze

Satz A.4 (*Lindeberg-Lévy*) Die Zufallsvariablen X_i seien u.i.v. nach $F(x)$ mit $E(X_1) = \mu$ und $Var(X_1) = \sigma^2 < \infty$. Dann gilt

$$\lim_{n\to\infty} P\left(\frac{\overline{X}_n - \mu}{\sigma}\sqrt{n} \leq z\right) \quad = \quad \frac{1}{\sqrt{2\pi}} \int_{-\infty}^{z} e^{-\frac{1}{2}x^2}\, dx.$$

Satz A.5 (*Liapounoff*) Die Zufallsvariablen X_i seien unabhängig, $i = 1, \ldots, n$, $E(X_i) = \mu_i$, $Var(X_i) = \sigma_i^2 > 0$ und $E|X_i - \mu_i|^3 = \beta_i < \infty$. Ferner bezeichne $B_n = \left(\sum_{i=1}^n \beta_i\right)^{1/3}$ und $C_n = \left(\sum_{i=1}^n \sigma_i^2\right)^{1/2}$. Dann gilt für $n \to \infty$

$$\frac{1}{C_n}\sum_{i=1}^{n}(X_i - \mu_i) \quad \xrightarrow{\mathcal{L}} \quad U \sim N(0,1),$$

falls $\lim\limits_{n\to\infty} \dfrac{B_n}{C_n} = 0$ ist.

Satz A.6 (*Lindeberg-Feller*) Die Zufallsvariablen $X_i \sim F_i(x)$ seien unabhängig und es sei $E(X_i) = \mu_i$ und $Var(X_i) = \sigma_i^2 > 0$, $i = 1, \ldots, n$. Ferner bezeichne $C_n^2 = \sum_{i=1}^n \sigma_i^2$. Dann gilt für $n \to \infty$

$$\lim_{n\to\infty} \max_{1\leq i\leq n} \frac{\sigma_i}{C_n} = 0 \quad \text{und} \quad \frac{1}{C_n}\sum_{i=1}^{n}(X_i - \mu_i) \xrightarrow{\mathcal{L}} U \sim N(0,1)$$

genau dann, wenn $\forall\ \epsilon > 0$ die Bedingung

$$(L) \qquad \lim_{n\to\infty} \frac{1}{C_n^2}\sum_{i=1}^{n}\int_{|x-\mu_i|>\epsilon C_n} (x-\mu_i)^2\, dG_i(x) \quad = \quad 0$$

erfüllt ist.

Die Bedingung (L) heißt *Lindeberg-Bedingung*. Diese etwas unhandliche Bedingung ist sehr einfach zu überprüfen, falls die Zufallsvariablen gleichmäßig beschränkt sind, d.h. falls eine Konstante $K > 0$ existiert, sodass $P(|X_i| \geq K) = 0$ für alle i gilt.

Korollar A.7 Die Zufallsvariablen X_i, $i = 1, \ldots, n$, seien unabhängig und gleichmäßig beschränkt und es sei $Var(X_i) = \sigma_i^2 > 0$, $i = 1, \ldots, n$. Dann folgt, dass die Lindeberg-Bedingung (L) genau dann erfüllt ist, wenn $\sum_{i=1}^n \sigma_i^2 \to \infty$ für $n \to \infty$ gilt.

Die oben angegeben Sätze reichen nur aus, um die Resultate für zwei unverbundene Stichproben herzuleiten. Bei mehreren Stichproben ändern sich für die Zufallsvariablen $Y_{ij} = H(X_{ij})$ die Verteilungen, da $H(x)$ von den Stichprobenumfängen n_{ij} abhängt. Daher benötigt man Grenzwert-Aussagen für so genannte *Schemata* von Zufallsvariablen. Diesbezüglich sei hier auf die einschlägige Literatur verwiesen, z.B. Klenke (2008).

A.2.3 Die δ-Methode

Vielfach ist es von Interesse, nicht nur Aussagen über einen Parameter θ zu machen, sondern auch über eine Transformation $g(\theta)$, wobei $g(\cdot)$ eine bekannte Funktion ist. Es wird dabei vorausgesetzt, dass T_n eine Folge von konsistenten Statistiken für θ ist und dass $\sqrt{n}(T_n - \theta)$ in Verteilung gegen eine Grenzverteilung G konvergiert. Die folgenden Sätze klären, unter welchen Voraussetzungen dann auch die transformierte Folge $\sqrt{n}[g(T_n) - g(\theta)]$ gegen eine Grenzverteilung konvergiert und wie sich diese Grenzverteilung aus G ergibt. Die hierbei verwendete Beweistechnik heißt δ-Methode und man bezeichnet daher alle diesbezüglichen Resultate kurz als *δ-Methode* oder als *δ-Sätze* (siehe z.B. Schlittgen, 1996, S. 184ff).

Satz A.8 (*δ-Methode, θ fest*) Sei T_n eine Folge von Statistiken, die konsistent für den (von n unabhängigen) Parameter θ ist. Weiterhin sei r_n eine Folge von reellen Zahlen mit $r_n \to \infty$. Falls $r_n(T_n - \theta) \xrightarrow{\mathcal{L}} T$ konvergiert und $g(\cdot)$ eine Funktion mit stetiger erster Ableitung $g'(\cdot)$ ist, dann gilt

1. $r_n\,[g(T_n) - g(\theta)] \xrightarrow{\mathcal{L}} g'(\theta) \cdot T$,

2. $r_n\,[g(T_n) - g(\theta)] - g'(\theta) \cdot r_n(T_n - \theta) \xrightarrow{p} 0.$

Genaueres findet man z.B. in van der Vaart (1998), Kap. 3, S. 25ff.

Korollar A.9 Sei T_n eine Folge von Statistiken, die konsistent für den (von n unabhängigen) Parameter θ ist und sei $\sigma_n^2 = Var(\sqrt{n}\; T_n)$. Weiterhin bezeichne $\widehat{\sigma}_n^2$ einen konsistenten Schätzer für σ_n^2, d.h. $\widehat{\sigma}_n^2/\sigma_n^2 - 1 \xrightarrow{p} 0$. Falls

1. $\sqrt{n}(T_n - \theta)/\sigma_n \xrightarrow{\mathcal{L}} N(0,1)$,
2. $g(\cdot)$ eine Funktion mit stetiger erster Ableitung $g'(\cdot)$ ist,
3. $g'(\theta) \neq 0$ ist,
4. $\widehat{\theta}_n$ konsistent für θ ist und
5. $\sqrt{n}/\sigma_n \to \infty$ gilt,

dann konvergiert auch

$$\frac{\sqrt{n}[g(T_n) - g(\theta)]}{g'(\widehat{\theta}_n)\widehat{\sigma}_n} \xrightarrow{\mathcal{L}} N(0,1).$$

Die gleiche Aussage kann man auf eine Folge von Parametern θ_n erweitern, falls T_n und θ_n gleichmäßig beschränkt sind und $T_n - \theta_n \xrightarrow{p} 0$ gilt. Bezüglich näherer Einzelheiten sei auf Domhof (2001) verwiesen.

A.3 Verteilung quadratischer Formen

Definition A.10 (Quadratische Form) Die Zufallsvariable $Q = \boldsymbol{X}'\boldsymbol{A}\boldsymbol{X}$ ist eine zufällige quadratische Form in $\boldsymbol{X} = (X_1, \ldots, X_n)'$. Dabei ist $\boldsymbol{A}$ eine symmetrische $(n \times n)$-Matrix.

Satz A.11 (Lancaster) Sei $\boldsymbol{X} = (X_1, \ldots, X_n)'$ ein Zufallsvektor mit $E(\boldsymbol{X}) = \boldsymbol{\mu} = (\mu_1, \ldots, \mu_n)'$ und $\boldsymbol{V} = Cov(\boldsymbol{X})$. Ferner sei $\boldsymbol{A} = \boldsymbol{A}'$. Dann gilt

$$E(\boldsymbol{X}'\boldsymbol{A}\boldsymbol{X}) \;=\; Sp(\boldsymbol{A}\boldsymbol{V}) + \boldsymbol{\mu}'\boldsymbol{A}\boldsymbol{\mu}.$$

Satz A.12 (Verteilung einer quadratischen Form) Sei $\boldsymbol{A}_{n\times n} = \boldsymbol{A}'$ eine symmetrische Matrix und $\boldsymbol{X} = (X_1, \ldots, X_n)' \sim N(\boldsymbol{0}, \boldsymbol{V})$ mit $r(\boldsymbol{V}) = r \leq n$. Dann gilt

$$\boldsymbol{X}'\boldsymbol{A}\boldsymbol{X} \;\sim\; \sum_{i=1}^{n} \lambda_i C_i,$$

wobei $C_i \sim \chi_1^2$, $i = 1, \ldots, n$, u.i.v. Zufallsvariablen und die λ_i die Eigenwerte von $\boldsymbol{A}\boldsymbol{V}$ sind.

Korollar A.13 Sei $\boldsymbol{X} = (X_1, \ldots, X_n)' \sim N(\boldsymbol{0}, \boldsymbol{V})$, $\boldsymbol{A} = \boldsymbol{A}'$ und $\boldsymbol{A}\boldsymbol{V}$ idempotent. Dann folgt

$$\boldsymbol{X}'\boldsymbol{A}\boldsymbol{X} \;\sim\; \chi^2_{r(\boldsymbol{A}\boldsymbol{V})}\,.$$

Satz A.14 Sei $\boldsymbol{X} = (X_1, \ldots, X_n)' \sim N(\boldsymbol{\mu}, \boldsymbol{V})$ mit $r(\boldsymbol{V}) = r \leq n$. Sei ferner $\boldsymbol{V}^-$ eine symmetrische reflexive verallgemeinerte Inverse zu $\boldsymbol{V}$. Dann hat die quadratische Form $\boldsymbol{X}'\boldsymbol{V}^-\boldsymbol{X}$ eine nicht-zentrale χ^2_f-Verteilung mit $f = r(\boldsymbol{V})$ Freiheitsgraden und Nichtzentralitätsparameter $\delta = \boldsymbol{\mu}'\boldsymbol{V}^-\boldsymbol{\mu}$. Falls $\mu = \mathbf{0}$ ist, hat die quadratische Form $\boldsymbol{X}'\boldsymbol{V}^-\boldsymbol{X}$ für jede beliebige Wahl einer g-Inversen $\boldsymbol{V}^-$ eine zentrale χ^2_f-Verteilung mit $f = r(\boldsymbol{V})$ Freiheitsgraden.

Dieser Satz ist ein Spezialfall des Satzes von Ogasawara und Takahashi (1951). Genaueres findet man in dem Buch von Rao und Mitra (1971), Satz 9.2.3 auf S. 173.

Satz A.15 (*Craig-Sakamoto*) Sei $\boldsymbol{X} = (X_1, \ldots, X_n)' \sim N(\boldsymbol{\mu}, \boldsymbol{V})$, mit $r(vV) = n$, $\boldsymbol{A}_{n \times n} = \boldsymbol{A}'$ p.s.d., $\boldsymbol{B} = \boldsymbol{B}'$ p.s.d. Dann gilt

1. $\boldsymbol{X}'\boldsymbol{A}\boldsymbol{X}$ und $\boldsymbol{X}'\boldsymbol{B}\boldsymbol{X}$ bzw. $\boldsymbol{X}'\boldsymbol{A}\boldsymbol{X}$ und $\boldsymbol{B}\boldsymbol{X}$ sind stochastisch unabhängig genau dann, wenn $\boldsymbol{B}\boldsymbol{V}\boldsymbol{A} = \mathbf{0}$ ist.

Einen Beweis findet man in dem Buch von Ravishanker und Dey (2002), Result 5.4.7 auf S. 178f. Weitergehende Resultate über Verteilungen quadratischer Formen findet man z.B. in Rao und Mitra (1971) oder in Mathai und Provost (1992).

Anhang B

Matrizenrechnung

Da in diesem Buch sehr ausgiebig von Ergebnissen der Matrizenrechnung Gebrauch gemacht wird, sollen hier einige Definitionen und Resultate aus der Matrizenrechnung zusammengestellt werden. Insbesondere wird in Abschnitt B.6 genau beschrieben, wie man in faktoriellen Plänen geeignete Matrizen verwenden kann, um z.B. Haupteffekte und Wechselwirkungen zu beschreiben oder um einfach Hypothesen zum Testen dieser Effekte mittels Matrizen beschreiben kann.

Weitere für die Statistik wichtige Resultate aus der Matrizenrechnung, insbesondere über g-Inverse, findet man in den Büchern von Basilevsky (1983), Rao und Mitra (1971), Rao und Rao (1998), Ravishanker und Dey (2002) sowie in Searle (1966).

B.1 Nomenklatur

Definition B.1 (Spezielle Matrizen)

1. **Nullmatrix** (Null-Element)

$$\mathbf{0}_{m\times n} = \begin{pmatrix} 0 & \dots & 0 \\ \vdots & \ddots & \vdots \\ 0 & \dots & 0 \end{pmatrix}_{m\times n},$$

2. **Einheitsmatrix** (Eins-Element)

$$\boldsymbol{I}_n = \begin{pmatrix} 1 & 0 & \cdots & 0 \\ 0 & 1 & & \vdots \\ \vdots & & \ddots & 0 \\ 0 & \cdots & 0 & 1 \end{pmatrix}_{n\times n} = diag\{1,\dots,1\}_{n\times n},$$

3. **Nullvektor** $\mathbf{0}_n = (0,\dots,0)'_{1\times n}$, **Einser-Vektor** $\mathbf{1}_n = (1,\dots,1)'_{1\times n}$,

4. $n \times n$ **Einser-Matrix**

$$J_n = \mathbf{1}_n \mathbf{1}_n' = \begin{pmatrix} 1 & \dots & 1 \\ \vdots & \ddots & \vdots \\ 1 & \dots & 1 \end{pmatrix}_{n \times n},$$

5. **zentrierende Matrix**

$$P_n = I_n - \frac{1}{n} J_n = \begin{pmatrix} 1 - \frac{1}{n} & \dots & -\frac{1}{n} \\ \vdots & \ddots & \vdots \\ -\frac{1}{n} & \dots & 1 - \frac{1}{n} \end{pmatrix}_{n \times n}.$$

Definition B.2 (*Matrizenprodukte*)

1. Sei $A = (a_{ij})_{m \times p}$ und $B = (b_{ij})_{p \times n}$, sei ferner a_i' die i-te Zeile von A als Zeilenvektor geschrieben und entsprechend b_j die j-te Spalte von B als Spaltenvektor geschrieben. Das durch $C = (c_{ij})_{m \times n}$ mit $c_{ij} = a_i' b_j$ definierte Produkt $C = AB$ heißt *(gewöhnliches) Matrizenprodukt*, d.h. das (i, j)-Element von C ist das Skalarprodukt der Vektoren a_i' und b_j.

2. Falls $A = (a_{ij})_{m \times n}$ und $B = (b_{ij})_{m \times n}$ ist, dann heißt das durch $C = (c_{ij})_{m \times n}$ mit $c_{ij} = a_{ij} \cdot b_{ij}$ definierte Produkt $C = A * B$ *Hadamard-Schur-Produkt* der Matrizen A und B.

3. Für beliebige Matrizen

$$A = \begin{pmatrix} a_{11} & \cdots & a_{1n} \\ \vdots & & \vdots \\ a_{m1} & \cdots & a_{mn} \end{pmatrix} \quad \text{und} \quad B = \begin{pmatrix} b_{11} & \cdots & b_{1q} \\ \vdots & & \vdots \\ b_{p1} & \cdots & b_{pq} \end{pmatrix}$$

heißt

$$A \otimes B = \begin{pmatrix} a_{11}B & \cdots & a_{1n}B \\ \vdots & & \vdots \\ a_{m1}B & \cdots & a_{mn}B \end{pmatrix}_{mp \times nq}$$

Kronecker-Produkt von A und B.

B.2 Funktionen von quadratischen Matrizen

Wichtige Funktionen quadratischer Matrizen sind die *Spur* und die *Determinante*. Diese sind in der Statistik von besonderer Bedeutung.

Definition B.3 (*Spur*) Für eine quadratische Matrix $A_{n \times n} = (a_{ij})_{n \times n}$ heißt $Sp(A) = \sum_{i=1}^{n} a_{ii}$ die *Spur* von A.

Satz B.4 (*Eigenschaften der Spur*)

1. Für die Spur einer quadratischen Matrix gilt
   (a) $Sp(\boldsymbol{A}+\boldsymbol{B}) = Sp(\boldsymbol{A}) + Sp(\boldsymbol{B})$,
   (b) $Sp(s \cdot \boldsymbol{A}) = s \cdot Sp(\boldsymbol{A}), \quad \forall s \in \mathbb{R}$,
   (c) $Sp(\boldsymbol{A}') = Sp(\boldsymbol{A})$,
   (d) $Sp(\boldsymbol{AB}) = \boldsymbol{1}'(\boldsymbol{A} * \boldsymbol{B}')\boldsymbol{1}$,
2. Für jede $(m \times n)$-Matrix gilt $Sp(\boldsymbol{A}'\boldsymbol{A}) = \sum_{i=1}^{n}\sum_{j=1}^{m} a_{ij}^2 = \boldsymbol{1}'(\boldsymbol{A} * \boldsymbol{A})\boldsymbol{1}$.
3. Falls die Matrizen $\boldsymbol{A}, \boldsymbol{B}$ und $\boldsymbol{C}$ so dimensioniert sind, dass die Produkte $\boldsymbol{ABC}$, $\boldsymbol{CAB}$ und $\boldsymbol{BCA}$ definiert sind, dann gilt $Sp(\boldsymbol{ABC}) = Sp(\boldsymbol{CAB}) = Sp(\boldsymbol{BCA})$, (Invarianz der Spur unter zyklischen Vertauschungen).
4. Sei $\boldsymbol{M}$ eine quadratische Matrix mit identischen Diagonalelementen $m_{ii} \equiv m$ und sei $\boldsymbol{D}$ eine Diagonalmatrix. Dann gilt $Sp(\boldsymbol{MD}) = m \cdot Sp(\boldsymbol{D})$.

B.3 Blockmatrizen

B.3.1 Direkte Summe und Kronecker-Produkt

In der Statistik treten oft große Matrizen oder Matrizen mit bestimmten Strukturen auf. Diese lassen sich technisch bequem als partitionierte Matrizen oder *Blockmatrizen* darstellen. Eine Blockmatrix ist eine Matrix, deren Elemente Matrizen sind. Für die Multiplikation von zwei Blockmatrizen gelten die Rechenregeln für das gewöhnliche Matrizenprodukt, d.h. für

$$\boldsymbol{A} = (\boldsymbol{A}_1 \vdots \boldsymbol{A}_2) \quad \text{und} \quad \boldsymbol{B} = \left(\begin{array}{c} \boldsymbol{B}_1 \\ \hline \boldsymbol{B}_2 \end{array}\right)$$

gilt

$$\boldsymbol{AB} = \boldsymbol{A}_1\boldsymbol{B}_1 + \boldsymbol{A}_2\boldsymbol{B}_2 \quad \text{und} \quad \boldsymbol{BA} = \left(\begin{array}{c|c} \boldsymbol{B}_1\boldsymbol{A}_1 & \boldsymbol{B}_1\boldsymbol{A}_2 \\ \hline \boldsymbol{B}_2\boldsymbol{A}_1 & \boldsymbol{B}_2\boldsymbol{A}_2 \end{array}\right).$$

Spezielle partitionierte Matrizen werden durch die *direkte Summe* erzeugt. Manchmal wird in der Literatur auch der Begriff *Kronecker-Summe* für die direkte Summe verwendet. Da die Kronecker-Summe in der linearen Algebra jedoch anders definiert ist, wird hier der Begriff *direkte Summe* verwendet, um Verwechslungen zu vermeiden.

Definition B.5 (*Direkte Summe*) Für beliebige Matrizen $\boldsymbol{A}$ und $\boldsymbol{B}$ heißt

$$\boldsymbol{A} \oplus \boldsymbol{B} \quad = \quad \left(\begin{array}{c|c} \boldsymbol{A} & \boldsymbol{0} \\ \hline \boldsymbol{0} & \boldsymbol{B} \end{array}\right)$$

die *direkte Summe* von $\boldsymbol{A}$ und $\boldsymbol{B}$.

Nützliche Rechenregeln für die direkte Summe und das Kronecker-Produkt (siehe Definition B.2) sind in den folgenden beiden Sätzen zusammengestellt.

Satz B.6 (*Rechenregeln für die direkte Summe*) Alle im folgenden benutzten Matrizen seien so dimensioniert, dass die ausgeführten Rechenoperationen definiert sind.

1. $\sum_{i=1}^{a} \bigoplus_{j=1}^{b} \boldsymbol{A}_{ij} = \bigoplus_{j=1}^{b} \sum_{i=1}^{a} \boldsymbol{A}_{ij}$,

2. $\prod_{i=1}^{a} \bigoplus_{j=1}^{b} \boldsymbol{A}_{ij} = \bigoplus_{j=1}^{b} \prod_{i=1}^{a} \boldsymbol{A}_{ij}$,

3. $\left(\bigoplus_{i=1}^{a} \boldsymbol{A}_i \right)^{-1} = \bigoplus_{i=1}^{a} \boldsymbol{A}_i^{-1}$,

4. $\left(\bigoplus_{i=1}^{a} \boldsymbol{A}_i \right)' = \bigoplus_{i=1}^{a} \boldsymbol{A}_i'$,

5. $r\left(\bigoplus_{i=1}^{a} \boldsymbol{A}_i \right) = \sum_{i=1}^{a} r(\boldsymbol{A}_i)$,

6. $det\left(\bigoplus_{i=1}^{a} \boldsymbol{A}_i \right) = \prod_{i=1}^{a} det(\boldsymbol{A}_i)$.

Satz B.7 (*Rechenregeln für das Kronecker-Produkt*) Alle im Folgenden benutzten Matrizen seien so dimensioniert, dass die ausgeführten Rechenoperationen definiert sind.

1. $\boldsymbol{A} \otimes (\boldsymbol{B} + \boldsymbol{C}) = \boldsymbol{A} \otimes \boldsymbol{B} + \boldsymbol{A} \otimes \boldsymbol{C}$,

2. es existieren Permutationsmatrizen $\boldsymbol{P}$ und $\boldsymbol{Q}$, sodass $\boldsymbol{A} \otimes \boldsymbol{B} = \boldsymbol{P}(\boldsymbol{B} \otimes \boldsymbol{A})\boldsymbol{Q}$ gilt,

3. $|\boldsymbol{A} \otimes \boldsymbol{B}| = |\boldsymbol{A}|^n \cdot |\boldsymbol{B}|^m$, für $\boldsymbol{A} = (a_{ij})_{m \times m}$ und $\boldsymbol{B} = (b_{ij})_{n \times n}$,

4. $|\boldsymbol{A} \otimes \boldsymbol{B}| \neq 0 \Longleftrightarrow |\boldsymbol{A}| \neq 0$ und $|\boldsymbol{B}| \neq 0$,

5. $Sp\left(\bigotimes_{i=1}^{a} \boldsymbol{A}_i \right) = \prod_{i=1}^{a} Sp(\boldsymbol{A}_i)$,

6. $\left(\bigotimes_{i=1}^{a} \boldsymbol{A}_i \right)' = \bigotimes_{i=1}^{a} \boldsymbol{A}_i'$,

7. $\prod_{i=1}^{a} \bigotimes_{j=1}^{b} \boldsymbol{A}_{ij} = \bigotimes_{j=1}^{b} \prod_{i=1}^{a} \boldsymbol{A}_{ij}$, speziell: $(\boldsymbol{A} \otimes \boldsymbol{B}) \cdot (\boldsymbol{C} \otimes \boldsymbol{D}) = \boldsymbol{AC} \otimes \boldsymbol{BD}$,

8. $\left(\bigotimes_{i=1}^{a} \boldsymbol{A}_i \right)^{-1} = \bigotimes_{i=1}^{a} \boldsymbol{A}_i^{-1}$.

B.4 Spezielle Resultate

Definition B.8 Eine Matrix heißt *symmetrisch*, falls $\boldsymbol{A} = \boldsymbol{A}'$ ist.

Definition B.9 (*Eigenwert und Eigenvektor*) Die Matrix $\boldsymbol{A}$ sei quadratisch von der Ordnung n und $\boldsymbol{0} \neq \boldsymbol{x} \in \mathbb{R}^n$. Dann heißt $\lambda \in \mathbb{R}$ *Eigenwert* von $\boldsymbol{A}$, falls λ die Gleichung $\boldsymbol{A}\boldsymbol{x} = \lambda\, \boldsymbol{x}$ erfüllt. Der zum Eigenwert λ gehörige Vektor $\boldsymbol{x}$ heißt *Eigenvektor*.

Es folgt unmittelbar, dass λ genau dann Eigenwert von $\boldsymbol{A}$ ist, wenn es die Gleichung $|\boldsymbol{A} - \lambda \boldsymbol{I}| = 0$ erfüllt.

Zwischen Funktionen von quadratischen Matrizen und deren Eigenwerten bestehen einfache Beziehungen.

Satz B.10 Für $\boldsymbol{A}_{n\times n} = \boldsymbol{A}'$ mit den Eigenwerten λ_i, $i = 1, \ldots, n$, gilt

1. $Sp(\boldsymbol{A}) = \sum_{i=1} \lambda_i$,
2. $det(\boldsymbol{A}) = \prod_{i=1}^{n} \lambda_i$,
3. $r(\boldsymbol{A}) = \#\{\lambda_i | \lambda_i \neq 0\}$,

Satz B.11 (*Eigenwerte des Kronecker-Produkts*) Das Kronecker-Produkt $\boldsymbol{A} \otimes \boldsymbol{B}$ hat die Eigenwerte $\nu_{ij} = \lambda_i \cdot \mu_j$, $i = 1, \ldots, n$, $j = 1, \ldots, m$, wobei die λ_i die Eigenwerte von $\boldsymbol{A}_{n\times n}$ und die μ_j die Eigenwerte von $\boldsymbol{B}_{m\times m}$ sind.

Die Begriffe *positiv definit* bzw. *positiv semidefinit* übertragen sich von den quadratischen Formen auf die sie erzeugenden Matrizen.

Definition B.12 Eine Matrix $\boldsymbol{A}_{n\times n}$ heißt

(1) *positiv definit*, wenn $\boldsymbol{x}'\boldsymbol{A}\boldsymbol{x} > 0$ ist $\forall 0 \neq \boldsymbol{x} \in \mathbb{R}^n$ und
(2) *positiv semidefinit*, wenn $\boldsymbol{x}'\boldsymbol{A}\boldsymbol{x} \geq 0$ ist $\forall \boldsymbol{x} \in \mathbb{R}^n$.

Satz B.13 Eine Matrix $\boldsymbol{A}_{n\times n}$ mit Eigenwerten $\lambda_1, \ldots, \lambda_n$ ist

(1) positiv definit (p.d.) $\Longleftrightarrow \lambda_i > 0 \quad i = 1, \ldots, n$,
(2) positiv semidefinit (p.s.d.) $\Longleftrightarrow \lambda_i \geq 0 \quad i = 1, \ldots, n$.

Definition B.14 (*Idempotenz*) Eine quadratische Matrix $\boldsymbol{A}_{n\times n}$ heißt *idempotent*, wenn $\boldsymbol{A}^2 = \boldsymbol{A}\boldsymbol{A} = \boldsymbol{A}$ ist.

Satz B.15 Sei $\boldsymbol{A}$ eine idempotente Matrix. Dann gilt:

1. Die Eigenwerte von $\boldsymbol{A}$ sind entweder 0 oder 1.
2. $r(\boldsymbol{A}) = Sp(\boldsymbol{A})$.

Lemma B.16 Falls die Eigenwerte einer symmetrischen Matrix alle 0 oder 1 sind, dann ist die Matrix idempotent.

B.5 Verallgemeinerte Inverse

Definition B.17 (*Verallgemeinerte Inverse*) Für eine beliebige Matrix $\boldsymbol{A}$ heißt $\boldsymbol{A}^-$ *verallgemeinerte Inverse* zu $\boldsymbol{A}$, falls $\boldsymbol{A}\boldsymbol{A}^-\boldsymbol{A} = \boldsymbol{A}$ ist. Weiter heißt $\boldsymbol{A}^-$ *reflexive verallgemeinerte Inverse* zu $\boldsymbol{A}$, falls zusätzlich $\boldsymbol{A}^-\boldsymbol{A}\boldsymbol{A}^- = \boldsymbol{A}^-$ gilt.

Anmerkung: Vielfach verwendet man für eine verallgemeinerte Inverse die englische Kurzbezeichnung g-Inverse (generalized inverse). Die Existenz von $\boldsymbol{A}^-$ bringt der folgende Satz.

Satz B.18 Zu einer gegebenen Matrix $\boldsymbol{A}_{m\times n}$ existiert immer eine Matrix $\boldsymbol{A}^-$, sodass $\boldsymbol{A}\boldsymbol{A}^-\boldsymbol{A} = \boldsymbol{A}$ ist und es folgt $r(\boldsymbol{A}^-) \geq r(\boldsymbol{A})$.

Anmerkung: $\boldsymbol{A}^-$ ist i. Allg. nicht eindeutig bestimmt. Durch geeignete Zusatzbedingungen kann man eine eindeutig bestimmte g-Inverse erhalten.

Definition B.19 (*Moore-Penrose Inverse*) Eine Matrix $\boldsymbol{A}^+$ mit den Eigenschaften

1. $\boldsymbol{A}\boldsymbol{A}^+\boldsymbol{A} = \boldsymbol{A}$,
2. $\boldsymbol{A}^+\boldsymbol{A}\boldsymbol{A}^+ = \boldsymbol{A}^+$,
3. $(\boldsymbol{A}\boldsymbol{A}^+)' = \boldsymbol{A}\boldsymbol{A}^+$ und
4. $(\boldsymbol{A}^+\boldsymbol{A})' = \boldsymbol{A}^+\boldsymbol{A}$

heißt *Moore-Penrose Inverse* zu $\boldsymbol{A}$.

Satz B.20 Zu jeder Matrix $\boldsymbol{A}$ existiert eine eindeutige Moore-Penrose Inverse.

In der Statistik interessieren häufig Matrizen der Form $\boldsymbol{X}'\boldsymbol{X}$, da z.B. Kovarianzmatrizen von dieser Form sind. Daher werden hierfür spezielle Resultate angegeben.

Satz B.21 Sei $\boldsymbol{A}^-$ eine g-Inverse von $\boldsymbol{X}'\boldsymbol{X}$. Dann gilt

1. $(\boldsymbol{A}^-)'$ ist ebenfalls g-Inverse zu $\boldsymbol{X}'\boldsymbol{X}$.
2. $\boldsymbol{X}\boldsymbol{A}^-\boldsymbol{X}'\boldsymbol{X} = \boldsymbol{X}$, d.h. $\boldsymbol{A}^-\boldsymbol{X}'$ ist g-Inverse zu $\boldsymbol{X}$.
3. $\boldsymbol{X}\boldsymbol{A}^-\boldsymbol{X}'$ hängt nicht von der speziellen Wahl von $\boldsymbol{A}^-$ ab.
4. $\boldsymbol{X}\boldsymbol{A}^-\boldsymbol{X}'$ ist stets symmetrisch.

Die programmtechnische Bestimmung des Rangs einer Matrix scheint auf den ersten Blick sehr schwierig zu sein. Mithilfe von g-Inversen gelingt dies jedoch sehr einfach, wenn man beachtet, dass das Matrizenprodukt $\boldsymbol{A}\boldsymbol{A}^-$ idempotent ist und $r(\boldsymbol{A}) = r(\boldsymbol{A}\boldsymbol{A}^-) = Sp(\boldsymbol{A}\boldsymbol{A}^-)$ gilt, wobei $\boldsymbol{A}^-$ eine beliebige g-Inverse von $\boldsymbol{A}$ ist.

B.6 Matrizentechnik für faktorielle Pläne

Die zentrierende Matrix $\boldsymbol{P}_n = \boldsymbol{I}_n - \frac{1}{n}\boldsymbol{J}_n$ der Dimension $n \times n$ spielt bei der Beschreibung von Effekten und Hypothesen in faktoriellen Modellen eine besondere Rolle. Multipliziert man den Vektor $\boldsymbol{x} = (x_1, \ldots, x_n)'$ oder $\boldsymbol{F} = (F_1, \ldots, F_n)'$ von links mit dieser Matrix, so wird von jeder Komponente des Vektors der Mittelwert über die Komponenten abgezogen. Dies ergibt

$$\boldsymbol{P}_n\boldsymbol{x} = \begin{pmatrix} x_1 - \overline{x}_\cdot \\ \vdots \\ x_n - \overline{x}_\cdot \end{pmatrix} \quad \text{bzw.} \quad \boldsymbol{P}_n\boldsymbol{F} = \begin{pmatrix} F_1 - \overline{F}_\cdot \\ \vdots \\ F_n - \overline{F}_\cdot \end{pmatrix},$$

wobei $\overline{\boldsymbol{x}}_\cdot = \frac{1}{n}\boldsymbol{1}_n'\boldsymbol{x} = \frac{1}{n}\sum_{i=1}^n x_i$ und $\overline{\boldsymbol{F}}_\cdot = \frac{1}{n}\boldsymbol{1}_n'\boldsymbol{F} = \frac{1}{n}\sum_{i=1}^n F_i$ die Mittelwerte der x_i bzw. der F_i sind.

Diagonalmatrizen lassen sich kurz mithilfe der direkten Summe darstellen.

$$\bigoplus_{i=1}^a \lambda_i = \begin{pmatrix} \lambda_1 & \ldots & 0 \\ \vdots & \ddots & \vdots \\ 0 & \ldots & \lambda_a \end{pmatrix}_{a\times a} \quad \text{oder} \quad \bigoplus_{i=1}^a \frac{1}{n_i} = \begin{pmatrix} \frac{1}{n_1} & \ldots & 0 \\ \vdots & \ddots & \vdots \\ 0 & \ldots & \frac{1}{n_a} \end{pmatrix}_{a\times a}.$$

Falls alle Diagonalelements gleich sind, gilt z.B.

$$\bigoplus_{i=1}^a \frac{1}{n} = \begin{pmatrix} \frac{1}{n} & \ldots & 0 \\ \vdots & \ddots & \vdots \\ 0 & \ldots & \frac{1}{n} \end{pmatrix}_{a\times a} = \boldsymbol{I}_a \otimes \frac{1}{n} = \frac{1}{n}\boldsymbol{I}_a.$$

Operationen (wie z.B. Summieren oder Zentrieren) für strukturierte Vektoren, d.h. Vektoren mit zwei oder mehr Indizes, können übersichtlich mithilfe von Blockmatrizen über das Kronecker-Produkt oder über die direkte Summe dargestellt werden. Im Folgenden werden beispielhaft die wichtigsten Operationen für zwei strukturierte Vektoren (zweifach indiziert, mit gleich langen bzw. ungleich langen Subvektoren) in Matrizenschreibweise dargestellt. Dabei wird zunächst ein Vektor mit gleich langen Subvektoren

$$\boldsymbol{x} = (\boldsymbol{x}_1', \ldots, \boldsymbol{x}_a')' = (x_{11}, \ldots, x_{1b}, \ldots, x_{a1}, \ldots, x_{ab})'$$

mit $\boldsymbol{x}_i = (x_{i1}, \ldots, x_{ib})'$, $i = 1, \ldots, a$, betrachtet. Zur Beschreibung einer Summation oder Mittelung über den ersten bzw. zweiten Index sowie einer Zentrierung mit dem Mittelwert werden die Kronecker-Produkte folgender Matrizen benötigt:

$$\boldsymbol{1}_d, \quad \frac{1}{d}\boldsymbol{1}_d, \quad \boldsymbol{I}_d, \quad \boldsymbol{J}_d, \quad \frac{1}{d}\boldsymbol{J}_d, \quad \boldsymbol{P}_d = \boldsymbol{I}_d - \frac{1}{d}\boldsymbol{J}_d,$$

wobei entweder $d = a$ oder $d = b$ ist. Die erste Matrix des Kronecker-Produkts bezieht sich auf den ersten Index, die zweite Matrix auf den zweiten Index. Beispielsweise wird eine Summation und Mittelung über den ersten Index von $\boldsymbol{x}$ durch Multiplikation von links mit der Matrix

$$\left(\frac{1}{a}\mathbf{1}'_a \otimes \boldsymbol{I}_b\right) = \begin{pmatrix} \frac{1}{a} & \cdots & 0 & \vdots & & \vdots & \frac{1}{a} & \cdots & 0 \\ \vdots & \ddots & \vdots & \vdots & \cdots & \vdots & \vdots & \ddots & \vdots \\ 0 & \cdots & \frac{1}{a} & \vdots & & \vdots & 0 & \cdots & \frac{1}{a} \end{pmatrix}$$

erreicht. Man erhält dann

$$\left(\frac{1}{a}\mathbf{1}'_a \otimes \boldsymbol{I}_b\right)\boldsymbol{x} = \begin{pmatrix} \overline{x}_{\cdot 1} \\ \vdots \\ \overline{x}_{\cdot b} \end{pmatrix},$$

während eine Multiplikation von links mit der Matrix

$$\left(\boldsymbol{I}_a \otimes \frac{1}{b}\mathbf{1}'_b\right) = \begin{pmatrix} \frac{1}{b} & \cdots & \frac{1}{b} & \mathbf{0} & 0 & \cdots & 0 \\ 0 & \cdots & 0 & \ddots & \vdots & \ddots & \vdots \\ \vdots & \ddots & \vdots & \ddots & 0 & \cdots & 0 \\ 0 & \cdots & 0 & \mathbf{0} & \frac{1}{b} & \cdots & \frac{1}{b} \end{pmatrix}$$

eine Summation und Mittelung über den zweiten Index bewirkt:

$$\left(\boldsymbol{I}_a \otimes \frac{1}{b}\mathbf{1}'_b\right)\boldsymbol{x} = \begin{pmatrix} \overline{x}_{1\cdot} \\ \vdots \\ \overline{x}_{a\cdot} \end{pmatrix}.$$

Ersetzt man $\boldsymbol{I}_a$ oder $\boldsymbol{I}_b$ durch die entsprechenden zentrierenden Matrizen $\boldsymbol{P}_a$ bzw. $\boldsymbol{P}_b$, dann wird von den jeweiligen Mittelwerten $\overline{x}_{i\cdot}$ bzw. $\overline{x}_{\cdot j}$ noch der Gesamtmittelwert $\overline{x}_{\cdot\cdot} = (\frac{1}{a}\mathbf{1}'_a \otimes \frac{1}{b}\mathbf{1}'_b)\boldsymbol{x} = \frac{1}{ab}\sum_{i=1}^{a}\sum_{j=1}^{b} x_{ij}$ abgezogen. Dies stellt sich in Matrizenschreibweise folgendermaßen dar:

$$\left(\boldsymbol{P}_a \otimes \frac{1}{b}\mathbf{1}'_b\right)\boldsymbol{x} = \begin{pmatrix} \overline{x}_{1\cdot} - \overline{x}_{\cdot\cdot} \\ \vdots \\ \overline{x}_{a\cdot} - \overline{x}_{\cdot\cdot} \end{pmatrix}, \quad \text{bzw.} \quad \left(\frac{1}{a}\mathbf{1}'_a \otimes \boldsymbol{P}_b\right)\boldsymbol{x} = \begin{pmatrix} \overline{x}_{\cdot 1} - \overline{x}_{\cdot\cdot} \\ \vdots \\ \overline{x}_{\cdot b} - \overline{x}_{\cdot\cdot} \end{pmatrix}.$$

Die doppelte Zentrierung zur Darstellung der Terme $w_{ij} = x_{ij} - \overline{x}_{i\cdot} - \overline{x}_{\cdot j} + \overline{x}_{\cdot\cdot}$, $i = 1, \ldots, a$, $j = 1, \ldots, b$, für die Wechselwirkung erhält man, wenn man an beiden Stellen die entsprechende zentrierende Matrix einsetzt. Dies ergibt in Matrizenschreibweise

$$(\boldsymbol{P}_a \otimes \boldsymbol{P}_b)\boldsymbol{x} = \begin{pmatrix} x_{11} - \overline{x}_{1\cdot} - \overline{x}_{\cdot 1} + \overline{x}_{\cdot\cdot} \\ \vdots \\ x_{ab} - \overline{x}_{a\cdot} - \overline{x}_{\cdot b} + \overline{x}_{\cdot\cdot} \end{pmatrix}.$$

Ersetzt man in $(\boldsymbol{P}_a \otimes \frac{1}{b}\mathbf{1}'_b)$ und $(\frac{1}{a}\mathbf{1}'_a \otimes \boldsymbol{P}_b)$ die Vektoren $\mathbf{1}_a$ bzw. $\mathbf{1}_b$ durch die entsprechenden Einser-Matrizen $\boldsymbol{J}_a$ bzw. $\boldsymbol{J}_b$, dann wird dadurch die jeweilige Mittelung

a- bzw. b-mal kopiert. Damit werden die Vektoren $(\overline{x}_{1\cdot},\ldots,\overline{x}_{a\cdot})'$ bzw. $(\overline{x}_{\cdot 1},\ldots,\overline{x}_{\cdot b})'$ auf die Dimension ab des Vektors $\boldsymbol{x}$ aufgebläht. Man erhält also

$$\begin{aligned}
\left(\boldsymbol{P}_a \otimes \frac{1}{b}\boldsymbol{J}_b\right)\boldsymbol{x} &= (\overline{x}_{1\cdot}-\overline{x}_{\cdot\cdot},\ldots,\overline{x}_{1\cdot}-\overline{x}_{\cdot\cdot},\ldots,\overline{x}_{a\cdot}-\overline{x}_{\cdot\cdot},\ldots,\overline{x}_{a\cdot}-\overline{x}_{\cdot\cdot})' \\
&= \begin{pmatrix} \overline{x}_{1\cdot}-\overline{x}_{\cdot\cdot} \\ \vdots \\ \overline{x}_{a\cdot}-\overline{x}_{\cdot\cdot} \end{pmatrix} \otimes \boldsymbol{1}_b \\
\left(\frac{1}{a}\boldsymbol{J}_a \otimes \boldsymbol{P}_b\right)\boldsymbol{x} &= \boldsymbol{1}_a \otimes \begin{pmatrix} \overline{x}_{\cdot 1}-\overline{x}_{\cdot\cdot} \\ \vdots \\ \overline{x}_{\cdot b}-\overline{x}_{\cdot\cdot} \end{pmatrix}.
\end{aligned}$$

Die Matrizen $\boldsymbol{I}_d$, $\frac{1}{d}\boldsymbol{J}_d$, und $\boldsymbol{P}_d$, $d=a,b$, sind idempotent und symmetrisch. Aufgrund der Rechenregeln 6 und 7 in Satz B.7 sind die Kronecker-Produkte dieser Matrizen ebenfalls idempotent und symmetrisch. Damit lassen sich quadratische Formen, die durch diese Matrizen erzeugt werden, sofort in Summen von quadrierten Abweichungen umschreiben. Man erhält z.B.

$$\begin{aligned}
Q(A) &= \boldsymbol{x}'\left(\boldsymbol{P}_a \otimes \frac{1}{b}\boldsymbol{J}_b\right)\boldsymbol{x} = \left[\left(\boldsymbol{P}_a \otimes \frac{1}{b}\boldsymbol{J}_b\right)\boldsymbol{x}\right]'\left(\boldsymbol{P}_a \otimes \frac{1}{b}\boldsymbol{J}_b\right)\boldsymbol{x} \\
&= \left((\overline{x}_{1\cdot}-\overline{x}_{\cdot\cdot})\otimes\boldsymbol{1}_b',\ldots,(\overline{x}_{a\cdot}-\overline{x}_{\cdot\cdot})\otimes\boldsymbol{1}_b'\right)\begin{pmatrix} (\overline{x}_{1\cdot}-\overline{x}_{\cdot\cdot})\otimes\boldsymbol{1}_b \\ \vdots \\ (\overline{x}_{a\cdot}-\overline{x}_{\cdot\cdot})\otimes\boldsymbol{1}_b \end{pmatrix} \\
&= b\cdot\sum_{i=1}^{a}(\overline{x}_{i\cdot}-\overline{x}_{\cdot\cdot})^2
\end{aligned}$$

und analog

$$\begin{aligned}
Q(B) &= \boldsymbol{x}'\left(\frac{1}{a}\boldsymbol{J}_a \otimes \boldsymbol{P}_b\right)\boldsymbol{x} = a\cdot\sum_{j=1}^{b}(\overline{x}_{\cdot j}-\overline{x}_{\cdot\cdot})^2 \\
Q(AB) &= \boldsymbol{x}'\left(\boldsymbol{P}_a \otimes \boldsymbol{P}_b\right)\boldsymbol{x} = \sum_{i=1}^{a}\sum_{j=1}^{b}(x_{ij}-\overline{x}_{i\cdot}-\overline{x}_{\cdot j}+\overline{x}_{\cdot\cdot})^2 \\
Q(A|B) &= \boldsymbol{x}'\left(\boldsymbol{P}_a \otimes \boldsymbol{I}_b\right)\boldsymbol{x} = \sum_{i=1}^{a}\sum_{j=1}^{b}(x_{ij}-\overline{x}_{\cdot j})^2 \\
Q(B|A) &= \boldsymbol{x}'\left(\boldsymbol{I}_a \otimes \boldsymbol{P}_b\right)\boldsymbol{x} = \sum_{i=1}^{a}\sum_{j=1}^{b}(x_{ij}-\overline{x}_{i\cdot})^2 \\
Q(N) &= \boldsymbol{x}'\left(\boldsymbol{I}_{ab} - \frac{1}{ab}\boldsymbol{J}_{ab}\right)\boldsymbol{x} = \sum_{i=1}^{a}\sum_{j=1}^{b}(x_{ij}-\overline{x}_{\cdot\cdot})^2.
\end{aligned}$$

Es sei noch angemerkt, dass die Matrizen $\boldsymbol{P}_a$ und $\boldsymbol{P}_b$ Kontrastmatrizen sind, d.h. die Elemente in jeder Zeile addieren sich zu 0, also $\boldsymbol{P}_a\mathbf{1}_a = \mathbf{0}$ und $\boldsymbol{P}_b\mathbf{1}_b = \mathbf{0}$.

Falls der strukturierte Vektor $\boldsymbol{x}$ ungleich lange Subvektoren $\boldsymbol{x}_i = (x_{i1}, \ldots, x_{in_i})'$, $i = 1, \ldots, a$, enthält, also

$$\boldsymbol{x} = (\boldsymbol{x}_1', \ldots, \boldsymbol{x}_a')' = (x_{11}, \ldots, x_{1n_1}, \ldots, x_{a1}, \ldots, x_{an_a})'$$

ist, verwendet man anstelle des Kronecker Produktes die direkte Summe. So bewirkt z.B. die Multiplikation von links mit der Matrix

$$\begin{aligned}
\bigoplus_{i=1}^{a} \frac{1}{n_i}\mathbf{1}_{n_i}' &= \frac{1}{n_1}\mathbf{1}_{n_1}' \oplus \cdots \oplus \frac{1}{n_a}\mathbf{1}_{n_a}' \\
&= diag\left\{\frac{1}{n_1}\mathbf{1}_{n_1}', \ldots, \frac{1}{n_a}\mathbf{1}_{n_a}'\right\} \\
&= \begin{pmatrix} \frac{1}{n_1}\mathbf{1}_{n_1}' & \mathbf{0} & \mathbf{0} \\ \mathbf{0} & \ddots & \mathbf{0} \\ \mathbf{0} & \mathbf{0} & \frac{1}{n_a}\mathbf{1}_{n_a}' \end{pmatrix}
\end{aligned}$$

eine Summation und Mittelung über den zweiten Index:

$$\left(\bigoplus_{i=1}^{a} \frac{1}{n_i}\mathbf{1}_{n_i}'\right)\boldsymbol{x} = \begin{pmatrix} \overline{x}_{1\cdot} \\ \vdots \\ \overline{x}_{a\cdot} \end{pmatrix}.$$

Die Darstellung einer Summe von gewichteten quadrierten Abweichungen in Matrizenschreibweise ist etwas komplizierter als im Fall gleich langer Subvektoren. Um die Summe $\sum_{i=1}^{a} n_i(\overline{x}_{i\cdot} - \overline{x}_{\cdot\cdot})^2$ in Matrizenschreibweise darzustellen, benötigt man die Diagonalmatrix $\boldsymbol{N}_a$ der Längen n_i der Subvektoren $\boldsymbol{x}_i = (x_{i1}, \ldots, x_{in_i})'$, $i = 1, \ldots, a$, also

$$\boldsymbol{\Lambda}_a = diag\{n_1, \ldots, n_a\} = \bigoplus_{i=1}^{a} n_i = \begin{pmatrix} n_1 & \ldots & 0 \\ \vdots & \ddots & \vdots \\ 0 & \ldots & n_a \end{pmatrix}_{a\times a}$$

sowie deren Spur $Sp(\boldsymbol{\Lambda}_a) = \sum_{i=1}^{a} n_i = N$ und bildet damit die Matrix

$$\boldsymbol{W}_a = \boldsymbol{\Lambda}_a\left(\boldsymbol{I}_a - \frac{1}{N}\boldsymbol{J}_a\boldsymbol{\Lambda}_a\right).$$

Damit erhält man

$$Q(A) = \boldsymbol{x}'\boldsymbol{W}_a\boldsymbol{x} = \sum_{i=1}^{a} n_i(\overline{x}_{i\cdot} - \overline{x}_{\cdot\cdot})^2,$$

wobei $\overline{x}_{\cdot\cdot} = \frac{1}{N}\sum_{i=1}^{a} n_i \overline{x}_{i\cdot}$ der gewichtete Mittelwert der $\overline{x}_{i\cdot}$, $i = 1, \ldots, a$, ist. Daher heißt $\boldsymbol{W}_a$ auch *gewichtet zentrierende Matrix*. Sie ist ebenso wie $\boldsymbol{P}_a$ eine Kontrastmatrix. Es ist nämlich

$$\begin{aligned} \boldsymbol{W}_a \mathbf{1}_a &= \boldsymbol{\Lambda}_a \mathbf{1}_a - \frac{1}{N}\boldsymbol{\Lambda}_a \boldsymbol{J}_a \boldsymbol{\Lambda}_a \mathbf{1}_a \\ &= \boldsymbol{\Lambda}_a \mathbf{1}_a - \frac{1}{N}\boldsymbol{\Lambda}_a \mathbf{1}_a \mathbf{1}_a' \boldsymbol{\Lambda}_a \mathbf{1}_a = \mathbf{0}, \end{aligned}$$

da $\boldsymbol{\Lambda}_a$ eine Diagonalmatrix und daher $\mathbf{1}_a'\boldsymbol{\Lambda}_a\mathbf{1}_a = Sp(\boldsymbol{\Lambda}_a) = N$ ist. Weiterhin hat die Matrix $\boldsymbol{W}_a$ folgende Eigenschaften

1. $\boldsymbol{P}_a \boldsymbol{W}_a \boldsymbol{P}_a = \left(\boldsymbol{I}_a - \frac{1}{a}\boldsymbol{J}_a\right) \boldsymbol{W}_a \left(\boldsymbol{I}_a - \frac{1}{a}\boldsymbol{J}_a\right) = \boldsymbol{W}_a$,

   da $\boldsymbol{W}_a \boldsymbol{J}_a = \boldsymbol{W}_a \mathbf{1}_a \mathbf{1}_a' = \mathbf{0}$ ist.

2. $(\boldsymbol{P}_a \boldsymbol{\Lambda}_a^{-1} \boldsymbol{P}_a) \boldsymbol{W}_a (\boldsymbol{P}_a \boldsymbol{\Lambda}_a^{-1} \boldsymbol{P}_a) = \boldsymbol{P}_a \boldsymbol{\Lambda}_a^{-1} \boldsymbol{W}_a \boldsymbol{\Lambda}_a^{-1} \boldsymbol{P}_a = \boldsymbol{P}_a \boldsymbol{\Lambda}_a^{-1} \boldsymbol{P}_a$,
   d.h. $\boldsymbol{W}_a$ ist eine g-Inverse zu $\boldsymbol{P}_a \boldsymbol{\Lambda}_a^{-1} \boldsymbol{P}_a$.

Diese Resultate werden zur Herleitung der Statistiken in den Abschnitten 2.2.3, 2.2.4 und 3.1.4 benötigt.

Anhang C

Beispiele und Originaldaten

Beispiel C.1 (Organgewichte) In einer Toxizitätsstudie an weiblichen Wistar-Ratten sollten unerwünschte toxische Wirkungen einer Substanz (Verum) untersucht werden. Dazu wurden bei jedem Tier unter anderem die Gewichte von Herz, Leber und Nieren bestimmt. Die Ergebnisse für die $n_1 = 13$ Tiere der Placebo-Gruppe und die $n_2 = 18$ Tiere der Verum-Gruppe sind in Tabelle C.1 wiedergegeben.

Tabelle C.1 Organgewichte von 31 weiblichen Wistar-Ratten in einer Fertilitätsstudie. Die 13 Tiere der Kontrollgruppe erhielten ein Placebo, während 18 Tiere mit dem Verum behandelt wurden.

Organgewichte [g]					
Placebo ($n_1 = 13$)			Verum ($n_2 = 18$)		
Herz	Leber	Nieren	Herz	Leber	Nieren
0.74	12.1	1.69	0.85	14.3	2.12
0.86	15.8	1.96	0.90	14.0	1.88
0.80	12.5	1.76	1.00	17.5	2.15
0.85	14.1	1.88	0.93	14.8	1.96
0.93	16.0	2.30	0.81	13.3	1.83
0.79	13.9	1.97	1.00	14.0	2.03
0.84	13.3	1.69	1.01	14.0	2.19
0.81	12.2	1.63	0.75	12.0	2.10
1.21	14.4	2.01	0.99	15.6	2.15
0.80	13.7	1.92	0.94	13.5	2.00
0.91	14.3	1.93	0.96	14.7	2.25
0.82	13.2	1.56	0.93	16.9	2.49
0.82	10.3	1.71	1.01	16.4	2.43
			0.82	13.2	1.89
			0.96	16.2	2.38
			1.09	18.4	2.37
			1.00	15.5	2.05
			1.03	13.6	2.00

Beispiel C.2 (Anzahl der Implantationen) In einer Fertilitätsstudie an 29 weiblichen Wistar-Ratten sollten unerwünschte Wirkungen einer Substanz (Verum) auf die Fertilität untersucht werden. Dazu wurde nach der Sektion der Tiere unter anderem die Anzahl der Implantationen bestimmt. Die Ergebnisse für die $n_1 = 12$ Tiere der Placebo-Gruppe und die $n_2 = 17$ Tiere der Verum-Gruppe sind in Tabelle C.2 wiedergegeben.

Tabelle C.2 Anzahl der Implantationen bei 29 Wistar-Ratten in einer Fertilitätsstudie.

Substanz	Anzahl der Implantationen
Placebo	3, 10, 10, 10, 10, 10, 11, 12, 12, 13, 14, 14
Verum	10, 10, 11, 12, 12, 13, 13, 13, 13, 13, 13, 13, 13, 14, 14, 15, 18

Beispiel C.3 (Lebergewichte) In einer Toxizitätsstudie an männlichen Wistar-Ratten sollten unerwünschte toxische Wirkungen einer Substanz untersucht werden, die in vier (steigenden) Dosisstufen den Tieren verabreicht wurde. Die auf das jeweilige Körpergewicht bezogenen relativen Lebergewichte sind für die $n_1 = 8$ Tiere der Placebo-Gruppe und die $n_2 = 7, n_3 = 8, n_4 = 7$ und $n_5 = 8$ Tiere der Verum-Gruppen in Tabelle C.3 wiedergegeben.

Tabelle C.3 Relative Lebergewichte [%] von 38 männlichen Wistar-Ratten einer Toxizitätsstudie.

Relative Lebergewichte [%]				
Placebo	Verum			
	Dosis 1	Dosis 2	Dosis 3	Dosis 4
$n_1 = 8$	$n_2 = 7$	$n_3 = 8$	$n_4 = 7$	$n_5 = 8$
3.78	3.46	3.71	3.86	4.14
3.40	3.98	3.36	3.80	4.11
3.29	3.09	3.38	4.14	3.89
3.14	3.49	3.64	3.62	4.21
3.55	3.31	3.41	3.95	4.81
3.76	3.73	3.29	4.12	3.91
3.23	3.23	3.61	4.54	4.19
3.31		3.87		5.05

Beispiel C.4 (Schulter-Schmerz Studie) In der Schulter-Schmerz Studie (siehe Lumley, 1996) wurde der typische Schmerz in der Schulterspitze nach laparoskopischer Operation im Abdomen zu 6 festen Zeitpunkten bei insgesamt 41 Patienten beobachtet. Bei 22 (randomisiert ausgewählten) der 41 Patienten wurde nach der Operation die für die Laparoskopie benötigte Luft nach einem speziellen Verfahren wieder abgesaugt (Behandlung Y). Die restlichen 19 Patienten dienten als Kontrollgruppe (Behandlung N). Die Schmerzen wurden subjektiv anhand eines Schmerz-Scores (1 = niedriger bis 5 = sehr starker Schmerz) beurteilt. Da die Schmerzempfindlichkeit möglicherweise vom Geschlecht abhängt, wurde die Untersuchung danach geschichtet (M = männlich, F = weiblich). Die Schmerz-Scores zu den sechs Zeitpunkten sind in Tabelle C.4 aufgelistet. Bezüglich der nichtparametrischen Analyse dieser Daten unter Berücksichtigung der Zeiteffekte sei auf das Buch von Brunner, Domhof und Langer (2002) verwiesen.

Tabelle C.4 Schmerz-Scores zu 6 festen Zeitpunkten nach einer laparoskopischen Operation für die 22 Patienten (14 Frauen und 8 Männer) der Behandlungsgruppe Y und die 19 Patienten (11 Frauen und 8 Männer) der Kontrollgruppe N.

Schmerz-Score															
Behandlung Y								Behandlung N							
		Zeitpunkt								Zeitpunkt					
Pat.	Geschl.	1	2	3	4	5	6	Pat.	Geschl.	1	2	3	4	5	6
1	F	1	1	1	1	1	1	23	F	5	2	3	5	5	4
3	F	3	2	2	2	1	1	24	F	1	5	3	4	5	3
4	F	1	1	1	1	1	1	25	F	4	4	4	4	1	1
5	F	1	1	1	1	1	1	28	F	3	4	3	3	3	2
8	F	2	2	1	1	1	1	30	F	1	1	1	1	1	1
9	F	1	1	1	1	1	1	33	F	1	3	2	2	1	1
10	F	3	1	1	1	1	1	34	F	2	2	3	4	2	2
12	F	2	1	1	1	1	2	35	F	2	2	1	3	3	2
16	F	1	1	1	1	1	1	36	F	1	1	1	1	1	1
18	F	2	1	1	1	1	1	38	F	5	5	5	4	3	3
19	F	4	4	2	4	2	2	40	F	5	4	4	4	2	2
20	F	4	4	4	2	1	1								
21	F	1	1	1	2	1	1								
22	F	1	1	1	2	1	2								
2	M	3	2	1	1	1	1	26	M	4	4	4	4	4	3
6	M	1	2	1	1	1	1	27	M	2	3	4	3	3	2
7	M	1	3	2	1	1	1	29	M	3	3	4	4	4	3
11	M	1	1	1	1	1	1	31	M	1	1	1	1	1	1
13	M	1	2	2	2	2	2	32	M	1	5	5	5	4	3
14	M	3	1	1	1	3	3	37	M	1	1	1	1	1	1
15	M	2	1	1	1	1	1	39	M	3	3	3	3	1	1
17	M	1	1	1	1	1	1	41	M	1	3	3	3	2	1

Beispiel C.5 (γ-GT Studie) Bei 50 Patientinnen, denen die Gallenblase entfernt werden sollte, wurde in einer randomisierten Studie u.a. untersucht, ob durch eine Testsubstanz ($n_1 = 26$) gegenüber Placebo ($n_2 = 24$) postoperativ ein schnellerer Abfall der γ-GT erreicht werden könnte. Die γ-GT wurde jeweils am Tag vor der Operation (-1) und an den Tagen 3, 7 und 10 nach der Operation bestimmt. Bezüglich der nichtparametrischen Analyse dieser Daten unter Berücksichtigung der Zeiteffekte sei auf das Buch von Brunner, Domhof und Langer (2002) verwiesen.

Tabelle C.5 Verlaufskurven der γ-GT-Werte von 50 Patientinnen unter zwei Therapien ($n_1 = 26$ für Verum und $n_2 = 24$ für Placebo) am Tag vor der Operation (-1) und an den Tagen 3, 7 und 10 nach der Operation.

γ-GT [U/l]									
Placebo					Verum				
	Tag nach OP					Tag nach OP			
Pat.-Nr.	−1	3	7	10	Pat.-Nr.	−1	3	7	10
2	5	4	8	6	1	44	12	10	9
3	8	45	61	39	5	15	14	14	15
4	30	32	42	35	6	8	10	9	9
7	20	26	23	20	8	12	17	28	31
10	17	18	18	18	9	7	26	29	22
15	17	19	36	28	11	8	10	9	12
16	114	20	6	14	12	32	226	118	76
13	7	26	10	10	18	109	104	66	48
19	275	89	59	46	14	53	49	50	49
20	8	12	12	14	17	56	162	111	79
22	15	26	43	39	21	11	15	26	12
23	5	8	11	12	24	38	100	47	67
28	14	20	18	16	25	13	167	139	110
30	11	20	22	21	26	50	30	29	35
31	27	30	26	23	27	13	21	29	15
32	11	13	59	38	29	7	8	7	9
34	18	31	30	15	33	7	14	25	19
35	14	27	22	15	36	11	11	12	15
39	19	62	53	38	37	192	157	92	66
40	75	55	47	39	38	14	12	20	16
41	11	28	12	43	42	24	9	10	12
43	8	34	30	17	44	9	14	16	13
46	26	32	29	24	45	16	32	28	20
48	11	34	43	49	47	9	13	12	13
					49	19	14	13	12
					50	8	10	10	11

Beispiel C.6 (O_2-Verbrauch von Leukozyten) In einem Versuch an HSD-Ratten sollte die Atmungsaktivität von Leukozyten nach einer Vorbehandlung mit einem Verum gegenüber einem Placebo überprüft werden.

Eine Gruppe von Ratten wurde mit einem Placebo vorbehandelt, während die andere Gruppe mit einer Substanz vorbehandelt wurde, welche die humoralen Abwehrkräfte steigern sollte. Alle Tiere erhielten 18 Stunden vor Eröffnung der Bauchhöhle 2.4 g Natrium-Kaseinat zur Erzeugung eines leukozytenreichen Peritoneal-Exsudates. Die Peritonealflüssigkeiten von jeweils 3-4 Tieren wurden vereinigt und die darin enthaltenen Leukozyten wurden in einem Versuchsansatz weiter aufbereitet. Bei der einen Hälfte der Versuchsansätze wurden den Leukozyten inaktivierte Staphylokokken im Verhältnis 100:1 zugesetzt, während die Leukozyten der anderen Hälfte unbehandelt blieben. Danach wurde der O_2-Verbrauch der Leukozyten mit einer polarografischen Elektrode nach ca. 1/4 Stunde gemessen. Für jede der vier Versuchsgruppen wurden jeweils 12 Versuchsansätze durchgeführt. Die Daten sind in Tabelle C.6 zusammengestellt.

Tabelle C.6 Sauerstoff-Verbrauch von Leukozyten in Gegenwart bzw. Abwesenheit von inaktivierten Staphylokokken.

O_2-Verbrauch [$\mu\ell$]			
Staphylokokken			
mit		ohne	
Behandlung		Behandlung	
P	V	P	V
3.56	4.00	2.81	3.85
3.41	3.84	2.89	2.96
3.20	3.98	3.75	3.75
3.75	3.90	3.30	3.60
3.58	3.88	3.84	3.44
3.88	3.73	3.58	3.29
3.49	4.41	3.89	4.04
3.18	4.19	3.29	3.89
3.90	4.50	3.45	4.20
3.35	4.20	3.60	3.60
3.12	4.05	3.40	3.90
3.90	3.67	3.30	3.60

Beispiel C.7 (Oberflächen-Volumen Verhältnis) Zur Untersuchung des protektiven Effektes der Bretschneiderschen HTK-Lösung wurde bei 10 Hunden der AV-Knoten des Herzens untersucht. Fünf Herzen wurden unter reiner Ischämie untersucht, die fünf anderen Herzen wurden mit der HKT-Lösung perfundiert. Ein wichtiger Parameter bei diesem Experiment ist das Oberflächen-Volumen Verhältnis ($S_V R$) der Mitochondrien im AV-Knoten des Herzens. Zur genaueren Bestimmung dieses Verhältnisses wurden bei jedem Knoten drei Schnitte im Abstand von $50 \mu m$ angefertigt und $S_V R$ nach der Methode von Weibel bestimmt. Die Ergebnisse sind in Tabelle C.7 zusammengestellt.

Tabelle C.7 Oberflächen-Volumen Verhältnis ($S_V R$) der Mitochondrien in je drei Schnitten im AV-Knoten des Herzens bei zehn Hunden.

Oberflächen-Volumen Verhältnis ($S_V R$) [$\mu m^2 / \mu m^3$]					
Reine Ischämie			HTK-Lösung		
Hund	Schnitt	$S_V R$	Hund	Schnitt	$S_V R$
	1	8.19		1	9.06
1	2	8.23	6	2	9.38
	3	7.91		3	9.27
	1	7.47		1	9.13
2	2	8.20	7	2	9.39
	3	7.93		3	9.22
	1	7.46		1	9.24
3	2	7.89	8	2	9.18
	3	7.86		3	9.84
	1	8.71		1	9.64
4	2	7.90	9	2	9.36
	3	8.49		3	9.69
	1	7.65		1	9.90
5	2	7.98	10	2	9.86
	3	8.03		3	9.77

Beispiel C.8 (Toxizitätsprüfung) In einer Toxizitätsstudie wurde die Gewichtszunahme [g] männlicher Wistar-Ratten gemessen. Die Werte für die Kontrollgruppe und die höchste Dosisstufe sind in Tabelle C.8 angegeben.

Tabelle C.8 Gewichtszunahme [g] männlicher Wistar-Ratten unter Placebo und unter der höchsten Dosis einer Prüfsubstanz.

Substanz	Gewichtszunahme [g]
Placebo	325, 375, 356, 374, 412, 418, 445, 379, 403, 431, 410, 391, 475
Verum	307, 268, 275, 291, 314, 340, 395, 279, 323, 342, 341, 320, 329 376, 322, 378, 334, 345, 302, 309, 311, 310, 360, 361

Beispiel C.9 (Reizung der Nasen-Schleimhaut) Zwei inhalierbare Testsubstanzen (Faktor A) wurden bezüglich ihrer Reizaktivität auf die Nasen-Schleimhaut der Ratte nach subchronischer Inhalation untersucht. Die Reizaktivität wurde histopatholoisch durch Vergabe von Scores (0 = 'keine Reizung', 1 = 'leichte Reizung', 2 = 'starke Reizung', 3 = 'schwere Reizung') beurteilt. Jede Substanz wurde in drei Konzentrationen (Faktor B) an je 20 Ratten untersucht. Die Ergebnisse sind in Tabelle C.9 wiedergegeben.

Tabelle C.9 Reizungsscores der Nasen-Schleimhaut bei 120 Ratten nach Inhalation von zwei Testsubstanzen in drei verschiedenen Dosisstufen.

	Substanz 1				Substanz 2			
Konzentration	Anzahl der Tiere mit Reizungsscore				Anzahl der Tiere mit Reizungsscore			
	0	1	2	3	0	1	2	3
2 [ppm]	18	2	0	0	16	3	1	0
5 [ppm]	12	6	2	0	8	8	3	1
10 [ppm]	3	7	6	4	1	5	8	6

Beispiel C.10 (Anzahl der Corpora Lutea) In einer Fertilitätsstudie an 92 weiblichen Wistar-Ratten sollten unerwünschte Wirkungen einer Substanz (Verum) auf die Fertilität untersucht werden. Das Verum wurde in vier Dosisstufen gegeben und mit einem Placebo verglichen. Nach der Sektion der Tiere wurde unter anderem die Anzahl der Corpora Lutea bestimmt. Die Ergebnisse für die $n_1 = 22$ Tiere der Placebo-Gruppe und die $n_2 = 17, n_3 = 20, n_4 = 16$ und $n_5 = 17$ Tiere der vier Verum-Gruppen sind in Tabelle C.10 wiedergegeben.

Tabelle C.10 Anzahl der Corpora Lutea bei 92 Wistar-Ratten in einer Fertilitätsstudie ($n_1 = 22, n_2 = 17, n_3 = 20, n_4 = 16, n_5 = 17$).

Substanz	Anzahl der Corpora Lutea
Placebo	9, 11, 11, 11, 12, 12, 12, 12, 12, 12, 13 13, 13, 13, 13, 13, 14, 14, 14, 14, 15, 16
Verum Dosis 1	9, 10, 11, 11, 11, 11, 11, 12, 12, 12, 13 13, 14, 14, 14, 15, 15
Verum Dosis 2	9, 11, 12, 12, 13, 13, 13, 13, 13, 14, 14 14, 14, 14, 15, 15, 15, 15, 17, 17
Verum Dosis 3	6, 10, 11, 12, 12, 12, 13, 13, 13, 13, 14 14, 14, 15, 15, 16
Verum Dosis 4	9, 10, 11, 11, 11, 13, 13, 13, 13, 13, 14 14, 14, 14, 14, 15, 15

Beispiel C.11 (Fichtenwald-Dachprojekt im Solling) Im Hoch-Solling bei Göttingen wurden zur experimentellen Manipulation von Qualität und Quantität der Niederschläge zwei Teilflächen eines damals 65-jährigen Fichtenbestandes unterhalb des Kronenraums dauerhaft überdacht.

Tabelle C.11 Kronenvitalität der Bäume auf den drei Versuchsflächen des 'Clean-Rain'-Experiments im Solling in den Jahren 1993-1996.

Fläche D0					Fläche D2					Fläche D1				
	Jahr					Jahr					Jahr			
Baum	93	94	95	96	Baum	93	94	95	96	Baum	93	94	95	96
569	2	2	2	2	547	8	4	4	5	646	2	3	2	1
570	1	1	1	1	549	1	1	1	1	647	6	4	4	5
589	3	1	2	2	551	4	4	4	3	648	3	2	2	2
590	2	1	1	3	561	4	3	3	3	649	1	1	1	1
592	5	4	3	4	562	2	1	1	2	650	4	5	4	2
593	1	1	1	2	564	5	3	3	3	651	6	5	5	3
601	4	3	3	4	566	3	4	4	3	652	8	7	6	5
602	4	4	4	4	567	4	3	3	2	682	3	2	2	2
611	1	1	2	3	596	5	4	4	4	683	3	2	2	2
613	3	2	2	2	597	2	1	2	2	684	5	4	4	5
618	4	2	3	3	599	5	2	2	3	685	2	2	2	3
619	6	5	4	4	614	7	5	5	5	686	3	3	1	2
620	2	1	2	2	615	6	4	5	6	687	5	4	3	2
636	3	3	4	2	616	6	6	3	3	693	6	4	4	4
638	3	2	1	3	617	4	3	5	3	694	8	7	8	7
639	1	1	2	1	626	5	4	3	3	695	5	3	2	3
653	6	7	6	5	627	1	2	2	2	696	4	1	1	2
655	1	1	1	1	628	2	1	1	1	697	3	2	3	2
656	6	3	3	3	629	6	4	4	5	698	4	4	4	4
657	1	1	1	2	630	3	2	2	1	723	4	4	4	3
659	8	5	6	4	631	4	3	3	2	724	6	4	4	4
681	1	2	1	1	632	2	1	1	1	725	5	4	3	2
					633	3	4	3	3	726	3	3	1	1
										733	4	4	5	4
										735	4	4	4	2
										736	3	3	2	1
										737	6	5	5	4

Bei einem der beiden je 300 m^2 großen Versuchsfelder wurden die mittels der Dachanlage aufgefangenen Niederschläge demineralisert und unter Hinzugabe einer Nährstofflösung und Natronlauge unter der Dachkonstruktion wiederverregnet (*Entsauerungsdach* D1, 27 Bäume). Eine weitere Dachfläche diente als Kontrollfläche (*Kontrolldach* D2, 23 Bäume). Hier wurde der aufgefangene Niederschlag ohne zusätzliche Manipulation wiederverregnet. Des weiteren beinhaltete der Versuchsaufbau eine *Kontrollfläche* (D0, 22 Bäume), die ohne Dach den natürlichen Bedingungen ausgesetzt war. Die Kronenvitalität der Bäume auf den drei Versuchsflächen wurde mithilfe eines dazu aufgestellten Kranes auf einer ordinalen Punkte-Skala von 1 (vital) bis 10 (tot) eingeschätzt. Diese Bestimmung des Gesundheitszustandes wurde jährlich von 1993 bis 1996 durchgeführt. Bezüglich der nichtparametrischen Analyse dieser Daten unter Berücksichtigung der Zeiteffekte sei auf das Buch von Brunner, Domhof und Langer (2002) verwiesen.

Beispiel C.12 (Nierengewichte) In einer Toxizitätsstudie wurden bei männlichen und weiblichen Wistar-Ratten die relativen Nierengewichte (rechte + linke Niere, bezogen auf das jeweilige Körpergewicht), bestimmt. Gegenüber Placebo sollten unerwünschte toxische Wirkungen einer Substanz untersucht werden, die in vier (steigenden) Dosisstufen den Tieren verabreicht wurde. Die relativen Gewichte [‰] sind in Tabelle C.12 aufgelistet.

Tabelle C.12 Relative Nierengewichte [‰] von 41 männlichen und 45 weiblichen Wistar-Ratten einer Toxizitätsstudie.

Relative Nierengewichte [‰]					
Geschlecht	Placebo	Verum			
		Dosis 1	Dosis 2	Dosis 3	Dosis 4
männlich	6.62	6.25	7.11	6.93	7.26
	6.65	6.95	5.68	7.17	6.45
	5.78	5.61	6.23	7.12	6.37
	5.63	5.40	7.11	6.43	6.54
	6.05	6.89	5.55	6.96	6.93
	6.48	6.24	5.90	7.08	6.40
	5.50	5.85	5.98	7.93	7.01
	5.37		7.14		7.74
					7.63
					7.62
					7.38
weiblich	7.11	6.23	7.40	6.65	9.26
	7.08	7.93	6.51	8.11	8.62
	5.95	7.59	6.85	7.37	7.72
	7.36	7.14	7.17	8.43	8.54
	7.58	8.03	6.76	8.21	7.88
	7.39	7.31	7.69	7.14	8.44
	8.25	6.91	8.18	8.25	8.02
	6.95	7.52	7.05		7.72
		7.32	8.75		8.27
			7.53		7.91
					8.31

Beispiel C.13 (Leukozyten-Migration ins Peritoneum) Die Wirkung auf das Immunsystem einer Substanz (Verum) gegenüber einem Placebo wurde unter einer Stresssituation (Mangelfutter) an insgesamt 160 Mäusen untersucht. Dabei war die Leukozyten-Migration ins Peritoneum eine wesentliche Zielgröße. Als Vorbehandlung erhielt die eine Hälfte der Mäuse eine eiweißarme Ernährung, die andere Hälfte normales Futter. Einen Tag vor Eröffnung des Peritoneums erhielten in jeder Gruppe 40 Mäuse eine Injektion mit der Testsubstanz, während die anderen 40 Mäuse die gleiche Menge Placebo erhielten. Acht Stunden später wurde in jeder dieser vier Gruppen die Migration der Leukozyten durch eine Injektion von Glycogen stimuliert. Dabei wurden jeweils bei der Hälfte der Mäuse 10^8 inaktivierte Staphylokokken zugesetzt. Bei den insgesamt acht verschieden behandelten Versuchsgruppen wurde dann u.a. die Anzahl der Leukozyten bestimmt. Drei Tiere waren aus technischen Gründen verstorben (zwei Tiere unter Placebo, ein Tier unter Verum). Die Daten sind in Tabelle C.13 angegeben.

Tabelle C.13 Anzahl der Leukozyten [$10^6/ml$] bei 160 Mäusen. Dabei wurden alle Kombinationen der Bedingungen Normal- / Mangelfutter, Stimulation durch Glycogen / Glycogen + Staphylokokken und Verum / Placebo untersucht.

Anzahl der Leukozyten [$10^6/ml$]							
Normalfutter				Mangelfutter			
Stimulation				Stimulation			
nur Glycogen		Glycogen + Staphylokokken		nur Glycogen		Glycogen + Staphylokokken	
Placebo	Verum	Placebo	Verum	Placebo	Verum	Placebo	Verum
3.3	12.6	11.1	32.4	2.7	7.5	25.2	12.6
5.7	7.2	11.4	18.6	4.8	4.2	10.5	28.8
4.2	37.8	16.5	28.8	2.1	3.3	15.6	17.4
5.1	11.1	6.0	13.8	6.0	3.3	9.0	20.7
49.2	8.7	9.3	15.9	2.7	3.0	9.9	15.3
7.5	18.3	15.5	17.4	2.7	9.2	10.8	4.2
11.7	11.4	6.0	18.3	3.6	4.5	6.3	19.5
4.5	29.1	8.4	13.7	2.7	11.7	15.0	15.1
18.3	48.0	8.7	25.2	4.2	9.3	6.7	22.7
18.3	14.1	6.0	13.7	7.5	3.6	16.8	14.1
7.5	15.9	10.5	10.8	5.7	5.7	10.5	15.9
8.1	12.0	4.4	14.4	3.3	8.1	17.4	10.2
5.4	12.3	6.3	15.0	3.9	6.0	7.0	15.7
6.0	44.4	6.8	17.7	3.9	6.0	12.9	11.3
16.2	13.5	8.1	19.5	6.6	11.4	9.3	15.9
7.8	19.8	4.3	26.4	6.3	5.1	4.8	21.3
8.1	15.3	12.9	18.9	3.3	11.1	8.7	27.9
5.7	32.7	9.9	11.3	4.5	12.9	5.3	13.8
6.9	18.0	6.9	12.7	4.2	5.4	3.9	9.3
5.1	15.0		6.6		8.4	4.9	

Beispiel C.14 (Anzahl der Implantationen / zwei Jahrgänge) In einer Fertilitätsstudie an 72 weiblichen Wistar-Ratten sollten unerwünschte Wirkungen einer Substanz auf die Fertilität in drei verschiedenen Dosen gegen ein Placebo untersucht werden. Dazu wurde nach der Sektion der Tiere unter anderem die Anzahl der Implantationen im Uterus und die Anzahl der Resorptionen (resorbierte Implantationen) bestimmt. Aus technischen Gründen wurde der Versuch in zwei Durchgängen (Jahr 1 / Jahr 2) durchgeführt. Im ersten Jahr musste ein Tier (Dosis 2) und im zweiten Jahr ein Tier (Dosis 1) und zwei Tiere (Dosis 3) aus versuchstechnisch bedingten Gründen ausgeschlossen werden, während in der Placebo Gruppe (Dosis 0) alle Tiere verwendet werden konnten. Die Ergebnisse für die übrigen 68 Tiere sind in Tabelle C.14 wiedergegeben.

Tabelle C.14 Anzahl der Implantationen bzw. Resorptionen bei 68 Wistar-Ratten in einer Fertilitätsstudie, die in zwei Versuchsdurchgängen durchgeführt wurde.

	Anzahl der							
	Implantationen				Resorptionen			
	Dosis				Dosis			
Jahr	0	1	2	3	0	1	2	3
	7	15	13	10	0	3	2	0
	12	8	11	14	1	3	1	1
	11	10	13	12	0	1	2	1
	8	1	12	6	0	0	2	2
1	12	12	11	11	1	0	1	1
	13	10	14	10	0	0	0	0
	12	13	15	13	0	1	0	1
	13	12	15	10	1	2	1	1
	13	12		16	2	1		0
	12	6	14	13	0	0	2	0
	15	11	12	15	0	0	0	1
	7	10	17	13	1	1	1	0
	14	15	13	2	0	3	1	0
2	14	11	14	11	1	0	2	2
	12	10	12	14	2	0	2	4
	12	12	13	1	2	1	0	1
	11	10	11		1	1	0	
	12		4		0		1	

Beispiel C.15 (Patienten mit Hämosiderose) Bei Kindern mit hormonell bedingtem Kleinwuchs (bei homozygoter β-Thalassämie) wurde der Zusammenhang zwischen einer verminderten Synthese des *insulin-like-growth-factor (IGF-1)* und einer Erhöhung der Ferritin-Werte (Hämosiderose) untersucht. Bei der einen Gruppe von $n_1 = 7$ Kindern war der IGF-1–Wert im altersbedingten Normbereich, während er bei einer anderen Gruppe von $n_2 = 12$ Kindern unterhalb des 10%-Quantils von einem Normalkollektiv lag. Die Ferritin-Werte für die beiden Gruppen sind in Tabelle C.15 angegeben.

Tabelle C.15 Ferritin-Werte [ng/ml] von Kindern mit normaler bzw. erniedrigter IGF-1–Synthese.

IGF-1	Ferritin [ng/ml]
normal	820, 3364, 1497, 1851, 2984, 744, 2044
erniedrigt	1956, 8828, 2051, 3721, 3233, 6606, 2244 5332, 5428, 2603, 2370, 7565

Beispiel C.16 (Verschlusstechniken des Perikards) Nach einer Herzoperation wurden vier verschiedene Verschlusstechniken (Direkt-Verschluss – DV, Pleura-Transplantat – PT, Biocor-Xenotransplantat – BX, synthetisches Material – SM) des Perikards an insgesamt 24 Göttinger-Mini-Schweinen untersucht. Nach acht Monaten wurden alle Tiere re-operiert, um den makroskopischen Erfolg der Verschlusstechniken beurteilen zu können. Dazu wurde ein Punkte-Score aus jeweils 0 bis 3 Punkten zur Beurteilung des Grades von Verwachsungen und von Gewebsreaktionen in verschiedenen Bereichen gebildet. Die einzelnen Punkte wurden zu einem gesamten Verwachsungsscore zusammengefasst. Die Score-Werte für die 24 Mini-Schweine sind in Tabelle C.16 wiedergegeben. Insbesondere interessieren die einzelnen Paar-Vergleiche gegen die zu untersuchende neue Methode des Pleura-Verschlusses.

Tabelle C.16 Verwachsungsscores bei Verschluss des Perikards nach einer Herz-Operation an 24 Göttinger-Mini-Schweinen.

Makroskopischer Verwachsungsscore			
Verschlusstechnik			
DV	PT	BX	SM
7	5	16	9
6	4	13	10
14	4	10	11
5	6	9	13
0	5	11	9
4	9	17	18

Anhang D

Symbolverzeichnis und Abkürzungen

Allgemeine Symbole

$X_{i\cdot}$	Summation über alle Stufen des zweiten Index
$\overline{X}_{i\cdot}$	arithmetischer Mittelwert über alle Stufen des zweiten Index
$\sim$	verteilt nach, verteilt wie
$\dot{\sim}$	approximativ verteilt nach
$\doteq$	asymptotisch äquivalent, siehe Anhang A.2.1, S. 232 mit der folgenden Anmerkung
$\oplus$	direkte Summe, siehe Anhang B.3
$\otimes$	Kronecker-Produkt, siehe Anhang B.1
$'$	Das Symbol $'$ bezeichnet einen transponierten Vektor oder eine transponierte Matrix
$\widehat{}$	Das Dach über einem Buchstaben bedeutet einen Schätzer für die betreffende Größe. *Anmerkung*: bei einer Verteilungsfunktion bezeichnet $\widehat{F}(x)$ die empirische Verteilungsfunktion.
$Cov(\boldsymbol{X})$	Kovarianzmatrix des Zufallsvektors $\boldsymbol{X}$
$E(X)$	Erwartungswert von X
H_0^F	nichtparametrische Hypothese bezüglich der Verteilungsfunktionen, siehe z.B. S. 130ff
H_0^μ	parametrische Hypothese bezüglich der Parameter $\mu_1, \ldots, \mu_a$, siehe z.B. S. 129

H_0^p	parametrische Hypothese bezüglich der Parameter $p_1, \ldots, p_a$, siehe z.B. S. 175
$\log(x)$	natürlicher Logarithmus von x
$logit(x)$	$= \log(\frac{x}{1-x})$, Logit von x
$\max(\cdot)$	Maximum von $(\cdot)$
$\min(\cdot)$	Minimum von $(\cdot)$
μ	konstanter Parameter, z.B. Erwartungswert
p_i	relativer Behandlungseffekt in einer einfaktoriellen Versuchsanlage, siehe (1.4.11), S. 27
σ^2	Varianz
$Var(X)$	Varianz von X

Vektoren und Matrizen

$\boldsymbol{C}$	(allgemeine) Kontrastmatrix, siehe z.B. Abschnitt 3.1.1.1 auf S. 129 und Definition 2.14 auf S. 95
$\boldsymbol{C}_A$	Kontrastmatrix für den Faktor A in einer mehrfaktoriellen Versuchsanlage, siehe Abschnitt 2.2.2.2
$diag\{\cdots\}$	Diagonalmatrix der Elemente innerhalb der Klammern
$\mathbf{1}_a$	a-dimensionaler Einservektor $(1, \ldots, 1)'$, als Spaltenvektor zu verstehen, siehe Abschnitt B.1
$\mathbf{1}_a'$	a-dimensionaler Einservektor $(1, \ldots, 1)$, als Zeilenvektor zu verstehen, siehe Abschnitt B.1
$\boldsymbol{I}_a$	a-dimensionale Einheitsmatrix, siehe Abschnitt B.1
$\boldsymbol{J}_a$	$a \times a$-dimensionale Einsermatrix, $\boldsymbol{J}_a = \mathbf{1}_a\mathbf{1}_a'$, siehe Abschnitt B.1
$r(\boldsymbol{M})$	Rang einer beliebigen Matrix $\boldsymbol{M}$
$\boldsymbol{M}^-$	verallgemeinerte Inverse (g-Inverse) einer beliebigen Matrix $\boldsymbol{M}$
$\boldsymbol{\mu}_d$	Spaltenvektor von Konstanten $\mu_1, \ldots, \mu_d$ mit d Komponenten
$\boldsymbol{\mu}_d'$	Zeilenvektor von Konstanten $\mu_1, \ldots, \mu_d$ mit d Komponenten
$\boldsymbol{P}_a$	$= \boldsymbol{I}_a - \frac{1}{a}\boldsymbol{J}_a$, zentrierende Matrix, siehe Abschnitt B.1
$\boldsymbol{p}$	Vektor der relativen Effekte, die Dimension hängt von der speziellen Versuchsanlage ab
$\lvert\boldsymbol{S}\rvert$	Determinante einer quadratischen Matrix $\boldsymbol{S}$ *Anmerkung:* Falls $\boldsymbol{S}$ eine 1×1 Matrix (Skalar) ist, dann bezeichnet $\lvert\boldsymbol{S}\rvert$ den Absolutbetrag.

$\boldsymbol{S}^{-1}$	Inverse einer (nicht-singulären) quadratischen Matrix $\boldsymbol{S}$
$\boldsymbol{w}$	Vektor der Gewichte $w_1, \ldots, w_a$ für das Muster bei gemusterten Alternativen, siehe z.B. Abschnitt 2.2.5
$L_N(\boldsymbol{w})$	Statistik für gemusterte Alternativen, zu verstehen als Linearform in $\boldsymbol{w} = (w_1, \ldots, w_a)'$, siehe z.B. Abschnitt 3.1.1.5
$Sp(\boldsymbol{M})$	Spur einer quadratischen Matrix $\boldsymbol{M}$

Verteilungen, Funktionen und Zufallsvariable

$c(x)$	normalisierte Version der Zählfunktion (siehe Definition 1.11)
$c^-(x)$	links-stetige Version der Zählfunktion (siehe Definition 1.11)
$c^+(x)$	rechts-stetige Version der Zählfunktion (siehe Definition 1.11, S. 27)
χ^2_f	zentrale Chi-quadrat-Verteilung mit f Freiheitsgraden
$\chi^2_{f;1-\alpha}$	unteres $(1-\alpha)$-Quantil von χ^2_f
χ^2_f/f	Verteilung der Zufallsvariablen Z/f, wobei $Z \sim \chi^2_f$ ist. Damit ist $\chi^2_f/f = F(f, \infty)$
$F(f_1, f_2)$	zentrale F-Verteilung mit f_1 und f_2 Freiheitsgraden
$F(f, \infty)$	siehe: χ^2_f/f
$F_{1-\alpha}(f_1, f_2)$	unteres $(1-\alpha)$-Quantil von $F(f_1, f_2)$
$F^+(x)$	rechts-stetige Verteilungsfunktion, (siehe Definition 1.3, S. 13)
$F^-(x)$	links-stetige Verteilungsfunktion, (siehe Definition 1.3, S. 13)
$F(x)$	normalisierte Verteilungsfunktion, (siehe Definition 1.3, S. 13)
$H(x)$	gewichtetes Mittel aller Verteilungsfunktionen in einem Versuch
$N(\mu, \sigma^2)$	univariate Normalverteilung mit dem Erwartungswert μ und der Varianz σ^2
$N(0,1)$	Standard-Normalverteilung
$N(\boldsymbol{\mu}, \boldsymbol{S})$	multivariate Normalverteilung mit dem Erwartungswertvektor $\boldsymbol{\mu}$ und der Kovarianzmatrix $\boldsymbol{S}$
R_{ik}	Mittel-Rang von X_{ik} unter allen Beobachtungen - kurz *Rang von* X_{ik} genannt, (siehe Definition 1.18, S. 36)
$R_{ik}^{(i)}$	Mittel-Rang von X_{ik} unter allen Beobachtungen innerhalb der Stichprobe i - kurz *Intern-Rang von* X_{ik} genannt, (siehe Definition 1.18, S. 36)
$R_{ik}^{(-r)}$	Mittel-Rang von X_{ik} unter allen Beobachtungen ohne die Stichprobe $r \neq i$ - kurz *Teil-Rang von* X_{ik} genannt, siehe Definition 1.18, S. 36

R^W	Wilcoxon Rangsumme, (siehe (2.1.3), S. 50)
t_f	zentrale t-Verteilung mit f Freiheitsgraden
$t_{f;1-\alpha}$	unteres $(1-\alpha)$-Quantil von t_f

Abkürzungen

ANOVA	Analysis of Variance, Varianzanalyse
ART	asymptotische Rangtransformation, siehe (3.1.4), S. 134 und (4.4.22), S. 194
ATS	ANOVA-Typ Statistik, siehe Abschnitt 4.5.1.2
RAA	Ranking after alignment, siehe Abschnitt 4.3.2
WTS	Wald-Typ Statistik, siehe Abschnitt 4.5.1.1

Anhang E

Software und Makros

E.1 Zwei Stichproben

Das Makro TSP.SAS findet man zusammen mit einer Beschreibung zur Handhabung des Makros in der Rubrik „ZUSÄTZLICHE INFORMATIONEN“ unter der Adresse:

www.springer.com/978-3-642-37183-7

Zur Anwendung des Makros auf das Beispiel 2.3 (Implantationen, Anhang C, S. 66) muss die Datei TSP.SAS zunächst in den Programm-Editor geladen und aufgerufen werden.

```
DATA implant;
INPUT substanz$ anzahl;
DATALINES;
Placebo  3
:
Verum   18
; RUN;
```

Anschließend wird folgender Aufruf benötigt.

```
%TSP(DATA=implant,
VAR=anzahl,
GROUP=substanz,
EXACT=YES);
```

E.2 Mehrere Stichproben

E.2.1 Globale Hypothese $H_0^F : F_1 = \cdots = F_a$

Zur Auswertung des Beispiels 2.7 (Lebergewichte, siehe Tabelle 2.10, S. 93), die in Abschnitt 2.2.4.6 auf S. 107 diskutiert wurde, sind die folgenden Statements erforderlich.

```
DATA lebrel;              PROC NPAR1WAY DATA=lebrel;
INPUT dos$ rgw;           CLASS dos;
DATALINES;                VAR rgw;
PL    3.78                RUN;
.
.
.
D4    5.05
;
RUN;
```

Da die Stichprobenumfänge $n_1 = n_3 = n_5 = 8$ und $n_2 = n_4 = 7$ relativ klein sind, mag die Güte der Approximation mit der χ^2_4-Verteilung fraglich erscheinen. Der von SAS benutzte Netzwerk-Algorithmus zur Berechnung des exakten p-Wertes der Permutationsverteilung von Q_N^H kann durch das Statement EXACT aufgerufen werden. Allerdings sind die hier vorliegenden Stichprobenumfänge für diesen Algorithmus bereits so groß, dass in vertretbarer Zeit kein Ergebnis errechnet wird. Ab SAS Version 8.0 gibt es die Möglichkeit, durch die Option MC im EXACT Statement ein Simulationsverfahren zur approximativen Erzeugung des gewünschten exakten p-Wertes zu benutzen. Dieses Verfahren führt in kurzer Zeit zu p-Werten mit hinreichender Genauigkeit.

Das SAS-Makro OWL.SAS findet man zusammen mit einer Beschreibung zur Handhabung des Makros in der Rubrik „ZUSÄTZLICHE INFORMATIONEN“ unter der Adresse:

www.springer.com/978-3-642-37183-7

Das Makro benutzt ebenfalls einen Simulations-Algorithmus. Man erhält hier für 10^6 Simulationen in kurzer Zeit einen p-Wert von $2 \cdot 10^{-6}$. In diesem extremen Bereich der Verteilung kann man natürlich mit den geringen Stichprobenumfängen keine gute Approximation erwarten.

E.2.2 Geordnete Alternativen

Zur Berechnung der Jonckheere-Terpstra Statistik mit SAS ist zu beachten, dass man die Prozedur FREQ verwenden muss und nicht, wie man vielleicht annehmen könnte, die Prozedur NPAR1WAY. In FREQ berechnet man die Jonckheere-Terpstra Statistik mithilfe der Option JT hinter dem Slash / im TABLES-Statement. Der Output für das Beispiel 2.7 (Lebergewichte) auf S. 113 enthält die Werte $K_N = 127$ und $T_N^{JT} = 2.779$ (unter *'Statistic = 127.000'* und *'Standardized=2.779'*) sowie den einseitigen p-Wert $0.00256 \approx 0.003$ (unter *'Prob(Right-sided)=0.003'*).

Zu beachten ist, dass die vermutete Ordnung der Alternativen angegeben werden muss. Dies geschieht einfach dadurch, dass bei der Dateneingabe die Faktorstufen der Behandlung in der Reihenfolge eingegeben werden, die der vermuteten Alternativen entspricht. Gleichzeitig muss dann im Statement PROC FREQ die Option ORDER=DATA angegeben werden. Diese Option ist notwendig, da SAS sonst automatisch die Ordnung in lexikografischer Reihenfolge nach der Bezeichnung der Faktorstufen festlegt. Wird ein fallender

Trend vermutet, sind die Faktorstufen bei der Dateneingabe in umgekehrter Reihenfolge einzugeben.

Die notwendigen Statements zur Dateneingabe und zum Aufruf der Prozedur sind nachfolgend für das Beispiel in Tabelle 2.13 angegeben.

```
DATA lebrel;              PROC FREQ DATA=lebrel ORDER=DATA;
INPUT dos$ rgw;           TABLES dos*rgw / JT;
DATALINES;                RUN;
D1   3.46
 :
D3   4.54
;
RUN;
```

Mit dem Makro OWL.SAS können auch geordnete Alternativen mit dem Hettmansperger-Norton Test untersucht werden.

Literaturverzeichnis

[1] Acion, L., Peterson, J., Temple, S., and Arndt, S. (2006). Probabilistic index: an intuitive nonparametric approach to measuring the size of treatment effects. *Statistics in Medicine* **25**, 591–602.

[2] Adichie, J. N. (1978). Rank Tests of Sub-hypotheses in the General Linear Regression. *Annals of Statistics*, **6** 1012–1026.

[3] Akritas, M. G. (1990). The rank transform method in some two-factor designs. *Journal of the American Statistical Association* **85**, 73–78.

[4] Akritas, M. G. (1991). Limitations on the Rank Transform Procedure: A Study of Repeated Measures Designs, Part I. *Journal of the American Statistical Association* **86**, 457–460.

[5] Akritas, M. G. (1993). Limitations of the Rank Transform Procedure: A Study of Repeated Measures Designs, Part II. *Statistics & Probability Letters* **17**, 149–156.

[6] Akritas, M. G. and Arnold, S. F. (1994). Fully nonparametric hypotheses for factorial designs I: Multivariate repeated measures designs. *Journal of the American Statistical Association* **89**, 336–343.

[7] Akritas, M. G., Arnold, S. F. and Brunner, E. (1997). Nonparametric hypotheses and rank statistics for unbalanced factorial designs. *Journal of the American Statistical Association* **92**, 258–265.

[8] Akritas, M. G. and Brunner, E. (1996). Rank tests for patterned alternatives in factorial designs with interactions. *Festschrift on the Occasion of the* 65th *birthday of Madan L. Puri*, VSP-International Science Publishers, Utrecht, The Netherlands, 277–288.

[9] Akritas, M. G. and Brunner, E. (1997). A unified approach to ranks tests in mixed models. *Journal of Statistical Planning and Inference* **61**, 249–277.

[10] Arnold, S. F. (1981). *The Theory of Linear Models and Multivariate Analysis*. Wiley, New York.

[11] Bamber, D. (1975). The Area above the Ordinal Dominance Graph and the Area below the Receiver Operating Characteristic Graph. *Journal of Mathematical Psychology* **12**, 387–415.

[12] Basilevsky, A. (1983). *Applied Matrix Algebra in the Statistical Sciences.* North-Holland, Amsterdam.

[13] Behnen, K. and Neuhaus, G. (1989). *Rank test with estimated scores and their applications.* Teubner, Stuttgat.

[14] Birnbaum, Z. W. (1956). On a use of the Mann-Whitney statistic. *Proc. 3rd Berkely Symp. Math. Stat. Prob.* **1**, 13–17.

[15] Blair, R. C., Sawilowski, S. S. and Higgens, J. J. (1987). Limitations of the rank transform statistic in tests for interactions. *Communications in Statistics, Ser. B* **16**, 1133–1145.

[16] Box, G. E. P. (1954). Some theorems on quadratic forms applied in the study of analysis of variance problems, I. Effect of inequality of variance in the one-way classification. *Annals of Mathematical Statistics* **25**, 290–302.

[17] Brown, B. M. and Hettmansperger, T. P. (2002) Kruskal-Wallis, multiple comparisons and Efron dice. *Australian and New Zealand Journal of Statististics* **44**, 427–438.

[18] Browne, R. H. (2010). The t-Test p Value and Its Relationship to the Effect Size and $P(X > Y)$. *The American Statistician* **64**, 30–33.

[19] Brumback, L., Pepe, M. and Alonzo, T. (2006) Using the ROC curve for gauging treatment effect in clinical trials. *Statistics in Medicine* **25**, 575–590.

[20] Brunner, E., Dette, H. and Munk, A.(1997). Box-Type Approximations in Nonparametric Factorial Designs. *Journal of the American Statistical Association* **92**, 1494–1502.

[21] Brunner, E., Domhof S. and Langer, F. (2002). *Nonparametric Analysis of Longitudinal Data in Factorial Designs.* Wiley, New York.

[22] Brunner, E. and Langer, F. (1999). *Nichtparametrische Analyse longitudinaler Daten*, Oldenbourg, München.

[23] Brunner, E. and Munzel, U. (2000). The Nonparametric Behrens-Fisher Problem: Asymptotic Theory and a Small-Sample Approximation. *Biometrical Journal* **42**, 17–25.

[24] Brunner, E., Munzel, U. and Puri, M. L. (1999). Rank-Score Tests in Factorial Designs with Repeated Measures. *Journal of Multivariate Analysis* **70**, 286–317.

[25] Brunner, E. and Neumann, N. (1984). Rank Tests for the 2×2 Split Plot Design. *Metrika* **31**, 233–243.

[26] Brunner, E. and Neumann, N. (1986). Rank tests in 2×2 designs. *Statistica Neerlandica* **40**, 251–271.

[27] Brunner, E. and Puri, M. L. (1996). Nonparametric methods in design and analysis of experiments. *Handbook of Statistics, Vol. 13*, 631–703.

[28] Brunner, E. and Puri, M.L. (2001). Nonparametric Methods in Factorial Designs. *Statistical Papers* **42**, 1–52.

[29] Brunner, E. and Puri, M. L. (2002). A class of rank-score tests in factorial designs. *Journal of Statistical Planning and Inference* **103**, 331–360.

[30] Büning, H. (1991). *Robuste und adaptive Tests*. De Gruyter, Berlin, New York.

[31] Büning, H. and Trenkler, G. (1994). *Nichtparametrische statistische Methoden*. Walter de Gruyter, Berlin, New York, zweite Auflage.

[32] Chakraborti, S., Hong, B., and van de Wiel, M. A. (2006). A note on sample size determination for a nonparametric test of location. *Technometrics* **48**, 88–94.

[33] Collings, B. J. and Hamilton, M. A. (1988). Estimating the power of the two-sample Wilcoxon test for location shift. *Biometrics* **44**, 847–860.

[34] Cheng, K. F. and Chao, A. (1984). Confidence intervals for reliability from stress-strength relationships. *IEEE Transactions on Reliability* **33**, 246–249.

[35] Conover, W. J. (2012). The rank transformation – an easy and intuitive way to connect many nonparametric methods to their parametric counterparts for seamless teaching introductory statistics courses. *WIREs Computational Statistics* **4**, 432–438.

[36] Conover, W. J. and Iman, R. L. (1976). On some alternative procedures using ranks for the analysis of experimental designs. *Communications in Statististics, Ser. A* **14**, 1349–1368.

[37] Conover, W. J. and Iman, R. L. (1981*a*). Rank transformations as a bridge between parametric and nonparametric statistics (with discussion). *American Statistician* **35** 124–129.

[38] Conover, W. J. and Iman, R. L. (1981*b*). Rank transformations as a bridge between parametric and nonparametric statistics: Rejoinder. *American Statistician* **35** 133.

[39] Dehling, H. and Haupt, B. (2004). *Einführung in Die Wahrscheinlichkeitstheorie und Statistik*, 2. Auflage, Springer, Heidelberg.

[40] Divine, G., Kapke, A., Havstad, S., Joseph, CL. (2010). Exemplary data set sample size calculation for Wilcoxon-Mann-Whitney tests. *Statistics in Medicine* **29**, 108–115.

[41] Dodd, L. and Pepe, M. (2003). Semi-parametric regression for the area under the receiver operating characteristics curve. *Journal of the American Statistical Association* **98**, 409–417.

[42] Domhof, S. (1999). *Rangverfahren mit unbeschränkten Scorefunktionen in faktoriellen Versuchsplänen*. Diplomarbeit, Inst. für Mathematische Stochastik, Universität Göttingen.

[43] Domhof, S. (2001). *Nichtparametrische relative Effekte*. Dissertation. Universität Göttingen.

[44] Dunn, O. J. (1964). Multiple comparisons using rank sums. *Technometrics*, **6**, 241–252.

[45] Dwass, M. (1960). Some k-sample rank-order tests. In *Contributions to Probability and Statistics* (Eds. I. Olkin et al.), Stanford Universtiy Press, 198–202.

[46] Fairly, D. and Fligner, M. A. (1987). Linear rank statistics for the ordered alternatives problem. *Communications in Statistics, Ser. A* **16**, 1–16.

[47] Fan, C. and Donghui, Z. (2012). A Note on Power and Sample Size Calculations for the Kruskal-Wallis Test for Ordered Categorical Data. *Journal of Biopharmaceutical Statistics* **22**, 1162–1173.

[48] Fligner, M. A. (1981). Comment on 'Rank Transformations as a Bridge Between Parametric and Nonparametric Statistics' (by W.J. Conover and R.L. Iman). *American Statistician* **35**, 131–132.

[49] Fligner, M. (1985). Pairwise versus joint ranking: another look at the Kruskal-Wallis statistic. *Biometrika* **72**, 705–709.

[50] Fligner, M. A. and Policello, G. E. II (1981). Robust Rank Procedures for the Behrens-Fisher Problem. *Journal of Statistical Association* **76**, 162–168.

[51] Gabriel, K. R. (1969). Simultaneous test procedures–Some theory of multiple comparisons. *Annals of Mathematical Statistics* **40**, 224–250.

[52] Gänßler, P. and Stute, W. (1977). *Wahrscheinlichkeitstheorie*. Springer, Heidelberg.

[53] Gardner, M. (1970). The paradox of the nontransitive dice and the elusive principle of indifference. *Scientific American* **223**, 110–114.

[54] Gao, X., Alvo, M., Chen, J. and Li, G. (2008). Nonparametric multiple comparison procedures for unbalanced one-way factorial designs. *Journal of Statistical Planning and Inference* **138**, 2574–2591.

[55] Govindarajulu, Z. (1968). Distribution-free confidence bounds for Pr{ X < Y }. *Annals of the Institute of Statistical Mathematics* **20**, 229–238.

[56] Halperin, M., Gilbert, P. R., and Lachin, J. M. (1987). Distribution-free confidence intervals for $Pr(X_1 < X_2)$. *Biometrics* **43**, 71–80.

[57] Hamilton, M. A. and Collings, B. J. (1991). Determining the appropriate sample size for nonparametric tests for location shift. *Technometrics* **33**, 327–337.

[58] Hanley, J. A. and McNeil, B. J. (1982).The meaning and use of the area under a receiver operating characteristic (ROC) curve. *Radiology* **143**, 29–36.

[59] Hettmansperger, T. P. (1984). *Statistical inference based on ranks*. Wiley, New York.

[60] Hettmansperger, T. P. and McKean, W. (1983). A Geometric Interpretation of Inferences Based on Ranks in the Linear Model. *Journal of the American Statistical Association*, **78**, 885–893.

[61] Hettmansperger, T. P. and McKean, W. (1996). *Robust nonparametric statistical methods*. Arnold, London; Wiley, New York.

[62] Hettmansperger, T. P. and Norton, R. M. (1987). Tests for patterned alternatives in k-sample problems. *Journal of the American Statistical Association* **82**, 292–299.

[63] Hewitt, E. and Stromberg, K. (1969). *Real and Abstract Analysis*. 2nd ed., Springer, Berlin,

[64] Hochberg, Y. and Tamhane, A. C. (1987). *Multiple Comparison Procedures*. Wiley, New York.

[65] Hodges, J. L.,Jr. and Lehmann, E.L. (1962). Rank Methods for Combination of Independent Experiments in Analysis of Variance. *Annals of Mathematical Statistics* **33**, 482–497.

[66] Hogg, R. V. (1974). Adaptive robust procedures: A partial review of some suggestions for future applications and theory. *Journal of the American Statistical Association* **69**, 909–923.

[67] Hollander, M. and Wolfe, D. A. (1999). *Nonparametric Statistical Methods*, 2nd ed., Wiley, New York.

[68] Holm, S., (1979). A simple sequentially rejective multiple test procedure. *Scandinavian Journal of Statistics* **6**, 65–70.

[69] Hora, S. C. and Conover, W. J. (1984). The Statistic in the Two-Way Layout with Rank-Score Transformed Data. *Journal of the American Statistical Association* **79**, 668–673.

[70] Iman, R. L. (1988). The Analysis of Complete Blocks Using Methods Based on Ranks. *Proceedings of the Thirteenth Annual SAS Users Group International Conference*, 970–978.

[71] Hora, S. C. and Iman, R. L. (1988). Asymptotic relative efficiencies of the rank-transformation procedure in randomized complete block designs. *Journal of the American Statistical Association* **83**, 462–470.

[72] Iman, R. L. and Conover, W. J. (1979), The Use of the Rank Transform in Regression. *Technometrics* **21**, 499–509.

[73] Iman, R. L., Hora, S. C., and Conover, W. J. (1984). Comparison of Asymptotically Distribution-Free Procedures for the Analysis of Complete Blocks. *Journal of the American Statistical Association* 79, 674–685.

[74] Jaeckel, L. A. (1972). Estimating Regression Coefficients by Minimizing the Dispersion of the Residuals. *Annals of Mathematical Statistics* **43**, 1449–1458.

[75] Janssen, A. (1997). Studentized permutation test for non-i.i.d. hypotheses and the generalized Behrens-Fisher problem. *Statistics & Probability Letters* **36**, 9–21.

[76] Jonckheere, A. R. (1954). A Distribution-free k-sample Test Against Ordered Alternatives. *Biometrika* **41**, 133–145.

[77] Johnson, R. A. (1988). Stress-strength models for reliability. In: *Handbook of Statistics, Vol. 7*, Krishnaiah, P. R. and Rao, C. R .(eds)., Elsevier/North-Holland, New York/Amsterdam, 27–54.

[78] Kirk, R. (1982). *Experimental Design*. 2nd ed., Brooks/Cole, Monterey.

[79] Klenke, A. (2008). *Wahrscheinlichkeitstheorie*, 2. korrigierte Auflage, Springer, Heidelberg.

[80] Koch, G. G. (1969). Some Aspects of the Statistical Analysis of 'Split-Plot' Experiments in Completely Randomized Layouts. *Journal of the American Statistical Association* **64**, 485–506.

[81] Koch, G. G. and Sen, P. K. (1968). Some Aspects of the Statistical Analysis of the 'Mixed Model'. *Biometrics* **24**, 27–48.

[82] Kolassa, J. E. (1995). A comparison of size and power calculations for the Wilcoxon statistic for ordered categorical data. *Statistics in Medicine* **14**, 1577–1581.

[83] Konietschke, F. and Hothorn, L.A. (2012). Evaluation of toxicological studies using a non-parametric Shirley-type trend test for comparing several dose levels with a control group. *Statistics in Biopharmaceutical Research* **4**, 14–27.

[84] Konietschke, F., Hothorn, L. A., and Brunner, E. (2012*a*). Rank-based multiple test procedures and simultaneous confidence intervals. *The Electronic Journal of Statistics* **6**, 737–758.

[85] Konietschke, F., Libiger, O., and Hothorn, L.A. (2012*b*). Nonparametric Evaluation of Quantitative Traits in Population-based Association Studies when the Genetic Model is Unknown. *PLoS ONE* **7**, e31242. doi:10.1371/journal.pone.0031242

[86] Konietschke, F. and Pauly, M. (2012). A studentized permutation test for the nonparametric Behrens-Fisher problem in paired data. *Electronic Journal of Statistics* **6**, 1358–1372.

[87] Kotz, S., Lumelskii, Y., and Pensky, M. (2003). *The Stress-Strength Model and its Generalizations*. World Scientific Publishing, New Jersey.

[88] Krengel, U. (2001). A paradox for the Wilcoxon rank-sum test. *Nachrichten der Akademie der Wissenschaften zu Göttingen, II Mathematisch-Physikalische Klasse*. Vandenhoeck und Ruprecht, Göttingen.

[89] de Kroon, J. P. M. and van der Laan, P. (1981). Distribution-free Test Procedures in Two-way Layouts: a Concept of Rank Interaction. *Statistica Neerlandica* **35**, 189–213.

[90] Kruskal, W. H. (1952). A Nonparametric Test for the Several Sample Problem. *Annals of Mathematical Statistics* **23**, 525–540.

[91] Kruskal, W. H. and Wallis, W. A. (1952). The use of ranks in one-criterion variance analysis. *Journal of the American Statistical Association* **47**, 583–621.

[92] Kruskal, W. H. and Wallis, W. A. (1953). Errata in: The use of ranks in one-criterion variance analysis. *Journal of the American Statistical Association* **48**, 907–911.

[93] Lachin, J. M. (2011). Power and sample size evaluation for the Cochran-Mantel-Haenszel mean score (Wilcoxon rank sum) test and the Cochran-Armitage test for trend. *Statistics in Medicine* **30**, 3057–3066.

[94] Lehmann, E. L. (1975). *Nonparametrics: Statistical Methods Based on Ranks.* Holden-Day, San Francisco.

[95] Lemmer, H. H. and Stoker, D. J. (1967). A Distribution-Free Analysis of Variance for the Two-Way Classification. *South African Statistical Journal* **1**, 67–74.

[96] Lesaffre, E., Scheys, I., Fröhlich, J., Bluhmki, E. (1993). Calculation of power and sample size with bounded outcome scores. *Statistics in Medicine* **12**, 1063–1078.

[97] Lienert, G. A. (1973). *Verteilungsfreie Methoden in der Biostatistik.* Verlag Anton Hain, Meisenheim am Glan.

[98] Lumley, T. (1996). Generalized estimating equations for ordinal data: A note on working correlation structures. *Biometrics* **52**, 354–361.

[99] Mack, G. A. and Skillings, J. H. (1980). A Friedman-type rank test for main effects in a two-factor ANOVA. *Journal of the American Statistical Association* **75**, 947–951.

[100] Mann, H. B. and Whitney, D. R. (1947). On a test of whether one of two random variables is stochastically larger then the other. *Annals of Mathematical Statistics* **18**, 50–60.

[101] Marcus, R., Peritz, E. and Gabriel, K. R. (1976). On closed testing procedures with special referrence to ordered analysis of variance. *Biometrika* **63**, 655–660.

[102] Mathai, A. M. and Provost, S. B. (1992). *Quadratic Forms in Random Variables.* Marcel Dekker, New York.

[103] McKean, J. W. and Hettmansperger, T. P. (1976). Tests of Hypotheses Based on Ranks in the General Linear Model. *Communications in Statistics, Ser. A* **5**, 693–709.

[104] Mee, R- W. (1990). Confidence intervals for probabilities and tolerance regions based on a generalization of the Mann-Whitney statistic. *Journal of the American Statistical Association* **85**, 793–800.

[105] Mehrotra, D. V., Lu, X., and Li, X. (2010). Rank-Based Analyses of Stratified Experiments: Alternatives to the van Elteren Test. *The American Statistician* **64**, 121–130.

[106] Mehta, C. R., Patel, N. R. and Senchaudhuri, P. (1988). Importance Sampling for Estimating Exact Probabilities in Permutational Inference. *Journal of the American Statistical Association* **83**, 999–1005.

[107] Moser, B. K. and Stevens, G. R. (1992). Homogeneity of Variance in the Two-Sample Means Test. *American Statistician* **46**, 19–21.

[108] Munzel, U. (1994). *Asymptotische Normalität linearer Rangstatistiken bei Bindungen unter Abhängigkeit*. Diplomarbeit am Institut für Mathematische Stochastik der Universität Göttingen.

[109] Munzel, U. (1999). Linear rank score statistics when ties are present. *Statistics & Probability Letters* **41**, 389–395.

[110] Munzel, U. and Hothorn, L. (2001). *A unified approach to simultaneous rank test procedures in the unbalanced one-way layout. Biometrical Journal* **43**, 553–569.

[111] Neubert, K. and Brunner, E. (2007). A Studentized Permutation Test for the Nonparametric Behrens-Fisher Problem. *Computational Statistics and Data Analysis* **51**, 5192–5204.

[112] Newcombe R. G. (2006*a*). Confidence intervals for an effect size measure based on the Mann-Whitney statistic. Part 1: general issues and tail-area-based methods. *Statistics in Medicine* **25**, 543–557.

[113] Newcombe R. G. (2006*b*). Confidence intervals for an effect size measure based on the Mann-Whitney statistic. Part 2: asymptotic methods and evaluation. *Statistics in Medicine* **25**, 559–573.

[114] Noether, G. E. (1981). Comment on 'Rank Transformations as a Bridge Between Parametric and Nonparametric Statistics' (by W.J. Conover and R.L. Iman). *American Statistician* **35**, 129–130.

[115] Noether, G. E. (1987). Sample Size Determination for Some Common Nonparametric Tests. *Journal of the American Statistical Association* **85**, 645–647.

[116] Ogasawara, T. and Takahashi, M. (1951). Independence of quadratic forms in normal system. *J. Sci. Hiroshima University*, **15**, 1–9.

[117] Orban, J. and Wolfe, D. A. (1980). Distribution-free partially sequential placement procedures. *Communications in Statistics, Ser. A* **9**, 883–904.

[118] Orban, J. and Wolfe, D. A. (1982). A class of distribution-free two-sample tests based on placements. *Journal of the American Statistical Association* **77**, 666–672.

[119] Owen, D. B., Craswell, K. J., Hanson, D. L. (1964). Nonparametric upper confidence bounds for $P(Y < X)$ and confidence limits for $P(Y < X)$ when X and Y are normal. *Journal of American Statistical Association* **59**, 906–924.

[120] Pesarin, F. (2001). *Multivariate Permutation Tests : With Applications in Biostatistics*. Wiley, New York.

[121] Pham, T. and Almhana, J. (1995). The Generalized Gamma Distribution: Its Hazard Rate and Stress-Strength Model. *IEEE Transactions on Reliability* **44**, 392–397.

[122] Pyhel, N. (1980). Distribution-free r Sample Tests for the Hypothesis of Parallelism of Response Profiles. *Biometrical Journal*, **22**, 703–714.

[123] Puri, M. L. (1964). Asymptotic efficiency of a class of c-sample tests. *Annals of Mathematical Statistics* **35**, 102–121.

[124] Puri, M. L. and Sen, P. K. (1969). A class of rank order tests for a general linear hypothesis. *Annals of Mathematical Statistics* **40**, 1325–1343.

[125] Puri, M. L. and Sen, P. K. (1971). *Nonparametric methods in multivariate analysis.* Wiley, New York.

[126] Puri, M. L. and Sen, P. K. (1973). A Note on ADF-test for Subhypotheses in Multiple Linear Regression. *Annals of Statistics* **1**, 553–556.

[127] Puri, M. L. and Sen, P. K. (1985). *Nonparametric Methods in General Linear Models.* Wiley, New York.

[128] Rahardja, D., Zhao, Y. D., and Qu, Y. (2009). Sample Size Determinations for the Wilcoxon-Mann-Whitney Test: A Comprehensive Review. *Statistics in Biopharmaceutical Research* **1**, 317–322.

[129] Randles, R. H. and Wolfe, D. A. (1979). *Introduction to the Theory of Nonparametric Statistics.* Wiley, New York.

[130] Rao, K. S. M. and Gore, A. P. (1984). Testing against ordered alternatives in one-way layout. *Biometrical Journal*, **26**, 25–32.

[131] Rao, C. R. and Mitra, S. K. (1971). *Generalized Inverse of matrices and its applications.* Wiley, New York.

[132] Rao, C. R. and Rao, M. B. (1998). *Matrix Algebra and Its Applications to Statistics and Econometrics.* World Scientific, Singapore.

[133] Ravishanker, N. and Dey, D. K. (2002). *A First Course in Linear Model Theory.* Chapman & Hall / CRC, Boca Raton.

[134] Reiser, B. and Guttman, I. (1986). Statistical inference for $Pr(Y < X)$: the normal case. *Technometrics* **28**, 253–257.

[135] Rinaman, W. C., Jr. (1983). On distribution-free rank tests for two-way layouts. *Journal of the American Statistical Association* **78**, 655–659.

[136] Rosner, B. and Glynn, R. J. (2009). Power and Sample Size Estimation for the Wilcoxon Rank Sum Test with Application to Comparisons of C Statistics from Alternative Prediction Models. *Biometrics* **65**, 188–197.

[137] Rump, C.M. (2001). Strategies for Rolling the Efron dice. *Mathematics Magazine* **74**, 212–216.

[138] Ruymgaart, F. H. (1980). A unified approach to the asymptotic distribution theory of certain midrank statistics. In: *Statistique non Parametrique Asymptotique*, 1–18, J.P. Raoult (Ed.), Lecture Notes on Mathematics, No. 821, Springer, Berlin.

[139] Ryu, E. and Agresti, A. (2008). Modeling and inference for an ordinal effect size measure. *Statistics in Medicine* **27**, 1703–1717.

[140] Satterthwaite, F. E. (1946). An Approximate Distribution of Estimates of Variance Components. *Biometrics Bulletin* **2**, 110–114.

[141] Schlittgen, R. (1996). *Statistische Inferenz*. Oldenbourg, München, Wien.

[142] Searle, S. R. (1966). *Matrix Algebra for the Biological Sciences*. Wiley, New York.

[143] Sen, P. K. (1967). A note on asymptotically distribution-free confidence intervals for $Pr(X < Y)$ based on two independent samples. *Sankhya, Series A* **29**, 95–102.

[144] Sen, P. K. (1968). On a Class of Aligned Rank Order Tests in Two-way Layouts. *Annals of Mathematical Statistics* **39**, 1115–1124.

[145] Sen, P. K. (1971). Asymptotic efficiency of a class of aligned rank order tests for multiresponse experiments in some incomplete block designs. *Annals of Mathematical Statistics* **42**, 1104–1112.

[146] Sen, P. K. and Puri, M. L. (1970). Asymptotic theory of likelihood ratio and rank order tests in some multivariate linear models. *Annals of Mathematical Statistics* **41**, 87–100

[147] Sen, P. K. and Puri, M. L. (1977). Asymptotically Distribution-free Aligned Rank Order Tests for Composite Hypotheses for General Multivariate Linear Models. *Zeitschrift für Wahrscheinlichkeitstheorie und verwandte Gebiete* **39**, 175–186.

[148] Smith, H. F. (1936). The Problem of Comparing the Results of Two Experiments With Unequal Errors. *Journal of the Council for Scientific and Industrial Research* **9**, 211–212.

[149] Steel, R. D. G. (1959). A multiple comparison rank sum test: Treatment versus control. *Biometrics* **15**, 560–572.

[150] Steel, R. D. G. (1960). A rank sum test for comparing all pairs of treatements. *Technometrics* **2**, 197–207.

[151] Streitberg, B. and Röhmel, J. (1986). Exact distribution for permutation and rank tests: An introduction to some recently published algorithms. *Statitical Software Newsletter* **12**, 10–17.

[152] Tang, Y. (2011). Size and power estimation for the Wilcoxon-Mann-Whitney test for ordered categorical data. *Statistics in Medicine* **30**, 3461–3470.

[153] Thangavelu, K. and Brunner, E. (2007). Wilcoxon Mann-Whitney Test for Stratified Samples and Efron's Paradox Dice. *Journal of Statistical Planning and Inference* **137**, 720–737.

[154] Thas, O. (2009). *Comparing Distributions*. Springer, New York.

[155] Thas, O., De Neve, J., Clement, L., and Ottoy, J.-P. (2012). Probabilistic index models. *Journal of the Royal Statistical Society* **74**, 623–671.

[156] Terpstra, T. J. (1952). The asymptotic normality and consistency of Kendall's test against trend, when ties are present in one ranking. *Indagationes Mathematicae* **14**, 327–333.

[157] Thompson, G. L. (1990). Asymptotic Distribution of Rank Statistics Under Dependencies with Multivariate Applications. *Journal of Multivariate Analysis* **33**, 183–211.

[158] Thompson, G. L. (1991). A Unified Approach to Rank Tests for Multivariate and Repeated Measures Designs. *Journal of the American Statistical Association* **33**, 410–419.

[159] Tian, L. (2008). Confidence intervals for $P(Y1 > Y2)$ with normal outcomes in linear Models. *Statistics in Medicine* **27**, 4221–4237.

[160] Tong H. (1977). On the estimation of $P(Y < X)$ for exponential families. *IEEE Transactions on Reliability* **26**, 54–56.

[161] Tryon, P. V. and Hettmansperger, T. P. (1973). A class of non-parametric tests for homogeneity against ordered alternatives. *Annals of Statistics* **1**, 1061–1070.

[162] van der Vaart, A. W. (2000). *Asymptotic Statistics*. Cambridge University Press, Cambridge.

[163] van Elteren, P. H. (1960). On the Combination of Independent Two-Sample Tests of Wilcoxon. *Bulletin of the International Statistical Institute* **37**, 351–361.

[164] Vargha, A. and Delaney, H. D. (1998). The Kruskal-Wallis Test and Stochastic Homogeneity. *Journal of Educational and Behavioral Statistics* **23**, 170–192.

[165] Vargha, A. and Delaney, H. D. (2000). A critique and improvement of the CL common language effect size statistics of McGraw and Wong. *Journal of Educational and Behavioral Statistics* **25**, 101–132.

[166] Vollandt, R. and Horn, M. (1997). Evaluation of Noether's Method of Sample Size Determination for the Wilcoxon-Mann-Whitney Test. *Biometrical Joumal* **39**, 822–829 .

[167] Wang, H., Chen, B., and Chow, S.-C. (2003). Sample Size Determination Based on Rank Tests in Clinical Trials. *Journal of Biopharmaceutical Statistics* **13**, 735–751.

[168] Welch, B. L. (1937). The Significance of the Difference Between Two Means When the Population Variances are Unequal. *Biometrika* **29**, 350–362.

[169] Whitehead, J. (1993). Sample Size Calculations for Ordered Categorical Data. *Statistics in Medicine* **12**, 2257–2271.

[170] Wilcoxon, F. (1945). Individual comparisons by ranking methods. *Biometrics* **1**, 80–83.

[171] Wolfe, D. A., Hogg, R. V. (1971). On constructing statistics and reporting data. *The American Statistician* **25**, 27–30.

[172] Zhao, Y. D. (2006). Sample size estimation for the van Elteren test–a stratified Wilcoxon-Mann-Whitney test. *Statistics in Medicine* **25**, 2675–87.

[173] Zhao, Y. D., Rahardja, D., and Qu, Y. (2008). Sample size calculation for the Wilcoxon-Mann-Whitney test adjusting for ties. *Statistics in Medicine* **27**, 462–468.

[174] Zhou, W. (1971). Estimation of the probability that $Y < X$. *Journal of the American Statistical Association* **66**, 162–168.

[175] Zhou, W. (2008). Statistical inference for $P(X < Y)$. *Statistics in Medicine* **27**, 257–279.

Index

L

M

N

P

Q

R